国家“十二五”规划重点图书
中　国　地　质　调　查　局
青藏高原1：25万区域地质调查成果系列

中华人民共和国
区域地质调查报告

比例尺　1：250 000
黑虎岭幅
（I45C002003）

项目名称： 1：25万黑虎岭幅区域地质调查
项目编号： 200313000021
项目负责： 朱同兴
图幅负责： 朱同兴　冯心涛
报告编写： 朱同兴　冯心涛　林仕良　张正贵　周铭魁
编写单位： 成都地质矿产研究所
单位负责： 丁　俊（所长）
王　剑（总工程师）

中国地质大学出版社
ZHONGGUO DIZHI DAXUE CHUBANSHE

内容提要

报告中划分了测区地质构造单元和地层分区，合理建立了测区岩石地层系统。采用多重地层划分方法，对地层的时空变化进行了分析与研究。在黑石长梁一带新建黑石长梁岩群；测区北部发育若拉岗日岩群洋岛型火山岩；发育晚三叠世深水复理石盆地-浊积岩相带；测区侏罗系地层中发现大量生物礁；鱼鳞山组、唢呐湖组和康托组的地质时代修正为古近纪等；对变质岩、火山岩和侵入岩进行了系统的研究。中生代地层划分出12个三级层序；建立了双壳类、腕足类、菊石、珊瑚和孢粉等生物门类的生物地层单位11个。通过综合分析，将测区地质发展史分为：晚三叠世-早侏罗世碰撞造山、中晚侏罗世-早白垩世前陆磨拉石、新生代后造山隆起等3个地质发展演化阶段。同时还对测区国土资源概况做了初步调查。

本书可供从事地层古生物、构造、区域地质和石油地质调查的生产、科研人员及高等院校相关专业师生参考使用。

图书在版编目（CIP）数据

中华人民共和国区域地质调查报告·黑虎岭幅（I45C002003）：比例尺1∶250 000/朱同兴，冯心涛等著. —武汉：中国地质大学出版社，2012.12

ISBN 978-7-5625-2521-9

Ⅰ.①中…

Ⅱ.①朱…②冯…

Ⅲ.①区域地质-地质调查-调查报告-中国②盆地-地质调查-调查报告-那曲地区

Ⅳ.①P562

中国版本图书馆CIP数据核字（2010）第184217号

中华人民共和国区域地质调查报告

黑虎岭幅（I45C002003）　**比例尺** 1∶250 000

朱同兴　冯心涛　**等著**

责任编辑：刘桂涛　　责任校对：张咏梅

出版发行：中国地质大学出版社（武汉市洪山区鲁磨路388号）　邮编：430074

电　话：（027）67883511　传真：（027）67883580　**E-mail**：cbb@cug.edu.cn

经　销：全国新华书店　**http**：//www.cugp.cn

开本：880毫米×1230毫米 1/16　字数：471千字　印张：14.5　图版：5　附图：1

版次：2012年12月第1版　印次：2012年12月第1次印刷

印刷：武汉中远印务有限公司　印数：1—1 500册

ISBN 978-7-5625-2521-9　定价：470.00元

前　言

青藏高原包括西藏自治区、青海省及新疆维吾尔自治区南部、甘肃省南部、四川省西部和云南省西北部，面积达260万km^2，是我国藏民族聚居地区，平均海拔4 500m以上，被誉为地球第三极。青藏高原是全球最年轻、最高的高原，记录着地球演化最新历史，是研究岩石圈形成演化过程和动力学的理想区域，是“打开地球动力学大门的金钥匙”。

青藏高原蕴藏着丰富的矿产资源，是我国重要的资源后备基地。青藏高原是地球表面的一道天然屏障，影响着中国乃至全球的气候变化。青藏高原也是我国主要大江大河和一些重要国际河流的发源地，孕育着中华民族的繁生和发展。开展青藏高原地质调查与研究，对于推动地球科学研究、保障我国资源战略储备、促进边疆经济发展、维护民族团结、巩固国防建设具有非常重要的现实意义和深远的历史意义。

1999年国家启动了“新一轮国土资源大调查”专项，按照温家宝总理“新一轮国土资源大调查要围绕填补和更新一批基础地质图件”的指示精神。中国地质调查局组织开展了青藏高原空白区1∶25万区域地质调查攻坚战，历时6年多，投入3亿多，调集25个来自全国省（自治区）地质调查院、研究所、大专院校等单位组成的精干区域地质调查队伍，每年近千名地质工作者，奋战在世界屋脊，徒步遍及雪域高原，完成了全部空白区158km^2共112个图幅的区域地质调查工作，实现了我国陆域中比例尺区域地质调查的全面覆盖，在中国地质工作历史上树立了新的丰碑。

西藏1∶25万I45C002003（黑虎岭幅）区域地质调查项目，由成都地质矿产研究所承担，工作区位于藏北羌塘高原腹地。总体目标与任务是按照1∶25万区域地质调查技术要求（暂行）、青藏高原艰险地区1∶25万区域地质调查技术要求（暂行）及其他有关规范、指南，参照造山带填图的新方法，应用遥感等新技术手段，充分搜集、分析与利用前人资料，以区域构造调查与研究为先导，合理划分测区构造单元，对测区不同地质单元、不同的构造-地层单位采用不同的填图方法，开展编测结合的区域地质调查。最终通过对沉积建造、变质变形、岩浆作用的综合分析，反演区域地质演化史，建立构造模式。

I45C002003（黑虎岭幅）地质调查工作时间为2003—2005年，累计完成地质填图面积为15 450km^2，实测剖面29.17km。地质路线4197km，采集各类样品906件，全面完成了设计工作量。主要成果有：①查明测区各时代岩石地层组合特征及其展布范围，合理建立了测区地层系统，提高了测区地层研究程度。图幅共划分出22个正式填图单位和8个非正式填图单位。其中第四系按照成因类型共划分7个填图单位。②合理划分了测区地质构造单元和地层分区，正式与非正式填图单位划分基本合理。实测、修测和利用地层剖面控制所有填图单位，各类地质体、构造的控制程度较高。③测区北部发育上三叠统若拉岗日岩群洋岛型火山岩，藏夏河、弯弯梁、雪环湖等地发育一条呈近东西向分布的晚三叠世深水复理石浊积岩相带，测区北部晚三叠世弧盆体系的确定，对北羌塘盆地构造背景和沉积相分析都具有十分重要的意义。④弯弯梁-旋风梁地区中侏罗统雀莫错组下部发育大套河流相复成分砾岩，从其中发育的中大型槽状交错层理和中型斜层理等沉积构造分析，古水流方向为SSW，表明中侏罗世早期，该地区应代表羌塘侏罗纪沉积盆地的北部边界。⑤火车头山一带明显地见到鱼鳞山组火山岩角度不整合于唢呐湖组之上，该组火山岩主要呈溢流相熔岩被形态产出，是多期火山活动叠加的产物。⑥测区内岩浆活动时间自海西晚期直到喜山期，以中酸性和基性的浅成—超浅成侵入岩为主，时代有侏罗纪、白垩纪和古近纪。火山岩活动的时代有晚三叠世、早侏罗世、古近纪和新近纪。⑦测区内划分为3个一级构造单元：若拉岗日-狮头山构造混杂岩带、北羌塘陆块和双湖构造混杂岩带和2个二级构造单元：亚克错-玉皛湖冲断带和错尼-半岛湖断褶带。

2006年4月，中国地质调查局组织专家对项目进行最终成果验收，评审认为，成果报告资料齐全，工作量达到（或超过）设计规定，技术手段、方法、测试样品质量符合有关规范、规定。报告章节齐备，论述有据，在地层、古生物、岩石和构造等方面取得了较突出的进展和重要成果，反映了测区地质构造特征和现有研究程度，经评审委员会认真评议，一致建议项目报告通过评审，黑虎岭幅成果报告被评为优秀级。参加报告编写的主要有朱同兴、冯心涛、林仕良、张正贵、周明魁，报告全文由朱同兴研究员、周铭魁研究员、冯心涛工程师统纂。1∶25万黑虎岭幅区域地质图由冯心涛工程师、李复汉高级工程师、周铭魁研究员等编制，朱同兴研究员最后审定，数字化制图由孙燕鸣、刘晓蓉等完成。项目根据黑虎岭幅成果报告验收意见，对地质报告（送审稿）和地质图进行了全面修订和校正，最后由朱同兴研究员、冯心涛高级工程师定稿。

参加本项目野外调研工作的主要技术人员有朱同兴、冯心涛、林仕良、曾庆荣、张启跃、石文礼、李鸿睿、邹光富、田应贵、赵云江等；后勤服务人有缪国夏、张健、杨哲超、胡小松、胡仁才、李志强、阎勇、杨国先、刘绍安等。

1∶25万黑虎岭幅区域地质调查工作，自始至终得到了成都地质矿产研究所丁俊所长、王剑副所长、潘桂棠研究员、王立全研究员、中国地质调查局基础调查部和区调处领导的关心和指导，得到了云南地调院、甘肃地调院和西藏自治区那曲行署矿产管理局、双湖特别行政区政府的大力支持和帮助，在此致以最诚挚的谢意！

为了充分发挥青藏高原1∶25万区域地质调查成果的作用，全面向社会提供使用，中国地质调查局组织开展了青藏高原1∶25万地质图的公开出版工作，由中国地质调查局成都地调中心与项目完成单位共同组织实施。出版编辑工作得到了国家测绘局孔金辉、翟义青及陈克强、王保良等一批专家的指导和帮助，在此表示诚挚的谢意。

鉴于本次区调成果出版工作时间紧、参加单位较多、项目组织协调任务重以及工作经验和水平所限，成果出版中可能存在不足与疏漏之处，敬请读者批评指正。

“青藏高原1∶25万区调成果总结”项目组

2010年9月

目　录

第一章 绪 言

第一节 任务与要求

中国地质调查局2003年3月26日根据中地调函〔2003〕77号向成都地质矿产研究所下达了《西藏1∶25万黑虎岭幅（I45C002003)、多格错仁幅（I45C002004)、江爱达日那幅（I45C003003)、吐错幅（I45C003004）区域地质调查》项目任务书。

任务书编号：基（2003）002－19

项目编号：200313000021

工作性质：基础地质调查

工作年限：2003年1月—2005年12月

承担单位：成都地质矿产研究所（以下简称：成都地矿所）

总体目标与任务：按照《1∶25万区域地质调查技术要求（暂行)》、《青藏高原艰险地区1∶25万区域地质调查技术要求（暂行)》及其他有关规范、指南，参照造山带填图的新方法，应用遥感等新技术手段，充分搜集、分析与利用前人资料，以区域构造调查与研究为先导，合理划分测区构造单元，对测区不同地质单元、不同的构造-地层单位采用不同的填图方法，开展编测结合的区域地质调查。最终通过对沉积建造、变质变形、岩浆作用的综合分析，反演区域地质演化史，建立构造模式。

本着图幅带专题的原则，在区域地质调查的基础上，进一步加强含油气性的特殊岩类（如油页岩、生物礁、白云岩等)、地表油气标志和盖层条件的调查，研究中新生代沉积盆地的性质与演化及其与油气的成生关系；进行新生代岩浆活动、新构造活动和第四纪地质的调查研究，探讨青藏高原环境变化趋势和隆升过程及其对成藏条件的影响；对测区南部的查布-查桑-双湖构造带的性质、形成与演化过程进行深入研究；采用有效的技术方法和方法组合，注意对生态环境、旅游资源、矿产资源和灾害地质的调查研究。

测区范围为1∶25万黑虎岭幅全部区域，地理坐标为东经87°00′—88°30′，北纬34°00′—35°00′，填图总面积15 465km^2。

预期成果：①提交分幅地质图件及区域地质调查报告、专题研究报告；②按中国地质调查局编制的《地质图空间数据库工作指南》，分幅提交以ARC/INFO、MAPGIS图层格式的数据光盘及图幅与图层描述数据、报告文字数据各一套。遥感解译数字影像图及数据光盘一套。

提交报告时间：2005年7月提交野外验收成果资料，2005年12月提交最终验收成果资料。

根据项目任务书总体目标与任务，结合测区具体地质情况，本次地质调查的具体任务是：

(1）以现代造山带理论为指导，以3S新技术、新方法为手段，以区域构造调查和研究为基础，合理划分测区构造单元；查清不同构造单元的基本特征；对测区主要构造进行调查。

(2）以现代地层学和沉积学理论为指导，对不同构造单元的沉积岩系进行岩石地层划分，建立沉积地层层序，划分正式和非正式填图单位。重点开展侏罗系岩石地层、生物地层、年代地层、层序地层等在内的多重地层划分与对比，建立侏罗系地层标准剖面；重视沉积相尤其是与油气关系密切的特殊岩类（如油页岩、生物礁、鲕粒灰岩、白云岩、含膏杂色岩系等)、地表油气标志和盖层条件的调查；加强古流向标志、盆地充填序列、重要地质界面以及盆地分析等数据的采集和调查，为研究中新生代沉积盆地的性质与演化及其与油气的成生关系提供基础资料。

(3) 查明测区第四系主要沉（堆）积物的年代及成因类型，划分第四系填图单位，采集第四系孢粉化石和测年样品，为开展第四纪古地理、古环境和古气候变化的研究提供实际资料，探讨青藏高原环境变化趋势及其对成藏条件的影响。

(4) 查明测区三叠系、下侏罗统和新近系火山岩的分布范围、岩石学特征、地球化学特征及其大地构造背景。

(5) 通过对测区典型花岗岩的地质填图，查明岩体的就位机制及其与成矿作用关系。

(6) 对测区的变质岩系，采用构造-地层填图方法，以构造变形、变质作用理论为指导，以构造分析方法为手段，以地质事件演化序列为主线，选择恰当的变质岩填图单位，通过地质填图和研究，查明变质岩的基本特征和构造变形。

(7) 注意收集测区国土资源（土地资源、旅游资源、生物资源等）数据，为国民经济发展和西部大开发出谋献策，对双湖国家级野生动物自然保护区进行生态环境调查，提出环保建议。

第二节　自然地理概况

测区位于西藏北部，行政区划主要隶属于那曲地区尼玛县和双湖特别行政区，部分属于青海省格尔木市管辖(图1-1)。测区在地理区划上属青藏高原地理区羌塘高原内陆湖盆地带。测区主要山脉呈

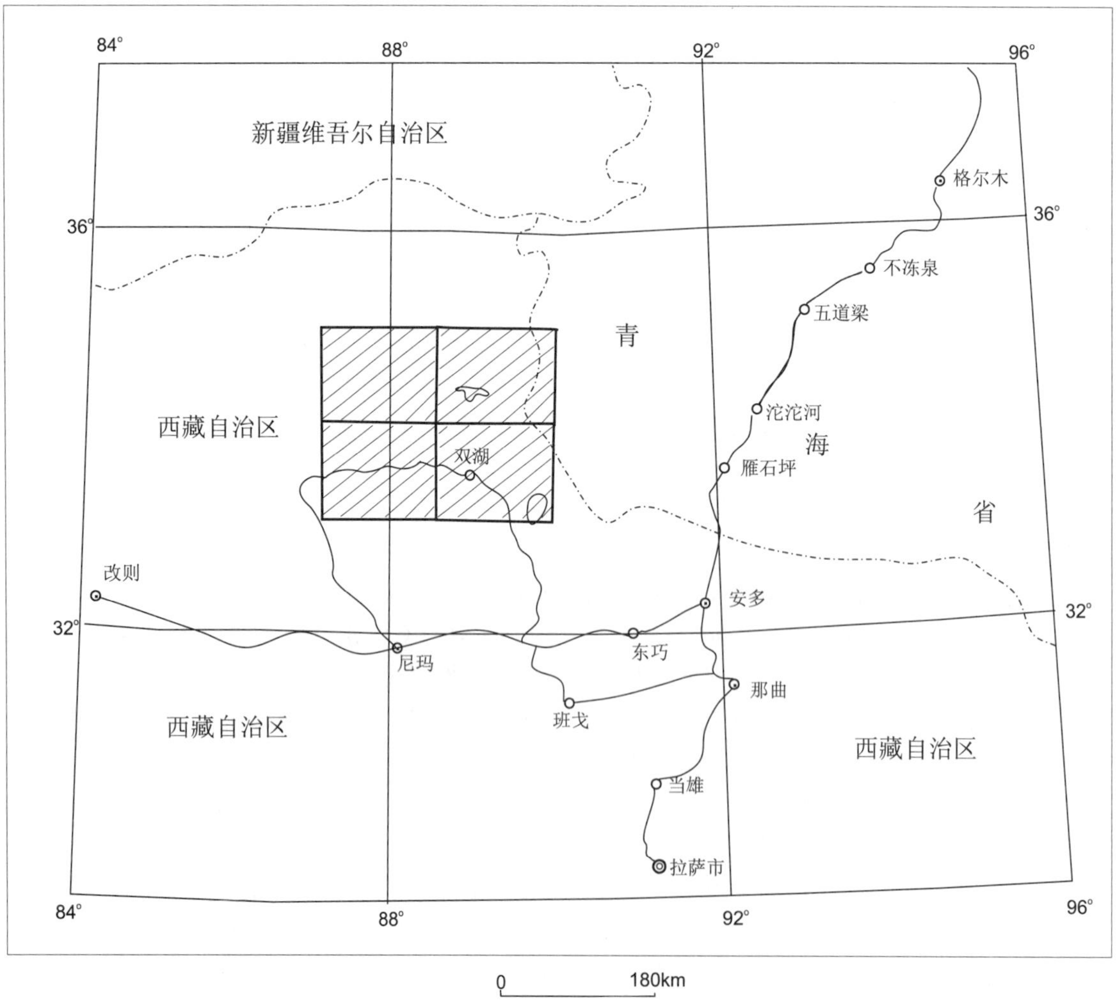

图 1-1　测区交通地理位置简图

北西方向延伸，与区域构造线走向基本一致，主脊线海拔多在5 500m以上。测区内重要山脉主要有黑虎岭（5 669m）、凌云山（5 697m）、尖顶山（5 610m）、北陡黑山（5 616m）、屋架山（5 523m）、玉冠山（5 843m）、红霞梁（5 522m）等。由于被四周的高山所阻隔，水系不能外泄，因而星罗棋布的湖泊成为测区地表水汇集之地，在地形上形成了独特的藏北高原湖盆地貌，其间点缀着以错尼、半岛湖、黄水湖等为代表的大小不等的一系列咸水湖泊。测区发育的较大河流为由黑虎岭向东流入多格错仁的长龙河；区内夷平面发育，地形相对平缓，平均海拔为5 000m以上。

藏北高原为高原亚寒带半干旱季风型气候区，属典型的大陆性气候。这里气候干燥、寒冷，空气稀薄，低压、缺氧严重。一年四季不分明，冬长无夏，多风雪天气，年温差相对大于日温差，没有绝对无霜期，年大风日达250天，年日照时间长达2 628小时。降水量集中，6—8月的降水量约占全年降水量的93%，年降水量仅为127～150mm。这里天气变化无常，时而晴空万里，时而浓云密布，狂风大作，冰雪交加，雷声隆隆。自然灾害十分频繁，风灾、雪灾和霜灾为主要的自然灾害。

测区内野生动植物资源十分丰富。主要野生动物有野牦牛、野驴、熊、狼、藏羚羊、黄羊、岩羊、黄鸭、鸽子、雪鸡、猞猁、秃鹰等。主要野生植物有角苗伞根、虎耳根、大叶秦艽、麻黄、红花、刺参、葫芦苗、青活麻、大黄等40多种。

由于测区是世界上湖面最高、范围最大、数量最多的高原湖区，并且多为咸水湖或盐湖，许多湖泊蕴藏着丰富的盐类矿产资源和稀有金属元素，对这些湖泊的系统调查与研究，将有利于双湖地区乃至西藏的资源开发，对加快当地国民经济发展和西部大开发的步伐有着重要的现实意义。

测区（N34°00′以北）为无人区，交通通行条件极差，基本上无公路可通行。区内广大地区的地质填图工作完全依靠四轮驱动车强行探索前进。实施野外地质调查过程中的基本生活物资，多依赖外地供给。

第三节 地质调查研究历史及工作程度

一、地质调查研究历史

测区属青藏高原中比例尺区域地质调查空白区，除双湖一带之外，其他区域的地质调查研究程度较低。20世纪80年代以来，党和政府非常重视西藏的经济建设和生态环境的保护，先后有西藏地矿局、地矿部青藏高原地质调查大队、中国石油天然气总公司、成都地质矿产研究所、成都理工学院、吉林大学、中国地质大学和中国科学院等单位先后对测区的地质构造和生态环境进行过调查和专题研究。测区地质调查研究历史可以明显地分为3个阶段。

（1）建国前，仅有少数外国探险家和地质学家对测区进行过零星的路线地质调查，可用的地质资料十分有限。

（2）20世纪80年代为测区内区域地质调查的重要时期。原地矿系统对测区地层、岩石、构造等进行了多学科综合考察、路线地质调查和1∶100万区域地质调查。1986年由西藏地矿局区调队完成的《1∶100万改则幅区域地质调查报告》、1980—1985年由原地矿部青藏高原地质调查大队完成的区域地质调查成果集中反映于《青藏高原地质文集》中，文世宣（1979）、蒋忠惕（1983）、吴瑞忠（1986）对藏北羌塘地区地层系统的厘定，王成善等（1987）对羌塘地区地质构造特征的研究都具有广泛的代表性。

（3）20世纪90年代中期以来，西藏自治区地质矿产局出版了《西藏自治区区域地质志》（1993）和《西藏自治区岩石地层》（1997）。为配合中国石油天然气总公司新区事业部青藏石油勘探项目经理部（以下简称：青藏石油勘探项目经理部）在藏北羌塘盆地开展的大规模石油勘探计划，先后有13支队伍在羌塘盆地进行过1∶20万石油地质路线调查，1∶10万区域石油地质填图以及各类专题的研究（图1-2）。在石油地质调查过程中，既强调了多学科之间的综合调查，又侧重于各类专题的深入研究。如朱

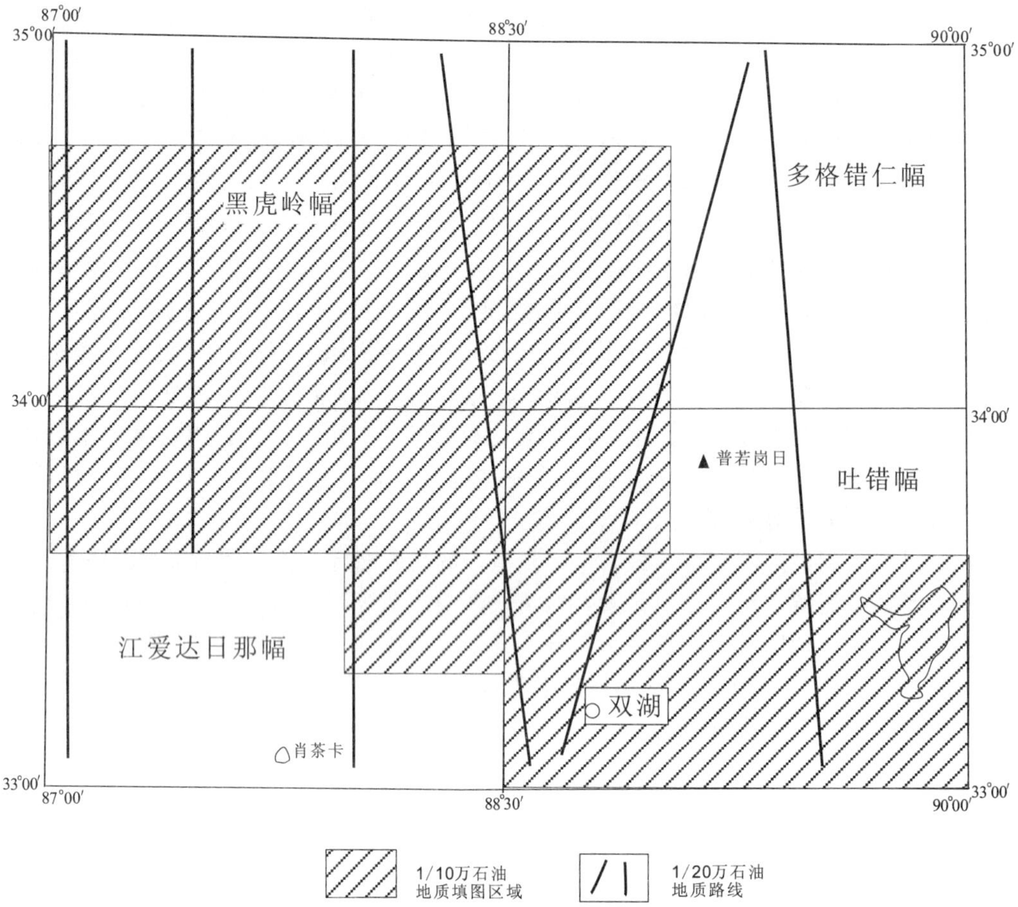

图 1-2　测区地面地质调查研究程度图

同兴等（1997，2002）通过对羌塘盆地西区综合地质的研究，系统地建立了羌塘盆地晚古生代—中新生代地层标准剖面，并对羌塘盆地大面积出露的海相侏罗系地层进行了包括岩石地层、生物地层及年代地层、层序地层、磁性地层等在内的多种地层划分与对比；赵政璋、李永铁、叶和飞等（2001）对青藏高原地层、羌塘盆地石油地质的研究；王成善等（2001）对西藏羌塘盆地地质演化与油气远景评价；郑绵平等（1989）对青藏高原盐湖的研究；李勇等（2001，2002）、尹海生等（2003）对测区地层古生物、沉积相和地质构造的研究等都集中反映了测区的最新地质研究水平。

值得指出的是，1∶100 万改则幅区调报告成果、1∶50 万编图成果和中国石油天然气总公司新区事业部青藏石油勘探项目经理部组织的在藏北羌塘盆地开展的大规模石油地质调查成果是测区内最重要的基础性地质资料。

二、地质工作程度和利用程度

1. 对 1∶100 万改则幅区调报告的评估

改则幅区域地质调查覆盖了测区全部区域。联测区内布置的地质路线有 5 条，长度约 1 100km，路线间距为 50～100km（图 1-3）。1∶100 万改则幅区调报告初步查明了测区内地层的时空展布；初步建立了测区内岩石地层系统；对测区变质岩系进行了初步研究，划分了变质岩序列和变质相；初步划分了羌塘陆块内部的次级构造单元。上述工作成果基本奠定了测区的地层、构造和变质岩序列的总体框架。报告中所测试的部分样品（如侵入岩的化学分析、微量元素等）和鉴定的部分化石样品，部分 K-Ar 同位素年龄样品，本次工作中将选择利用；报告中对侵入岩、变质岩和区域构造的调查和描述也有许多

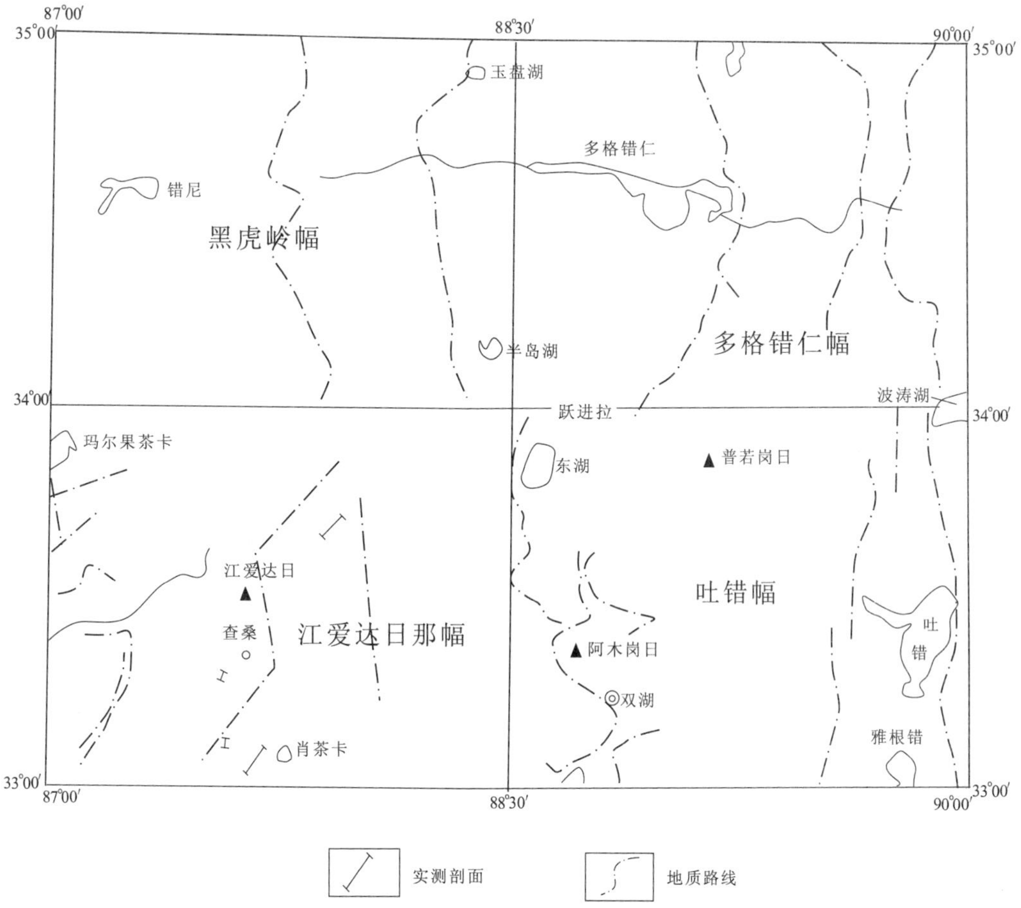

图 1-3　联测区内 1∶100 万改则幅区域地质调查布置的地质路线和实测剖面位置示意图

可利用的价值；报告中对测区内矿产有了更多地了解，大致掌握了全区的水质类型。1∶100 万改则幅地质图图面结构合理，原始资料真实、可靠，经西藏地质矿产局和原地质矿产部区域地质调查司组织验收，最终评审认为所取得的成绩较为突出，提高了青藏高原的地质研究程度，是一项较好的区域地质成果报告，对本次 1∶25 万区调填图具有重要的参考价值。

受当时客观条件限制，测区除 3 条地质路线之外的其他区域地质研究程度很低，大部分地区属地质空白区。同时由于填图比例尺过小，对测区的点、线控制程度和采集样品的控制密度等都不能满足 1∶25 万区域地质调查工作的要求。对测区广泛分布的中新生代沉积岩系的相标志的采集、沉积相划分、岩石地层单位接触界面性质、沉积盆地分析显然是不够的。本次为配合专题研究的需要，填图过程中必须加强和重视这一方面的调查工作，要特别注意重要的地质界面（包括 T/P、J/T 等界面）的观察和侧向追索。区调工作过程中，除按照常规地质填图程序外，还应重视 3S 和数字填图等新技术和新方法的野外运用研究，充分调查各类地质体的垂向和横向变化。

2. 对 1∶20 万石油地质路线调查报告和 1∶10 万区域石油地质调查报告的评估

1993 年中国石油天然气总公司成立了青藏石油勘探项目经理部，1994—1997 年在测区及邻区组织开展了 1∶20 万石油地质路线调查和 1∶10 万遥感区域石油地质调查（表 1-1、表 1-2）。测区已完成的 1∶10 万填图面积为 36 970 km^2，约占测区总面积的 60%；完成的地质点位 20 053 个；地质路线长度为 16 487 km；实测剖面长度为 175 567 m；采集各类样品共计 21 505 件；其中同位素年龄样品 159 件；大化石样品 3 108 件；微体古生物样品1 796件；石油地质样品 4 033 件。大地电磁（MT）工作量为路线长度 2 097 km；物理点 814 个；1∶20万航磁、重力面积为 572 000 km^2（表 1-3）。

表 1-1　联测区 1/10 万区域石油地质调查实物工作量统计表

资料名称	路线长度(km)	剖面长度(m)	面积(km^2)	地质点(个)	采集样品(件)	同位素样品(件)	大化石样品(件)	微古样品(件)	石油地质样品(件)	完成单位
沙窝滩幅、白滩湖幅、强仁温杂日幅区域石油地质调查报告	1 240	23 554	4 278	1 748	1 522	5	220	61	376	大庆石油学院
红土山幅、玉盘湖幅、黑虎岭幅、金沟塘幅、琵琶湖幅、半岛湖幅区域石油地质调查报告	2 448	9 534	8 683	4 218	1 327	13	216	114	226	成都地矿所
石榴湖幅、亚克错幅、花梁山幅、错尼幅、甜水河幅、光明湖幅石油地质调查报告	2 360	12 497	4 235	1 750	1 216	31	165	87	166	成都地院
西长梁幅、黑尖山幅、长龙山幅、东湖幅区域石油地质调查报告	2 348	14 907	7 292	3 286	1 290	39	140	126	213	成都地矿所
笙根幅、洞错幅区域石油地质调查报告	945	19 134	3 483	1 430	1 128	14	221	88	191	成都地院
蜈松山幅、达尔沃错温幅区域石油地质调查报告	1 012	6 496	3 631	1 792	1 142	16	273	67	103	长春科技大学
西雅幅区域石油地质调查报告	1 525	6 830	1 790	2 018	1 433	4	131	177	312	大庆石油学院
蒂让碧错幅、孔纳木幅区域石油地质调查报告	1 350	10 172	3 578	1 618	1 112	3	85	276	256	江汉石油研究院
合计(8 份石油地质报告)	13 228	111 167	36 970	17 860	10 170	125	1 451	996	1 843	

表 1-2　联测区 1/20 万路线石油地质调查实物工作量统计表

资料名称	路线长度(km)	剖面长度(m)	地质点(个)	采集样品(件)	同位素样品(件)	大化石样品(件)	微古样品(件)	石油地质样品(件)	完成单位
西藏玛尔盖查卡一角木日一朗木登石油地质路线调查报告	573	12 864	385	3 050	4	302	115	407	成都地矿所
西藏若拉错一希杂日—纳江错石油地质路线调查报告	513	9 945	508	2 934	6	747	273	419	大庆石油学院
西藏塘鲁一普鲁岗日一多格错一仁强错石油地质路线调查报告	403		300	765					江汉石油研究院
西藏朝阳湖一错尼一纳洛日石油地质路线调查报告	770	13 591	547	2 790	13	436	151	871	成都地院
西藏尼玛一雪环湖石油地质路线调查报告	1 000	28 000	453	1 796	11	172	261	493	成都地院
合计(5 份路线石油地质报告)	3 259	64 400	2 193	11 335	34	1 657	800	2 190	

表 1-3 联测区地球物理勘探（大地电磁测深 MT）调查实物工作量统计表

<table>
<tr><td rowspan="2">资料种类</td><td rowspan="2">资料名称</td><td colspan="3">工作量统计</td><td rowspan="2">完成单位</td></tr>
<tr><td>路线长度(km)</td><td>物理点(个)</td><td>检查点(个)</td></tr>
<tr><td rowspan="9">大地电磁</td><td>若拉岗日-色木错北 MTQT96－E380</td><td>328</td><td rowspan="2">167</td><td rowspan="2">6</td><td rowspan="2">大庆物探(1996)</td></tr>
<tr><td>双湖西－色林错北 MTQT96-E328</td><td>114</td></tr>
<tr><td>冻果错-玛尔盖查卡 MTQT96-E194</td><td>365</td><td rowspan="2">189</td><td rowspan="2">6</td><td rowspan="2">江汉物探(1996)</td></tr>
<tr><td>达则错-洪水沟 MTQT96-E234</td><td>190</td></tr>
<tr><td>风雪滩-吐错-其香错 MTQT95-E464</td><td>390</td><td rowspan="3">394</td><td rowspan="3">13</td><td rowspan="3">物探五处(1995)</td></tr>
<tr><td>玉盘湖-东湖-恰岗错 MTQT95-E328</td><td>240</td></tr>
<tr><td>苦草滩-龙尾湖-赛布错 QT95-E284</td><td>400</td></tr>
<tr><td>朝阳湖-纳洛日 QT95-EC</td><td>70</td><td>64</td><td colspan="2">大庆物探(1995)</td></tr>
<tr><td>合 计(8 条 MT 剖面)</td><td>2 097</td><td>814</td><td>25</td><td></td></tr>
</table>

注：另外完成 1∶20 万航磁、重力面积：572 000 km^2

1∶10 万遥感区域石油地质填图一般地质路线间距 4km，允许偏离 1km，点距 500m，重要的地质界线、标志层与特殊岩类要进行追索。野外手图采用中国人民解放军总参测绘局及其放大的 1∶5 万经过修正的地形图，室内成图的 1∶10 万地理底图，是利用 1∶10 万地形图计算校正，抽取等高线、地形地物经取舍后重新编绘。遥感解译利用中国石油天然气总公司遥感地质研究所提供的与 1∶10 万地形图分幅相同的 1∶10 万比例尺 TM 卫星遥感图片及 1∶5 万的放大图片，该图片采用 541 波段假彩色合成，精度范围 30m，具有地质影像清晰、云层掩盖少、信息量丰富的特点。野外及室内整理以及各项目原始记录均按中华人民共和国石油天然气行业标准《野外石油天然气地质调查规范》（SY5517-92）执行。1994—1997 年青藏石油勘探项目经理部还在测区及相邻地区开展 1∶20 万航空磁测，面积 42.5 万 km^2；1∶20 万重力勘探，面积 26.36 万 km^2；1∶20 万大地电磁测深（MT）物理点 1 905 个，长度 5 534km 等非地震地球物理勘探工作。同时，根据石油地质工作需要，设置各项专题研究，通过地质调查与研究工作，取得了大量的、丰富的地质资料，建立了测区地层系统与构造格架和岩浆活动规律，为 1∶25 万区调联测打下良好基础，也为测区下一步的石油勘探工作奠定了坚实的基础，可以说测区内中新生代地层覆盖区油气勘探的前期准备工作任务已经基本完成。

经中国石油天然气总公司青藏项目经理部和成都地质矿产研究所总结 5 年勘探成果和综合研究，较为明确的认识是：羌塘盆地为具良好的石油地质条件和较好勘探前景的勘探目标盆地。盆地具有沉积厚度巨大，有机质丰富的烃源岩，热演化程度在盆地中部适中，处于大量生油到凝析油阶段，地面露头已发现物性良好的白云岩和广泛分布的生物礁、生物浅滩相灰岩以及可作为封盖层的、延展性良好的膏盐层。圈闭保存条件总体较好，具备形成大中型油气田的石油地质条件。

但是由于羌塘地区特殊的自然地理条件和地质条件复杂，在以往的勘探生产和研究过程中，仍存在许多亟待解决的问题，主要有：

(1) 区域地质构造演化对盆地形成、演化、热史、有机质演化、生成和运移及成岩的控制作用。

(2) 北羌塘中新生代盆地的形成与演化及其与油气资源生成的关系。

(3) 构造变形规律及改造期次、程度、深部构造式样与地表式样的关系，推覆构造及南北向断裂对成藏条件的影响。

3. 对《青藏高原羌塘盆地及邻区 1∶50 万地质图及说明书》的评估

青藏高原羌塘盆地及邻区 1∶50 万地质图属编图性质，利用的资料主要有 1∶100 万改则幅区域地质报告和青藏石油勘探项目经理部 1994—1996 年提供的若干份 1∶20 万路线石油地质调查报告、1∶10 万区域石油地质调查报告以及遥感卫星 TM 图像资料。通过编图，提高了羌塘盆地岩石地层、构造、岩浆岩和石油地质的研究程度。在编图方法上突破常规在地质图面上圈定出中大型褶皱构造、地面油气显示、油页岩、膏岩层、生物礁灰岩以及温泉等与石油地质密切相关的信息。因此羌塘盆地及邻区 1∶50 万地质图及说明书对本次 1∶25 万区域地质填图和石油地质研究具有重要的参考价值。

存在的主要问题：由于 1∶50 万地质图属编图性质，主要是利用前人的资料进行编图，所以在没有进行 1∶20 万路线石油地质调查和 1∶10 万区域石油地质调查的地区，地质资料明显缺乏，地质图面较为空旷，对某些地质体（如中上侏罗统雁石坪群）的认识过于粗略，有待于野外的进一步查证；中央隆起带的形成与演化对南北羌塘坳陷乃至整个羌塘盆地影响较大，但在 1∶50 万地质图说明书中有关中央隆起带的形成与演化方面的论述很少。本次 1∶25 万区域地质调查过程中，需要通过更多的野外地质工作，补充和深化对中央隆起带的形成与演化方面的认识。

4. 对前人一系列科研资料的利用程度评估

本次工作尽量收集涉及测区及邻区的科研资料，对收集的资料进行消化、归纳、整理，并最大限度地提取其中的有用部分，在工作中加以利用或用于指导本次区调工作。如文世宣等（1979）、蒋忠惕（1983）、吴瑞忠等（1985）对藏北羌塘地区地层系统的厘定；王成善等（1985）、李才等（1990，1994）对羌塘地区地质构造特征的研究；朱同兴等（1997，2002）对羌塘盆地多重地层的划分以及沉积盆地演化的研究，尤其是对羌塘盆地大面积出露的海相侏罗系地层进行了包括年代地层、岩石地层、生物地层、层序地层、磁性地层等在内的多种地层划分与对比研究；赵政璋、李永铁、叶和飞等（2001）对羌塘盆地石油地质的研究；郑绵平等（1989）对青藏高原盐湖的研究；尹海生等（2003）、李勇等（2001）、程立人等（1998）对测区地层古生物、沉积相和地质构造的研究等都集中反映了测区的最新地质研究水平。《1∶100 万改则幅区域地质调查报告》、《西藏自治区区域地质志》、《羌塘盆地及邻区 1∶50 万地质图说明书》等专著中有关对构造单元的划分、地层系统和变质变形等，本次工作都将充分利用。测区岩石地层单位名称和正式填图单位、非正式填图单位名称基本采用《羌塘盆地西区综合地质工程研究报告》（QT96YZ-01）研究成果。在充分利用前人科研资料的同时，对一些存在争议的重大地质问题，如关键性地层界面性质的识别、中生代盆地性质及其演化、盆地内褶皱和断裂构造的性质和平面展布、侵入岩的定位机制等，都已作为本次 1∶25 万区域地质调查的重点，力争取得突破性成果。

第四节　完成任务情况

一、工作概况

西藏 1∶25 万黑虎岭幅（I45C002003）、多格错仁幅（I45C002004）、江爱达日那幅（I45C003003）、吐错幅（I45C003004）区域地质调查项目于 2003 年 1 月开始启动，分 3 个大的阶段进行。

1. 组建队伍、资料收集、野外踏勘、设计编写阶段

时间为 2003 年 1 月—2004 年 1 月。主要工作包括：①与合作单位协调，共同组建队伍；②全面收集测区及其邻近区域地质资料和有关文献资料；③2003 年 5 月—2003 年 8 月进行了野外初步踏勘，实测了大部分地层剖面，对测区地层展布和构造格架有了大致了解；④编写了《1∶25 万黑虎岭幅（I45C002003）、多格错仁幅（I45C002004）、江爱达日那幅（I45C003003）、吐错幅（I45C003004）区域地质调查工作设计书》，编制了1∶25万黑虎岭幅、多格错仁幅、江爱达日那幅、吐错幅地质草图和区域地质调查工作部署图。

2. 设计审查、野外地质调查阶段

大规模野外地质调查分两次。第一次为2003年5月8日—9月10日，重点是实测地层剖面和对江爱达日那幅、吐错幅进行部分填图，对黑虎岭幅进行野外踏勘。2004年1月通过由中国地质调查局在长春组织的项目设计审查。第二次大规模野外调查时间为2004年3月25日—9月15日，完成了剩余图幅的填图扫面工作，同时补测了一些地层剖面。对北部晚三叠世若拉岗日岛弧构造剖面进行了全面实测、补充采样和深入观察研究。

3. 资料综合整理、野外资料验收、报告编写、成果验收和资料归档阶段

2004年10月以后，在全部野外工作结束的基础上，转入全面的野外资料整理和图件编制阶段。主要进行了以下几项工作：①完成各类样品的送样、鉴定、测试分析；②全面检查原始资料和资料的综合整理；③对分析测试成果进行数据处理和编拟各种图件和表格；④按区域地质调查规范和技术要求编制和审定1∶10万分幅实际材料图、1∶25万分幅地理底图和分幅地质图；⑤编写1∶25万分幅野外地质调查报告和详细提纲；⑥2005年6月，通过由中国地质调查局在拉萨组织的野外原始资料验收，同意转入室内资料综合整理阶段；⑦2005年7—12月，编制1∶25万分幅地质图最终稿，编写1∶25万分幅区域地质调查报告和两个专题研究报告，申请成果验收；⑧2006年1—6月，数字化地质图以及全部地质资料的归档、成果登记。

二、完成的实物工作量

实际完成的实物工作量与设计工作量对比见表1-4。从表1-4中可以看出，本图幅已全面完成设计书和项目下达的实物工作量指标，并根据图幅实际情况增加了硅酸盐分析、微量元素和稀土分析、氩-氩同位素测龄等测试分析工作量，相应地调整了电子自旋共振测年、粒度分析、碳氧同位素等样品的测试分析数量。测试项目的适量调整与补充，不仅满足了1∶25万区域地质调查工作需要，而且在一定程度上还促进了某些地质问题的深入研究，提高了区调工作的质量。

三、质量评述

1. 1∶25万地形地理底图和地质图编图技术要求及精度

地理底图资料选取国家基础地理信息中心编制的1∶25万地形数据库。该资料采用ARC/INFO格式，坐标系统采用1954年北京坐标系，高程基准采用1956黄海高程系。图形的矢量化输入和属性数据录入在MAPGIS软件系统中完成，图形的编辑、修改和输出也在MAPGIS系统中完成。图形数据和属性数据编辑好后，再转成ARC/INFO的标准格式，然后在ARC/INFO软件中进行最后的1∶25万地质图的ARC/INFO格式的数据库设计。

新编的1∶25万地理底图采用高斯-克吕格投影，六度分带，按国际分幅系统，采用统一的新编号，图幅经差1°30′，纬差1°分幅。经、纬线网格以经差15′，纬差10′组成。直角坐标网按10km标注，等高距为100m，高程系统采用1985年国家高程基准。三角控制点位误差不超过±0.2mm，图廓边长误差不超过±0.2mm，方里网误差不超过±0.1mm，对角线误差不超过0.3mm，两对角线的较差不超过0.3mm。地理底图中的水系部分，基本应用原始水系，仅把主干和支流用粗、细线加以区分；行政区划和地名，参照新版的行政区划表、地名表进行了校正，并增添了与地质内容关系密切的地名，以便与区域地质调查报告相对应。地形地理底图和地质图的技术要求和精度能够符合中国地质调查局有关技术规定的要求，地名、公路、山川的现时性较强，能满足1∶25万地质图精度之需要。

表 1-4　1∶25 万黑虎岭幅完成的实物工作量与设计工作量对比表

项目			单 位	设计工作量	完成工作量
填图	面 积		km²	15 450	15 450
	地质路线	实测	km	1 000	1 776
		利用	km	2 000	2 421
		实测地质点	个		582
		利用地质点	个		1 215
遥感地质	解译面积		km²	15 450	15 450
	实地验证路线		km	1 000	1 200
剖 面	实测地质剖面		km	10	11.72
	修测地质剖面		km	10	5.32
	利用地质剖面		km	10	12.13
采样	岩矿薄片		件	300	284
	定向薄片		件	20	19
	陈列样		件	50	45
	大化石		件	250	204
	微体化石		件	10	12
	硅酸盐分析		件	20	87
	稀土分析		件	20	87
	定量光谱分析		件	20	87
	同位素年龄（钾-氩法）		件	10	76
	同位素年龄（氩-氩法）		件	3	3
	水样、油气样		件	2	2

2. 地质剖面控制程度

测区内所有沉积岩岩石地层填图单位均有实测、修测和利用前人新测地层剖面控制，其中三叠系、侏罗系地层都有 2～3 条地层剖面控制；对第四系湖积阶地和河流阶地以及岩浆岩侵入岩体也有实测剖面或详细地质路线控制；对晚三叠世若拉岗日岛弧带也有实测构造剖面或详细地质路线控制。通过本次地质填图，基本查明了区内各岩石地层单位之间的接触关系和沉积岩相古地理环境，并对层序地层界面类型和沉积体系域结构特征进行了详细的资料收集。其研究程度达到了设计书规定的各项要求。

3. 地质填图精度

根据测区的地形地貌和通行条件，在遥感解译先行的基础上，在项目设计书中已经提出，测区划分2类工作区——实测区和修测区。在实测区，又分出重点工作区和一般工作区。不同工作区的地质路线密度有所区别。实际工作中已全面达到设计要求，并在有些地段适当加密，对重要的地质体辅以横向追索，对个别实在不能穿越的地段，项目专门安排遥感子区分析，定遥感点进行控制。工作手图为1：10万地形图，全部采用手持GPS定位，地质点和地质路线最大误差不超过100m，超过1/3的地质点有野外实地遥感影像解译验证资料。在地质图上能够正确标定直径大于500m的闭合地质体；宽度大于250m，长度大于750m的线状地质体和长度大于1 000m的断层及褶皱构造。其填图精度达到设计书要求。

4. 遥感技术应用程度

根据西藏北部地质地貌的实际情况，选用了美国陆地资源卫星Landsat－7 ETM数据六景，成像时间分别为1999年8月25日、1999年9月17日和2000年4月4日、2000年6月17日（表1－5）。遥感数据的选购是本着经济性和实用性原则，数据分辨率要满足1：25万区域地质调查项目使用的最大比例尺要求，同时选择云层和冰雪覆盖较少的数据。本项目使用的六景ETM数据质量准确，处理的遥感图像质量较佳，地面分辨率达到15m，带宽185km。全部数据由北京中国石油勘探开发研究院遥感地质研究所处理并形成1：10万和1：25万遥感影像图。遥感解译面积覆盖整个测区，按规范要求分为三大阶段，即设计阶段遥感解译、野外工作阶段遥感解译和综合研究阶段遥感解译。其中在综合研究阶段，还从实际工作需要出发，专门确定30个小区做详细的子区数据处理和1：3万～1：10万的比值分析和主成分分析成图。

遥感技术的应用为填图工作和区域构造格架判断起到了较好的作用，达到设计要求，并为探索在高寒险峻的西藏羌塘地区深入应用遥感技术积累了经验。

表1－5 ETM数据轨道号及接收时间

141—36 (1999.9.17)	140—36 (1999.8.25)	139—36 (2000.4.4)
141—37 (1999.9.17)	140—37 (1999.8.25)	139—37 (2000.6.17)

5. 样品分析鉴定质量

图幅内的古生物鉴定由成都地质矿产研究所、成都理工大学、云南地调院、南京古生物地质研究所共同承担；岩矿薄片鉴定由成都地矿所、四川地调院承担；同位素测龄的钐-钕法由宜昌地矿所承担、氩-氩法由中国科学院广州地化所承担、钾-氩法由成都地矿所、宜昌地矿所承担；硅酸盐分析由成都地矿所承担；微量元素分析和稀土分析由中国地质科学院地质研究所承担；油气地质样品分析由四川石油管理局勘探与开发研究院承担，上述单位皆通过国家质量论证，成果质量均符合有关技术要求。

第五节 生产组织及人员编制

项目设计阶段参与资料收集、野外踏勘和设计编写的主要人员有朱同兴、李宗亮、冯心涛、董瀚、周铭魁、林仕良、欧春生、张惠华、张启跃、曾庆荣、石文礼、李鸿睿、邹光富、田应贵、赵云江等。

大规模野外地质调查工作由项目负责人朱同兴研究员主持，冯心涛任图幅负责，林仕良任图幅副负责。

室内综合研究和区域地质调查报告编写由项目负责人朱同兴研究员全面主持，周铭魁研究员指导和协助。报告编写人员及安排：第一章由朱同兴执笔；第二章由冯心涛、张正贵、周明魁执笔；第三章、第四章、第五章由林仕良、朱同兴、周明魁执笔；第六章、第七章由冯心涛执笔；参考文献和图版编排、图版说明由冯心涛完成。报告全文最后由朱同兴研究员、冯心涛高级工程师、周铭魁研究员统纂。1∶25万黑虎岭幅区域地质图由冯心涛高级工程师、李复汉高级工程师、周铭魁研究员等编制，朱同兴研究员最后审定，数字化制图由孙燕鸣、刘晓蓉等完成。

2005年6月下旬，在西藏拉萨由中国地质调查局组织了野外原始资料的检查与验收，评审为优秀级，质量评分为92.5分。2006年4月下旬，在四川成都由中国地质调查局组织了最终成果验收，评审为优秀级，质量评分为92.5分。项目根据验收意见，对地质报告（送审稿）和地质图进行了修订和校正，最后由冯心涛高级工程师、朱同兴研究员和周明魁研究员负责全面修改和定稿。

1∶25万黑虎岭幅区域地质调查工作，自始至终得到了成都地质矿产研究所丁俊所长、王剑副所长、潘桂棠研究员、王立全研究员、中国地质调查局基础调查部和区调处领导的关心和指导，得到了云南地调院和西藏自治区那曲行署矿产管理局、双湖特别行政区政府的大力支持和帮助，在此致以最诚挚的谢意！

第二章 地 层

对介于拉竹龙-金沙江结合带和班公湖-怒江结合带之间的这一地带，地学工作者通常以羌塘地块、羌塘陆块或羌塘微板块相称，它由北羌塘坳陷、中央隆起和南羌塘坳陷3部分组成。对于其间地层的区划前人存在多种意见，归纳起来主要有以下4种。

（1）将其整体划为羌塘地层区，自北而南分别以布若错-多格错仁地层分区，冈玛错-西亚尔岗地层分区，康托-昂达尔错地层分区，这一意见以成都地质矿产研究所（1996）为代表。

（2）以龙木错-双湖断裂带为界，以南划属藏滇地层大区的羌南-保山地层区羌南分区，包括了羌南坳陷和中央隆起，以北划为华南地层大区的羌北-昌都-思茅地层区羌北分区，与羌北坳陷范围一致，这种意见以西藏地质局（1997）为代表。

（3）将其与昌都一并划为羌塘-昌都地层区，以西雅尔岗北-吐错-帕嘎惹玛-类乌齐断裂为界，以南称南羌塘地层分区，以北叫北羌塘地层分区（包括中央隆起）。此种意见以赵政璋等（2001）为代表。

（4）将其划属羌塘-三江（含扬子）构造-地层大区的北羌-昌都-兰坪构造-地层区和羌南-保山构造-地层区，并以龙木错-冈玛错-双湖-查吾拉断裂带（结合带）为界，分为羌南分区（包括羌南坳陷及中央隆起南部）和羌北分区，东北以乌兰乌拉湖-北澜沧江断裂为界，包含了北羌塘坳陷大部地域。这一意见以成都地质矿产研究所（2004）为代表。

通过现有的资料研究，本项目认为羌塘陆块被双湖构造混杂岩带分隔成南北羌塘两个陆块，而北侧为拉竹龙-金沙江缝合带和若拉岗日冲断带构成。从地层区划出发，它们应分属两个地层区，即金沙江地层区（I）和羌塘地层区（II），对应于测区，则包含金沙江地层区的若拉岗日分区（I_1）、羌塘地层区的多格错仁分区（II_1）和西亚尔岗分区（II_2）（图2-1）。区内主要属于多格错仁分区，若拉岗日分区

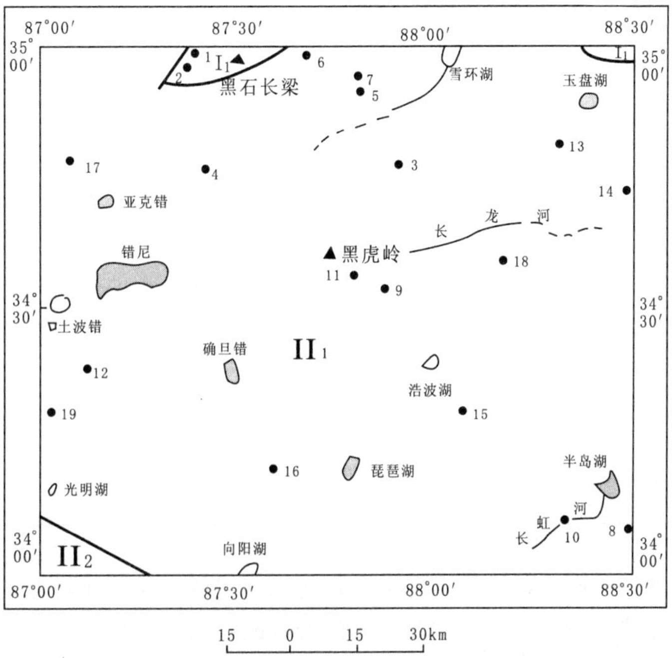

图2-1 测区实测剖面位置及地层分区图

（注：图中数字为地层剖面序号，对应于表2-2）

I_1-若拉岗日地层分区；II_1-多格错仁地层分区；II_2-西亚尔岗地层分区

仅在图北边约占图幅面积的1%，而西雅尔岗分区也只分布于区内西南角，面积不足图幅的2%，后两者出露地层十分有限。区内各地层区及分区地层系统列于表2-1。

表2-1 测区地层分区及地层系统表

地层分区 / 地层系统		区	金沙江地层区（I）	羌塘地层区（II）			
		分区	若拉岗日分区（I_1）	多格错仁分区（II_1）			西雅尔岗分区（II_2）
第四系	全新统	Qh		Qh^l、Qh^{al}、Qh^{pal}			Qh^{al}
	更新统	Qp	Qp^{pal}	Qp^{pal}			Qp^{al}
新近系	上新统	N_2		石坪顶组（Nsh）			
	中新统	N_1					
古近系	渐新统	E_3		鱼鳞山组（$E_{2+3}y$）			
	始新统	E_2		唢呐湖组（E_2s）			
				康托组E_2k			康托组（E_2k）
白垩系	下统	K_1					
				雪山组（J_3K_1x）	紫红色砂岩段（$J_3K_1x^2$）	雁石坪群JY	
侏罗系	上统	J_3			杂色泥岩段（$J_3K_1x^1$）		
				白龙冰河组（J_3b）			
				索瓦组（J_3s）			
	中统	J_2		夏里组（J_2x）			
				布曲组（J_2b）			
				雀莫错组（J_2q）	细碎屑岩段（J_2q^3）		
					灰岩段（J_2q^2）		
					粗碎屑岩段（J_2q^1）		
	下统	J_1		那底岗日组（J_1n）			
三叠系	上统	T_3	若拉岗日岩群（T_3R）	藏夏河组（T_3z）			菊花山组（T_3j）
前三叠系		AnT	黑石长梁岩群（AnTH）				

需要指出的是，本项目对原上侏罗统索瓦组和白龙冰河组的含义作了适当修订，目前的索瓦组限指原索瓦组的下段和原白龙冰河组的下部一套比较单纯的碳酸盐岩地层体，而白龙冰河组包括了原索瓦组上段和原白龙冰河组上部一套碎屑岩、碳酸盐岩组成的地层体。

测区实测地层剖面、修测和利用前人所测的地层剖面共19条（表2-2），其分布见图2-1，其中第1、2、5、6、7、17共六条剖面为本项目野外实测。

表 2-2 测区实（修）测地层剖面一览表

序号	剖面位置	剖面代号	坐标		控制岩石地层单位	分层数	剖面长度（m）	剖面厚度（m）	完整性	比例尺
			起点	终点						
1	双咀湖	SZP	N34°59′14.6″ E87°23′03.4″	N34°57′38.0″ E87°22′47.3″	若拉岗日岩群（J_3R）	18	2 893	1 393.02	无顶底	1/5000
2	黑石长梁	HSHP	N34°56′45″ E87°22′20″	N34°56′04″ E87°22′24″	黑石长梁岩群（AnT*H*）	10	1 350.20	1 074.35	无顶底	1/5000
3	多色梁子	DP	N34°46′36.9″ E87°55′56.4″	N34°41′10″ E87°55′10″	藏夏河组（T_3z）	24	932.0	626.91	无顶底	1/2000
4	藏夏河	ZP	N34°47.7′ E87°26.47′	N34°46.28′ E87°26.1′	藏夏河组（T_3z）	25	1 444	1 063.38	无顶底	1/2000
5	弯弯梁	WWP	N34°54′52.1″ E87°48′44.5″	N34°54′57″ E87°48′34.2″	那底岗日组（J_1n）	9	419.5	255.57	有顶 有底	1/1000
6	旋风梁	XFP	N34°59′50.7″ E87°40′5.5″	N34°57′57.2″ E87°40′50.1″	雀莫错组（J_2q）	48	3 657.2	1 733.18	无顶底	1/2000
7	石羊沟	SYP	N34°56′13.6″ E87°48′6.6″	N34°56′49.9″ E87°48′13.5″	雀莫错组粗碎屑岩—灰岩段	17	1 323.5	862.26	无顶 有底	1/2000
8	黄山	HP	N34°03′29″ E88°29′52″	N34°05′37″ E88°30′32″	布曲组（J_2b）	39	1 367.7	660.02	无顶底	1/2000
9	马牙山	MP	N34°34′017″ E87°53′37.9″	N34°33′05.2″ E87°53′37.4″	夏里组（J_2x）	37	800.5	502.43	有顶 有底	1/2000
10	长虹河	CHP	N34°05′48.7″ E88°18′52.2″	N34°05′56.1″ E88°19′36.4″	索瓦组（J_3s）	25	798.4	476.0	有顶 有底	1/2000
11	曲龙沟	QP	N34°36′35.5″ E87°47′59.4″	N34°35′55.4″ E87°48′21.3″	白龙冰河组（J_3b）	45	873.0	616.13	有顶 有底	1/2000
12	长龙梁	P01	N34°24.02″ E87°8.14′	N34°22.03′ E87°7.92′	索瓦组—白龙水河组	37	3 881	1 825.69	无顶底	1/2000
13	星罗河	XP	N34°49′23.8″ E88°19′49.3″	N34°48′19″ E88°10′51.9″	雪山组（J_3K_1x）	34	1 960	1 506.88	无顶 有底	1/2000
14	独山	DSP	N34°43′04.9″ E88°29′24″	N34°43′31.2″ E88°28′44″	雪山组杂色泥岩段（$J_3K_1x_1$）	20	529.1	375.14	无顶 有底	1/2000
15	列石坡	LP	N34°19′43″ E88°05′17″	N34°19′29″ E88°05′53″	康托组（E_2k）	23	1 290.5	>669.87	无顶 有底	1/2000
16	争胜湖	ZP	N34°11′01″ E87°37′30″	N34°11′14″ E87°37′39″	唢呐湖组（E_2s）	15	433.7	>212.14	无顶 有底	1/2000
17	火车头山	HCP	N34°46′43.7″ E87°04′45.3″	N34°47′42.9″ E87°06′22.4″	鱼鳞山组（$E_{2+3}y$）	11	3 064	>1 098	无顶 有底	1/5000
18	长龙河南	CP	N34°36′35.7″ E88°11′25.4″	N34°36′38.2″ E88°11′40.5″	鱼鳞山组（$E_{2+3}y$）	9	550	>244.58	有顶 无底	1/2000
19	蚂蟥山	MP17	N34°17′41″ E87°00′16″	N34°17′22″ E87°00′07″	康托组（E_2k）	21	528.00	348.39	无顶 无底	1/2000

第一节　岩石地层

岩石地层单位是以某种岩石类型为主或几种岩石类型联合，或者由具有其他明显和一致的岩石特征构成的一种地层单位。它们是靠能观察到的物理特征，而不是靠推论的地质历史或形成方式来识别和确定的，因此，它可以穿交时间面、穿交化石的延续时限界线和穿交任何其他地层单位的界线。岩石地层单位通常以群、组、段、层作为常用单位和等级来表示。

从表 2-1 可见，测区出露最老地层为前三叠系，其余为上三叠统、侏罗系、可能存在下白垩统、古近系、新近系和第四系。除第四系尚未建立岩石地层单位外，我们共采用了群级单位 3 个，组级单位 13 个，段级单位 5 个，现对测区内若拉岗日地层分区、多格错仁地层分区和西亚尔岗地层分区中各岩石地层单位特征由老到新分述于下。

一、若拉岗日地层分区

测区该地层分区分布于图幅北部边缘，南以若拉岗日断层为界，呈块状出露于黑石长梁和玉盘湖一带。出露有测区内最老地层前三叠系黑石长梁岩群（AnT*H*），以及上三叠统若拉岗日岩群（T_3R）和第四系洪冲积物。其中黑石长梁岩群和若拉岗日岩群均呈断块状，顶、底都不完整。

（一）前三叠系

前三叠系地层成断块状在黑石长梁一带出露，是本项目 2004 年在测区内黑石长梁一带新发现的一套中深变质岩系地层体，新建一个岩石地层单位：黑石长梁岩群。

1. 西藏双湖地区黑石长梁前三叠系黑石长梁岩群（AnT*H*）实测剖面（HSHP）

该剖面测于黑石长梁 4927 高地 250°方向约 5km 处。起点坐标：N34°56′45″，E87°22′20″，终点坐标：N34°56′04″，E87°22′24″，剖面长度（斜距）1 350.20m，视厚度 1 074.35m，为一套中深变质岩系，未见顶底（图 2-2）。

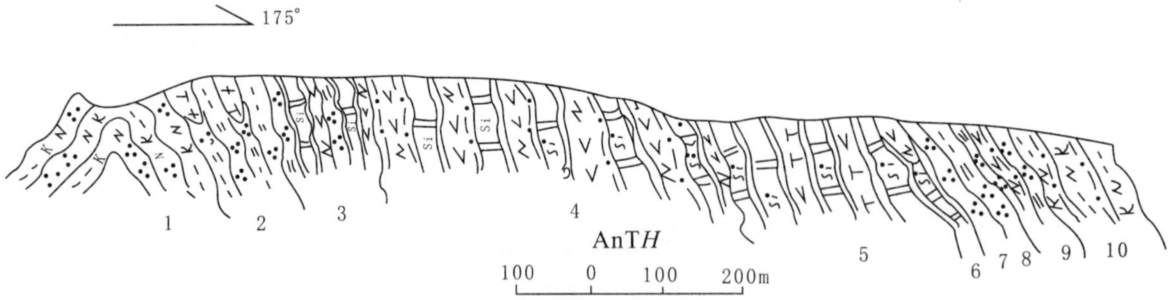

图 2-2　西藏双湖地区黑石长梁前三叠系黑石长梁岩群实测剖面图

前三叠系黑石长梁岩群（AnT*H*）　　（未见顶）　　1 074.35m

10. 灰、深灰色黑云二长片麻岩，具片麻状、粒状变晶结构，块状、条带状构造。主要矿物为石英、黑云母、绢云母、局部黑云母与石英相间排列成条带状　　146.09m
9. 灰、深灰色黑云、绢云石英片岩夹斜长、角闪变粒岩。石英片岩具片状、粒状变晶结构，块状、条带状构造；变粒岩具粒状变晶结构，块状、条带状构造，主要矿物为斜长石，角闪石和黑云母等　　38.74m
8. 灰、深灰色黑云、绢云石英片岩，具片状、粒状变晶结构，条带状构造。云母和石英相间排列，构成黑、白相间的条带　　22.40m
7. 灰白色中层状石英片岩，单层厚 15～40cm，具片状变晶结构，条带状构造。由石英和云母相间形成条带，在灰色条带中含较多的黑云母和磁铁矿　　14.40m

6. 白色厚层状硅质大理岩夹斜长角闪岩团块，大理岩具粒状变晶结构，条带状构造。单层厚 0.6～1.5m，其中见宽 0.2～2cm 的硅质条带，并有一条 80cm×2cm 的透闪石脉；斜长角闪岩呈短透镜状 21.80m
5. 灰白色厚层状硅质大理岩夹斜长角闪正长岩，大理岩具粒状变晶结构，条带状构造；斜长角闪正长岩具片状、粒状变晶结构，条带状构造。由斜长石、角闪石、黑云母构成黑、白相间的条带 238.28m
4. 灰白色厚层块状含透闪石硅质大理岩与灰黑色斜长角闪变粒岩互层，偶见蚀变镁铁闪石辉长岩。大理岩具粒状变晶结构，块状、条带状构造；斜长角闪变粒岩具粒状变晶结构，块状、条带状构造。斜长石和角闪石相间排列，构成黑白相间的条带 254.49m
3. 灰白、深灰色中厚层状绢云石英片岩、硅质大理岩和斜长角闪岩互层。绢云石英片岩具鳞片状、粒状变晶结构，块状、条带状构造；硅质大理岩具粒状变晶结构，条带状构造；斜长角闪岩具粒状变晶结构，条纹状、块状构造，斜长角闪石与白色石英相间排列，形成黑白相间的条纹 137.04m
2. 灰、深灰色黑云、绢云石英片岩夹黑色花岗闪长岩团块。前者具片状、粒状变晶结构，条带状构造，条带由云母和石英相间排列形成；花岗闪长岩具粒状变晶结构，块状构造 136.40m
1. 灰、深灰色糜棱岩化黑云二长石英片岩，具片状、粒状变晶结构，条带状构造。云母和石英各自相对集中，相间排列，构成条带 64.70m

（未见底）

2. 岩石地层单位特征

前三叠系黑石长梁岩群（AnT*H*）为本项目 2004 年新建，以黑石长梁剖面为代表，出露面积约 40 余平方公里（千米），该岩群北与上三叠统若拉岗日岩群浅变质岩之间为一条韧性剪切带相隔。岩石组合主要为灰、深灰色中厚层状黑云二长石英片岩，黑云、绢云石英片岩，绢云石英片岩，黑云二长片麻岩和硅质大理岩组成，夹斜长角闪岩，斜长角闪正长岩，斜长角闪变粒岩和花岗闪长岩岩块，并偶见镁铁闪石辉长岩。在路线中还首次发现高压麻粒岩岩块，可见视厚度大于 1 074.35m。在剖面上第 5 层所采斜长角闪正长岩中角闪石 Ar－Ar 法测得变质年龄值为 243±5Ma，指示其变质时代为早中三叠世，据此将其时代笼统地归为前三叠世。

（二）上三叠统若拉岗日岩群

该岩群由西藏区调队（1986 年）所创的若拉岗日岩群演变而来。原义的若拉岗日岩群，是以若拉岗日西北红泥河东沟剖面为典型代表，指分布在羊湖-若拉岗日一带，具浅变质的一套砂板岩复理石建造特征的晚三叠世地层，《西藏地质志》（1993）沿用若拉岗日岩群的定名和定义。《西藏自治区岩石地层》（1997）进一步定义为分布在羊湖-若拉岗日一带的一套复理式沉积，将若拉岗日岩组的地质时代归为中-晚三叠世。王成善等（2001）重新厘定了原若拉岗日岩群的地层层序和时代，将若拉岗日岩群限定于代表若拉岗日地区的上三叠统。测区若拉岗日岩群沿革见表 2－3。

表 2－3 测区上三叠统若拉岗日岩群划分沿革表

地层系统 \ 划分者		西藏区调队 1986	西藏地矿局 1993	西藏地矿局 1997	王成善等 2001	本项目 2005
三叠系	上统	若拉岗日岩群	若拉岗日岩群	若拉岗日岩群	若拉岗日岩群	若拉岗日岩群
	中统					

本项目所用的若拉岗日岩群，以双咀湖剖面为代表，时代属晚三叠世，岩性组合由浅变质复理石碎屑岩、中基性火山岩和大理岩为主组成。不同岩性的岩块或岩片之间常为断层接触，因此若拉岗日岩群实际上是一套构造-地层体。

1. 西藏双湖地区双咀湖若拉岗日岩群（T_3R）实测剖面（SZP）

该剖面测于双咀湖北东，起点坐标：N34°59′14.6″，E87°23′03.4″，终点坐标：N34°57′38″，E87°20′47.3″，剖面长度1 877.9m，厚1 393.02m，未见顶、底（图2－3），由中基性火山岩，碎屑岩夹大理岩等组成，岩层均受一定程度变质，火山岩中劈理发育，碎屑岩中片理化明显。

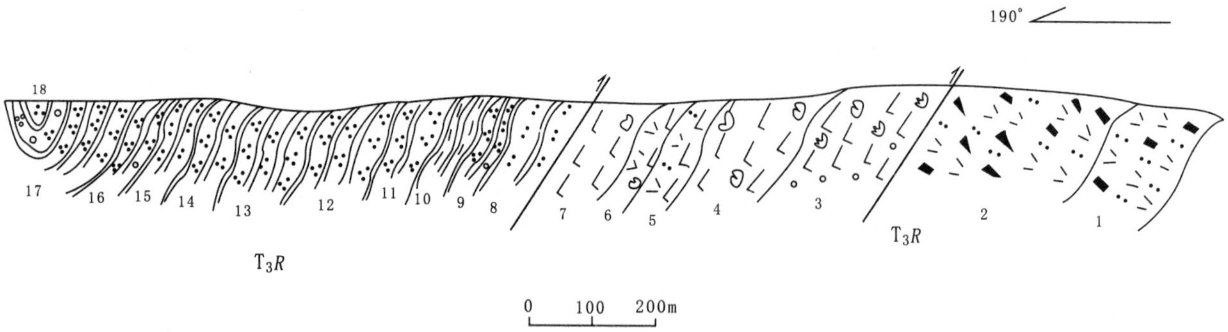

图2－3 西藏双湖地区双咀湖若拉岗日岩群（T_3R）实测剖面图

若拉岗日岩群（T_3R）　　（未见顶）　　>1 393.02m

18. 灰、深灰色粗粒变质含砾石英砂岩与同色细粒变质石英砂岩组成韵律式沉积。每1韵律4～5m，其中含砾石英砂岩1～2m，石英砂岩2～3m，具含砾粗粒砂状结构，片理化构造。岩层中片理化发育，沿片理见少量绢云母分布　43.77m
17. 灰色细粒变质石英砂岩，具细粒砂状结构，片理化构造。主要矿物为石英和长石，由泥质和绢云母胶结，岩层中片理化发育，沿片理见少量绢云母分布　71.16m
16. 灰色粗粒变质含砾石英砂岩和细粒变质石英砂岩组成交互层，具变余砂状结构，片理化构造。主要矿物为石英、长石，胶结物为泥质、绢云母，岩层中片理化发育，沿片理见少量绢云母分布　36.75m
15. 灰绿色变质粉砂岩，具变余粉砂状结构，片理化构造。主要矿物以粉砂屑为主，次为泥质，岩石中片理发育，沿片理见少量绢云母分布　35.59m
14. 灰色细粒变质石英砂岩，呈细粒状变晶结构，变余砂状结构，条带构造。主要矿物为石英、条纹长石、微斜长石、泥质、绢云母、硅质及火山玻璃等，岩石片理发育，矿物具拉伸线理　76.25m
13. 灰色中细粒变质石英砂岩，具变余中细粒砂状结构，片理化构造。主要矿物为石英、长石、绢云母，泥质胶结，岩石中片理发育，沿片理见少量绢云母分布　81.73m
12. 灰色细粒变质石英砂岩，具变余砂状结构，片理化构造。主要矿物为石英、长石，泥质、绢云母胶结，岩石中片理化发育，沿片理见少量绢云母分布　100.06m
11. 灰、深灰色细粒变质石英砂岩夹同色中细粒变质石英砂岩，具变余砂状结构，片理化构造。主要矿物为石英、长石，泥质、绢云母胶结，岩石中片理发育，沿片理见少量绢云母分布　72.40m
10. 灰黑色泥质板岩，夹灰色细粒变质石英砂岩，具变余泥质结构，板状构造。主要矿物为泥质、绢云母及少量粉砂屑，板理发育。石英砂岩具变余细粒砂状结构，主要矿物为石英、长石，胶结物为泥质、绢云母等，含孢粉：*Taeniaesporites noviaulensis*　51.35m

    Apiculatasporites sp.

    Psophosphaera sp.

9. 深灰、灰色中厚层状变质含细砾石英砂岩，与同色中厚层状细粒变质石英砂岩组成韵律式互层。每1韵律厚4～5m，其中含砾石英砂岩1～2m，单层厚40～70cm，石英砂岩2～3m，具变余砂状、鳞片状变晶结构，块状构造。主要矿物为石英、钾长石、斜长石和火山岩屑，胶结物为硅泥质、绢云母等　33.44m
8. 黄灰色中层状变质粉砂岩，具变余粉砂状结构，主要矿物为粉砂屑、泥质、绢云母等　88.70m

═══断层═══

7. 灰绿色气孔状、杏仁状玄武岩与同色致密块状玄武岩互层，两者比为 1∶1，具显微隐晶质结构，具流动状、透镜状、杏仁状和气孔状构造。主要矿物为玄武质玻璃、火山玻璃、斜长石和碳酸盐等 64.46m
6. 灰绿色蚀变晶屑凝灰岩与同色气孔状、杏仁状、块状玄武岩组成韵律层。凝灰岩具晶屑凝灰结构，流动构造。主要矿物为碳酸盐化斜长石晶屑，含铁质斜长石火山凝灰；玄武岩具隐晶结构、气孔、杏仁、块状构造，主要矿物为长石、辉石、火山玻璃等。杏仁、气孔具明显的压扁拉长现象 22.69m
5. 灰绿色凝灰岩与灰色致密块状玄武岩组成爆发－喷溢韵律，二者比为 4∶1。凝灰岩具凝灰结构，劈理构造。主要矿物为玻屑、岩屑，岩石中劈理发育。玄武岩具不等粒斑状结构，基质呈显微稳晶质结构，块状构造，岩石中劈理发育 45.53m
4. 灰绿色斑状、杏仁状玄武岩，具隐晶质结构，杏仁状、块状构造。主要矿物为长石、辉石，杏仁为石英或长英质集合体，具压扁和拉长变形 161.87m
3. 灰绿色致密块状碳酸盐化紫苏辉石玄武岩，具不等粒稀疏微斑状结构，基质呈显微隐晶质结构、杏仁状、块状构造。主要矿物为紫苏辉石、火山玻璃、碳酸盐、黑云母等。岩石中劈理发育 136.38m

═══════断层═══════

2. 灰绿色晶屑、岩屑凝灰岩，具凝灰结构，块状构造。主要矿物为岩屑、晶屑，次为玻屑 178.49m
1. 灰绿色斜长石晶屑凝灰岩，具晶屑凝灰结构，流动构造。主要矿物为斜长石、火山玻璃、火山斜长石晶屑凝灰、凝灰火山玻璃等，岩石中劈理发育 94.30m

（未见底）

2. 岩性特征及横向变化

测区内若拉岗日岩群仅在北部双咀湖东和玉盘湖一带呈断块状出露，出露面积约 100km²。主要由中基性火山岩，浅变质碎屑岩和大理岩组成。火山岩由灰绿色晶屑凝灰岩和块状、杏仁状、气孔状玄武岩，紫苏辉石玄武岩组成爆发-喷溢旋回，厚度为 704m，测得 Ar－Ar 法玄武岩年龄值为 201±4Ma，指示其时代为晚三叠世诺利期－瑞替期。碎屑岩以灰、深灰色中厚层状粗－细粒变含砾石英砂岩、石英砂岩，灰、灰绿色和黄灰色粉砂岩，深灰黑色泥质板岩构成互层呈韵律沉积，可见厚度大于 689m，泥质板岩中采获孢粉：*Taeniaesporites noviaulensis*，*Apiculatasporites* sp.，*Psophosphaera* sp.。其中 *T. noviaulensis* 是四川上三叠统须家河组的常见重要分子，其余两属延时较长。大理岩多成块体状间于碎屑岩中，西藏区调队（1986）在长颈湖—玉盘湖的地质路线中多有所见，其中并采获比较丰富的古生物化石，尤以腕足类最为丰富，主要有 *Amphiclina intermedia* Bittner，*A. taurica*（Moisseiev），*Rhaetinopsis zadoensis* Ching，*R. pentagonalis* Sun et Ye，*Rhaetina* cf. *taurica* Moisseiev，*R.* cf. *jondaensis* Sun，*Zeilleria moisseiev* Dagys，*Z. butoroskia*（Bittner），*Caucasorhynchia* cf. *kunensis* Dagys，*Koninckina* cf. *elegantula*（Bittner），*K. leonhardi* Wissm，*Yidunella* cf. *pentagona* Jin，Sun et Ye. 双壳类有 *Indopecten serraticostus*（Bittner）等①。这些属种都是各地上三叠统中的常见分子，尤以诺利期表现最为突出。

3. 基本层序特征及沉积环境

在若拉岗日岩群浅变质的沉积地层中，大致可以判定出 3 种基本层序特征：

①含砾石英砂岩与不同粒级石英砂岩的互层韵律式沉积（图 2－4A）；

②石英砂岩与粉砂岩组成互层状韵律式沉积（图 2－4B）；

③泥质板岩与石英砂岩的重复叠置组合（图 2－4C）。

①～③均代表了滨海相环境沉积。

（三）第四系

该分区内第四系主要为更新统洪冲积物，为弱固结细砾石层、砂砾层，沙泥层、粘土、沙丘、沙陇

---

① 西藏地矿局区调队，1986，1∶100 万改则幅区域地质调查报告。

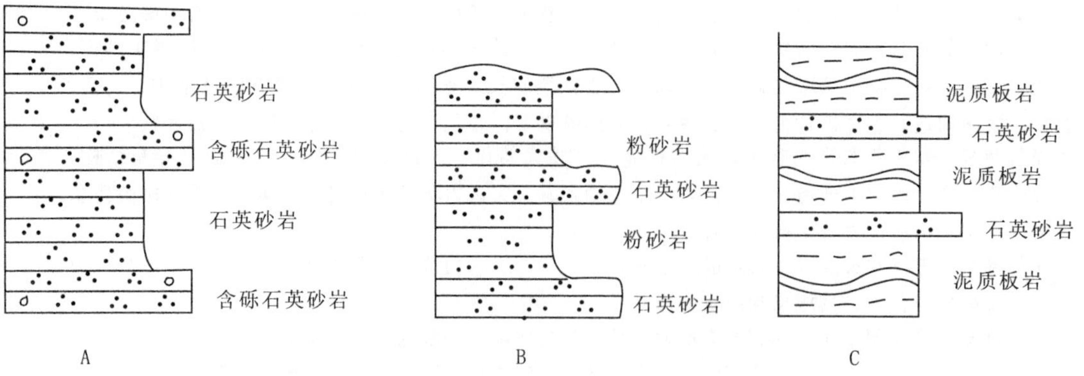

图 2-4　双咀湖若拉岗日岩群（T_3R）基本层序图

等，分布在黑石长梁北东、双咀湖北东一带山沟出口处和河沟两侧，其总体特征与多格错仁地层分区一致。

二、多格错仁地层分区

该地层分区在测区内分布面积最广，区内发育上三叠统、侏罗系、古近系、新近系和第四系地层，以侏罗系地层发育最为完整。

（一）上三叠统藏夏河组

该组为本项目（20054）以四川碳酸盐岩油气田技术开发研究中心（以下简称：川碳中心）1996 年所测制的藏夏河剖面为层型，新建的一个岩石地层单位，以此代表多格错仁地层分区北部的上三叠统一套砂泥质深水复理石盆地相沉积为特征的地层体。相当于张以茀（1994）的苟鲁山克错组。这套地层西藏区调队（1986）、《西藏地质志》（1993）、川碳中心（1996）、成都地矿所（1996）、《西藏自治区岩石地层》（1997）、赵政璋等（2001）都曾以肖茶卡群或肖茶卡组相称。

多格错仁地层分区内上三叠统岩石地层划分沿革见表 2-4。

表 2-4　多格错仁地层分区上三叠统岩石地层划分沿革表

划分者 / 地层系统	西藏区调队 1986	西藏地矿局 1993	张以弗等 1994	成都地矿所 川碳中心 1996	西藏地矿局 1997	赵政璋等 2001	本项目 2005
上三叠统	肖茶卡群	肖茶卡群	苟鲁山克错组	肖茶卡组	肖茶卡群	肖茶卡组	藏夏河组

1. 剖面描述

（1）西藏双湖地区多色梁子上三叠统藏夏河组（T_3z）修测地层剖面（DP）[据成都地矿所（1996）实测剖面修订][①]

位于多色梁子，起点坐标：N34°46′36.9″，E87°26′47″，终点坐标：N34°47′10″，E87°55′10″，剖面长 932m，厚 626.91m，未见顶、底（图 2-5）。

① 成都环境地质与资源开发研究所，1996，青藏地区羌塘盆地（红土山等六幅）1∶10 万区域石油地质调查报告。

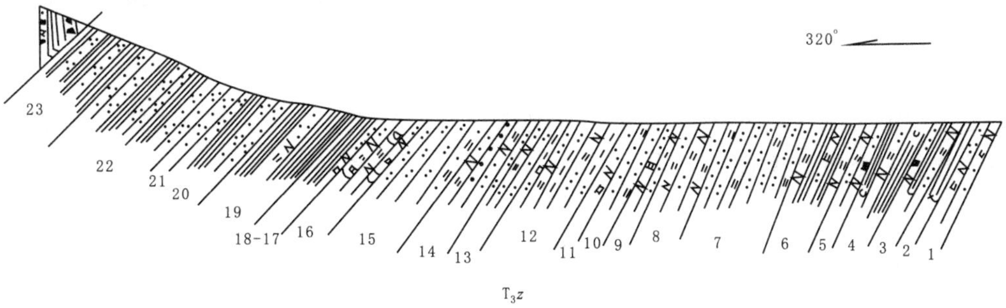

图 2-5　西藏双湖地区多色梁子上三叠统藏夏河组（T_3z）修测剖面图（DP）

上三叠统藏夏河组（T_3z）　　　　（未见顶）　　　　>626.91m

23. 灰色薄层状不等粒石英砂岩与灰色页岩互层，二者之比为 1∶1，砂岩底部发育重荷模、槽模，古流向 310°。沿层面分布较多白云母片和炭屑　>36.69m
22. 灰色薄－中层状细粒石英砂岩夹薄层状页岩，二者之比为 5∶1。砂岩底部发育重荷模、沟模，粒序层理发育，古流向 310°　76.68m
21. 灰色中－厚层状细粒石英砂岩夹灰色薄层状页岩。二者之比为 5∶1　9.58m
20. 灰色薄－中层状细粒石英砂岩，灰色薄层状页岩。二者之比为 5∶1，砂岩中见小型斜层理，底部见重荷模，古流向 235°　29.8m
19. 灰色薄层状细粒次长石岩屑砂岩与灰色页岩、泥质粉砂岩互层。二者之比为 1∶1　37.79m
18. 灰色页岩夹薄层状泥质细砂岩、粉砂岩。页岩与砂岩之比为 10∶1　11.52m
17. 灰色薄层状细粒次岩屑长石砂岩夹灰色页岩。二者之比为 5∶1，粉砂岩中见浪成波痕　3.33m
16. 浅灰色中层状中粒钙质长石岩屑砂岩夹浅灰色泥质粉砂岩。粉砂岩中见沙纹层理和水平层理　32.65m
15. 灰－黄灰色中－薄层状粉砂岩，底部为一层厚 43cm 的中粒长石岩屑砂岩。粉砂岩中见极多白云母片，发育小型沙纹层理和水平层理，砂岩中见平行层理　45.49m
14. 灰色薄层状含炭细粒岩屑砂岩夹薄层状细砾岩、含砾粗砂岩。细砂岩中沙纹层理和水平层理极发育　25.36m
13. 浅灰色薄层状粉砂岩夹灰色薄层状中粗粒长石岩屑砂岩，粉砂岩中发育沙纹层理和水平层理　21.38m
12. 浅灰色薄层状中细粒岩屑长石砂岩与灰色薄层状含碳质粉砂质页岩互层，二者之比为 3∶2。砂岩中见平行层理，底部具重荷模。页岩中见小型沙纹层理和水平层理　52.23m
11. 灰褐色中层状中细粒次长石岩屑砂岩夹灰色薄层状碳质粉砂质页岩，二者之比为 4∶1。砂岩中发育平行层理，页岩中发育水平层理和小型沙纹层理　15.57m
10. 灰色中层状中粒岩屑砂岩夹灰色薄层状细砾岩、含砾粗砂岩。砾石成分主要为岩屑和脉石英，呈次棱角状。砂岩中见平行层理，底面见重荷模　21.06m
9. 浅灰色中层状中细粒长石岩屑砂岩与灰色薄层状含碳质粉砂质页岩互层，二者之比为 3∶2。砂岩中见平行层理和小型交错层理，页岩中具平行层理和小型沙纹层理　13.41m
8. 浅灰、黄灰色中厚层状中粒长石岩屑砂岩。平行层理、小型交错层理和波痕　31.42m
7. 灰色中层状中细粒长石岩屑砂岩与黄褐色薄层状粉砂岩互层，二者之比为 3∶1。砂岩中平行层理极发育，底面可见重荷模。粉砂岩中含较多白云母碎片，发育沙纹层理和水平层理　50.03m
6. 褐灰色中层状中细粒长石岩屑砂岩夹灰黑色薄层状碳质页岩，二者之比为 6∶1。砂岩中沿层面分布黄铁矿颗粒，见平行层理和小型交错层理，粒序层理清晰　33.80m
5. 灰色中层状中细粒长石岩屑砂岩与灰色薄层状粉砂质碳质页岩互层，二者之比为 3∶2。砂岩中见粒序层理，平行层理和小型交错层理，岩层表面见剥离线理。页岩中页理极发育　13.17m
4. 浅灰色、灰白色中层状中细粒长石岩屑砂岩夹灰色碳质页岩，二者之比为 4∶1。砂岩中发育粒序层理和平行层理。页岩之页理极为发育　22.70m
3. 浅灰、黄灰色中薄层状岩屑长石砂岩夹灰黑色碳质页岩，砂岩中发育粒序层理和平行层理　24.46m
2. 灰色、黄灰色薄层状中粒岩屑长石砂岩夹灰黑色碳质页岩，砂岩中发育平行层理　7.03m
1. 浅灰色、黄灰色薄层状中粒次岩屑长石砂岩，发育平行层理和粒序　11.71m

（未见底）

（2）西藏双湖地区藏夏河上三叠统藏夏河组（T_3z）修测地层剖面（ZP）（据川碳中心 1996 实测剖面修订）①

剖面测自 1∶10 万亚克错幅北东藏夏河，起点坐标：N34°47.7′，E87°26.47′，终点坐标：N34°46.28′，E87°26.1′，剖面长 1 444m，厚 1 063.38m，未见顶、底（图 2－6）。

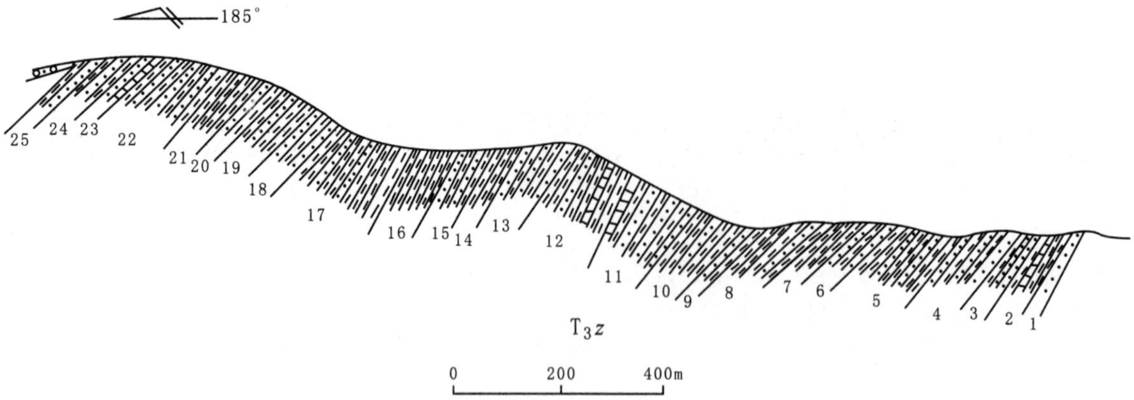

图 2－6　西藏双湖地区藏夏河上三叠统藏夏河组（T_3z）修测地层剖面图

上三叠统藏夏河组（T_3z）　　（未见顶）　　＞1 063.38m

25. 黄灰色、青灰色中厚层细－中粒钙质长石岩屑砂岩与深灰色中层状泥页岩略等厚互层，砂岩中发育粒序层理和平行层理　13.83m
24. 深灰色泥页岩夹中层中细粒钙质长石岩屑砂岩，砂岩中发育粒序层理和平行层理　23.98m
23. 褐灰色中－厚层状长石岩屑砂岩夹深灰色薄层泥页岩，砂岩中见平行层理　6.51m
22. 灰色中厚层状粉－细粒铁、泥、钙质岩屑长石石英砂岩与深灰色泥页岩不等厚互层，岩比 1∶1～1∶3,砂岩中发育底冲刷、粒序层理和平行层理　75.59m
21. 深灰色泥页岩夹灰色薄层细砂岩，砂岩中见平行层理　37.53m
20. 深灰色页岩与灰色薄－中层状细－粉砂钙泥质岩屑长石石英砂岩不等厚互层，砂岩中发育变形层理、粒序层理、平行层理和重荷模　16.45m
19. 深灰色泥页岩夹中薄层中细粒铁钙泥质岩屑长石石英砂岩，砂岩中发育平行层理　45.03m
18. 灰色薄层中细粒泥钙质长石岩屑石英砂岩夹泥岩，砂岩中见粒序层理和平行层理　31.40m
17. 深灰色泥页岩夹中层细粒钙质岩屑长石石英砂岩，砂岩中含泥砾，发育平行层理　82.15m
16. 深灰色泥页岩　46.92m
15. 深灰色泥页岩与褐灰色中层钙化中－细粒铁钙质长石岩屑砂岩不等厚互层，砂岩中含灰岩岩屑和单体放射虫，并发育粒序层理、平行层理、沙纹层理和波纹层理　33.39m
14. 深灰色泥页岩夹粉砂岩透镜体，粉砂岩中发育沙纹层理，含分类不明的孢粉化石　28.87m
13. 深灰色泥页岩与黄灰色中厚层状粗－中粒泥钙质岩屑砂岩不等厚互层，砂岩中发育粒序层理　58.77m
12. 深灰色含钙泥页岩夹中厚层状砾质不等粒钙泥质长石岩屑砂岩，砂岩中发育粒序层理　92.00m
11. 深灰色页岩与土灰色中层状中粗粒钙泥质长石岩屑砂岩，砂岩中发育粒序层理　95.86m
10. 深灰色含钙质页岩夹薄层砂岩，砂岩中发育粒序层理　60.61m
9. 深灰色页岩与中－厚层状不等粒铁泥钙质长石岩屑砂岩不等厚互层，砂岩中含泥砾　23.70m
8. 深灰色页岩夹厚层状砂砾岩，砂岩中发育粒序层理　66.14m
7. 深灰色泥页岩　19.52m
6. 深灰色泥页岩与土灰色中层－厚层状中细粒铁泥钙质长石岩屑砂岩不等厚互层，砂岩中发育交错层理和平行层理，含分类不明孢粉化石　20.91m
5. 深灰色泥页岩夹中厚层状细粒钙泥质岩屑长石石英砂岩，砂岩中发育重荷模和虫迹　46.43m

① 四川碳酸盐岩油气田技术开发研究中心，1996，青藏地区羌塘盆地（石榴湖等六幅）1∶10 万区域石油地质调查报告。

4. 青灰色泥页岩与土灰色中厚层细粒钙泥质岩屑长石石英砂岩不等厚互层 53.94m
3. 灰色中厚层状细粒钙泥质岩屑长石石英砂岩夹灰、深灰色泥页岩，砂岩中发育重荷模 22.17m
2. 青灰色页岩夹中薄层状细粒钙泥质岩屑长石石英砂岩 47.14m
1. 土灰色薄一中层状细粒钙泥质岩屑长石石英砂岩 14.49m

（未见底）

2. 岩性特征及横向变化

在测区内，本组只分布在图幅北部藏夏河-多色梁子-丽江湖一带，近东西向展布，出露面积约 600km^2。

藏夏河组主要表现为一套深水复理石盆地相沉积特征（图 2-7），发育鲍马序列和正粒序层理，平行层理和沙纹层理等沉积构造。

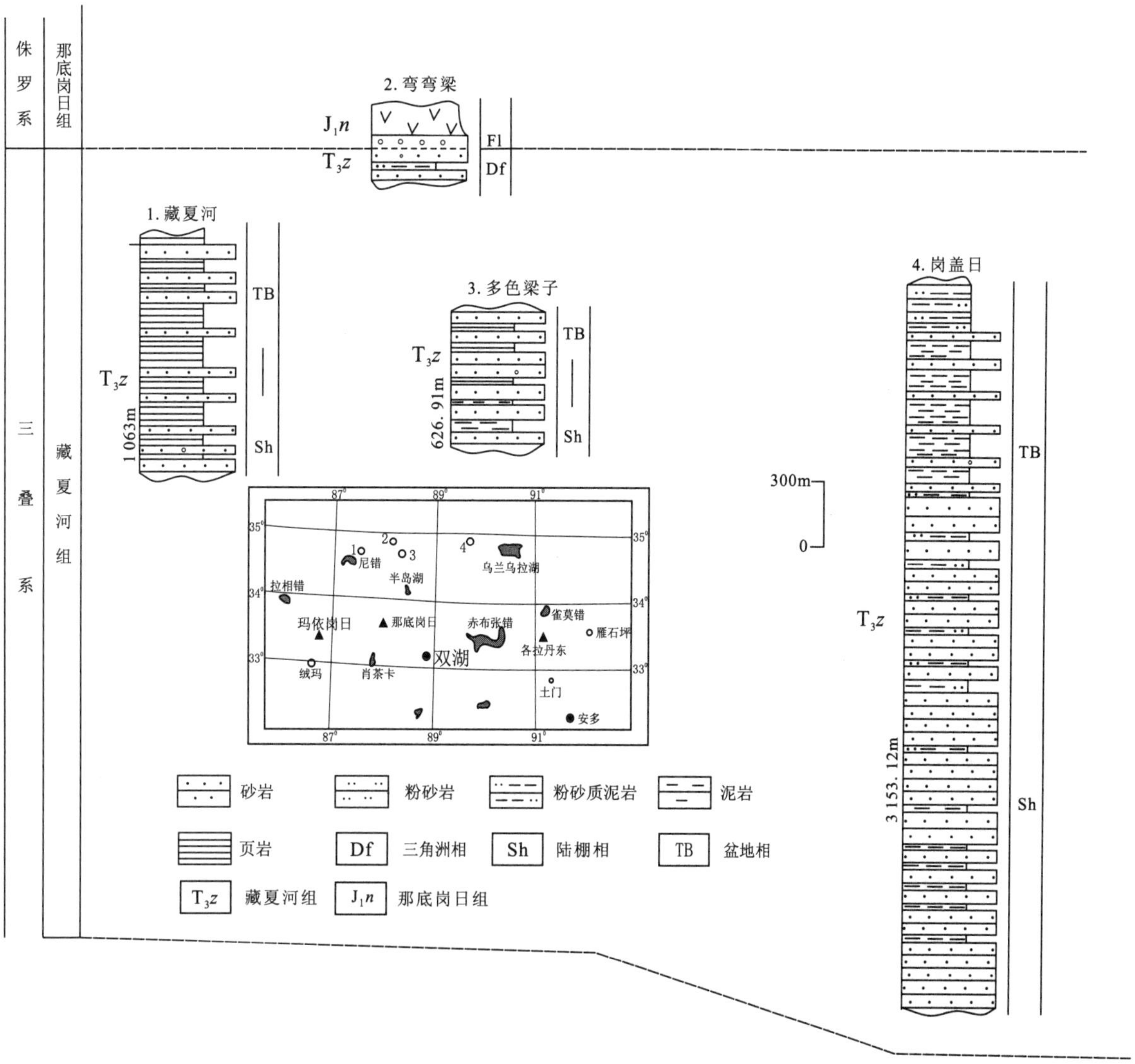

图 2-7 测区及邻区藏夏河组东西向柱状对比图

藏夏河组（T_3z）主要岩性为灰、深灰色薄至中厚层状细砾岩、含砾砂岩、细粒岩屑长石砂岩、长石岩屑砂岩，石英砂岩、粉砂岩、粉砂质泥岩页岩和泥页岩组成多种互层状韵律式沉积。在砂岩底部发育重荷模、沟模、槽模和底冲刷等沉积构造，砂岩常具粒序层理、小型交错层理和波痕，在细砂岩、粉砂岩中发育小型沙纹层理、小型斜层理、水平层理等，出露厚度为 627～1 063m。当前只在多色梁子剖面附近路线上，采得植物碎片 *Neocalamites* sp.，孢粉：*Aratrisporites* sp.，*Chasmetooporites* sp.，*Biretisporites sp.*，*Araucariacites* sp. 等，都是延续时限较长的属种。

成都地矿所（2005）在东邻 1∶25 万多格错仁幅北侧岗盖日上三叠统剖面中采获四川上三叠统须家河组常见的孢粉：*Cadargasporites grranulatus*；成都地矿所（1994）在明镜湖东剖面中，曾采得各地上三叠统普见的双壳类：*Halobia plicasa*，*H. superbescens* 等，据此，完全可以认定藏夏河组的时代属晚三叠世。多未见顶、底，唯在弯弯梁一带发现被下侏罗统那底岗日组平行不整合覆盖或直接为中侏罗统雀莫错组角度不整合覆盖。

3. 基本层序特征及沉积环境

藏夏河组基本层序主要表现为砂岩-粉砂岩-泥页岩组成的多种组合（图 2－8），具浊积岩特征，反映斜坡-盆地相沉积环境。

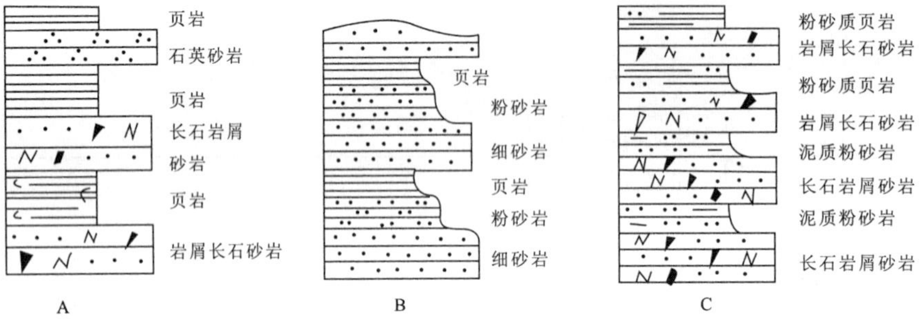

图 2－8　上三叠统藏夏河组（T_3z）基本层序图

（二）侏罗系

侏罗系是测区发育最完整的一个时代，包括了前人划分该系的所有岩石地层单位，并广泛分布于多格错仁地层分区，而在测区的若拉岗日地层分区和西雅尔岗地层分区未见该系地层出露。遗憾的是，图区缺乏连续系统剖面，为使阅者对图区侏罗系，特别是中、上侏罗统有个系统完整的概念，特引入成都地矿所（1996）实测的那底岗日中上侏罗统连续系统剖面加以介绍。在图区内本系地层出露面积约 5 000km^2，最大厚度可达 6 477m。

对于羌塘盆地西区侏罗系岩石地层的划分，始于 20 世纪 80 年代，随着工作的深入各家又提出了各自的划分意见，现将主要划分沿革列于表 2－5。

1. 剖面描述

（1）西藏双湖地区弯弯梁下侏罗统那底岗日组（J_1n）实测地层剖面（WWP）

剖面测于弯弯梁南东坡，起点坐标：N34°54′52.1″，E87°48′44.6″，终点坐标：N34°54′57″，E87°48′54.2″，剖面长度 419.5m，厚度 255.57m，其中那底岗日组厚 202.05m，剖面顶、底齐全（图 2－9）。

上覆地层：中侏罗统雀莫错组（J_2q）灰绿、灰紫色中厚层状砾岩

------------平行不整合------------

下侏罗统那底岗日组（J_1n） **202.05m**

7. 肉红色厚块状英安岩，块状构造，不等粒斑状结构，斑晶含量 15%～25%，斑晶主要为长石、石英和少量黑云母、部分斑晶平行定向分布，岩石中含少量 1～3cm 的凝灰质，安山质岩石角砾　65.58m

6. 灰色厚层块状沉火山角砾岩，层厚 1～5m。岩石为块状构造，沉火山角砾岩结构，角砾含量 35%～55%，呈次棱角—次圆状，分选差，砾径大者 2～3cm，占 25%左右，小者 2mm～1cm，主要由安山岩岩屑，斜长石晶屑，火山玻璃等组成，凝灰质火山玻屑等胶结　33.72m
5. 灰绿色厚层块状粗面岩，具块状构造部分气孔状构造，斑状结构。斑晶分布不均，含量 8%～35%，主要由正长石，斜长石及少量黑云母组成，基质为细微晶结构　72.75m
4. 灰、深灰色块状玄武岩，具块状、杏仁状构造，显微斑状、间粒状结构，主要矿物为培长石、拉长石、斜长石等，偶见少量 1～2mm 的石英杏仁，岩石靠下部发育 1 组柱状节理，柱状断面呈四边形或五边形，柱状体向东中等倾斜，顶部杏仁状十分发育　22.45m
3. 黄绿色块状沉火山角砾岩，具块状构造，沉火山角砾结构，砾石含量 40%～55%，大小多在 2mm～1cm，少量 2～9cm，砾石成分主要为安山岩岩屑、凝灰岩岩屑，次为石英晶屑、火山玻屑，无分选，下部呈次圆—次棱角状，厘米级砾石磨圆相对较好，呈浑圆状，凝灰质胶结　3.33m
2. 灰、灰绿色块状粗砾岩，砾石含量 50%～75%，砾径大者达 2～30cm，小者仅 2～5mm，小砾石呈次棱角状，大砾石呈扁圆、椭球状，成分以英安岩、安山岩、玄武岩和英安斑岩为主，部分为砂岩，砾石间为磨圆较差的石英、岩屑等砂粒充填　2.44m

------------平行不整合------------

下伏地层：上三叠统藏夏河组（T_3z）灰绿色含砾中粗粒岩屑砂岩夹薄层细砾岩

表 2－5　羌塘盆地西区侏罗系岩石地层划分沿革表

<table>
<tr><th colspan="2">划分者
地层系统</th><th colspan="2">西藏区调队
1986</th><th colspan="2">成都地矿所
1996</th><th colspan="2">西藏地矿局
1997</th><th colspan="2">赵政璋等
2001</th><th colspan="2">本项目
2005</th></tr>
<tr><td colspan="2">下白垩统</td><td colspan="2" rowspan="3">白龙冰河组</td><td rowspan="2">雪山组</td><td>紫红色砂泥岩段</td><td rowspan="9">雁石坪群</td><td rowspan="2">雪山组</td><td rowspan="9">雁石坪群</td><td rowspan="3">雪山组
白龙冰河组</td><td rowspan="2">雪山组</td><td>紫红色砂砾岩段</td></tr>
<tr><td rowspan="9">侏罗系</td><td rowspan="4">上统</td><td>杂色泥岩段</td><td>杂色泥岩段</td></tr>
<tr><td rowspan="2">索瓦组</td><td>索瓦组二段</td><td rowspan="2">索瓦组</td><td colspan="2">白龙冰河组</td></tr>
<tr><td rowspan="6">雁石坪群</td><td>上灰岩组</td><td>索瓦组一段</td><td>索瓦组</td><td colspan="2">索瓦组</td></tr>
<tr><td>上砂岩组</td><td colspan="2">夏里组</td><td>夏里组</td><td>夏里组</td><td colspan="2">夏里组</td></tr>
<tr><td rowspan="4">中统</td><td>下灰岩组</td><td colspan="2">布曲组</td><td>布曲组</td><td>布曲组</td><td colspan="2">布曲组</td></tr>
<tr><td rowspan="3">下砂岩组</td><td rowspan="3">雀莫错组</td><td>含膏杂色砂泥岩段</td><td rowspan="3">雀莫错组</td><td rowspan="3">雀莫错组</td><td rowspan="3">雀莫错组</td><td>细碎屑岩段</td></tr>
<tr><td>含膏灰岩段</td><td>灰岩段</td></tr>
<tr><td>紫红色砂泥岩段</td><td>粗碎屑岩段</td></tr>
<tr><td>下统</td><td>那底岗日群</td><td></td><td colspan="2">那底岗日组</td><td colspan="2">那底岗日群</td><td colspan="2">那底岗日组</td><td colspan="2">那底岗日组</td></tr>
</table>

（2）西藏双湖地区那底岗日中—上侏罗统修测地层剖面（NP）[据成都地矿所（1996）实测剖面修订]①

剖面位于那底岗日西坡，起点坐标：E87°56′32″，N33°41′17″，终点坐标：E87°53′38″，N33°39′19″，剖面顶、底界线清楚，斜距 4 565.60m，中—上侏罗统剖面厚度为 2 574.55m（图 2－10）。

① 成都环境地质与资源开发研究所，1996，羌塘盆地西区综合地质工程综合研究报告。

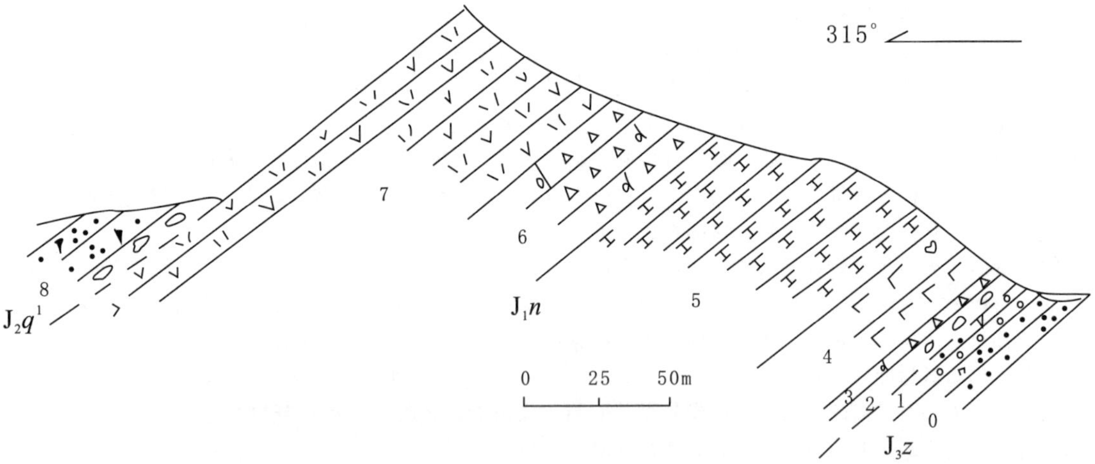

图 2-9　西藏双湖地区弯弯梁下侏罗统那底岗日组（J_1n）实测地层剖面图

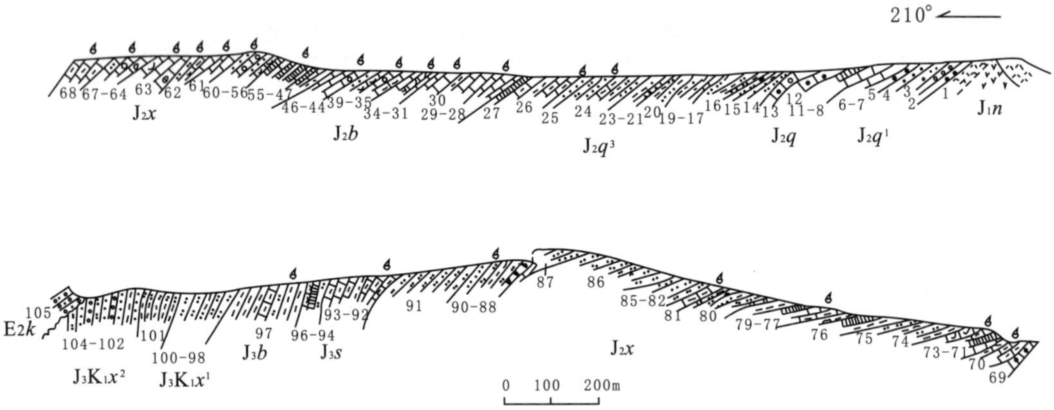

图 2-10　西藏双湖地区那底岗日中—上侏罗统修测地层剖面图

上覆地层：古近系始新统康托组（E_2k）复成分砾岩

～～～～～～不整合～～～～～～

上侏罗统-下白垩统雪山组（J_3K_1x）　　**339.76m**

上侏罗统-下白垩统雪山组紫红色砂岩段（$J_3K_1x^2$）　　**130.62m**

104. 暗紫红色中层状钙质细粒石英砂岩夹钙质粉砂岩，单层厚 25～50cm，砂体呈楔形状。岩层具正粒序构造，砂体底部常发育厚数厘米的细砾岩透镜体，砾石主要为灰质，次为红色硅质，砾径大小 1～5cm不等。砂岩中发育交错层理　　99.84m

103. 暗紫红色、褐灰色薄-中层状粉砂质泥岩　　14.12m

102. 灰色中层状钙质细粒石英砂岩，砂体呈楔形体，砂岩中发育小型斜层理、沙纹层理和低角度交错层理，沙纹层理厚 2～6cm，斜层理指示古水流方向 155°～180°　　16.66m

————整合————

上侏罗统-下白垩统雪山组杂色泥岩段（$J_3K_1x^1$）　　**303.25m**

101. 灰绿色、紫红色薄层一中层状粉砂质泥岩　　84.68m

100. 暗紫红色薄层一中层状钙质粉砂岩夹薄层钙质泥岩。粉砂岩中发育小型沙纹层理　　53.00m

99. 灰绿色、紫红色薄层一中层状钙质泥岩　　17.41m

98. 灰绿色薄层一中层状钙质粉砂岩夹薄层状钙质泥岩。岩石风化色为褐灰色，风化表面具铁膜，钙质粉砂岩中十分发育小型沙纹层理，单个层系厚为 1～3cm，在岩石层面上，可见垂直和水平生物钻孔　　54.05m

孢粉裸子类化石：*Classopollis triangulus*

C. annulatus
C. tristriatus
C. parmus
C. qiyangensis
C. classoides
C. major
C. monostriams
C. spp .
Chasmatosporites spertus
C. minor
C. hiams
C. sp .
Cycadopites nitidus
C. giganteus
C. sp.
C. medius

蕨类化石：*Klukisporites* sp.
K. variegates
Discisporitus sp.
D. silatus
Undulatisporites sp.
Converrucosisporites sp.
Stereisporites europaeus
Lycopodium sporites
Orites sp.
L. pseudoannotunus
Todisporites minor
Osmundacidites sp.
O. wellmanii
Cyathidites minor
Densoisporites microugulatus
Punctatisporites sp.
C. wariverrucatus
Deltoidospora psilostomu
Lygodiumsporites sp.

————整合————

上侏罗统白龙冰河组（J_3b） **194.11m**

97. 深灰色薄层状一中层状钙质泥岩夹灰色薄层泥灰岩，偶夹薄层钙质粉砂岩 151.61m
96. 灰色中层状介屑灰岩，具正粒序层理。介屑主要为双壳类碎屑，也可见保存完整的双壳类和腹足类化石，并大致顺层排列 8.49m

双壳类化石：*Arcomytilum* cf. *bathonicus* Morris et Lycett（巴特箱贻蛤比较种）
Astare togtonheensis Wen（托托河蛤）
Myophorella sp.（松肌蛤）
Corbula sp.（兰蛤）

95. 岩石露头较差。岩性为深灰色薄层—中层状钙质泥岩夹两层 40cm 和 65cm 的石膏层，石膏呈薄层状透镜体 4.77m

孢粉裸子类化石：*Classopollis annulatus*
C. parmus

C. qiyangensis
C. classoides
C. monostriams
Chasmatosporites spertus
Caytonipallenites pailidus
Cycadopites reticulatus
C. cripartites
C. giganteus
C. typicus
C. follicularis
Honosulcites sp.
Eucommiidites sp.

蕨类化石：*Huhrisporites* sp.
Stereisporites cf. *granuius*
S. europacus
Todisporites minor
Osmunda-cidites sp.
O. orbiculatus
Apiculatisporites sp.
Cyathidites minor
Concavissinispovites sp.

94. 灰绿色薄层一中层状钙质粉砂岩，粉砂岩中发育小型沙纹层理，层系厚 2～5cm。岩石层面上大量发育斜交生物钻孔　9.24m

裸子类化石：*Classopollis annulatus*
C. parmus
C. qiyangensis
C. classoides
Chasmatosporites spertus
C. salebrosus
Cycadopites typicus
Eucommiidites traedssonii

蕨类化石：*Ischyosporites* sp.
Interulobites intravertucatus
Discisporites sp.
Todisporites gramulatus
Annulispora sp.
Cyathidites minor

————整合————

上侏罗统索瓦组 (J_3s)　89.46m

93. 灰色、深灰色薄层一中层状双壳生物泥质泥晶灰岩。双壳生物保存完整，生物含量占 5%～35%　6.54m

双壳类化石：*Chlamys* (*Radulopecten*) *tipperi* Cox（梯形刮具海扇）
Ch. (*R.*) *vagans* (Sowerby)（游离刮具海扇）
Ch. (*R.*) cf. *tipperi* Cox（梯形刮具海扇比较种）
Ch. (*R.*) *gigantea* (sp. nov.)（大型刮具海扇新种）
Astarte togtonheensis Wen（托托河花蛤）
A. elegans Sowerby（优美花蛤）
A. kenti Cox，*Mactromya qinghaiensis* Wen（青海蜊海螂）
Protocardia Stricklandi (Morris et Lycett)（斯氏始心蛤）

Inoperne sowerbyana（Dorbigny）（索氏细股蛤）
Entolium sp.（光海扇）
Anisocardia sp.（岐心蛤）

92. 灰一深灰色薄层状泥质泥晶灰岩夹泥灰岩和双壳生物泥灰岩以及少量的钙质粉砂岩　82.92m

双壳类化石：*Gervillella qinghaiensis* Wen（青海小荚蛤）
Camptonectes（*Camptonectes*）*yanshipingensis* Wen（雁石坪岔线套海扇）
Modiolus sp.（偏顶蛤）
Melengrinella cf. *braanmburiensis*（Phillips）（布拉木斑蛤）
Arcomytilus sp.（箱贻蛤）
Mytolus sp.（壳荚蛤）
Anisocardia sp.（歧心蛤）
Pleuromya fengdengensis Chen（风登助海螂）
Myopholas cf. *manderaensis* Cox（曼德拉螂海笋）
Aniscc ardia（*Anitiquicyprina*）sp.（古美蛤）
Pseudolimea sp.（小锉蛤）

裸子类化石：*Classopollis annulatus*
C. parmus
C. multistriatus
C. torosus
C. qiyangensis
C. classoides
C. major
C. monostriatus
Chasmatosporines apertus
C. minor
C. hiams
C. elegans
Hunanpollerites callosus
Perinpolleniles sp.
Calialasporites danpieri
Pilasporites mancidus
Cevebropollenites sp.
C. carlylensis
Pinuspallenites sp.
Pristinuspalienites sp.
Cycadopites sp.
C. foolicularis
Honosulcites sp.
Eucommiidites sp.

蕨类化石：*Kluhrispovites pseudoreticulatus*
Ischyosporites crateris
Discisporites sp.
D. radius
D. psilatus
Granulatisporites petinus
G. minor
Stereisporites incertus
S. congregatus

Lycopodiumsporites sp.
Todisporites gramulatus
Osmundacidites sp.
Asseretospora sp.
Annulispora sp.
Cyathidites minor
Calamospora nathorstii
Reticulatasporites clatmatus

————整合————

中侏罗统夏里组（J_2x） **1 160.71m**

91. 灰绿色薄层一中层状钙质粉砂岩。层面上大量发育水平和垂直虫管，虫管孔径大小为 0.3～1.5cm 不等。另外，在岩石层面上可见干裂纹构造。岩石中发育小型沙纹层面 108.49m
90. 灰绿色中层状钙质细粒石英砂岩夹同色薄层状钙质粉砂岩。在砂岩底部具灰质小砾石和冲刷型泥砾，砂岩具正粒序层理。岩石中含丰富的小植物碎片，大小为 0.5～2cm。岩石中平行层理、低角度斜层理和小型沙纹层理发育。在岩石层面上，可见不对称波痕 7.50m
89. 杂色（紫红、灰绿色等）薄层一中层状钙质粉砂岩夹薄一中层状粉砂岩。钙质粉砂岩中小型沙纹层理十分发育，层系厚 2～4cm，另外，岩石中具灰质结核，在层面上生物钻孔发育，以垂直孔为主，次为斜交孔和水平孔，孔径 0.5～1.5cm，在夹层细砂岩中，发育斜层理，夹层厚 50～120cm 87.20m
88. 灰绿色中层状钙质细粒石英砂岩夹薄层状细砾岩。细砾岩和细砂岩构成正韵律，砾岩底部可见冲刷面，砂岩中发育中型斜层理古水流方向为 210°～230° 8.80m
87. 灰绿色中层状钙质石英细砂岩。砂岩中平行层理和交错层理十分发育。砂体整体呈楔状体，向 NW 延伸大于 2km 21.68m
86. 暗紫红色中层状钙质粗粉砂岩，钙质细粒石英砂岩。岩石中小型沙纹层理十分发育。砂体整体呈楔状体，向 NW 延伸大于 2km 21.68m
85. 灰绿色中厚层状钙质含砾细粒石英砂岩。砾石成分为灰泥质，含量为 5%～20%，大小为 2～8mm，个别为 15mm。砂岩呈透镜状，沿走向延伸 50～60m，岩石具正粒序，底部见冲刷面。岩石具平行层理、中型斜层理并含植物化石碎片，古水流方向为 NE40° 7.45m
84. 灰绿色中厚层状钙质粉砂岩。小型沙纹层理发育，常见炭化植物碎片，可见 1～2cm 厚煤线 5.8m
83. 灰绿色中厚层状钙质细粒石英砂岩。可见 1～8cm 大小的炭化植物碎片。在岩石中发育中型一大型斜层理和交错层理，古水流方向为 230°～250°。另外，在砂岩中见中型波痕构造 11.67m
82. 灰绿色薄一中层状钙质粉砂岩夹薄层泥岩。可见炭化植物碎片和沙纹层理 15.44m
81. 灰绿色薄一中层状含双壳生物粉砂质泥灰岩，双壳类化石保存完整，另见 2%～4%的炭化植物碎片 12.49m

双壳类化石：*Protocardia stricklandi*（Morris et Lycett）（斯氏始心蛤）
Anisocotdia（*Anisocordia*）sp.（古美蛤）

裸子类化石：*Classopollis triangalus*
C. annulatus
C. tristriatus
C. parmus
C. qiyangensis
C. qiyangensis
C. classoides
Psophosphaera sp.
Cycadopites nitidus
Eucommiidites sp.

蕨类化石：*Lycopodiumsporites* sp.
Osmundacidites sp.
O. wellmanii
Cyathidites minor
Densoisprites microrugulatus

Punctatisporites sp.

Leiotriletes sp.

80. 灰绿色薄层一中层状泥质粉砂岩。发育小型沙纹层理和炭化植物碎片。在层面上发育水平虫管 54.14m

79. 灰绿色薄一中层状钙质泥岩夹褐灰色薄层泥灰岩，中部夹 0.1m 厚钙质粉砂岩，下部夹 20～40cm 厚薄层石膏 34.64m

孢粉裸子类化石：*Classopollis annulatus*

C. parmus

C. qiyangensis

C. classoides

C. major

C. monostriams

Cycadopites sp.

C. medius

Momosulcites sp.

蕨类化石：*Stereisporites europaeus*

Cyathidites minor

78. 灰色薄层一中层状鸟眼状云灰岩。岩石中发育压溶缝合线，缝合线中充填黑色矿物 5.12m

77. 下部为灰、深灰色薄层和中层状泥云岩夹厚约 2m 的极薄层石膏与极薄层泥灰岩互层，中上部为中层状泥云岩，大量发育舌形菌迹（U 型管）遗迹化石，1～3cm 大小的完整双壳类化石 17.74m

双壳类化石：*Chlamys*（*Radulopecten*）cf. *tipperi* Cox（梯氏刮具海扇比较种）

Protocardia stricklandi（Morris et Lycett）（斯氏始心蛤）

Myopholas multicostata（Agassiz）（多脊螂海笋）

Chlamys（*Raduloptcten*）*tipperi* Cox（梯氏刮具海扇）

Mactromya qinghaiensis Wen（青海蜊海螂）

76. 灰绿色泥岩，钙质泥岩夹二层石膏（下部），石膏层厚为 1.8m 和 1.2m，另外，在中部夹含灰石膏层，层厚 4～8cm 51.83m

75. 暗紫红色薄一中层状钙质石英砂岩 11.32m

74. 紫红色薄一中层状钙质泥岩夹粉砂质泥岩和钙粉砂岩 40.83m

73. 深灰色薄一中层状泥灰岩与泥晶灰岩互层夹生物屑灰岩，具完整双壳类和腹足类化石，化石大小 1～3cm，具黄铁矿颗粒 26.77m

双壳类化石：*Anisocardia*（*Anitiquicypina*）*trapezoidalis* Wen（梯形古美蛤）

Modiolus imbricatus（Sowerby）（叠瓦偏顶蛤）

Anisocardia（*Anisocardia*）*togtomheensis* Wen（托托河歧心蛤）

腕足类化石：*Burmirhynchia trilobata* Ching，Sun et Ye（三叶缅甸贝）

B. flabilis Ching，Sun et Ye（扇形缅甸贝）

Lobothyris deflecta Ching，Sun et Ye（偏斜叶孔贝）

72. 蓝灰色中层一厚层状石膏层。石膏总体呈透镜体。因后期构造底辟作用而具盐丘状外貌 16.70m

71. 深灰色、灰黑色中层状含泥质泥晶灰岩夹薄一中层状黑色碳质页岩。灰岩中含薄壳的小介壳，介壳含量 5%～10%，灰岩中可见黄铁矿，灰岩单层厚 10～35cm，页岩单层厚 1～3cm，夹层厚 5～50cm，内含灰质结核，大小 4～8cm 10.94m

70. 深灰色薄一中层状泥灰岩夹同色薄层状钙质泥岩 36.68m

双壳类化石：*Modiolus imbricatus*（Sowerby）（叠瓦偏顶蛤）

Anisocardoa（*Antiquicyprina*）*trapezoidalis* Wen（梯形古美蛤）

69. 深灰色中厚层状含生物碎屑粒泥灰岩 12.61m

68. 深灰色薄层状泥质泥晶灰岩，岩石中含<10%的双壳类化石，大小为 0.5～2cm。在中部夹钙质泥岩，含10%的腹足类化石 65.95m

双壳类化石：*Prodocardia stricklandi*（Morris et Lycett）（斯氏始心蛤）

Cuspidaria? sp.（茅头蛤）

C. ibbetoni（Morris）（易氏茅头蛤）

C. cf. *ibbetoni*（Morris）（易氏茅头蛤比较种）

Corbula sp.（兰蛤）

Gervillella qinghaiensis（青海小荚蛤）

Anisocardia sp.（歧心蛤）

67. 深灰－灰黑色薄层－中层状含泥质泥晶灰岩夹泥晶灰岩。岩石中含少量化石，计有腕足类、双壳类和腹足类，大小为1～2cm，完整覆于层面上 28.50

腕足类化石：*Burmirhynchia lujiangensis* Reed（怒江缅甸贝）

Kallirhynchia Parua（Buckman）（矮小华咀贝）

66. 深灰色厚层状含核形石含介屑粒泥灰岩，单层厚70～120cm 12.27m

65. 深灰色厚－块状假亮晶鲕粒灰岩。鲕粒含量为90%～95%，粒径为0.8～1mm 7.79m

腕足类化石：*Kallirhynchia namtwensis* Ching. Sun et Ye（南姆图华咀贝）

64. 灰－深灰色中层状亮晶鲕粒灰岩和含鲕粒介屑灰岩，鲕粒粒径<0.05mm，含量超过8% 16.93m

63. 下部为灰色中层状泥晶鲕粒灰岩，中部为灰色中层状含生物屑泥晶灰岩，上部为泥晶介屑鲕粒灰岩，具正粒度层理 61.93m

腕足类化石：*Acanthothyyis* sp.（刺乱贝）

Lacunosella sp.（板骨贝）

62. 下部为灰绿色砂质鲕粒灰岩，中部为灰绿色钙质泥岩夹泥灰岩，上部为钙质粉砂岩 40.32m

61. 灰色中厚层状亮晶鲕粒灰岩夹灰绿色薄－中层状钙质泥岩和钙质粉砂岩。鲕粒灰岩中见中型斜层理和压溶缝合线。底部夹一层30～40cm的灰色介屑灰岩，具正粒序层理。斜层理古水流向为220°，在灰岩压溶缝合线中见油泥显示 26.21m

腕足类化石：*Butmirhynchia nyairongensis* Ching，Sun et Ye（聂荣缅甸贝）

裸子类化石：*Classopollis annulatus*

C. tristriatus

C. qiyangensis

Cycadopites nitidus

Eucommiidites sp.

蕨类化石：*Punctatisporites* sp.

Neoraistrickia sp.

Reticulatisporites sp.

60. 灰绿色薄层状粉砂质泥岩夹泥质粉砂岩及2～3层薄层介屑灰岩和鲕粒灰岩。在泥质粉砂岩表面见不对称波痕。在粉砂质泥岩层面上见0.3～0.5cm大小双壳类化石和近对称波痕。另外，在顶部夹一层厚1.5m的楔形砂体 4.53m

双壳类化石：*Thracia totonheensis* Wen（托托河色雷氏蛤）

Protocardia stricklandi（Morris et Lycett）（斯氏始心蛤）

腕足类化石：*Burmirhynchia* sp.（缅甸贝）

59. 灰色、灰绿色中层状砂质鲕粒灰岩，砂体呈透镜状或楔形体。具中型斜层理和平行层理，古水流方向为340° 13.35m

双壳类化石：*Protocardia stricklandi*（Morris et Lycett）（斯氏始心蛤）

58. 灰色中层－厚层状假亮晶鲕粒灰岩夹薄层状钙质泥岩，夹层厚2～5cm，鲕粒含量达70%～80%，粒径0.3～1mm 8.07m

双壳类化石：*Astarte*? sp.（花蛤）

Corbula sp.（兰蛤）

57. 下部为中厚层状紫红色夹灰绿色泥质粉砂岩和薄层细砂岩，中部为暗紫红色中层状细粒岩屑砂岩；上部为紫红色夹灰绿色砂屑灰岩与钙质粉砂岩互层，顶部夹一层1.0m厚的介屑砂质灰岩 9.80m

双壳类化石：*Camptonectes*（*Camptonectes*）*yougosus* Wen（褶皱岔线海扇）

Modiolus sp.（偏顶蛤）

Camptonectes（*Camptonectes*）sp.（岔线海扇）

Astarte sp.（花蛤）

腕足类化石：*Burmirhynchaia* sp.（缅甸贝）

56. 灰一灰绿色薄一中层状钙质泥岩和泥灰岩互层，中部夹三层石膏，分别厚 65cm、80cm 和 30cm　16.26m
双壳类化石：*Protocardia stricklandi*（Morris et Lycett）
55. 灰白色薄一中层状石膏层，单层厚 3～25cm。石膏层夹 1～5cm 深灰色泥质白云岩　3.35m
54. 下部为灰绿色薄层状假亮晶鲕粒灰岩夹粉砂质泥岩，中部为褐灰色小鲕粒灰岩，具中型交错层理，上部为深灰色薄层钙质泥岩，顶部见一层厚 8～10cm 的双壳类生物灰岩　8.12m
53. 深灰色薄层状钙质泥岩与泥灰岩互层，顶底为 30cm 和 50cm 灰白色石膏　4.40m
52. 灰黑色薄层夹中层状泥质泥晶灰岩。上部泥灰岩中含少量完整的双壳类化石，大小 2～5cm　20.28m
双壳类化石：*Pleuromya* cf. *fengdengensis* Chen（风登肋海螂）
Anisocarodia sp.（歧心蛤）
Myopholas cf. *manderaensis* Cox（曼德拉螂海笋）
Astarte sp.（花蛤）
Pinna sp.（珧蛤）
51. 灰色薄一中层状石膏层，单层厚 8～35cm，夹极薄层深灰色白云岩条带，条带宽 2～10mm　7.00m
50. 灰色一深灰色中层状泥质泥晶灰岩，岩石单层厚 25～40cm　26.74m
49. 灰色薄一中层状粉晶石膏盐岩，单层间夹透镜状或脉状泥晶灰岩或泥晶白云岩。石膏单层厚 10～35cm，石膏盐层沿走向为透镜体产出　6.71m
48. 深灰色中层状泥质泥晶灰岩夹中层状泥灰岩，岩石中水平纹层发育　19.81m
47. 暗紫红色薄一中层状粉砂质泥岩。岩石中含小的钙质结核　13.03m

————整合————

中侏罗统布曲组（J_2b）　291.83m

46. 深灰色薄层状含泥质泥晶灰岩夹深灰色中层状介屑泥晶灰岩与深灰色薄层状泥灰岩　22.97m
腕足类化石：*Burmirhynchia asiatica* Buckman（亚洲缅甸贝）
Holcothyris trigonaris Buckman（三角沟孔贝）
H. golmudensis Ching，Sun et Ye（格尔木沟孔贝）
Kutchithyris sp.（库奇贝）
45. 深灰一灰黑色薄一中层状泥质泥晶灰岩，灰岩单层厚 5～32cm。在节理中见干沥青或油泥　5.41m
44. 灰一深灰色中厚层状介屑泥晶灰岩夹极薄层泥灰岩。介屑泥晶灰岩单层厚 30～50cm　4.45m
双壳类化石：*Mytilus* sp.（壳菜蛤）
腕足类化石：*Burmirhynchia* sp.（缅甸贝）
Holcothyris sp.（沟孔贝）
43. 深灰色薄层状含泥质泥晶灰岩夹深灰色极薄层状泥灰岩。泥晶灰岩中常见黄铁矿颗粒　9.73m
42. 深灰色中层状介屑泥灰岩夹灰绿色、深灰色钙质泥岩，泥灰岩单层厚 30～60cm，介屑以双壳类生物为主，也见有腕足类碎片，介屑明显比层 14 中个体小。大小为 1～2cm，小至 3mm　8.82m
双壳类化石：*Pleuromya* cf. *uniformis*（Sowerby）（蚌形肋海螂）
Astarte elegans（Sowerby）（优美花蛤）
腕足类化石：*Burmirhynchia lobata* Ching，Sun et Ye（叶状缅甸贝）
裸子类化石：*Classopollis annulatus*
C. qiyangensis
C. major
C. monostriams
Chasmatosporimas sp.
Perinopolleniles sp.
Cycadopites sp.
蕨类化石：*Stereisporites* cf. *granuius*
Lycopodiumsporites paniculatcides
L. pseuoannotinus
Osmundacidites sp.
Cyathidites sp.
41. 深灰色厚层块状介屑泥晶灰岩，介屑主要为双壳类生物碎片，介屑含量为 30%～60%，大小为 1

～2cm 最大至 3.5cm。介屑呈杂乱自由式排列　4.21m

腕足类化石：*Burmirhynchia quinquiplicata* Ching，Sun et Ye（五褶缅甸贝）

B. lobata Ching，Sun et Ye（叶状缅甸贝）

B. flabilis Ching，Sun et Ye（扇形缅甸贝）

Holcothyris angwlata Buekman（角状沟孔贝）

Avonothyris distorta Ching，Sun et Ye（歪扭阿冯贝）

40. 灰色中层状泥晶核形石灰岩和鲕粒介屑泥晶灰岩。核形石大小为 2～5mm，鲕粒大小为 1～2mm

双壳类化石：*Pseudolimea duplicata*（Sowerby）（双假小锉蛤）　8.71m

Protocardia sp.（始心蛤）

Entolium cf *laevis* Wen（光滑套海扇）

腕足类化石：*Burmirhynchia* cf. *lobata* Ching，Sun et Ye，*B. lobata* Ching，Sun et Ye（叶状缅甸贝）

Holcothyris golmudensis Ching，Sun et Ye（格尔木沟孔贝）

Auonothyris distorta Ching，Sun et Ye（歪扭阿冯贝）

A. subpentagona Ching，Sun et Ye（五角形阿冯贝）

39. 灰色薄层状钙质粉砂岩，单层厚 3～12cm，上部夹薄层泥灰岩，水平虫迹发育　11.04m

裸子类化石：*Classopollis triangalus*

C. annulatus

C. tristriatus

C. parmus

C. classoides

Psophosphaera sp.

Cycadopites subcranulosus

C. reticulates

Pseuopinus sp.

蕨类化石：*Stereisporites* sp.

Lycopodiumsoprites semimuris

Osmundacidites sp.

O. wellmanii

O. elegans

Microreticulatisporites sp.

Cyathidites minor

Punctatisporites sp.

Calamospora mesozoica

Leiotriletes sp.

Neoraistrickia sp.

Bophotriletes cf. *delieaeus*

38. 灰色中厚层状泥晶介屑灰岩和泥晶粒屑泥粒灰岩夹深灰色钙质泥岩。介屑灰岩单层厚 30～70cm　13.16m

双壳类化石：*Entolium* cf. *laevis* Wen（光滑套海扇）

Pleuromya uniformis（Soweby）（蚌形肋海螂）

腕足类化石：*Burmithynchia quinquiplicata* Ching，Sun ef Ye（五褶缅甸贝）

裸子类化石：*Classopollis triangalus*

C. annulatus

C. parmus

C. qiyangensis

C. classoides

C. elegans

Caytonipollenites pailidus

C. nitidus

C. minimus

蕨类化石：*Osmundacidites* sp.

O. wellmanii

Biretispovites pomenimei

Cyathidites minor

Pumctatisporites sp.

Calamospora mesocoica

C. mothorstii

Neoraistrickia sp.

N. minor

37. 深灰色薄层状泥质灰岩夹灰绿色薄层状粉砂质微晶灰岩 11.93m

36. 灰色中厚层状骨屑核形石灰岩。粒屑主要为核形石，次为生物屑（双壳类），核形石大小为 0.2～0.5cm，大至 0.8cm 14.28m

35. 底部为 0.8m 厚灰色中层状介屑泥灰岩，其上为中层状深灰色泥晶灰岩、中厚层状介屑灰岩 18.82m

双壳类化石：*Pseudolimea* sp.（小锉蛤）

腕足类化石：*Burmirhynchia asciatica* Buckman（亚洲缅甸贝）

B. lobata Ching，Sun et Ye（叶状缅甸贝）

B. shanensis Buckman

B. cf. *lobata* Ching，Sun et Ye（叶状缅甸贝比较种）

B. flabilis Ching，Sun et Ye（扇形缅甸贝）

B. nierongensis Ching，Sun et Ye（聂荣缅甸贝）

Holcothyris tenuis Ching，Sun et Ye（薄弱沟孔贝）

H. Pinguis var longisulcata Reed（肥状沟孔贝长槽变种）

H. angulata Buckman（角状沟孔贝）

Kutchithyris tibetica Ching，Sun et Ye（西藏库奇贝）

34. 深灰色中厚层状泥晶灰岩，下部夹一层厚 1.2m 的介屑灰岩 10.68m

33. 深灰色中厚层状生物泥晶灰岩 2.94m

腕足类化石：*Holcothyris tonggulaica* Ching，Sun et Ye（唐古拉沟孔贝）

H. cf. *tanggulaica* Ching，Sun et Ye（唐古拉沟孔贝比较种）

H. golmudensis，Ching，Sun et Ye（格尔木沟孔贝）

Burmirhynchia lobata Ching，Sun et Ye（叶状缅甸贝）

B. flabilis Ching，Sun et Ye（扇形缅甸贝）

B. gutta buckman（水滴状缅甸贝）

B. aff. *Praestans*（Reed）（前立缅甸贝近似种）

B. quinquipllcata Ching，Sun et Ye（五褶缅甸贝）

B. asiatica Buckman（亚洲缅甸贝）

B. trilobata Ching，Sun et Ye（三叶缅甸贝）

B. Shanensis Cbuckman（禅邦缅甸贝）

Kallirhynchia namtwensis（Buckman）（南姆图华咀贝）

Thurmannella rotunda Ching，Sun et Ye（图形瑟曼贝）

Kutchithyris tibetica Ching，Sun et Ye（西藏库奇贝）

Avonothyrisdis torta Ching，Sun et Ye（歪扭阿冯贝）

A . gigantea Ching，Sun et Ye（大型阿冯贝）

32. 深灰一灰黑色中层一厚层状泥晶灰岩、含介屑泥晶灰岩夹薄一中层状泥灰岩及薄层状风暴介壳层，风暴介壳层单层厚 3～10cm。岩石中平行层面压溶缝合线发育，缝合线中产软沥青 3.86m

31. 深灰色泥质泥晶灰岩夹钙质泥岩 19.37m

30. 深灰一灰黑色中层状泥晶灰岩夹极薄层钙质泥岩。中部夹数层风暴介屑层，单层厚 1～3cm。泥晶灰岩单层厚 15～30cm。岩石中压溶缝合线发育，产状为顺层面或斜交层面，在缝合线中见干沥青和油泥 78.16m

腕足类化石：*Thurmannella rotuda* Ching，Sun et Ye（图形瑟曼贝）

Burmirhynchia shanensis Buckma（禅邦缅甸贝）

B. trilobata Ching，Sun et Ye（三叶缅甸贝）

B. asiatica Buckman（亚洲缅甸贝）

B. nyainrongensis Ching，Sun et Ye（聂荣缅甸贝）

29. 深灰－灰黑色中层状和薄层状含泥质泥晶灰岩，岩石中局部见腕足类化石，保存完整，大小为2cm
双壳类化石：*Mytilus* sp.（壳叶蛤） 41.73m

28. 深灰、灰黑色薄层、中层状泥晶灰岩，单层厚5～20cm。岩石中节理发育，节理缝中见干沥青和油泥，油气显示厚度约3cm，最丰富的地段为距底部1～1.5m范围内 2.10m

————整合————

中侏罗统雀莫错组（J_2q） 498.64m

雀莫错组含膏细碎屑岩段（J_2q^3） 340.63m

27. 灰－深灰色薄－中层状硬石膏层，在露头上走向延伸大于1km，厚度较稳定 11.76m

26. 灰色中层状泥灰岩夹钙质泥岩，底部见泥晶白云岩，在上部灰岩中见1～3mm沥青脉 71.35m

25. 灰绿色中层状细粒岩屑砂岩，砂岩单层厚15～30cm，含少量成岩黄铁矿。层面上见水平和垂直虫孔，见斜层理 12.66m
双壳类化石：*Pleuromya* cf. *dercurtatus* (Phillips)（肋海螂）

24. 下部为紫红色薄层细粒岩屑砂岩与泥质粉砂岩、钙质粉砂岩互层，中部为粉砂岩与细砂岩互层，具水平虫管；上部为粉砂质泥岩夹数层薄－中层状泥灰岩，泥灰岩中含少量完整双壳类，大小为1～3cm 74.32m
双壳类化石：*Protocardia*? sp.（始心蛤）

Pleuromya sp.（肋海螂）

23. 灰绿色中层状细粒岩屑长石砂岩，单层厚度10～20cm，平行层理和低角度交错层理发育 7.09m

22. 暗紫红色中层状粉砂质泥岩夹泥质粉砂岩和钙质粉砂岩，中部夹两层中层状泥晶灰岩 16.81m

21. 灰绿色中层状长石岩屑细砂岩，砂岩呈核形体或透镜体产出 7.24m

20. 暗紫红色薄层状粉砂质泥岩与泥质粉砂岩、钙质粉砂岩互层，单层厚1～3cm，最厚至5.5cm，下部夹1.8m厚薄－中层状黄绿色泥晶灰岩，灰岩中含黄铁矿颗粒，中部夹50cm厚钙质泥岩 38.29m

19. 深灰色中厚层状钙质泥岩，具成岩黄铁矿小颗粒 2.34m

18. 紫红色薄层状粉砂质泥岩夹极薄层状－薄层状泥质粉砂岩和钙质粉砂岩，钙质粉砂岩呈薄层状产出，单层厚1～3cm，发育平行层理。在下部夹两层黄绿色泥灰岩 18.65m

17. 灰绿色中层状细粒长石岩屑砂岩。砂体呈透镜状产出，发育斜交生物钻孔 13.37m

16. 暗紫红色中厚层状泥质粉砂岩夹粉砂质泥岩。在层序上，粉砂质含量向上增多 41.23m

15. 灰绿色中层状细粒岩屑砂岩夹薄层状粉砂质泥岩。砂岩呈透镜状分布 5.78m

14. 紫红色，灰绿色中厚层状泥质粉砂岩，岩石中白云母含量较高，占5%～8%，并具小型沙纹层理，上部夹灰色薄层状泥灰岩 19.74m

————整合————

雀莫错组灰岩段（J_2q^2） 72.80m

13. 黄灰色中层状泥灰岩，岩石中含少量双壳类和腕足类化石 18.81m
双壳类化石：*Protocardia* sp.（始心蛤）

Cuspiolaria? sp.（茅头蛤）

Pleuromya cf. *fengolegensis* Chen（风登肋海螂）

12. 灰色中层状微晶灰岩，偶夹膏盐溶蚀角砾岩。岩石中含双壳类碎片，壳薄体小，含量<10%。在灰岩中具膏盐晶洞和小的膏盐假晶，并具灰质条带（砂质灰岩与泥质粉晶灰岩） 16.81m

11. 深灰色－深灰白色薄－中层状石膏层，其中夹薄－极薄层状泥晶白云岩 5.85m

10. 深灰－灰黑色薄层－中层状白云岩化泥晶灰岩夹粉晶白云岩。泥晶灰岩中含膏盐假晶，并具鸟眼，富孔状构造以及条带状和层纹状结构。另外，岩石中夹有介屑灰岩和砂屑灰岩，介屑多为薄壳型，体小，单层厚5～10cm。灰岩中沿裂缝和压溶缝合线具有明显的软沥青产出 10.59m

9. 灰白色中厚层状石膏岩层。石膏向上层理变薄，石膏中夹极薄层钙质泥岩和泥灰岩 4.22m

8. 深灰色薄层微晶白云岩 5.86m

7. 深灰色中层微晶灰岩 10.66m

————整合————

雀莫错组粗碎屑岩段（J_2q^1） **85.21m**

6. 暗紫红色中层状含砾粗砂岩夹灰色微晶灰岩。砾石分选差，小至0.2cm，大至7cm，一般不超过1cm。砾石成分以石英和玉髓为主，次为灰质和火山岩砾岩，砾石含量10%～30%。砂体单层厚50～80cm。砂体向上粒度变细，厚度变薄 6.64m

5. 暗紫红色中厚层状细砾岩夹暗紫红色中层状、透镜状细砂岩和粉砂岩。砾石砾径为0.5～1cm，成分主要为安山质火山岩和脉石英，砾石占60%～65%。顶部为8～12cm厚含砂质微晶灰岩和泥晶灰岩 11.54m

4. 岩石由若干个正粒序韵律组成。每韵律下部为中砾岩，上部为细砾岩，砾石成分为火山质，次为脉石英和灰质，砂岩质。细砾岩中主要为脉石英，硅质玉髓和玛瑙等，次为安山质 13.86m

3. 暗紫红色中厚层状细砾岩夹含砾不等粒岩屑砂岩透镜体，细砾岩与细砂岩组成正粒序构造。细砾岩中也含5%～10%的中砾石。砾石大小为5～10mm，大至18cm。中砾石成分主要为安山质，细砾石主要为脉石英和安山岩质，个别见38cm大小灰岩砾石，砾石含量60%～80%，填隙物为砂泥质 34.01m

2. 灰绿色厚层－块状不等粒砾岩夹凝灰岩角砾岩，砾石大小悬殊，大至9cm，小至0.5cm，一般为2～6cm，成分主要为安山质火山岩，次为脉石英，玉髓、砾石含量为50%～70%，充填物为砂泥质 19.16m

············平行不整合············

下伏地层：下侏罗统那底岗日组（J_1n）岩屑凝灰岩

（3）西藏双湖地区旋风梁中侏罗统雀莫错组（J_2q）实测地层剖面（XFP）

该剖面位于图幅北图边的旋风梁，起点坐标：N34°59′50.7″，E87°46′05.5″，终点坐标：N34°57′57.2″，E87°40′50.1″，剖面斜距3 657.20m，厚1 733.18m，未见顶、底（图2－11），共分3段，现分层描述如下：

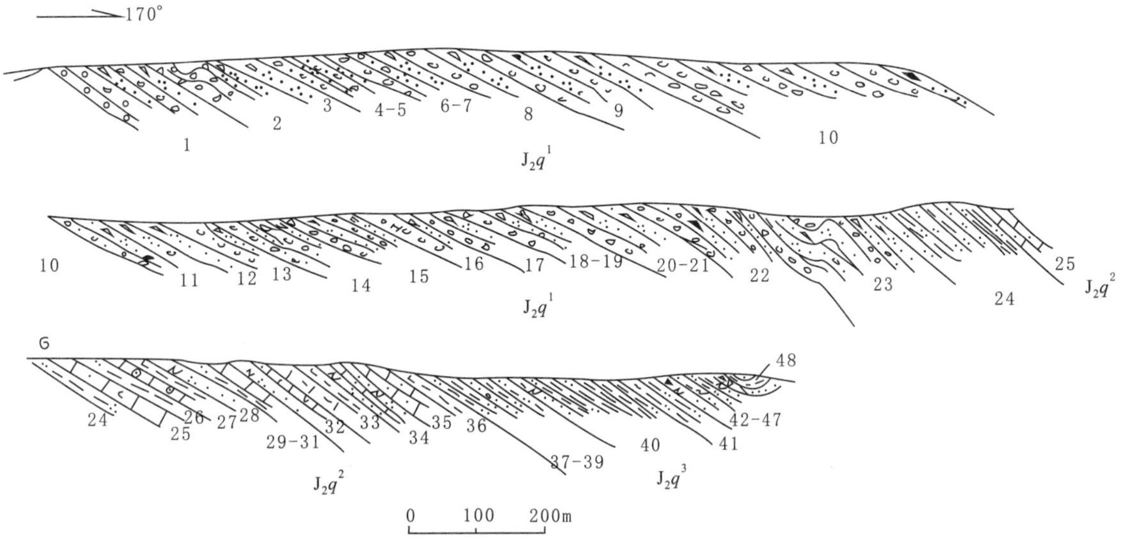

图2－11 西藏双湖地区旋风梁中侏罗统雀莫错组（J_2q）实测地层剖面图

中侏罗统雀莫错组（J_2q） **（未见顶）** **＞1 733.18m**

雀莫错组细碎屑岩段（J_2q^3） **＞294.62m**

48. 紫红色薄—极薄层状泥页岩与粉砂质泥页岩互层，两者比近1∶1，每套互层厚50～200cm±，泥质岩中见水平层理 ＞7.70m

47. 以紫红色薄层状泥质粉沙岩为主，夹数层紫红、灰紫色薄层状粗中粒岩屑石英砂岩条带，泥质粉沙岩中发育水平层理，岩屑石英砂岩中发育平行层理 8.24m

46. 以灰紫色中层状细一中粒岩屑长石砂岩为主，夹少量紫红色薄层状泥质粉沙岩，砂岩中发育平行层理，局部见正粒序层理　15.44m
45. 紫红色薄层状粉沙质泥岩与紫红色中层状岩屑细一粉沙岩组成厚1～2m呈近等厚韵律互层产出，两者比为1∶1～1∶2，砂岩中发育平行层理，局部发育小型交错层理（层系厚3～8cm），纹层厚0.2～0.5cm，局部发育正粒序层理　9.59m
44. 以紫红、灰紫色中层状细一中粒岩屑长石砂岩为主，夹紫红色中厚层状泥质粉砂岩，向上两者局部呈互层状产出，两者比为5∶1～3∶1，砂岩中发育平行层理，粉砂岩中发育水平层理　19.52m
43. 以紫红色中薄层状泥质粉砂岩为主，夹紫红色薄层细一中粒岩屑砂岩条带，两者比为6∶1±。粉砂岩中发育水平层理（水平纹层厚0.2～1cm）　6.51m
42. 紫红色中厚层状细粒岩屑石英砂岩。岩层中发育水平层理，局部见小型交错层理（层系厚3～10cm），平行纹层厚0.3～2cm　8.13m
41. 以紫红色中薄层状泥质粉砂岩为主，夹紫红、灰紫色薄层状细粒岩屑长石砂岩条带或扁长透镜体。粉砂岩中发育水平层理，局部见沙纹层理　41.48m
40. 红色薄层状泥质页岩与紫红色薄层状粉砂质泥岩组成厚1～3m近等厚互层，局部粉砂质泥岩中夹条带状泥质粉砂岩，泥页岩中夹紫红色中厚层状含岩屑长石砂岩透镜体　96.58m
39. 以红色厚层状粉砂质泥岩为主，夹紫红色薄层状泥质粉砂岩，局部夹薄层泥灰岩条带或透镜体，粉砂岩转石中见平行层理、小型交错层理或沙纹层理　21.38m
38. 底部3m±为紫红色细一中粒岩屑砂岩夹薄层状细砾岩或含砾粗砂岩透镜体，其上为紫红色粉砂质泥岩夹泥质粉砂岩条带与紫红色中薄层细粒岩屑砂岩形成不等厚韵律产出，总体泥砂比7∶1～3∶1泥岩中夹极少量的泥灰岩透镜体　30.16m
37. 以紫红色薄层状粉砂质泥页岩为主，夹灰，灰紫，紫红色中薄层状中粒岩屑砂岩，两者比为5∶1±。砂岩中发育平行层理　29.89m

————整合————

雀莫错组灰岩段（J_2q^2）　271.23m

36. 以紫红色薄层状钙质泥页岩为主，夹灰、深灰色中一薄层状泥灰岩。两者比为5∶7～7∶1，泥灰岩在横向上呈透镜状。泥灰岩中发育水平纹层　13.11m
35. 深灰色中厚层状砂质灰岩，近顶部夹少量紫红色薄层一中层状钙质砂岩透镜体，厚度极不稳定，砂质灰岩中见水平、透镜状、脉状层理　19.99m
34. 紫灰色中薄层状钙质长石石英砂岩夹深灰色中薄层状砂质灰岩，两者比为3∶1，局部两者呈互层状产出，每个韵律厚50～150cm砂岩中见平行层理及小型交错层理，小型鱼骨状层理。砂质灰岩中局部夹砂质鲕粒灰岩，岩层中含少量生物碎屑及小型沙纹层理　40.20m
33. 灰色中层状泥灰岩与灰、紫红色薄层状钙质泥岩组成厚1～3m韵律层，两者比为1∶1～3∶1。局部泥灰岩中含粉砂质。泥灰岩中发育水平纹层。含粉砂质泥灰岩中可见沙纹层理　42.38m
32. 灰、灰黄色中一薄层状中细岩屑砂岩与灰、深灰色中一薄层状含生物碎屑砂质灰岩，组成厚40～50cm互层状产出，其中砂岩厚30m±，砂质灰岩厚10～20cm。砂岩中发育平行层理，局部见小型交错层理、沙纹层理。砂质灰岩中局部发育沙纹层理　30.26cm
31. 以灰、深灰色中层状夹厚层状泥晶灰岩为主，局部夹极少量深灰、灰黄色薄层状钙质泥页岩及钙质细砂岩透镜体，细砂岩中见沙纹层理　24.31m
30. 以灰、深灰色中层状泥灰岩为主，夹深灰、灰黄色钙质泥页岩，两者比为5∶1～10∶1　8.61m
29. 以灰、灰黄色薄层状粉砂质泥岩、钙质泥岩为主，夹数层灰黄色中一薄层状钙质细一粉砂岩条带，顶部钙质泥页岩中，局部夹灰色粉砂质泥灰岩透镜体，泥岩由下往上粉砂质含量局部减少，钙质含量逐渐增多，上部逐渐以钙质泥岩为主。钙质细一粉砂岩中发育平行层理，局部见沙纹层理　14.47m
28. 灰、灰黄色中厚层状粗粒岩屑砂岩与中层状中细粒岩屑砂岩组成厚2～5m韵律互层。两者比为1∶1～1∶3，粗砂岩中局部底部含砾或为薄层细砾岩透镜体，发育平行层理。中细粒砂岩中见灰黄色粉砂质泥灰岩条带或透镜体　14.46m
27. 灰、深灰色中层状含生物屑鲕粒灰岩与灰、深灰色钙质泥灰岩互层，两者比为2∶1±。鲕粒灰岩中夹深灰色中一薄层状泥晶灰岩或含碎屑泥晶灰岩，鲕粒含量70%～90%，粒径为0.5～1mm，呈圆球状，发育同心纹构造，同心纹层最多可达10层，在鲕粒核心多见极小的圆形石英颗粒，鲕粒间为亮晶方解石胶结，为高能浅滩环境　23.96m
26. 以灰、灰黄色薄层状粉砂质泥岩为主，夹数层灰色中层状粉砂质泥质灰岩　21.83m

25. 以灰、深灰色薄层状含生物碎屑砂质灰岩为主，夹灰、灰黄色薄层状钙质细砂岩，由钙质细砂岩→含碎屑砂质灰岩→泥灰岩组成厚约 35cm 向上变细的韵律叠置而成。砂质灰岩中见正粒序层理，发育沙纹层理，含双壳类：*Camptonectes*（*C.*）sp.（岔线海扇未定种）。钙质砂岩呈透镜状断续出现，发育平行层理，局部见沙纹层理　17.65m

————整合————

雀莫错组粗碎屑岩段（J_2q^1）　1 167.33m

24. 灰绿、紫灰色中层状粉砂岩，粉砂质泥岩夹紫红色中厚层状细粒长石石英砂岩，砂岩层中节理发育，节理间隔 2～10cm，见平行层理　104.15m

23. 紫灰色复成分细砾岩→紫灰色含砾粗粒岩屑石英砂岩→紫灰色中厚层状中细粒岩屑石英砂岩，组成厚 3～3.5m 的基本层序叠置而成。其中细砾岩厚 0.5m±，含砾砂岩厚 1m±，中细粒砂岩厚 1.5～2m。细砾岩具细砾胶结结构，砾石含量＞60%，砾石成分以脉石英，砂岩为主，少量火山岩，粒径 2～8mm，呈次圆状一次棱角状，砂质胶结为主，少量泥质，中细粒砂岩中见平行层理、槽状交错层理　72.54m

22. 紫红色厚层状复成分细砾岩→紫红色含砾粗粒岩屑石英砂岩→紫红色中厚层状细粒岩屑石英砂岩，组成厚 3～3.5m 的基本层序叠置而成。其中细砾岩厚 0.5～1.2m，含砾砂岩厚 1m，细粒砂岩厚 1～1.5m，细砾岩单层厚 50～65cm，砾石含量＞55%，砾石成分以脉石英、砂岩为主，少量火山岩，粒径 2～7mm，呈次圆状—次棱角状，砂质胶结为主砾岩底部见冲刷面。细粒砂岩中见平行层理　40.56m

21. 紫红色厚层状复成分细砾岩→紫红色中层状含砾粗粒岩屑石英砂岩→紫红色中厚层状中细粒岩屑石英砂岩，组成厚 2.5～4.0m 的基本层序叠置而成。其中细砾岩厚 1.5m±，含砾砂岩厚 0.5～1m，中细粒砂岩厚 1～1.5m，细砾岩中砾石含量＞55%，砾径 2～4mm，仅底部出现一层　57.55m

20. 紫红色复成分细砾岩→紫红色粗粒岩屑砂岩→紫红色中厚层状中细粒岩屑砂岩，组成厚 2.5～3m 的基本层序叠置而成。其中细砾岩厚 0.5～1m，中细粒砂岩厚 1m±，细砾岩中砾石含量＞60%，砾径 3～7mm，其余特征同 19 层，中细粒砂岩见平行层理。　39.48m

19. 紫红色厚层状复成分细砾岩→紫红色中层状粗粒岩屑石英砂岩→紫红色中厚层状细粒岩屑石英砂岩，组成厚 3～4m 的基本层序叠置而成。其中细砾岩厚 0.5～1m，中细粒砂岩厚 1～2m。细砾岩单层厚 80cm，岩石具细砂状结构，砾石含量＞55%，砾石成分以脉石英，砂岩为主，少量火山岩，粉砂岩砾石，粒径 1～7mm，呈次圆状—次棱角状，砂质胶结为主，少量泥岩　8.39m

18. 紫红色复成分含中砾细砾岩→紫红色中层状含砾粗粒岩屑石英砂岩→紫红色中厚层状细粒岩屑石英砂岩组成的基本层序，其层序厚度不清。含中砾细砾岩，岩石具含中砾细砾状结构，砾石含量＞60%，粒径 3～8mm，少数达 1.5cm，其余特征同 16 层砾岩，细粒砂岩中见平行层理　55.78m

17. 灰绿色复成分细砾岩→辉绿色中厚层状中粒岩屑砂岩，组成厚 2m± 基本层序叠置而成。其中细砾岩厚 0.5～1m，砂岩厚 1～1.5m。细砾岩具细砾状结构，砾石含量＞55%，砾径 2～7mm，其余特征同 16 层砾岩，砂岩中见细砾岩透镜体，长 20cm，宽 5cm　43.88m

16. 紫红色复成分含粗砾中砾岩→紫红色厚层状含中砾细砾岩→紫红色中厚层状中粒钙质岩屑砂岩，组成厚 3～4m 基本层序叠置而成。其中中砾岩厚 0～1m，此岩性不稳定，细砾岩厚 0.5m±，中细粒砂岩厚 1～1.5m。含粗粒中砾岩，具含粗砾中砾状结构，砾石含量＞65%，砾石成分大于砂岩、脉石英为主，少量火山岩，粉砂岩粒径 1～1.5cm，大者达 3cm，呈次圆状—次棱角状，砂质胶结为主，少量泥质。长石石英砂岩中见平行层理　41.03m

15. 紫红色复成分细砾岩→紫红色中厚层状中细粒岩屑石英砂岩→紫红色中层状细粒岩屑石英砂岩，组成厚 2.5～3.5m 基本层序叠置而成。其中细砾岩厚 0～0.5m，中细粒岩屑石英砂岩厚 1～1.5m，细粒砂岩厚 1～1.5m，砾石含量＞60%，砾径 4～6mm，砂岩中见平行层理　68.99m

14. 紫红色厚层状复成分细砾岩→紫红色中细粒岩屑石英砂岩组成厚 3～4m 的基本层序叠置而成。其中细砾岩厚 1～2m，砂岩厚 1.5～2m，砾岩含量＞60%，砾径 3～6mm，其中含砂质透镜体，长 25cm，宽 10cm　71.62m

13. 紫红色厚层块状复成分含巨砾粗砾岩→紫红色复成分含中砾细砾岩→紫红色中厚层状含砾岩屑石英砂岩→紫红色中细砾岩屑石英砂岩→紫红色中层状细粒岩屑石英砂岩，组成厚 4～6m 的基本层序叠置而成。具中粗砾岩厚 3m±，细砾岩厚 1m±，含砾砂岩厚 1～2m，中细粒砂岩厚 30～50cm，细粒砂岩厚 40～80cm。含巨砾粗砾岩，具含巨砾粗粒结构，砾石含量＞65%，砾石成分以脉石英、砂岩为主，少量火山岩，粉砂岩，砾径 2～5cm，少数达 13cm，呈次圆状—次棱角状，砂质胶结为主　28.47m

12. 紫红色中厚层状含砾中粗粒岩屑砂岩→紫红色中厚层状中细粒岩屑砂岩→紫红色中厚层状细粒岩屑砂岩，组成厚3～4m的基本层序叠置而成。其中含砾砂岩厚1～1.5m，中细粒砂岩厚1m±，细粒砂岩厚1～1.5m，砂岩中见平行层理　12.57m
11. 紫红色厚层块状复成分含巨砾粗砾岩→紫红色细砾岩→紫红色中厚层状含砾粗砾岩屑石英砂岩→紫红色中层状细粒岩屑石英砂岩，组成厚4～6m的基本层序叠置而成。其中粗砾岩厚3m（仅出露一层），细砾岩厚1.0～1.5m，含砾砂岩厚0.7～1.2m，细粒砂岩厚0.4～1.6m，含砾粗砾岩，单层厚0.6～2.3cm。岩石具含巨砾粗粒状结构，砾石含量>65%，粒径2～6cm，少数达20cm，岩层中见透镜状细砾岩，其余特征同9层砾岩，细粒砂岩中见平行层理　54.01m
10. 紫红色复成分含巨砾中粗砾岩、细砾岩夹紫红色中细粒岩屑石英砂岩　126.89m
9. 紫红色厚层状复成分含巨砾粗砾岩→紫红色中厚层状复成分细砾岩→紫红色中厚层状含砾粗粒岩屑石英砂岩→紫红色细粒岩屑石英砂岩，组成厚3～6m的基本层序叠置而成。其中含巨砾粗砾岩厚1.5m，细砾岩厚1～2m，含砾砂岩厚0.5～1m，细粒砂岩厚1m±。含巨砾粗砾岩，单层厚60～100cm，砾石含量>60%，砾石成分以脉石英、砂岩为主，少量火山岩，粉砂岩，粗砾岩粒径2～5mm，少数达20cm，砂质胶结为主；细砾岩单层厚达30～60cm，砾径2～5mm　59.81m
8. 紫红色厚层块状复成分中砾岩→紫红色复成分细砾岩→紫红色中厚层状含砾粗粒岩屑石英砂岩→紫红色中层细粒岩屑石英砂岩，组成4～6m的基本层序叠置而成。其中中砾岩厚2～3m，细砾岩厚0.5m±，含砾砂岩厚0.7～1.5m，细粒砂岩厚1～1.5m，中砾岩，具中砾状结构，砾石含量>55%，砾石成分以脉石英，砂岩为主，少量火山岩，粉砂岩，硅质岩，砾径1～1.6cm，呈次圆状一次棱角状，胶结物以砂质为主，少量泥质，基底式胶结。岩层中见砂质透镜体，砂岩中见平行层理　45.68m
7. 紫红色复成分粗砾岩→紫红色厚层状复成分中砾岩→紫红色中层状粗粒岩屑砂岩→紫红色细粒岩屑砂岩，组成厚4～5m的基本层序叠置而成。其中粗砾岩厚2m（仅出露一层），中砾岩厚0.7～1m，含砾砂岩厚0.5～0.8m，细粒砂岩厚1～1.5m。紫红色粗砾岩具粗粒状结构，砾石含量>60%，粒径3～6cm，其余特征同6层；中砾岩，单层厚60～70cm，岩石具中砾状结构，石英含量>50%，粒径1～1.4cm，其余特征同前，细粒砂岩中见平行层理　41.06m
6. 紫红色厚层状复成分中砾岩→紫红色厚层含砾粗粒岩屑石英砂岩组成的基本层序。其中，中砾岩厚6.5m，砂岩厚3.5m±，中砾岩单层厚85～220cm，岩石具中砾状结构，砾石含量>60%，砾石成分以脉石英为主，次为砂岩，少量火山岩，粉砂岩，硅质岩，粒径0.8～1.5cm，呈次圆状—次棱角状，硅质胶结为主。少量泥质，岩层中见砂质透镜体，长50cm，宽30cm，砂岩中见平行层理　10.05m
5. 紫红色厚层状复成分细砾岩→紫红色中厚层中粗粒岩屑砂岩→紫红色中层状细粒岩屑砂岩，组成厚4～4.5m的基本层序叠置而成。其中，细砾岩厚0.6～1.0m，含砾砂岩厚1～1.5m，细粒砂岩厚2～2.5m，细砾岩具细粒状结构，单层厚60～80cm，砾石含量>60%，粒径3～6mm，其余特征同1层，基本层序，向上细砾岩变薄，细粒砂岩变厚　29.25m
4. 灰紫色厚层状复成分含巨砾中砾岩→灰紫色中厚层状细粒岩屑石英砂岩，组成厚4～5m的基本层序叠置而成。其中含巨砾中砾岩厚2～3m，砂岩厚1.5～2m。含巨砾中砾岩，单层厚2～2.5m，岩石具含卵石中砾状结构，块状构造，砾石含量>60%，砾石成分以脉石英为主，少量灰岩，砂岩，硅质岩，砾径1～1.5cm，大者达10cm，呈次圆状—次棱角状，砂质胶结为主，少量泥质，岩层中见砂质透镜体，长1m，宽0.5m，砂岩中见平行层理　40.97m
3. 灰黄色（风化色）厚层状中粗粒岩屑砂岩→灰黄色中厚层状细粒岩屑砂岩，组成厚3m±的基本层序叠置而成。其中中砾砂岩厚2m±。细粒砂岩厚1m±，砂岩中见平行层理　39.29m
2. 灰绿色细砾岩→灰绿色中厚层状含砾粗粒岩屑石英砂岩→灰黄色（风化色）中层状中细粒岩屑石英砂岩，组成厚2～3m基本层序叠置而成。细砾岩厚1m，含砾砂岩厚0.5～1m，长石石英砂岩厚0.4～1.0m，细砾岩具细粒状结构，砾石含量>50%，砾石成分以脉石英为主，少量灰岩，火山岩，粉砂岩，砾径3～6mm，呈次圆状一次棱角状，砂质胶结为主，少量泥质，底部见冲刷面　18.7m
1. 灰绿色厚层状含中砾细砾岩→灰绿色中厚层状细—中粒岩屑石英砂岩组成厚3～4m的基本层序叠置而成。其中细砾岩厚1～2m，砂岩厚1～2m。含中砾细砾岩具中砾细砾状结构，砾石含量>55%，砾石成分以脉石英为主，少量灰岩，火山岩，砾径3～7mm，少数达1cm，呈次棱角状一次圆状，砂质胶结为主，少量泥质，基底式胶结。砂岩中见平行层理　56.61m

（未见底）

（4）西藏双湖地区石羊沟中侏罗统雀莫错组（J_2q^1—J_2q^2）实测地层剖面（SYP）

剖面位于图幅中北部边缘石羊沟，起点坐标：N34°56′13.6″，E87°48′6.6″，终点坐标：N34°56′49.9″，E87°48′13.5″，剖面斜距 1 323.5m，厚度 862.26m，其中雀莫错组粗碎屑岩段 769.57m，灰岩段＞92.69m，下与那底岗日组（J_1n）灰绿色安山岩平行不整合接触，上未见顶（图 2-12）。

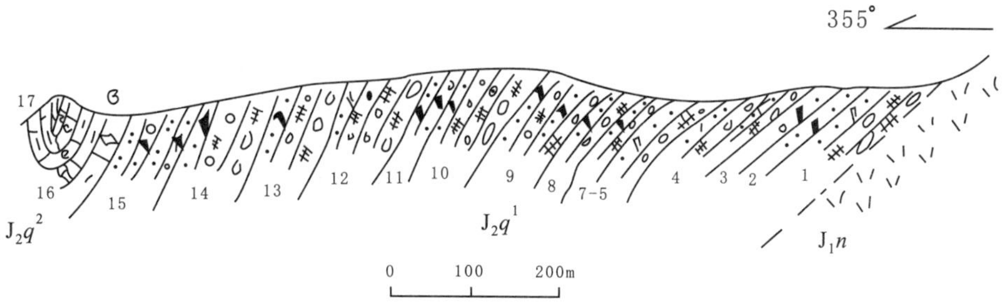

图 2-12 西藏双湖地区石羊沟中侏罗统雀莫错组（J_2q^1—J_2q^2）实测地层剖面图

中侏罗统雀莫错组（J_2q） **＞862.24m**

雀莫错组灰岩段（J_2q^2） **（未见顶）** **＞92.69m**

17. 深灰色中层状泥质泥晶灰岩与灰黄色（风化色）薄层状生物碎屑泥质灰岩，组成 2～2.5m 的基本层序重复叠置而成。其中泥质泥晶灰岩厚 1m±，泥质灰岩厚 1.15m，见双壳类碎片 ＞32.84m

16. 深灰色中层状泥质泥晶灰岩与灰黄色（风化色）薄层状生物碎屑灰岩，组成厚 2.8～3m 的基本层序重复叠置而成。其中泥晶灰岩厚 1.5～2m，泥质灰岩 1m± 59.85m

    双壳类化石：*Chlamys*（*Radulopecten*）*tipperi* Cox（梯氏刮具海扇）

    Pleuromya alduini（Brong）（奥氏肋海螂）

    Plegiostoma sp.（斜锉蛤）

————整合————

雀莫错组粗碎屑段（J_2q^1） **769.57m**

15. 灰绿色中厚层状中粗粒岩屑砂岩与紫红色粉砂岩组成基本层序重复叠置而成 69.41m

14. 紫红色厚层状复成分粗砾岩→紫红色中厚层状细砾岩→紫红色中层状含砾粗粒岩屑砂岩，组成厚 3.5～4m 的基本层序叠置而成。其中粗砾岩厚 1.0～1.5m，细砾岩厚 1m±，岩屑砂岩厚 1～1.5m。砾石以砂岩、脉石英为主，次有火山岩和粉砂岩，次圆—圆状，砂泥质基底式胶结，细砾岩中见砂岩透镜体，岩屑砂岩中见平行层理 76.85m

13. 紫红色厚层状复成分巨砾粗砾岩→紫红色厚层状复成分细砾岩→灰绿色中层状含砾粗粒岩屑砂岩，组成厚 4～5m 的基本层序叠置而成。其中粗砾岩厚 1.5～2m，细砾岩厚 1m±，岩屑砂岩厚 1.5～2m，在粗砾岩中见含砾粗砂岩透镜体，底部具冲刷面，岩屑砂岩中发育平行层理 71.09m

12. 紫红色厚层状复成分粗砾岩→同色中厚层状复成分中砾岩→中层状复成分细砾岩→中层状中粒岩屑砂岩，组成厚 4～4.5m 的基本层序叠置而成。其中粗砾岩厚 1～2m，中砾岩厚 0.5～1m，细砾岩厚 0.5～1.2m，砂岩厚 0.4～1m，粗砾岩中见岩屑砂岩透镜体，岩屑砂岩中见平行层理 81.23m

11. 紫红色中厚层状含砾粗粒岩屑砂岩→同色中层状细粒岩屑砂岩，组成 2.5～3.5m 的基本层序叠置而成。其中含砾砂岩厚 1～1.5m，细粒砂岩厚 1.5～2.0m，砾石砾径 0.5～1cm，岩屑砂岩中见平行层理 30.61m

10. 紫红色厚层状复成分含巨砾粗砾岩→同色厚层状复成分中砾岩→复成分细砾岩→中层状含细砾岩屑砂岩→中层状中粒岩屑砂岩，组成厚 4～5m 的基本层序重复叠置而成。其中粗砾岩厚 2～3m，中砾岩厚 1～1.5m，细砾岩厚 20cm±，含砾粗砂岩厚 30cm±，中粒砂岩厚 30cm±，砾岩砾石以砂岩、脉石英为主，次有灰岩、粉砂岩，呈次圆—圆状，砂泥胶结，岩屑砂岩为铁、泥质胶结，见平行层理 63.91m

9. 紫红色复成分细砾岩与同色厚层状中粒长石岩屑砂岩组成厚 2m 的基本层序重复叠置而成。其中细砾岩厚 50cm，砂岩厚 1.5m±，砾石以砂岩、脉石英为主，次为火山岩、粉砂岩，未见灰岩砾石，岩屑砂岩中见平行层理 76.97m

8. 紫红色复成分中—粗砾岩，与同色中粒岩屑砂岩组成3～4m的基本层序重复叠置而成。其中中粗砾岩厚1～2m，砂岩厚2m±，岩屑砂岩中见平行层理　43.71m
7. 灰紫色复成分细砾岩→灰绿色厚层状中粒岩屑砂岩→紫灰色中厚层状细粒岩屑砂岩，组成厚4～5m的基本层序重复叠置而成。其中细砾岩厚0.5m，中粒岩屑砂岩厚3m±，细粒岩屑砂岩厚1～1.5m，砾石特征同前，岩屑砂岩中见平行层理　46.49m
6. 残坡积物掩盖。残坡积物为紫灰色细粒岩屑砂岩，紫红色粉砂岩　17.36m
5. 紫红色厚层状复成分中—粗砾岩→同色厚层状含砾粗粒岩屑砂岩→中层状中粒岩屑砂岩→细粒岩屑砂岩，组成厚3～4m的基本层序重复叠置而成。其中粗砾岩厚1～1.5m，含砾粗粒岩屑砂岩厚0.8～1.5m，中粒砂岩厚0.4～0.6m，细粒砂岩厚0.3～0.6m。砾岩砾石以灰岩、火山岩为主，次为砂岩、脉石英，呈圆—次圆状，砂、泥质胶结　16.49m
4. 紫红色复成分中砾岩，同色细粒岩屑砂岩，砾石特征与上层一致，岩屑砂岩中见平行层理　77.19m
3. 紫红色厚层状含砾粗粒岩屑砂岩，层中见透镜状细砾岩，见平行层理、斜层理，底部具明显冲刷面，古流向170°左右　5.85m
2. 紫红色厚层状中粒岩屑砂岩，铁泥质胶结，其中见平行层理、大型斜层理　24.75m
1. 灰绿色厚层块状复成分粗砾岩→灰绿色复成分细砾岩→灰紫色中层状粗中粒岩屑砂岩，组成厚4～5m的基本层序重复叠置而成。砾石以火山岩、砂岩、脉石英为主，次为粉砂岩、泥岩，呈圆—次圆状，砂、泥质胶结，岩屑砂岩为铁泥质胶结　67.46m

-----------平 行 不 整 合-----------

下伏地层：下侏罗统那底岗日组（J_1n）灰绿色英安岩

（5）西藏双湖地区黄山中侏罗统布曲组（J_2b）修测地层剖面（HP）［据成都环境所（1996）实测剖面修订］①

剖面位于测区东南部黄山，起点坐标：N34°04′29″，E88°29′52″。终点坐标：N34°05′37″，E88°30′32″，剖面长1 367.7m，厚660.02m，露头一般，未见顶、底（图2-13）。

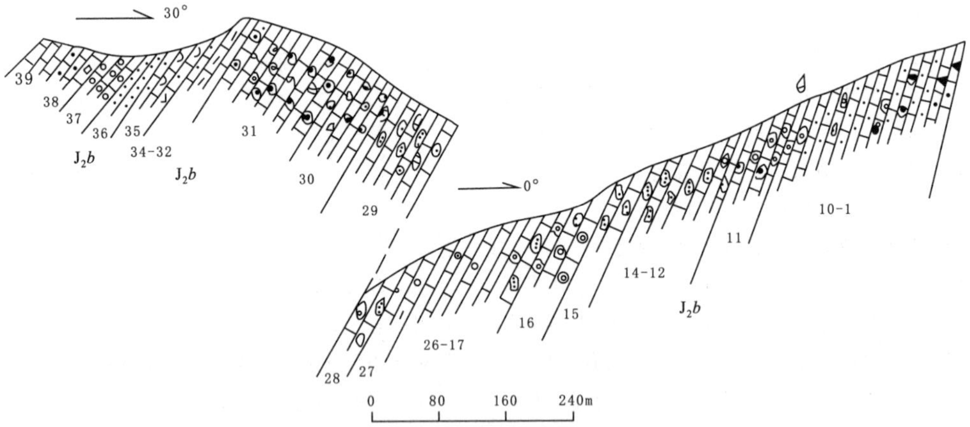

图2-13　西藏双湖地区中侏罗统黄山布曲组（J_2b）修测地层剖面图

中侏罗统布曲组（J_2b）　　（未见顶）　　>660.02m

39. 灰色中层状含生屑泥—微晶灰岩生物碎屑为双壳、腕足类　30.55m
38. 灰色中层状生物介壳灰岩夹中—薄层状含生屑球粒灰岩　36.97m
37. 浅绿黄色薄层状粉砂质页岩夹薄层状介壳灰岩。发育沙纹层理　21.24m
36. 灰色中厚层状含生屑含核形石球粒灰岩。含孢粉 *Abietinenepollenites*（单束松粉属），*Piceites*（拟云杉粉属），*Pristinuspollenites*（原始双囊粉属），*Protopinus*（原始松粉属）　28.68m

---

① 成都环境地质与资源开发研究所，1996，青藏地区羌塘盆地（红土山等六幅）1∶10万区域石油地质调查报告。

35. 浅灰色中厚层状含生屑球粒灰岩。生屑为双壳类、海百合茎和海绵骨针 13.90m
34. 浅黄、紫灰色中厚层状白云岩化生屑球粒灰岩。生屑以海百合茎为主，双壳次之 4.51m
33. 灰黑色薄层状含泥质泥晶灰岩，见小型沙纹层理和平行层理 8.68m
32. 灰色中厚层状白云岩化泥晶灰岩。裂隙较发育，见方解石脉充填，频率12～20条/米 11.84m
31. 灰色中层状白云岩化含生屑球粒灰岩。生屑以双壳类为主，海百合茎次之 105.15m
30. 灰白色中厚层状微细晶鲕粒灰岩，见压溶缝合线。方解石脉呈网格状充填 47.93m
29. 灰色中厚层状含生屑凝块石泥晶灰岩夹珊瑚礁灰岩。礁灰岩由树枝状群体珊瑚构成 75.28m
28. 浅灰色中薄层状含生屑凝灰石灰岩夹灰白色中层状泥晶灰岩。生屑为海百合茎和双壳类 14.49m
27. 灰色中层状含生屑泥晶灰岩。生屑以海百合茎为主，次为海绵骨针和双壳类 19.99m
26. 浅灰色中层状泥一微晶灰岩。生屑以海百合茎为主，次为双壳类 3.33m
25. 灰白色中厚层状含生屑泥一微晶灰岩。生屑以海绵骨针为主，次为海百合茎和双壳类 6.81m
24. 灰白色中厚层状含生屑白云质灰岩。裂隙发育，方解石脉呈网状分布，频率17～22条/米 9.41m
23. 灰色中厚层状泥晶灰岩。裂隙发育，方解石脉呈网格状充填 2.03m
22. 灰白色中厚层状含白云质灰岩。见海百合茎、双壳类等生屑 5.20m
21. 灰色中层状含生物碎屑凝块石灰岩 1.66m
20. 灰白色中厚层状白云质灰岩夹灰白色中薄层状含生屑泥晶灰岩 7.07m
19. 灰色中层状生屑灰岩。生屑以海百茎为主，腕足类次之 1.12m

腕足类化石：*Rugitela* sp.（皱纹贝）

18. 灰白色中厚层状白云岩化球粒泥晶灰岩 3.15m
17. 灰色中厚层状含生屑凝块石泥晶灰岩。生屑以海百合茎为主，双壳类次之，方解石脉发育，频率24～28条/米 12.04m

有孔虫化石：*Verneuilinoides* sp.（拟雏纽虫）
Lenticulina sp.（扁豆虫）
Marginuline（缘口虫）
Textularia sp.（串珠虫）
Palaeomiliolina sp.（古小栗虫）
Cyclogyra sp.（圆环虫）
Nodosaria sp.（节房虫）
Glomospira sp.（球旋虫）
Glomospirella（小球旋虫）

16. 浅灰一灰白色含白云质方解石化球粒灰岩。裂隙极发育，方解石脉呈网格状充填 11.07m
15. 灰色中层状含生屑凝块石灰岩。生屑主要为海百合茎和双壳类 22.03m
14. 灰色中厚层状含生屑凝块石灰岩。生屑主要为海百合茎和双壳类 41.32m
13. 灰色中厚层状含核形石凝块石灰岩。裂隙极发育，并见压溶缝合线 4.40m
12. 灰色中厚层状含生屑白云岩化凝块石灰岩。生屑为海绵、海百合茎、双壳类 10.26m
11. 灰色中厚层状含生屑球粒灰岩。生屑成分为海绵、海绵骨针和双壳类 15.39m
10. 灰色中厚层状含核形石含砂屑球粒灰岩。生屑以海百合茎、海绵骨针为主，腕足类次之 10.05m

腕足类化石：*Burmirhynchia asiatica* Buckman（亚洲缅甸贝）

9. 灰色、紫灰色中层状含生屑球粒核形石灰岩，生屑为双壳类、海百合茎和海绵骨针 7.55m
8. 浅黄灰色薄层状含生屑灰岩夹灰白色中厚层状球粒泥晶灰岩，发育小型交错层理 2.92m
7. 浅黄灰色薄层状含生屑球粒灰岩，见呈次棱角状之灰岩角砾。生屑为海百合茎、海绵骨针和双壳类 1.95m
6. 灰色中层状含生屑球粒灰岩，见压溶缝合线，裂隙极发育，方解石脉充填，频率32～43条/米 9.12m
5. 灰色中层状白云岩化含生屑凝块石灰岩，层面上发育虫迹和干裂纹，发育小型沙纹层理 4.97m
4. 灰色中层状含生屑球粒灰岩。见稀疏方解石脉，频率6～7条/米 9.75m
3. 灰色中层状含砾屑球粒灰岩 7.51m

菊石类化石：*Dolikephalites typicus*?（模式桶头菊石?）

2. 灰色中层状含生屑球粒核形石灰岩，见压溶缝合线和方解石脉 15.96m
1. 灰色中层状含生屑泥晶灰岩，发育压溶缝合线，见碳质沥青充填 15.11m

（未见底）

(6) 西藏双湖地区马牙山中侏罗统夏里组（J_2x）修测地层剖面（MP）[据成都环资所（1996）实测剖面修订][①]

剖面位于测区中部马牙山，起点坐标：N34°36′0.17″，E87°53′37.9″，终点坐标：N34°33′05.2″，E87°53′37.4″，剖面长800.50m，厚502.43m，顶、底齐全，与上下地层均呈整合接触（图2-14）。

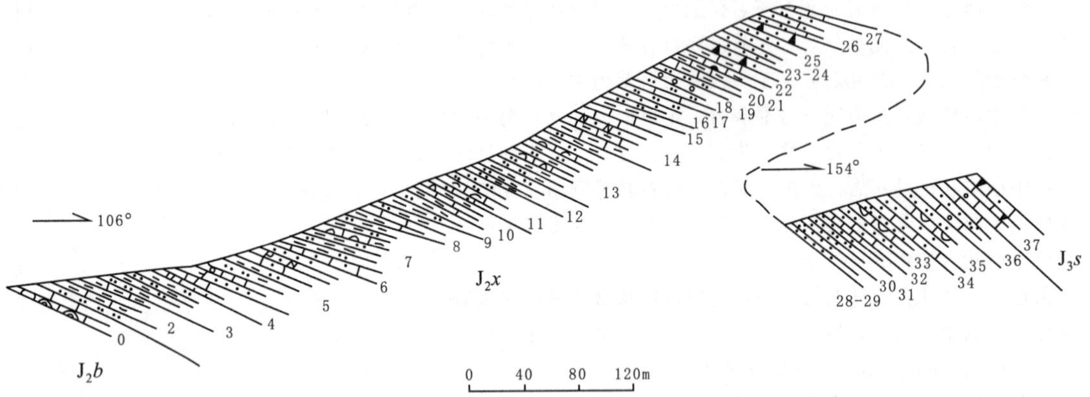

图2-14 西藏双湖地区马牙山中侏罗统夏里组（J_2x）修测剖面图

上覆地层：上侏罗统索瓦组（J_3s）灰色中层状含生屑泥晶灰岩、方解石化球粒泥晶灰岩

————整合————

中侏罗统夏里组（J_2x） **502.43m**

36. 灰色中层状含生屑砂屑泥－微晶灰岩与绿灰、浅灰色中－中厚层状钙质粉－细砂岩互层，二者之比为3∶1。砂岩中发育交错层理和沙纹层理，灰岩中含双壳类、腕足类化石 27.18m

双壳类化石：*Chlamys*（*Radulopecten*）*vagans*（Sowerby）（游离刮具海扇）

Gervillella sp.（小荚蛤）

Anisocardia sp.（歧心蛤）

Plicatula sp.（褶蛤）

35. 浅灰、黄绿色中层状中－细粒钙质石英砂岩与灰色薄层状生物介壳灰岩互层，二者之比为3∶1。砂岩略具正粒序，见底冲刷构造、交错层理。灰岩中产双壳类化石 24.21m

双壳类化石：*Modiolus imbricatus*（Sowerby）（叠瓦偏顶蛤）

Gervillella cf. *siliqua*（荚状荚蛤）

34. 灰色中－厚层状含生屑泥－微晶灰岩、泥晶球粒灰岩。含保存较好的双壳类、腕足类化石 7.67m
33. 绿灰－浅灰色中层状泥钙质石英砂岩夹灰色薄层状含生屑生物介壳灰岩，二者之比为4∶1。砂岩中发育板状交错层理和羽状交错层理。灰岩中含保存不好的双壳类、腕足类化石 15.67m
32. 灰色中层状含生屑砂屑灰岩。岩层底面具冲刷充填构造 1.11m
31. 灰绿、绿灰色薄层状钙质细粒石英砂岩，发育水平层理 8.11m
30. 浅灰、绿灰色薄层状粉砂岩与浅灰色薄层状细砂岩互层，二者之比为5∶2 8.81m
29. 灰色中层状钙质细粒石英砂岩。水平层理发育，含双壳类、腕足类碎片 8.64m
28. 浅灰、绿灰色薄层状钙质细粒石英砂岩与粉砂岩互层，二者之比为3∶1。砂岩中见大量植物碎片，水平层理极发育，见板状和楔形交错层理 4.17m
27. 浅灰、褐灰色中层状粉－细砂岩与粉砂岩互层，二者之比为3∶1。砂岩中含植物碎屑，发育板状交错层理和大中型楔形交错层理。粉砂岩中见沙纹层理和水平层理 2.36m
26. 浅灰－灰白色薄层状钙质粉砂岩夹灰－灰绿色中－薄层状粉－细砂岩，二者之比为4∶1。发育板状交错层理和水平层理 17.46m

---

① 成都环境地质与资源开发研究所，1996，青藏地区羌塘盆地（红土山等六幅）1∶10万区域石油地质调查报告。

25. 灰色、灰绿色中层状粉一细砂岩。发育小型交错层理和平行层理，见大量植物碎片，主要分子为新芦木等。顶部见一层厚 11～13cm 含沥青粉砂岩，干沥青和碳质沥青顺层面及沿裂隙产出　37.59m
24. 浅灰色含沥青中层状中一细粒砂岩。发育中型楔形层理和板状交错层理。沥青与方解石脉相伴，脉宽2～4cm，为干沥青和软沥青，共见三层，稳定延伸约 80m　0.14m
23. 浅灰一灰绿色中层状石英细砂岩夹浅灰一灰绿色薄层状粉砂质页岩。砂岩中发育板状交错层理和平行层理，页岩中发育平行层理和沙纹层理　3.14m
22. 浅灰、黄灰色中一薄层状泥灰岩夹灰色薄层状含生屑球粒泥晶灰岩。发育水平层理和沙纹层理，泥灰岩具条带状构造　8.55m

双壳类化石：*Lopha zadoensis* Wen（杂多棱蛎）

21. 灰色中层状生物介壳灰岩与浅灰、黄灰色泥灰岩不等厚互层，二者之比为 3∶2。泥灰岩中见水平层理及条带状构造。生物灰岩含保存完好的双壳类、腕足类化石　2.44m
20. 灰色中薄层状含泥质白云质泥晶灰岩。水平层纹极为发育　11.32m
19. 浅灰色薄层状钙质粉砂岩夹灰岩。平行层理和沙纹层理。灰岩中见小个体腕足类、双壳类化石　2.93m
18. 浅灰色中层状钙质粉砂岩夹灰色薄层状细砾岩。粉砂岩中发育小型丘状、洼状交错层理和水平层理。顶部富含植物碎片，顺层排列，主要分子为新芦木　8.17m
17. 浅灰、黄灰色中层状泥晶灰岩与粉砂岩互层，二者之比为 3∶2。粉砂岩中发育小型沙纹层理、丘状交错层理和水平层理　4.48m
16. 浅灰色中厚层状中一细粒钙质石英砂岩夹灰、浅灰色中一薄层状钙质粉砂岩。岩石中见较多黄铁矿颗粒，砂岩中发育大型交错层理，底部见重荷模。粉砂岩中见硅质结核　20.15m
15. 灰色薄层状粉砂质页岩与泥质粉砂岩互层，二者之比为 3∶2。页岩中发育水平层理，粉砂岩中发育小型沙纹层理　4.27m
14. 浅灰、黄灰色薄层状泥灰岩夹灰绿色中层状细粒岩屑长石砂岩，二者之比为 4∶1。砂岩中见交错层理和丘状层理，底部见冲刷面，并见砾石和生物介壳，粒序层理清晰　34.67m
13. 浅灰、黄灰色薄层状泥质粉砂岩、粉砂质页岩夹灰色薄层状生物介壳灰岩，三者比例为 4∶3∶1。粉砂岩、页岩中见沙纹层理和水平层理，黄铁矿呈星点状分布　33.41m
12. 灰色、浅灰色薄层状钙质粉砂质页岩与泥质粉砂岩互层，二者之比为 3∶2。发育水平层理和小型沙纹层理。页岩中见黄铁矿呈星点状分布　10.27m
11. 浅灰色薄层状钙质石英粉砂岩夹浅灰、绿灰色中层状含砾中细粒岩屑长石砂岩和薄层状生物介壳灰岩。砂岩中见丘状交错层理和水平层理，粉砂岩中见沙纹层理和水平层理。含砾砂岩中粒序层理清晰，含较破碎的双壳类、腕足类化石　17.71m
10. 浅灰色薄层状粉砂质页岩、泥质粉砂岩夹灰色中层状含粉砂质泥晶灰岩　14.59m
9. 浅灰色、绿灰色薄层状粉砂质页岩与薄层状钙质粉砂岩互层，二者之比为 2∶3。页岩中黄铁矿颗粒呈星点状分布，粉砂岩中见极为发育的水平层理　15.61m
8. 浅灰色薄层状钙质粉砂质页岩夹灰色一薄层状泥晶灰岩，二者之比为 3∶1。页岩中发育水平纹层，泥晶灰岩中见黄铁矿颗粒呈星点状分布　19.76m
7. 浅灰色、绿灰色薄层状粉砂质页岩夹薄层状泥质粉砂岩和灰色薄层状生物介壳灰岩。粉砂质页岩中发育水平层理

双壳类化石：*Chlamymys* (*Radulopecten*) *tipperi* Cox（梯氏刮具海扇）　28.91m

6. 灰色中层状砂屑灰岩。发育平行层理，含较多黄铁矿和双壳类、腕足类碎片　2.03m
5. 灰色、绿灰色中层状中细粒次岩屑长石砂岩与浅灰色、灰绿色薄层状粉砂质页岩、泥质粉砂岩、灰色薄一中层状生屑砂屑泥晶灰岩互层。砂岩∶粉砂岩∶灰岩＝3∶2∶1。砂岩中发育小型交错层理。粉砂岩中发育沙纹层理和水平层理。灰岩中含双壳类化石　44.87m

双壳类化石：*Protocardia*? sp.（始心蛤）

4. 浅灰色中薄层状细粒次岩屑长石砂岩与浅灰色薄层状粉砂岩互层，夹灰色薄层状生屑泥灰岩。砂岩∶粉砂岩∶灰岩＝4∶2∶1。砂岩中发育小型交错层理和板状层理　11.88m
3. 浅灰色薄层状粉砂质页岩与泥质粉砂岩互层，二者之比为 3∶2。粉砂岩中发育小型沙纹层理和水平层理，含保存完好的腕足类化石　26.15m
2. 灰色中层状泥灰岩与灰色薄层状钙质粉砂质页岩互层。黄铁矿颗粒呈条带状分布。泥灰岩中见钙质结核，页岩中发育小型沙纹层理和水平层理，见粉砂质条带　11.82m

1. 黄褐色、浅灰色薄层状粉砂岩与浅灰色薄层状粉砂质页岩互层，二者之比为 3∶1。粉砂岩中发育水平纹层理，页岩中见水平层理。含保存完好的小个体腕足类化石　2.18m

————整合————

下伏地层：中侏罗统布曲组（J_2b）灰白色厚层块状含生屑泥晶灰岩夹中薄层状泥灰岩。

（7）西藏双湖地区长虹河上侏罗统索瓦组（J_3s）修测地层剖面（CHP）[据成都环资所（1996）实测剖面修订]①

剖面位于测区东南部长虹河，起点坐标：N34°05′48.7″，E88°18′52.2″，终点坐标：N34°05′56.1″，E88°19′36.4″，剖面长 798.4m，厚 476m，露头良好，有顶、底，化石丰富（图 2-15）。

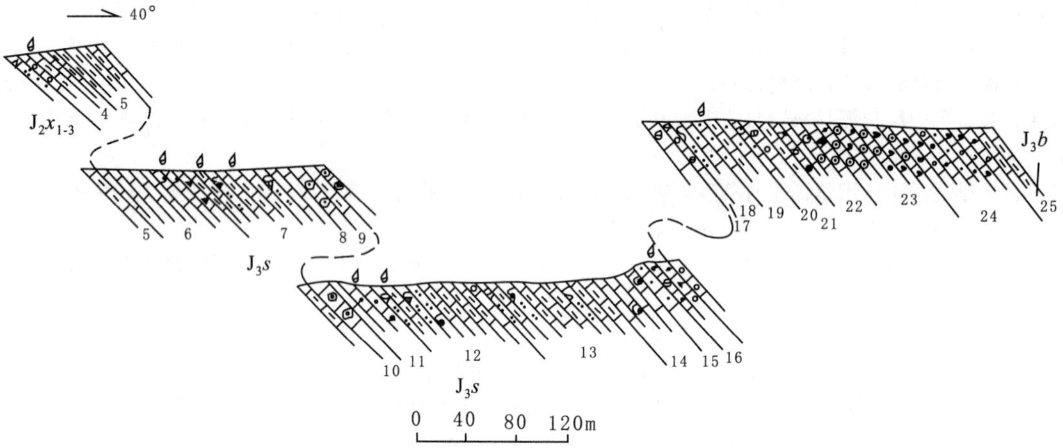

图 2-15　西藏双湖地区长虹河上侏罗统索瓦组（J_3s）修测地层剖面图

上覆地层：上侏罗统白龙冰河组（J_3b）灰一黄灰色泥灰岩夹页岩、粉砂岩

————整合————

上侏罗统索瓦组（J_3s）：　**476m**

24. 浅灰一灰色中层状生物碎屑灰岩夹中层状砂屑灰岩、灰紫色中层状含生物碎屑灰岩。生屑灰岩中偶见燧石结核　37.80m
23. 灰白色中一厚层状含生物碎屑核形石灰岩夹灰色中层状生物碎屑灰岩，普遍含海百合茎　45.21m
22. 灰一深灰色中一厚层状核形石灰岩与灰色薄一中层状泥晶灰岩不等厚互层　25.77m
21. 灰一浅灰色薄一中层状泥灰岩。含少许菊石类碎片　4.03m
20. 灰色中一厚层状含砂屑泥晶灰岩夹灰色、灰紫色中层状含燧石结核泥晶灰岩、灰色中层状生屑灰岩和含鲕粒灰岩　11.51m
19. 灰紫色、浅灰紫色中层状亮晶球粒灰岩夹灰色中层状泥灰岩　15.77m

双壳类化石：*Anisocardia*（*Anitiquicyprina*）*trapezoidalis* Wen（梯形古美蛤）
Homomya gobbosa（Sowerby）（膨凸同海螂）
Phaladomya socialis qinghaiensis Wen（友谊笋海螂青海亚种）
Myopholas multicostata（Agassiz）（多脊螂海笋）
Arcomytilus nierongensis Wen（聂荣箱贻蛤）
Entolium xizangensis Tong（西藏光海扇）
Weyla sp.（韦拉海扇）
Ostrea sp.（牡蛎）
? *Liostrea* sp.（? 光蛎）等

① 成都环境地质与资源开发研究所，1996，青藏地区羌塘盆地（红土山等六幅）1∶10 万区域石油地质调查报告。

菊石类化石：*Virgatosphinctes multifasciatus*（多束枝束肋旋菊石）

V. haydeni Uhlig（海丁氏束肋旋菊石）

? *Paraboliceras* sp.（? 复助菊石）

Blanfordiceras cricki（Uhlig）（克利氏布兰弗菊石）

Haplophyoceras aculeatum Zhang（尖简叶菊石）

18. 灰紫色－棕红色薄－中层状含钙泥质粉砂岩夹灰紫色中层状砂屑灰岩　12.42m

17. 灰－灰白色中－厚层状鲕粒灰岩　2.00m

16. 灰－深灰色中－厚层状含生屑核形石灰岩。压溶缝合线极发育。见缝合线式、裂隙式干沥青　14.59m

菊石类化石：? *Virgatosphinctes* sp.（? 束肋旋菊石）

海胆类化石：*Hemicidaris* sp.（半头帕海胆）

15. 灰－灰绿色中层状泥晶灰岩夹紫红色条带状砂屑灰岩。发育小型包卷层理　8.32m

14. 灰－深灰色中层状泥晶灰岩夹灰色中层状核形石灰岩　23.67m

13. 浅灰色薄－中层状泥灰岩夹灰色中层状含生物碎屑核形石灰岩和紫红色条带状钙质粉砂岩　56.43m

12. 浅灰色薄层状泥灰岩夹黄灰色含生物碎屑泥灰岩及少许褐黄色薄层状钙质粉砂岩

腕足类化石：*Holcothyris golmudensis* Ching. Sun et Ye（格尔木沟孔贝）　48.10m

11. 灰－深灰色薄－中层状泥晶灰岩夹灰色中层状含生物碎屑泥晶灰岩和生物介壳灰岩　17.82m

双壳类化石：*Buchia banfordiana*（Stoliczka）（平凸雏蛤）

Inoperna sowerbyana（D' Orbigny）（索氏细股蛤）

腕足类化石：*Lobothyris moquensis* Ching，Sun et Ye（木曲叶孔贝）

10. 灰色中层状含生屑核形石灰岩　6.56m

9. 灰白色、浅灰色薄－中层状泥灰岩　5.56m

8. 深灰色、暗紫红色中－厚层状核形石灰岩夹灰色中层状泥晶灰岩　6.92m

7. 灰色、浅灰绿色薄－中层状泥灰岩夹灰黄色薄层状粉屑灰岩　49.67m

菊石类化石：*Virgatosphinctes dacquie* Steiger（达氏束肋旋菊石）

6. 灰－灰黑色中层状泥晶灰岩、含生屑泥晶灰岩。发育压溶缝合线。见裂隙式干沥青。含双壳类、海百合茎、腹足类等化石　35.81m

双壳类化石：*Pholadomya*? sp.（笋海螂）

Pleuromya subelongata（d' Orbigny）（近长肋海螂）

有孔虫化石：*Verneullinoides* sp.

Ophthalmidum sp.（眼形虫）

Varalophthalidium sp.（变眼虫）

Ammodiscus sp.（砂盘虫）

Turritelelia sp.（小塔虫）

Gandinella sp.（甘迪虫）

Lenticulina sp.

Marginulina sp.

Nodosaria sp.

Taxtularia sp. 等

5. 深灰、浅灰色泥岩夹黄绿色薄层状钙质粉砂岩、黑色薄层状碳质页岩和泥晶灰岩　27.98m

4. 浅灰色薄层状泥灰岩、深灰色中－薄层状泥晶灰岩，顶部为厚约1m的介壳灰岩　10.93m

3. 深灰色中层状鲕粒灰岩夹灰色薄层状泥灰岩，顶部为一层生物介壳灰岩。含保存完好的双壳类化石　3.79m

双壳类化石：*Bntolium* sp.（光海扇）

Camptonectes（*Camptonectes*）sp.（岔线海扇）

Entolium mangqinongensis Wen et Lan（芒穷光海扇）

2. 黄灰色、浅紫灰色中－薄层状含生屑细粒长石岩屑砂岩，局部夹黄灰色泥岩　3.67m

1. 灰色薄－中层状砂屑灰岩，含保存不佳的双壳类化石　1.67m

————整合————

下伏地层：中侏罗统夏里组（J_2x）杂色细粒长石石英砂岩夹粉砂岩

(8) 西藏双湖地区曲龙沟上侏罗统白龙冰河组 (J_3b) 修测地层剖面 (QP) [据成都环资所 (1996) 实测剖面修订][①]

剖面位于图幅中部曲龙沟，起点坐标：N34°36′35.5″，E87°47′59.4″，终点坐标：N34°35′55.4″，E87°48′21.3″，剖面长873m，厚616.13m，露头良好，顶、底齐全，化石丰富（图2-16）。

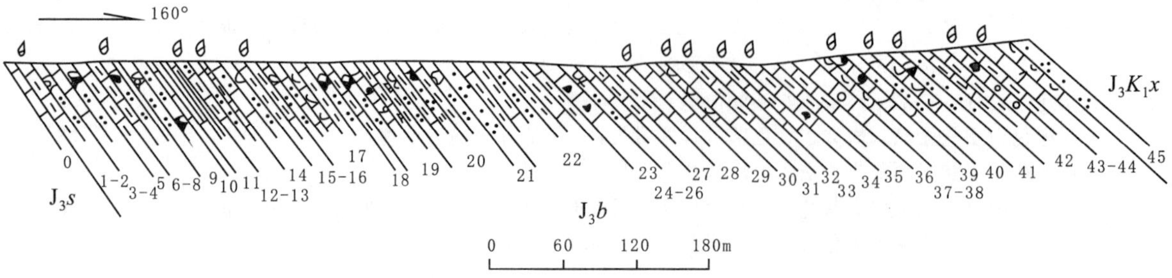

图2-16　西藏双湖地区曲龙沟上侏罗统白龙冰河组 (J_3b) 修测地层剖面图

上覆地层：上侏罗统－下白垩统雪山组 (J_3K_1x) 灰绿色－灰白色石英细砂岩

————整合————

上侏罗统白龙冰河组 (J_3b)：　**616.13m**

44. 灰色、灰绿色薄层状钙质泥岩夹灰色薄层状生物介壳灰岩，二者之比为4∶1，泥岩中见沙纹层理和水平层理，含保存不佳的双壳类化石　8.14m
43. 灰白色中层状含白云质泥晶灰岩，方解石脉发育，含保存完好的小个体腕足类、双壳类化石　13.08m
    双壳类化石：*Plagiostona* sp.（斜铿蛤）
42. 浅灰色中层状泥灰岩夹灰色薄层含生屑泥晶灰岩。泥灰岩中发育水平层理、沙纹层理，见燧石结核　46.84m
    双壳类化石：*Camptonectes* sp.（岔线海扇）
41. 绿灰色中层状粉－细砂岩夹浅灰、绿灰色薄层状钙质粉砂岩、粉砂质泥岩和灰色薄层状生物介壳灰岩。粉砂岩和泥岩中见沙纹层理和水平层理　26.09m
    双壳类化石：*Plagiostoma* sp.（斜铿蛤）
40. 灰色薄层状生物介壳灰岩与灰绿、浅灰色钙质粉砂岩互层，夹灰绿色中薄层状钙质细粒石英砂岩。灰岩∶粉砂岩∶细砂岩＝4∶3∶1。粉砂岩中发育交错层理和平行层理。含双壳类、腕足类化石　16.95m
    双壳类化石：*Astarte totoheensis* Wen（沱沱河花蛤）
    *Gervillella*cf. *siliqua*（Eudes—Deslong champs）（荚状小荚蛤）
39. 灰色中层状含生屑、含白云质泥晶灰岩　10.64m
38. 灰色中层状含生屑泥晶灰岩与薄层状钙质泥岩互层，二者比例为3∶1。泥岩中发育水平层纹　12.43m
    双壳类化石：*Lopha*cf. *costata*（Sowerby）（脊棱蛎）
    *Meleagrinella*sp.（斑蛤）
37. 灰色、黄灰色介壳微晶灰岩与灰色薄层状泥灰岩互层，二者之比为3∶2。泥岩中发育条带状构造和水平层纹，含保存完好的双壳类、腕足类化石　6.94m
36. 灰色中层状含生屑泥晶灰岩夹薄层状生屑灰岩，二者之比为4∶1　15.14m
35. 浅灰色中层状泥灰岩，见水平层纹，含小个体双壳类、腕足类化石　20.76m
34. 灰色中层状含泥质含生屑泥晶灰岩与黄灰色生物介壳泥晶灰岩互层，夹黄灰色钙质粉砂质泥岩。三者比例为4∶2∶1。泥岩中见沙纹层理。灰岩中含小个体双壳类化石　9.99m
    双壳类化石：*Lopha* cf. *costata*（Sowerby）（脊棱蛎）
33. 灰色中－薄层状含泥质泥晶灰岩与灰色泥灰岩互层，夹灰色、黄灰色薄层状生物介壳灰岩。三者之比为3∶2∶0.5，泥灰岩中发育水平层纹。生物灰岩中含双壳类化石　14.07m
    双壳类化石：*Protocardia* sp.（始心蛤）

---

① 成都环境地质与资源开发研究所，1996，青藏地区羌塘盆地（红土山等六幅）1∶10万区域石油地质调查报告。

Gervillelle qinghaiensis Wen（青海小荚蛤）

Protscerdia sp.

cf. *P. qinghaiensis* Wen（近似青海始心蛤）

? *Corbula tanganyiensis* Cox（? 坦桑尼亚兰蛤）

32. 灰色中层状含白云质泥晶灰岩夹灰色中层状含生屑泥晶灰岩，二者之比为5：1，富含保存完好的双壳类、腕足类化石 8.55m

31. 灰色中一薄层状泥灰岩与浅灰、黄灰色中一薄层状钙质页岩互层，夹浅黄、褐灰色生物介壳灰岩。泥灰岩：页岩：生物灰岩=4：4：1，水平层纹极发育，生物灰岩中富含保存完好的小个体双壳类、腕足类化石 12.57m

双壳类化石：*Protocardia* sp.（始心蛤）

30. 灰色薄层状泥晶灰岩，见少许燧石结核，含保存不佳的双壳类、腕足类化石 9.18m

双壳类化石：*Plagiosloma* sp.（斜铿蛤）

Anisocarsia sp.（歧心蛤）

29. 灰色薄层状泥晶灰岩夹灰、灰白色钙质页岩和灰、黄灰色薄层状泥晶灰岩。含大量保存较好的小个体双壳类、腕足类化石 11.32m

28. 灰色中一薄层状泥晶灰岩与灰色、黄灰色薄层状钙质粉砂岩互层，二者之比为3：1，粉砂岩中见沙纹层理和平行层理 14.86m

双壳类化石：*Plagiostoma* sp.（斜铿蛤）

27. 灰色薄层状泥灰岩与浅灰、灰白色钙质页岩互层，夹灰、黄灰色含生屑泥晶灰岩，含保存完好的双壳类、腕足类化石 16.40m

26. 灰色中层状含生屑泥质泥晶灰岩，顶部为含砂屑灰岩 2.17m

25. 灰色薄层状泥晶灰岩，含保存不佳的小个体双壳类化石 3.86m

24. 灰色薄层状钙质粉砂岩与钙质页岩互层，二者之比为1：1，夹少许泥灰岩、生物碎屑灰岩，含保存较差的双壳类、腕足类化石 12.22m

23. 深灰色中层状泥晶灰岩夹灰色钙质砂岩，二者之比为6：1 13.85m

22. 灰色钙质页岩夹灰色薄层状粉砂岩，二者之比为6：1，页岩中发育水平层理 41.12m

21. 浅灰色薄层状钙质石英粉砂岩与灰色薄层状次岩屑长石细砂岩互层，二者之比为2：1，槽状层理和平行层理极为发育，含保存较差的双壳类化石 8.95m

20. 灰一灰黑色钙质粉砂岩、钙质页岩夹少许浅灰色薄层状次岩屑长石细砂岩，含较丰富的双壳类及腕足类化石，化石个体0.3～1cm 30.11m

19. 浅灰一灰色钙质粉砂岩、钙质页岩，偶夹薄层状泥灰岩和生物碎屑灰岩 25.91m

18. 灰色中层状泥灰岩，含保存较差的双壳类、腕足类化石 4.20m

孢粉化石：*Classopllis*（克拉梭粉）

Pinusopllenites（双束松粉）

17. 灰一深灰色钙质粉砂岩、钙质页岩，偶夹薄层状生物碎屑灰岩、含粉砂泥晶灰岩 42.40m

16. 深灰色薄层状泥灰岩夹灰色钙质粉砂岩，二者比例为8：1，含保存较差的双壳类、腕足类化石 4.52m

双壳类化石：*Astarte* sp.（花蛤）

15. 灰一深灰色钙质页岩 7.28m

14. 深灰色薄一中层状含粉砂泥晶灰岩夹灰色薄层状钙质粉砂岩，含双壳类碎片 14.91m

13. 灰色薄层状钙质粉砂岩、钙质页岩夹灰色薄层状泥灰岩和生物碎屑灰岩，夹层约占1/6，见保存较好的双壳类、腕足类化石 12.29m

双壳类化石：*A slarle* sp.（花蛤）

Plagiostoma sp.（斜铿蛤）

Homomya cf. *crassiuscula* Mer. ant LYC.（同心同海螂）

12. 灰黑色薄层状泥晶灰岩夹灰色薄层状钙质粉砂岩或钙质页岩，含保存完好的双壳类、腕足类化石 5.34m

双壳类化石：*Gervillella* cf. *siliqua* (Eudes-Deslong champs)（荚状小荚蛤）

Astarte sp.（花蛤）

11. 灰黑色钙质页岩 15.20m

10. 深灰一灰黑色薄层状泥晶灰岩 3.62m

9. 浅灰色薄层状钙质粉砂岩 17.89m

8. 灰色中一薄层砂屑泥灰岩，含保存不佳的小个体双壳类化石　3.56m

双壳类化石：*Protocardia* sp.（始心蛤）

Astarte sp.（花蛤）

A. cf. *didimteuensis* Cox（第曼园花蛤）

Nuculana sp.（似栗蛤）

7. 灰色薄层状钙质粉砂岩　7.79m

6. 灰一深灰色薄层状泥灰岩与灰色薄层状钙质粉砂岩互层，二者之比为1∶1，粉砂岩中偶见虫迹　7.79m

5. 深灰色中层状泥灰岩夹灰色薄层状钙质粉砂岩，泥灰岩中见保存较差的双壳类化石　12.72m

4. 浅灰一灰色薄层状钙质粉砂岩夹少许灰色薄层状泥灰岩，二者之比为10∶1

孢粉化石：*Classopallis*（克拉梭粉）　16.64

3. 浅灰色一灰黑色薄一中层状泥晶灰岩夹少许砂屑泥晶灰岩，二者之比为8∶1，含双壳类碎片　2.95m

2. 浅灰色薄层状钙质粉砂岩夹灰色中一薄层状泥灰岩，局部夹深灰色薄层状泥晶灰岩　17.36m

孢粉化石：*Apiculliporis*（圆形锥瘤孢）

Pinacene（松科）

Pinuspollenotes（双束松粉）

1. 深灰色中厚层状泥晶灰岩、泥灰岩，含保存不佳的小个体双壳类和孢粉　7.53m

双壳类化石：*Pratocardia* sp.（始心蛤）

孢粉化石：*Classopollis*（克拉梭粉）

Pinacenc（松科）

————整合————

下伏地层：上侏罗统索瓦组（J_3s）深灰色中层状泥晶灰岩

（9）西藏双湖地区长龙梁上侏罗统索瓦组一白龙冰河组（J_3s—J_3b）修测地层剖面（P01）［据川碳中心（1996）实测剖面修订］①

剖面位于图幅西部吐波错东南长龙梁，起点坐标：N34°24.02′，E87°8.14′，终点坐标：N34°22.03′，E87°7.92′，剖面长3 881m，厚1825.69m，未见顶、底（图2-17）。

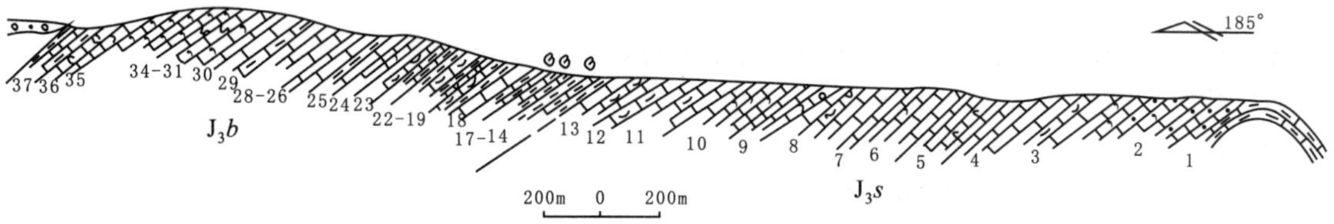

图2-17　西藏双湖地区长龙梁上侏罗统索瓦组一白龙冰河组（J_3s—J_3b）修测地层剖面图

上侏罗统白龙冰河组（J_3b）　　（未见顶）　　1 913.76m

37. 黄灰色薄层状泥灰岩夹灰色中薄层状泥晶生物碎屑灰岩　89.35m

36. 深灰色中一厚层状泥晶—亮晶生物屑藻砂屑灰岩和鲕粒灰岩　13.95m

35. 深灰色中层状微晶生物碎屑灰岩　28.94m

34. 灰色、浅灰色厚层—块状微晶生物碎屑灰岩　68.24m

33. 深灰色中厚层含铁质微晶生物碎屑灰岩和含铁质硅化微晶灰岩　36.89m

32. 深灰色中层状含藻灰岩和微晶生物碎屑灰岩　31.99m

海绵化石：*Peronidella tithonica*.

Stellisponsia sp.

Steinmann gen. et. sp.

有孔虫化石：*Lenticulina* sp.

① 四川碳酸盐岩油气田技术开发研究中心，1996，青藏地区羌塘盆地（石榴湖等六幅）1∶10万区域石油地质调查报告。

藻化石：*Lithocodium* sp.

L. moricawai

Nipponophycus sp. 等

31. 灰色中厚层状硅化、白云微晶生物碎屑灰岩　14.65m

层孔虫化石：*Cladocropsis mirabilix*

苔藓虫化石：*Ceriocava* sp.

珊瑚化石：*Montlivoltia* sp.

海绵化石：*Stillispongia* sp.

有孔虫化石：*Tixtuaria* sp.

藻化石：*Lithocodium moricawai* 等

30. 深灰色中厚层状泥晶灰岩夹生物碎屑灰岩　32.49m

29. 灰色薄层状泥灰岩夹黄灰色薄层泥岩，含少量分类不明的孢型化石　16.28m

28. 深灰色中层状微晶灰岩　98.71m

27. 深灰色薄层状泥晶灰岩夹灰绿色薄层粉砂岩和藻包粒灰岩　13.87m

26. 深灰色薄层状含生物碎屑微晶灰岩　23.90m

有孔虫化石：*Lenticulina* sp.

藻化石：*Lithocodium* sp. 等

25. 深灰色薄层状泥晶灰岩与灰色薄层状钙质泥岩不等厚互层，岩比 1∶3～1∶5　33.44m

24. 深灰色中厚层状含生物碎屑微晶灰岩　35.91m

23. 深灰色薄—中层状介壳灰岩、鲕粒灰岩与泥晶灰岩不等厚互层　36.10m

22. 深灰色薄层状泥灰岩夹深灰色薄层状生物碎屑灰岩　31.22m

21. 深灰色薄－中层状亮晶－泥晶介壳灰岩、鲕粒灰岩与深灰色薄层钙质泥岩不等厚互层　75.38m

20. 深灰色薄层介壳灰岩和亮晶－泥晶粒屑灰岩与泥晶灰岩互层　10.80m

19. 灰色薄层泥灰岩与钙质泥岩不等厚互层，灰、泥比为 2∶1　18.20m

18. 深灰色厚层泥晶灰岩，具大量干沥青油气显示　47.69m

17. 深灰色薄层泥灰岩　30.35m

菊石化石：*Virgatosphinctes subfrequens* Uhlig

双壳类化石：*Astarte*sp.

16. 深灰色薄层状泥灰岩，产大量水平虫迹　33.10m

菊石化石：*Virgatosphinctes* sp.

双壳类化石：*Anisocardia* sp.

Liostrea sp.

Astarte subminima Cox

Astarte sp.

15. 灰色薄层状泥质灰岩与灰绿色钙质泥岩不等厚互层，岩比 2∶3～1∶3　17.06m

双壳类化石：*Trigonia* sp.

Chlamys sp.

Entolium cingulatum

Plagiostoma cf. *zonata*

P. *amdoense*

Gonionya sp.

Astarte cf. *huralensis*

Myopholas nulticostata exilis

菊石化石：*Virgatosphinctes lemoinei*

孢粉化石：*Classopollis* sp. 等

14. 灰绿色薄层钙质泥岩夹泥灰岩和深灰色薄层含海百合茎微晶灰岩　26.58m

————整合————

上侏罗统索瓦组（J_3s）　960.62m

13. 深灰色中层状微晶灰岩夹介壳灰岩，见大量干沥青油气显示　86.37m

12. 深灰色中厚层状介壳灰岩夹黄灰色薄层含介壳砂屑灰岩，见干沥青	21.89m
11. 深灰色中厚层状微晶灰岩夹介壳灰岩，产海胆化石	97.89m
10. 灰色中层状泥晶—亮晶砂屑生物屑灰岩	85.32m
9. 深灰色中厚层状微晶灰岩夹微晶—亮晶含生物碎屑鲕粒灰岩	8.31m
8. 深灰色中厚层状微晶灰岩夹介壳灰岩	95.31m
7. 深灰色中厚层状微晶灰岩	17. 13m
6. 灰色中厚层状泥晶灰岩夹含生物碎屑泥晶灰岩	55.22m
5. 深灰色中厚层状微晶灰岩夹亮晶—泥晶生物碎屑鲕粒灰岩	71.84m
4. 深灰色中厚层状泥晶灰岩	110.87m
3. 深灰色厚层状微晶灰岩、生物碎屑泥晶灰岩夹介壳灰岩	64.58m
2. 灰色厚层状含海百合茎灰岩	143.75m
1. 深灰色厚层状泥晶团块灰岩	>22.12m

（未见底）

(10) 西藏双湖地区星罗河上侏罗统-下白垩统雪山组（J_3K_1x）修测地层剖面（XP）[据成都环资所（1996）实测剖面修订][①]

剖面位于测区东北星罗河，起点坐标：N34°49′23.8″，E88°19′49.3″，终点坐标：N34°48′19″，E88°10′51.9″，剖面长 1 960m，厚 1 506.88m，底与上侏罗统白龙冰河组（J_3b）整合接触，上未见顶，可分为两段（图 2-18）。

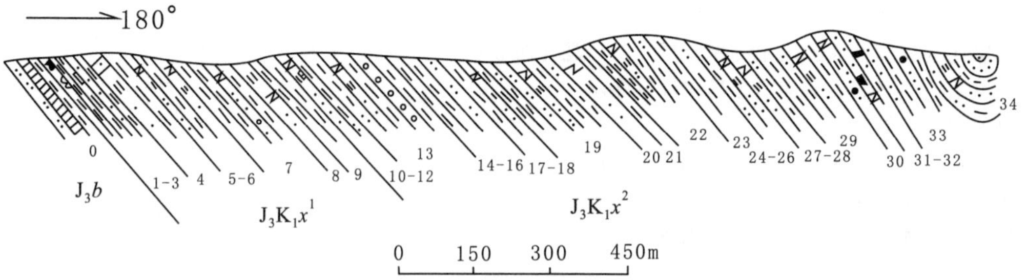

图 2-18　西藏双湖地区星罗河上侏罗统下白垩统雪山组（J_3k_1x）修测地层剖面图

上侏罗统-下白垩统雪山组（J_3K_1x）	**>1 496.85m**
雪山组紫红色砂岩段（$J_3K_1x^2$）　　（未见顶）	**>1 124.91m**
34. 暗紫色薄—中层状岩屑石英细砂岩夹紫红色泥岩、粉砂质泥岩，发育底冲刷面和交错层理	>122.36m
33. 紫红色薄—中层状细—粉砂岩，含砾砂岩、泥岩互层。见正粒序层理、交错层理	108.17m
32. 紫红色薄—中层状次长石岩屑中粒砂岩夹紫红色薄—中层状含砾砂岩，见底冲刷面	17.57m
31. 紫红色薄—极薄层状泥岩夹灰紫色薄—中层状次长石岩屑中粒砂岩，砂岩发育板状交错层理	35.43m
30. 紫红色中层状长石岩屑中粒砂岩与紫红色极薄层状泥岩、粉砂质泥岩互层，砂岩中见交错层理	33.44m
29. 紫红色泥岩、粉砂质泥岩夹紫红色薄层状岩屑石英细—粉砂岩，发育板状交错层理	81.95m
28. 暗紫色薄—中层状岩屑石英细—粉砂岩，发育板状交错层理	4.77m
27. 紫红色泥岩、粉砂质泥岩夹少许紫红色薄层状长石岩屑细—粉砂岩	27.92m
26. 紫红色中层状岩屑石英细砂岩	4.39m
25. 紫红色泥岩、粉砂质泥岩夹长石岩屑粉砂岩	40.50m
24. 紫红色薄—中层状岩屑石英细—粉砂岩夹泥岩，发育槽状交错层理	7.07m
23. 紫红色泥岩、粉砂质泥岩夹紫红色长石岩屑粉砂岩，见交错层理	64.37m
22. 紫红色泥岩、粉砂质泥岩与紫红色薄—层状长石岩屑粉砂岩互层，发育平行和交错层理	107.60m

① 成都环境地质与资源开发研究所，1996，青藏地区羌塘盆地（红土山等六幅）1∶10 万区域石油地质调查报告。

21. 紫红色泥岩、粉砂质泥岩	28.29m
20. 紫红色薄－中层状长石岩屑粉砂岩，发育槽状交错层理、楔形交错层理	31.27m
19. 紫红色泥岩、粉砂质泥岩夹紫红色长石岩屑粉砂岩，平行层理、槽状交错层理较发育	138.58m
18. 紫红色长石岩屑细砂岩与泥岩互层	18.98m
17. 紫红色泥岩夹砂岩，砂岩中发育交错层理	31.12m
16. 紫红色薄层状长石岩屑粉砂岩	16.29m
15. 紫红色泥岩夹薄层砂岩	27.27m
14. 紫红色长石岩屑细－粉砂岩与泥岩互层，发育平行层理	27.53m
13. 紫红色泥岩、粉砂质泥岩夹紫红色粉砂岩、长石岩屑细砂岩、砾岩，见底冲刷面	124.34m
12. 紫红色中厚层状细砾岩。见冲刷面构造	4.39m
11. 紫红色泥岩、粉砂质泥岩	5.32m
10. 灰紫色薄－中层状细砂岩，含砾细砂岩与泥岩互层，发育交错层理	25.48m
————整合————	
雪山组杂色泥岩段（$J_3K_1x^1$）	**371.94m**
9. 紫红色、杂色泥岩夹含砾长石岩屑粗砂岩	49.22m
8. 浅灰－浅灰绿色薄－中厚层状长石岩屑细砂岩，见粒序层理和冲刷面构造	22.33m
7. 红－紫红色泥岩夹灰黄、灰绿、紫灰色薄层状长石石英砂岩	104.91m
6. 灰黄色泥岩与灰黄色、浅灰色次长石岩屑粉砂岩互层，发育平行层理	46.60m
5. 浅灰－灰白色薄层状长石岩屑粉砂岩	21.12m
4. 灰黄－灰绿色泥岩夹中粒长石岩屑砂岩	52.79m
3. 暗紫色泥岩夹紫红色砂岩，见平行层理	32.62m
2. 杂色泥岩夹细砂岩	23.63m
1. 杂色泥岩夹灰白色－灰黄色薄层状长石石英细砂岩、粉砂岩，发育平行层理	18.27m
————整合————	

下伏地层：上侏罗统白龙冰河组（J_3b）灰绿色薄层状钙质粉砂岩、泥岩夹石膏层

（11）西藏双湖地区独山上侏罗统-下白垩统雪山组杂色泥岩段（$J_3K_1x^1$）实测地层剖面（DSP）[据成都环资所（1996）实测地层剖面修订]①

剖面位于图幅北东东独山以东，起点坐标：N34°43′04.9″，E88°29′24.0″，终点坐标：N34°43′31.4″，E88°28′44″，剖面长529.10m，厚度大于375.14m，下未见底，上与雪山组紫红色砂岩段整合接触（图2-19）。

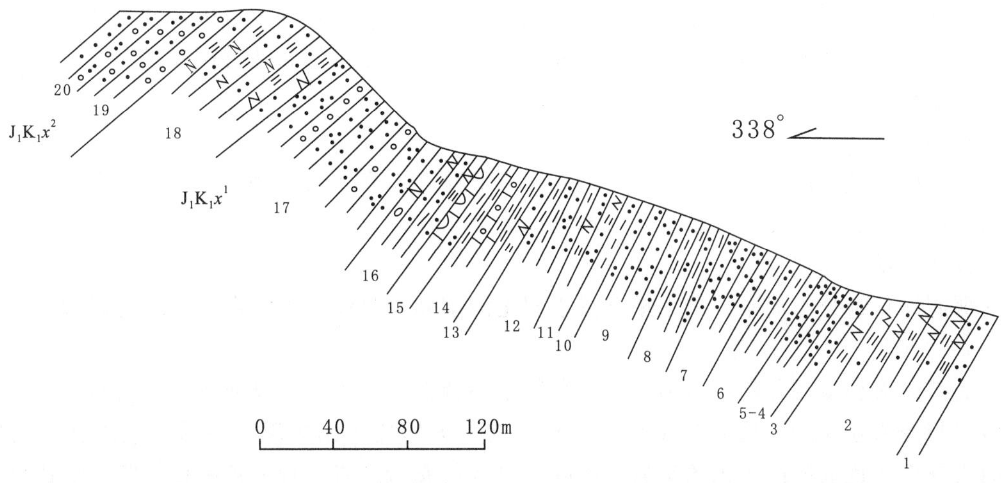

图2-19 西藏双湖地区独山上侏罗统-下白垩统雪山组杂色泥岩段（$J_3K_1x^1$）实测剖面图

① 成都环境地质与资源开发研究所，1996，青藏地区羌塘盆地（红土山等六幅）1∶10万区域石油地质调查报告。

上覆地层：雪山组紫红色砂岩段（$J_3K_1x^2$）紫色薄一中层状细砾岩夹灰紫色含砾粗砂岩

————整合————

雪山组杂色泥岩段（$J_3K_1x^1$） **375.14m**

18. 绿黄色中厚层状中粒长石岩屑砂岩。砂岩呈透镜状和楔状，发育平行层理和交错层理 41.41m
17. 浅绿黄色中厚层状石英砂岩夹黄褐色薄一中层状细砾岩，砾岩底部具冲刷、充填构造，冲刷幅度为2～4cm。砂岩中见粒序层理和平行层理 71.66m
16. 浅绿黄色中厚层状中细粒岩屑长石砂岩夹浅灰黄色泥质粉砂岩，二者之比为5∶1。砂岩多呈透镜状，发育板状和楔形交错层理 17.92m
15. 紫灰色薄层状粉砂质泥岩夹灰色薄层状砂质泥岩，顶部见13cm厚的黄褐色生物介壳灰岩。生物灰岩中含小个体双壳类化石碎片 11.93m
14. 灰色薄层状钙质泥岩、粉砂岩夹灰色薄层状含生屑泥晶灰岩、泥晶灰岩。泥晶灰岩中见砂球构造，粉砂岩中发育沙纹层理和水平层理，生屑灰岩中含保存完好的小个体双壳类、腹足类化石 17.45m
腹足类化石：*Galba* sp.（土蜗）
Planorbis sp.（扁卷螺）
13. 浅黄、灰黄色中层状粉一细粒岩屑长石砂岩。砂岩呈透镜状，见脉状和透镜状层理 7.42m
12. 紫红色与灰绿色粉砂质泥岩互层，夹紫红色中薄层状细粒石英砂岩。砂岩层面见波痕 19.76m
11. 灰黄色中厚层状中粗粒次岩屑长石砂岩。发育逆粒序层理和楔形交错层理 14.00m
10. 灰色、浅灰色薄层状粉砂质泥岩夹中薄层含岩屑细粒石英砂岩。砂岩中含大量植物碎片 7.84m
9. 浅黄白色细粒石英砂岩与浅黄灰色粉一细砂岩互层。砂岩中楔形交错层理极为发育 21.02m
8. 紫红色、灰紫色粉砂质泥岩、泥质粉砂岩。粉砂岩发育沙纹层理和平行层理 19.77m
7. 浅灰黄色中厚层状细粒石英砂岩。发育平行层理和楔形层理 23.43m
6. 紫红色粉砂质泥岩与泥质粉砂岩互层，二者之比为3∶2。粉砂岩中发育沙纹层理和平行层理 27.07m
5. 浅灰、灰白色薄层状粉砂质石英砂岩夹黄灰色中薄层状粉砂质泥岩，见大量植物碎片 2.80m
4. 浅灰、黄灰色中厚层状细粒石英砂岩夹灰色中薄层状粉砂岩，发育水平层理和交错层理 7.92m
3. 紫红色细粒石英砂岩夹灰绿、深灰色粉砂质泥岩，二者之比为4∶1。泥岩中夹紫红色钙质、铁质透镜体，粉砂岩中见小型沙纹层理和水平层理 6.81m
2. 黄绿、黄白色中厚层状岩屑长石砂岩。层面上见剥离线理和大量植物碎片，发育大型板状和楔形交错层理及水平层理 50.66m
1. 灰、紫红色泥岩夹细粒石英砂岩。发育水平层理和不规则条带 ＞6.37m

（未见底）

2. 侏罗系岩石地层单位的特征

由上述各侏罗系地层剖面的描述，结合路线地质调查和室内薄片鉴定成果，现将那底岗日组、雀莫错组、布曲组、夏里组、索瓦组、白龙冰河组和雪山组等地层单位的岩性特征及横向变化、基本层序特征与沉积环境总结如下。

（1）那底岗日组（J_1n）

那底岗日组由西藏区调队（1986）所创那底岗日群演变而来，当时是以那底岗日和菊花山剖面为代表，但以菊花山剖面最为系统和完整。其沿革见前表2-5。

①岩性特征及横向变化

测区的那底岗日组分布局限，只零星出露于双尾湖南和弯弯梁，以弯弯梁处出露最为完整。其区域上对比见图2-20。

该组以底部河流相复成分粗砾岩为标志，平行不整合在上三叠统藏夏河组含砾岩屑砂岩夹细砾岩和岩屑石英砂岩与泥岩互层的层位之上（图2-21），向上为岩屑火山角砾岩→深灰色块状玄武岩→灰绿色块状粗面岩→棕灰色块状沉火山角砾岩→肉红色块状英安岩组成，其上被中侏罗统雀莫错组底部的复成分粗砾岩平行不整合覆盖，厚202.05m。

对于那底岗日组的时代，在区域上，成都地矿所（1996）曾对菊花山剖面作过磁性地层的研究，其磁极性柱状图图案与国际地磁极性年表的下侏罗统图案吻合，另外所采凝灰岩样品测得Ar-Ar法同位

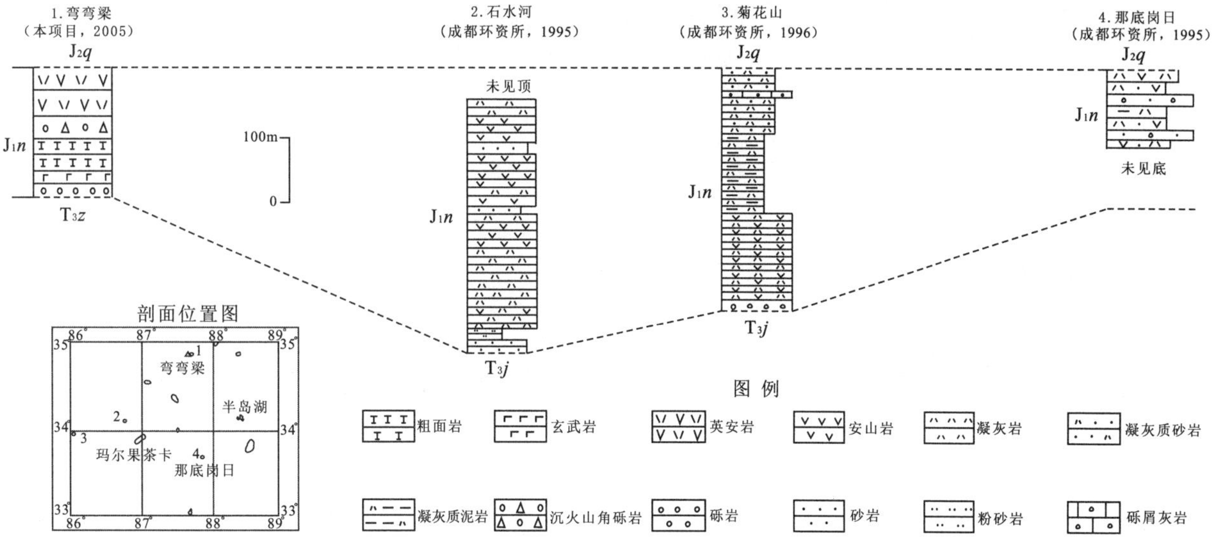

图 2-20　北羌塘盆地那底岗日组南北向地层柱状对比图

素年龄值为 182.97±3.66Ma，3 件 K-Ar 法同位素年龄值分别是 167.5±4.4Ma，161.9±5.8Ma，164.4±3.3Ma，川碳中心（1996）在碱水河、虾先河采样用 Rb-Sr 法测得同位素年龄值分别为 174.9Ma，187.00Ma。根据这些年龄数据，结合层位关系和古地磁研究成果，我们认为将那底岗日组时代定在早侏罗世比较合理。

②基本层序特征及沉积环境

从区内弯弯梁剖面垂向岩性组合特征可看出，那底岗日组底部以复成分块状粗砾岩组成基本层序，反映河流相特征；中上部则为火山溢流相构成两期火山活动旋回。

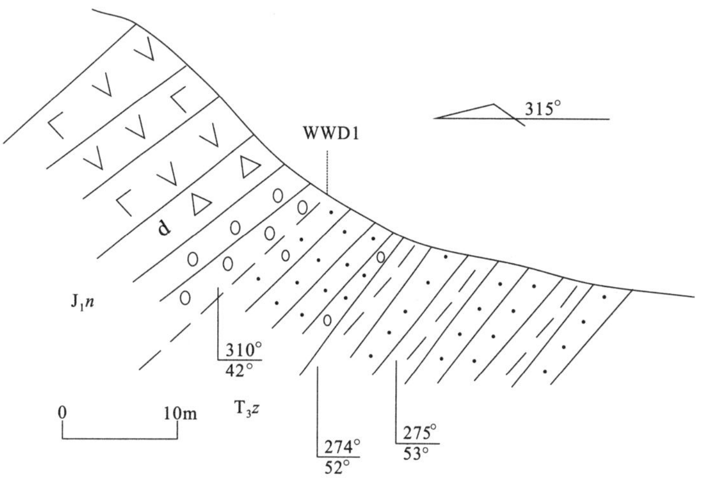

图 2-21　弯弯梁 WWD1 点处那底岗日组与藏夏河组接触关系

（2）雀莫错组（J_2q）

该组是青海区调综合大队（1987）首创于雀莫错东南 7km 处，当时是指原雁石坪群下砂岩组中下部一套紫红色复成分砾岩和紫灰绿色岩屑石英砂岩、粉砂岩组成的地层体，上部的灰绿色粉砂岩、泥岩、泥灰岩地层称托玛组。1994 年青海省岩石地层清理小组，将两组合并为一个岩石地层单位，统称雀莫错组。1997 年青海省岩石地层明确定义雀莫错组为不整合于结扎群及以前地层之上，整合于布曲组之下的以紫、灰紫色及灰色为主的复成分砾岩、含砾砂岩、石英砂岩、粉砂岩夹少量灰色铁质砂岩组成的地层体。其沿革见表 2-5。

测区的雀莫错组与羌塘盆地西区的雀莫错组岩石组合特征基本一致，以平行不整合在下侏罗统那底岗日组之上，与上覆布曲组整合接触。纵向上岩性组合三分性明显，自下而上可划分为 3 个段级岩石地层单位，即粗碎屑岩段，灰岩段和细碎屑岩段，区域上该组南北向地层对比见图 2-22。该组出露在测区北部亚克错-旋风梁-雪环湖一带，呈北北东向展布于 N34°40′（西）—N34°50′（东）以北一带，出露面积约 1 080km^2。

①粗碎屑岩段（J_2q^1）

本段平行不整合覆于那底岗日组之上或直接不整合在上三叠统藏夏河组之上（图 2-23、2-24）。

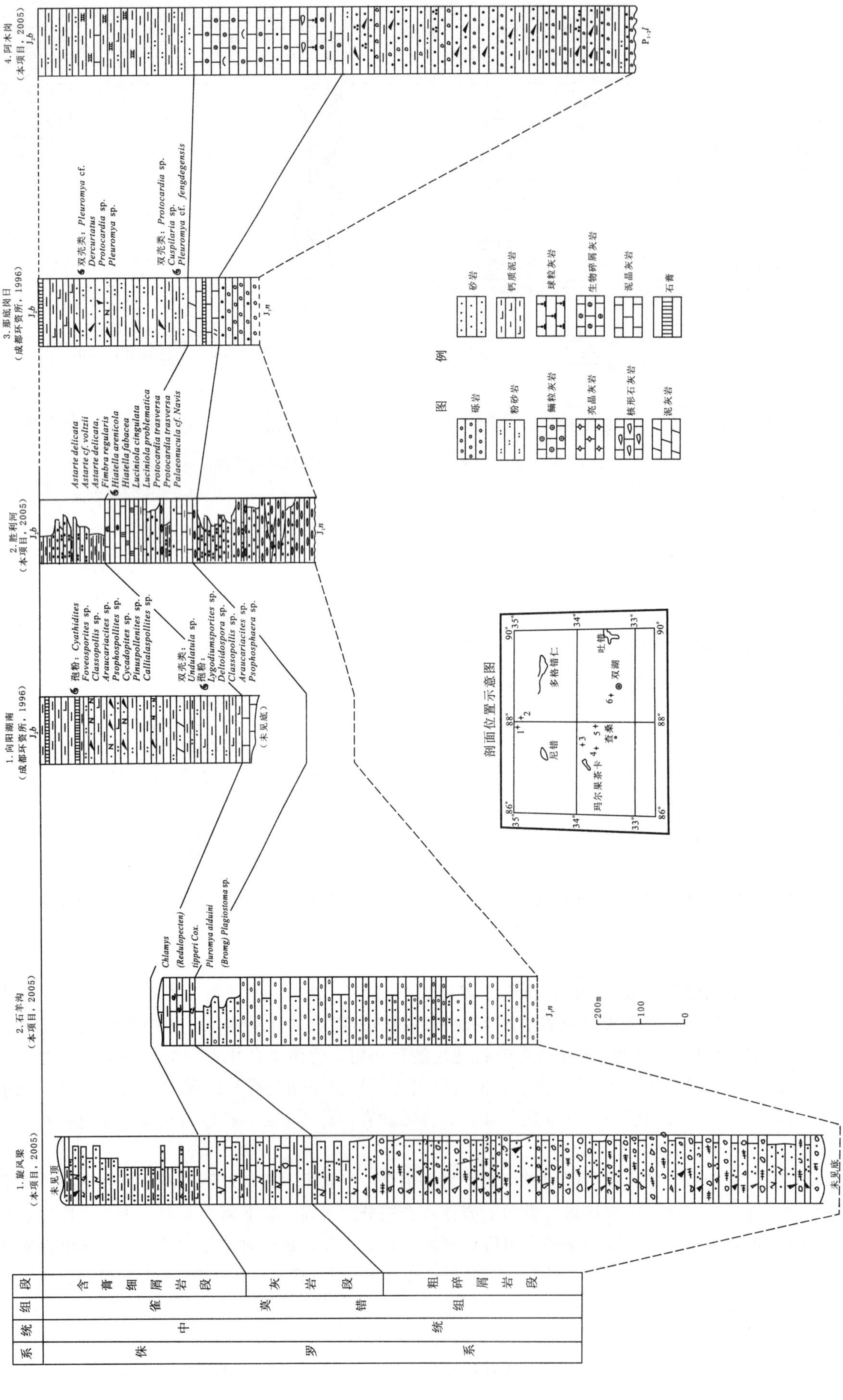

图2-22　北羌塘盆地雀莫错组南北向地层柱状对比图

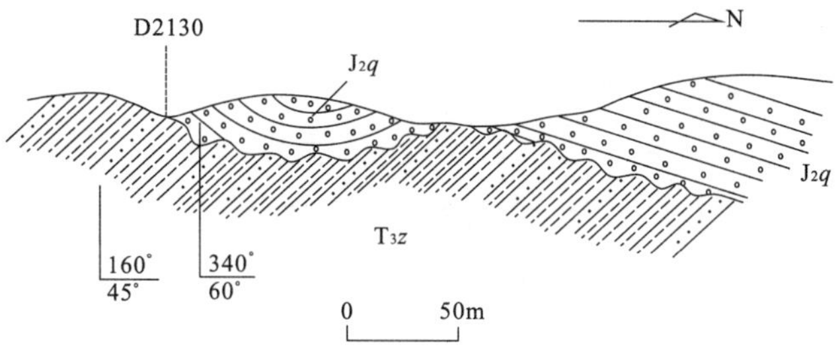

图 2-23 弯弯梁北东 D2130 点处雀莫错组（J_2q）与藏夏河组（T_3z）不整合接触关系素描

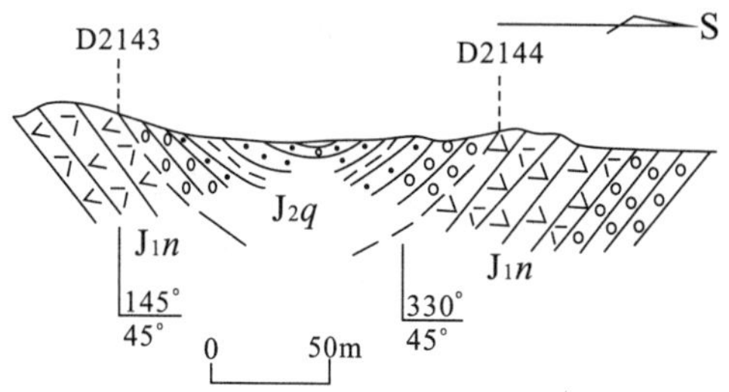

图 2-24 弯弯梁 D2143-D2144 点雀莫错组（J_2q）与那底岗日组（J_1n）平行不整合接触关系素描

岩性为紫红、灰绿、灰紫色中厚层状粗—中—细砾复成分砾岩与含砾岩屑砂岩或含砾岩屑石英砂岩，粗、中、细粒岩屑砂岩或岩屑石英砂岩。粉砂岩或泥质粉砂岩，粉砂质泥岩组成下粗上细的无数韵律式沉积。砾石以脉石英、砂岩为主、次有少量火山岩、硅质岩和灰岩，呈次棱角—次圆状，砾径有巨砾、粗砾、中砾、细砾，总的向上砾径变小，砾岩层中夹透镜状砂岩，底具冲刷面，砂岩中发育单向斜层理和平行层理，总厚 769.57～1 167.33m。

该段的基本层序总的可归为两类：

一类是由复成分砾岩→含砾岩屑砂岩→岩屑砂岩或由复成分砾岩→岩屑砂岩或岩屑石英砂岩构成厚 2～5m 不等的基本层序呈韵律式出现，这类层序主要集中在本段的中、下部，可细分为 5 种代表性基本层序组合，如图 2-25 所示，总体反映了河流相沉积环境。

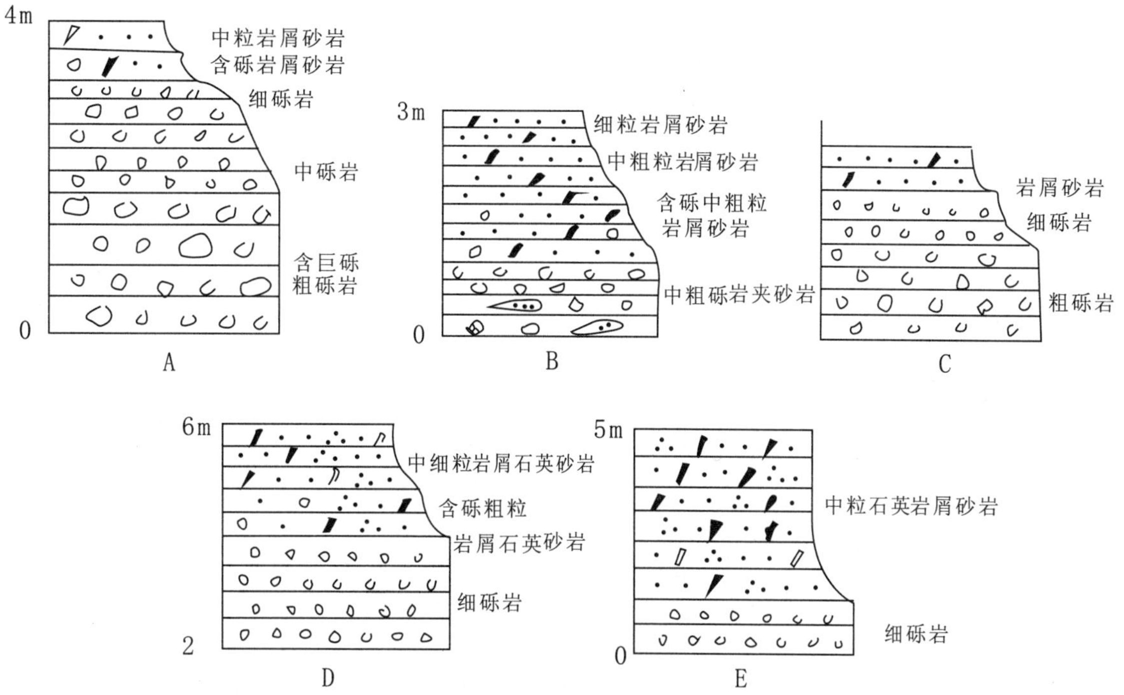

图 2-25 雀莫错组粗碎屑岩段 5 种基本层序类型

另一类是含砾岩屑砂岩与细粒岩屑砂岩，或含砾岩屑砂岩与粉砂岩组成的厚 3m 的基本层序，呈韵律式重复出现。这种类型主要见于剖面的上部层位，如图 2-26 示，反映了三角洲相的沉积环境。

②灰岩段（J_2q^2）

综合测区所见，灰岩段中发育 3 种类型基本层序（图 2-27），第一种是由深灰色中层状泥质泥晶灰岩与灰黄色薄层状生物碎屑泥质灰岩组成 2～3m 的基本层序，此种以石羊沟剖面所见为代表；第二种是钙质细砂岩→砂质灰岩→泥灰岩组成基本层序，砂质灰岩中局部见脉状层理，砂岩中见小型交错层

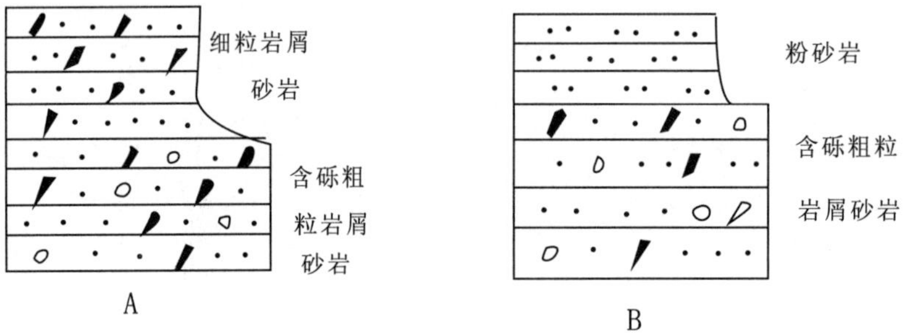

图 2-26　雀莫错组粗碎屑岩段两种基本层序类型

理，局部见鱼骨状层理；第三种见于本段上部，由泥灰岩与钙质泥页岩组成基本层序，砂质灰岩中局部见脉状层理，砂岩中见小型交错层理，局部见鱼骨状层理。该段总体反映了潮坪相潮间-潮下带的沉积环境。

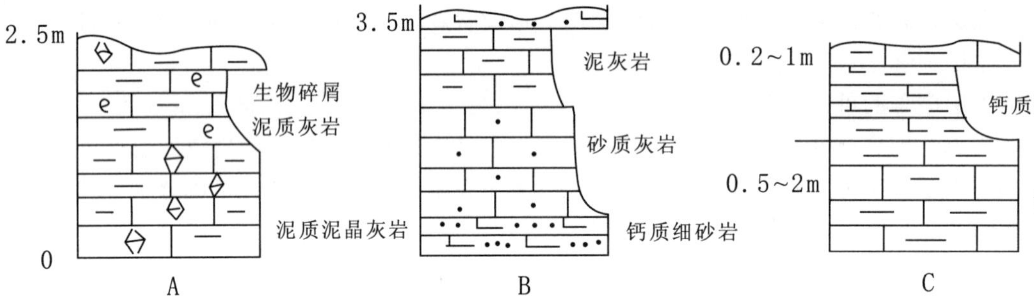

图 2-27　雀莫错组灰岩段 3 种基本层序图

③细碎屑岩段（J_2q^3）

该段由一套单一的细碎屑岩构成，主要岩性为紫红色薄至极薄层状泥页岩，粉砂质泥页岩夹同色中层状岩屑砂岩、泥质粉砂岩，局部泥页岩与砂岩形成不等厚互层，与下伏灰岩段整合接触，未见顶，厚度＞294.62m。其下部基本层序由粉砂质泥岩→泥页岩组成（图 2-28A），代表三角洲相前三角洲亚相沉积环境；上部由岩屑石英砂岩→泥质粉砂岩组成（图 2-28B），反映了三角洲前缘砂体沉积特征。

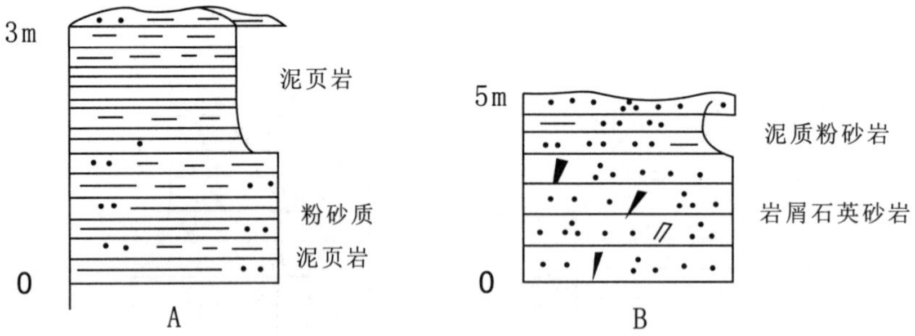

图 2-28　雀莫错组碎屑岩段两种基本层序图

在北羌塘西区，雀莫错组总体是以一套紫红、紫灰、灰绿色碎屑岩组合为特征，夹碳酸盐岩和膏盐层，反映了河流、三角洲、潮坪和海湾等沉积环境的特征，总体构成一套海进式沉积体系，但各地表现也不尽一致。如在那底岗日地区和测区，该组三分性特别明显，碳酸盐岩比较集中出现在中部层位，形成独立灰岩段，可作为正式填图单元，在那底岗日地区总厚度仅 498.64m，其灰岩段和其上的细碎屑岩段中还有膏盐层的发育，测区内厚度较大，大于 1 733m。而在测区西南的石水河、咸水河及江爱藏布一带，岩性纵向上三分性不明显，表现出以中—细碎屑沉积为主，下部层位夹少量的碳酸盐岩，不形成独立的灰岩段，膏盐层集中在上部层位。

测区内雀莫错组中生物显得贫乏，只获得双壳类 4 属 2 种，即 *Chlamys*（*Radulopecten*）*tipperi* Cox，*Pleuromya aldujni*（Brong），*Plagiostoma* sp.，*Camptonectes*（*C.*）sp.，但前人在羌塘盆地西区相当层位中还获得双壳类 *Pleuromya* cf. *fengdengensis*，*P.* cf. *dercurtatus*，*Camptonectes*（*C.*）*laminatus*，*Chlamys*（*Radulopecten*）cf. *matapwensis*，*Corbula* cf. *kidugalloensis*，*Modiolus imbricatus*，*Protocardia* cf. *hepingxiangensis* 及腕足类 *Burmirhynchia gutta*（水滴状缅甸贝），*Holcothyris subovalis*，*H. trigomaris*（三角沟孔贝）以及少量植物和孢粉等。上述分子的层位多见于雀莫错组—索瓦组，其延续时代为中侏罗世—晚侏罗世早期，以中侏罗世更为突出。

（3）布曲组（J_2b）

白生海（1989）以雁石坪剖面为典型创建该组名，代表雀莫错组与夏里组之间比较单纯的一套中厚层状碳酸盐岩建造的地层体。主要由泥晶灰岩、生物碎屑灰岩、鲕粒灰岩、亮晶砂屑灰岩夹少许粉砂岩组成，厚 674m，以盛产双壳类和腕足类为特征，时代为中侏罗世。其沿革见表 2-5。

①岩性特征及横向变化

测区内布曲组分布在多格错仁地层分区，且主要零星出露在中、南部，面积约 50km²。区域上该组整合在雀莫错组之上，与上覆夏里组也为整合接触，其南北向对比见图 2-29。

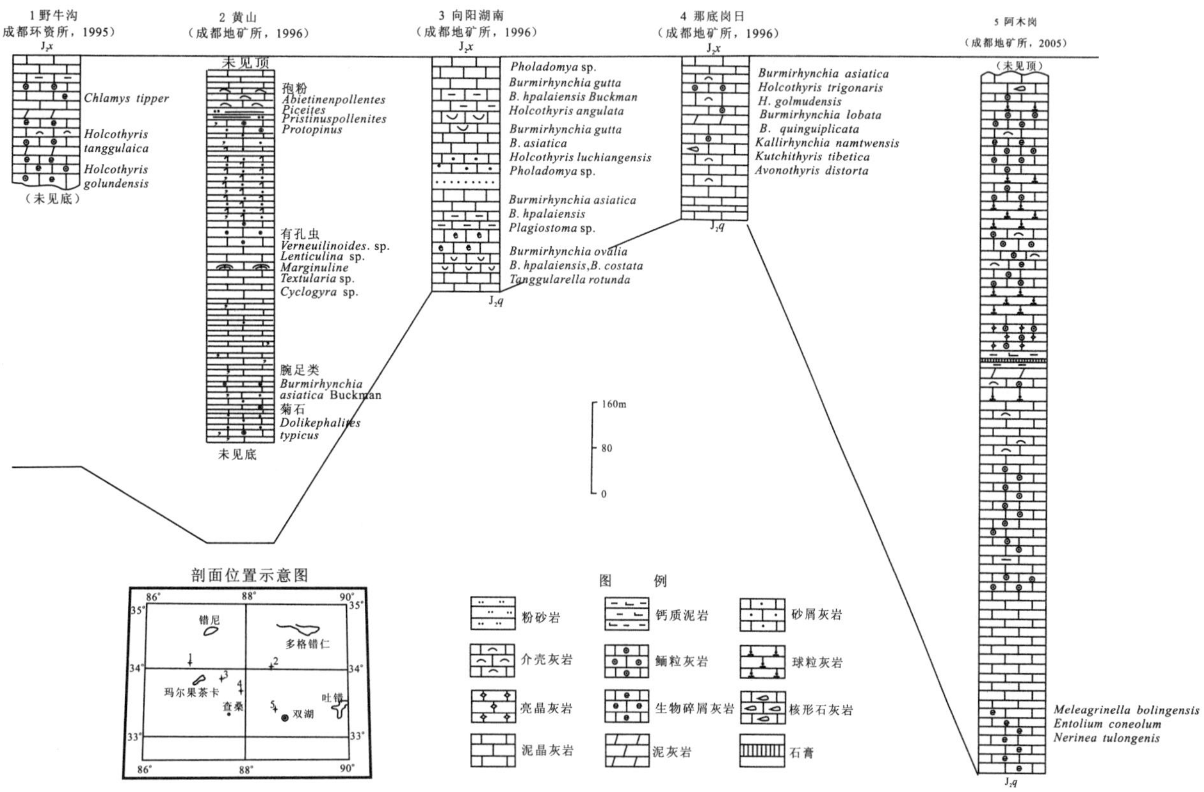

图 2-29　北羌塘盆地布曲组南北向地层柱状对比图

岩性主要为一套潮坪沉积的碳酸盐岩夹少量碎屑岩建造组合，即由灰、灰白及浅灰色白云质灰岩、球粒灰岩、核形石灰岩、凝块石灰岩、泥晶灰岩、生屑灰岩、介壳灰岩夹珊瑚礁灰岩和极少浅绿黄色薄层粉砂质页岩。灰岩中以富含生屑和发育压溶缝合线、网格状方解石脉为特征，偶见碳质沥青充填在裂隙之中，厚度大于 660m。产比较丰富的化石，主要有双壳类、腕足类和少量菊石、有孔虫及孢粉等。双壳类主要有 *Lopha* cf. *costata*，*Chlamys*（*Radulopecten*）*barmaensis*，*C.*（*R.*）*vagans*，*Gervillella* cf. *silique*，*Peregrinoconcha yunnanensis*，*Plagiostoma* cf. *biiniensis*；腕足类：*Burmirhynchia asiatica*，*B. shonensis*，*Avonothyris distorta*，*Kallirhynchia robusta*；菊石：*Dolikephalites tipicus*？。

本组中古生物化石除上述所列外，区域上前人还采有双壳类：*Liostrea eduliformis*，*L.*

jiangjinensis, *L. birmanica*, *L.* cf. *bilanfordi*, *L.* cf. *dubiensis*, *Lopha asellusvamtuensis*, *L. asella*, *Pholadomya socialis*, *Plagiostoma* cf. *chanoni*, *Parvamussium pumilum* , *Protocardia*cf. *consobrina*, *Pteroperna sidonia* , *Preexogyra acuminata* , *Pronoella* cf. *pindiroensis*, *Anisocardia triangularis*, *Camptonectes* (C.) *laminates*, *C. lens*, *C. subrigdus*, *C. tipperi*, *Ceratomya concertrica*, *Entolium* cf. *laevis*, *E. inaeqstrica*, *Gervilllella* cf. *aviculioides*, *Gryphaea belli* 等；腕足类主要有：*Burmirhynchia hasipawensis*, *B. irragularis*, *B. lobata*, *B.* aff. *praestans*, *B. nierongensis*, *B. obessi*, *B. ovalis*, *B. quinguiplicata*, *B. costata*, *B. bpalaiensis*, *B. altilis*, *Holcothyris angulata*, *H. cooperi* , *H. carvita*, *H. macra*, *H. flexa*, *H. pinguis*, *H. subovalis*, *H. depressa* , *Kallirhynchia namtuensis*, *Kutchithyris anongensis*, *K. andoensis*, *K. tingularis*, *K. tibetica*, *K. olivaeformis*, *K. deqinensis*, *Tangggularella rotunda*, *T. abbreviata*, *T. feraxa*, *T. sphenoides*, *Avonothyris distorta*, *A. subpentagona*, *A. tibetica*, *Arcomytilus bathonicus*, *Thurmanella rotunda*, *Wattonithris circumdate* , *W. moquensis*, *W. zamdaensis* 等；孢粉以 *Classopollis*, *Cyathidites*, *Neoraistrickia* 等为代表。上列生物组合总体代表了中侏罗世面貌，其中 *Burmirhynchia*, *Holcothyris* 在布曲组中特别繁盛，前人多以此视为巴通期的腕足类组合代表分子。

②基本层序特征与沉积环境

布曲组的基本层序可分为两种类型：A-由生屑泥晶灰岩→含生屑核形石灰岩→含生屑球粒灰岩→含生屑凝块石灰岩相互叠置而成（图 2-30A），代表局限台地相沉积环境这种基本层序类型见于该组下部层位；B-含泥质泥晶灰岩→含生屑球粒灰岩→含生屑核形石球粒灰岩→粉砂质页岩夹介壳灰岩构成（图 2-30B），代表开阔台地相环境沉积，此类基本层序见于布曲组上部层位。

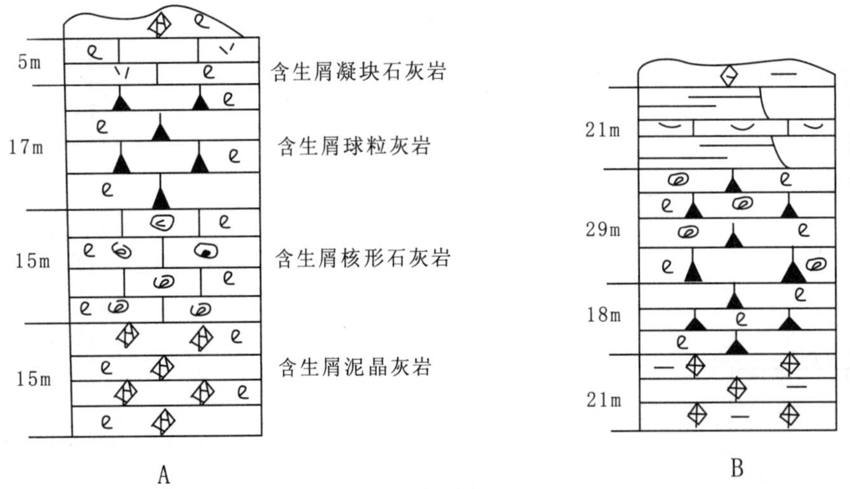

图 2-30 布曲组（J_2b）基本层序结构图

（4）夏里组（J_2x）

该组为青海区调综合队（1987）于雀莫错东夏里山创建，原义指一套灰紫、灰绿、褐红色相间的杂色碎屑岩系。青海岩石地层清理（1997）进一步定义为一套杂色碎屑岩夹少量灰岩及石膏层组成的地层体，含双壳类、腕足类等动物群，厚 646m，时代定为中、晚侏罗世卡洛夫—早牛津期，下与布曲组、上与索瓦组均为整合接触。其沿革见表 2-5。

①岩性特征及横向变化

区域上夏里组整合覆于布曲组之上，其上被索瓦组整合覆盖，该组常与布曲组或索瓦组相伴出露，北羌塘盆地中夏里组由北向南厚度变大，同时岩性亦有向南灰岩增多的变化趋势（图 2-31）。

测区内夏里组零星见于中南部，出露面积约 400km^2，为一套滨海-三角洲相沉积。主要为灰色夹灰绿、黄灰色细碎屑岩，其间夹碳酸盐岩。碎屑岩主要为钙质石英砂岩、次岩屑长石砂岩、钙质细砂岩、

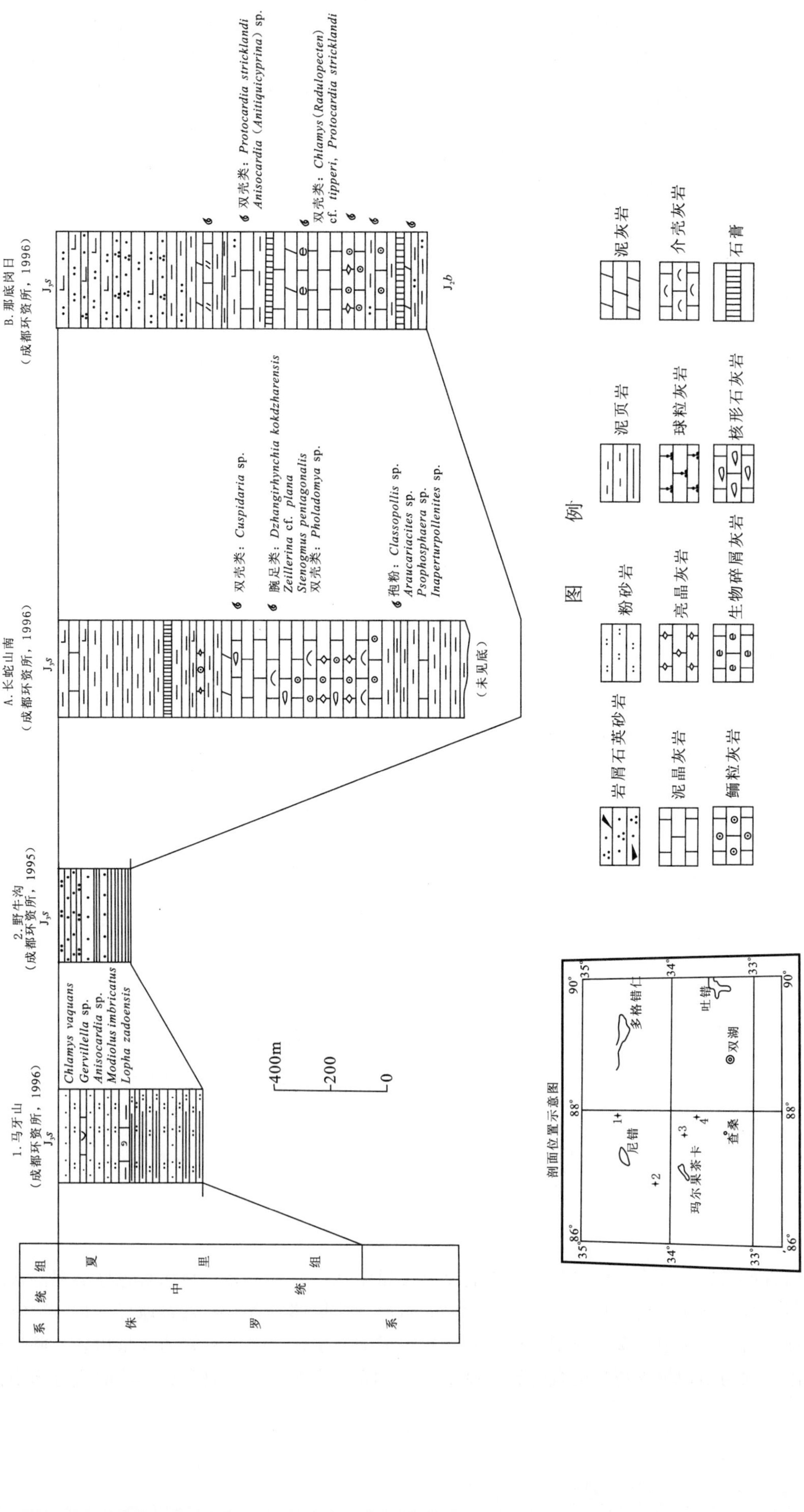

图2-31 北羌塘盆地夏里组南北向地层柱状对比图

粉砂岩、泥质粉砂岩、钙质粉砂岩和粉砂质泥岩；碳酸盐岩主要为生物碎屑微晶灰岩、生物介壳灰岩、含生物球粒泥晶灰岩、含白云质泥晶灰岩、鲕粒灰岩、泥灰岩和砂屑灰岩等。在碎屑岩中普遍发育沙纹层理、交错层理、水平层理、重荷模、冲刷充填构造，层面上常见黄铁矿颗粒和植物碎片，局部含脉状干沥青、软沥青。灰岩中普遍含双壳类、腕足类化石，其主要分子有双壳类：*Chlamys*（*Radulopecten*）*vagens*，*C.*（*R.*）*tipperi*，*C.*（*R.*）*baimaensis*，*Modiolus inbricatus*，*Gervillella* cf. *siliqua*，*Lopha zadoensis*，*L.* cf. *costata*，*Arcomytilus nierongensis*，*Myopholas multicostata*，*Protocardia sticklandi*；腕足类：*Lobothyris deflecta*，*Burmirhynchia cuneata*；珊瑚：*Complexastraea kachensis*，*Thcosmilia shuanghuensis* 等。地层厚 502.43m。

②基本层序特征及沉积环境

夏里组基本层序可划分 4 种类型：

A. 岩屑长石砂岩→泥质粉砂岩→粉砂质页岩→生物砂屑泥晶灰岩（图 2-32A），砂岩：粉砂岩：灰岩＝3：2：1，砂岩中发育小型交错层理，粉砂岩中发育沙纹层理和水平层理，灰岩中含底栖双壳类、腕足类，反映出三角洲前缘相沉积特征。

B. 泥质粉砂岩→粉砂质页岩→生物介壳灰岩（图 2-32B），三者之比为 4：3：1，粉砂岩、页岩中见沙纹层理、水平层理，并见黄铁矿星点状分布，灰岩中含保存欠佳的双壳类、腕足类，属潮坪相沉积环境下的产物。

C. 细砂岩→粉砂岩互层式韵律沉积（图 2-32C），二者比为 3：1，砂岩中见植物碎片，发育板状交错层理和大型楔状交错层理，粉砂岩中见沙纹层理和水平层理，反映出三角洲前缘沙坝的沉积特征。

D. 钙质石英砂岩→生物介壳灰岩的互层或韵律沉积（图 2-32D），二者比为 3：1～4：1，石英砂岩略显粒序，见底冲刷构造和交错层理。灰岩中含底栖双壳类和腕足类化石。属潮间-潮上沉积环境。

上述 4 个基本层序中，A、B 两种基本层序常见于该组下部层位，C、D 两种基本层序发育本组上部层位，总体代表海水相对变浅的滨海环境沉积。

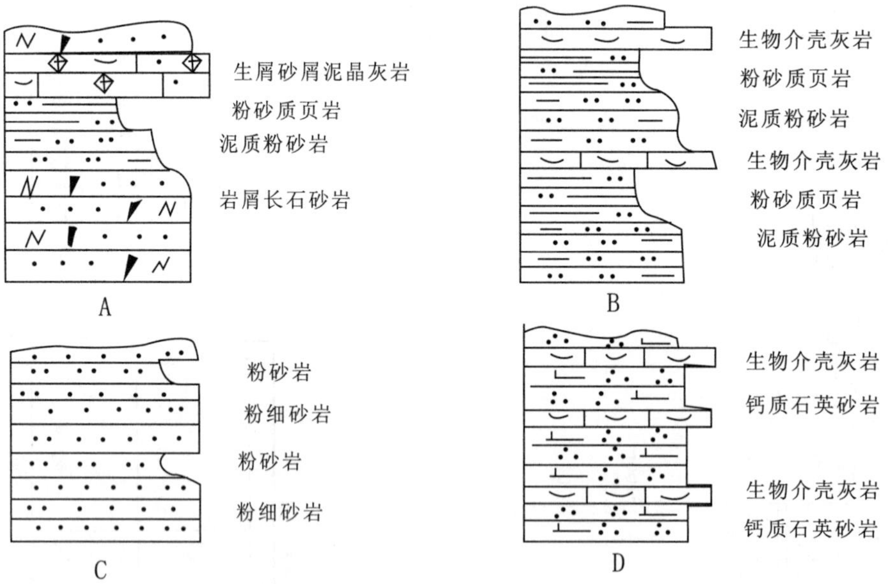

图 2-32　夏里组基本层序结构图

(5) 索瓦组（J_3s）

索瓦组由青海省区调综合大队（1987）创名于雀莫错索瓦，原定义为一套深灰色厚层泥晶灰岩、生物碎屑灰岩与灰绿、深灰色钙质粉砂岩、泥质粉砂岩组成的地层体。青海省岩石地层（1997）定义为一套深灰色碳酸盐岩与灰绿色、深灰色细碎屑岩互层状组成的地层体，底以灰岩的大量出现，砂岩逐渐消失为划分标志，顶与雪山组碎屑岩整合过渡，厚 375～941m。产腕足类、双壳类等，时代定为晚侏罗世牛津阶。其沿革见表 2-5。

①岩性特征及横向变化

索瓦组广泛分布在图区中南部，出露面积约 1 520km²。区域上该地层的对比见图 2-33。

该组在横向上岩性组合略有变化：东部主要为一套潮坪-台地相碳酸盐岩组合，夹少量细碎屑岩，以长虹河剖面为代表；西部为台地边缘碳酸盐岩组合，以长龙梁剖面为典型，主要岩石组合为灰、深灰色中厚层状泥晶、微晶灰岩、核形石灰岩、泥灰岩、砂屑灰岩、生屑灰岩、介壳灰岩、鲕粒灰岩、礁灰岩夹少量岩屑砂岩、钙质粉砂岩和泥岩，发育沙纹层理、小型交错层理、小型包卷层理及压溶缝合线等沉积构造，厚 329～961m。与下伏夏里组整合接触，上为白龙冰河组整合覆盖，富含双壳类、腕足类、菊石及少量有孔虫、孢粉、海胆等。双壳类主要有 *Anisocardia*（*Anitiquyicyprina*）*trapezoidelis*，*Arcomytilus myanrongensis*，*Astarte* cf. *elegans*，*A.* cf. *subminina*，*Buchia blanfordiana*，*Chlamys*（*Radulopecten*）*tipperi*，*C.*（*R.*）*baimaensis*，*C.*（*R.*）vagans，*Camptonectes*（*Camptonectes*）*lens*，*Entolium mangqiongensis*，*E. xizangensis*，*Gervillella* cf. *siliqua*，*Homomya gibbosa*，*Inoperna sowerbyana*，*I. qibbosa*，*Myopholas* cf. *manderaensis*，*Plagiostoma* cf. *biniensis*，*Pseuedolimea duplicata*，*Pleuromya uniformis*，*Pholadotrapezium cordiformis*，*Pseudotrapezium cordiformis*，*Pronoella pindiroensis*，*Quenstedtia* cf. *rahmuensis*. 腕足类：*Avonthyris distorta*，*A. gigantean*，*Burmirhynchia asiatica*，*B. cuneata*，*B. shanensis*，*Carainirhynchia rossica*，*Holcothyris tanggulaica*，*H. golmudensis*，*Lobothyris nwquensis*，*Rutorhynchia jieshanensis*，*R. biplicata*，*R. guadplicata*，*Thurmanella rotunda*. 菊石：*Blanfordiceras cricki*，*Aulacosphinctes hollandi*，*Haplophyoceras aculeatum*，*Parabdiceras* sp.，*Virgatosphinctes multifasciatus*，*V. haydeni*，*V. dacquei*，*V. frequens*，*V. contiguous*，*V. subfrequens*，*V. broilii*。这些化石总体显示了晚侏罗世的生物面貌，且主要代表晚侏罗世早中期，当然也存在一些从中侏罗世上延的双壳类、腕足类属种和在提塘期也能见到的菊石、双壳类分子。

②基本层序特征及沉积环境

索瓦组的基本层序结构在区内有东西之别。

东部以长虹河剖面为代表，下部自下而上可识别两种基本层序特征：A. 砂质灰岩→岩屑砂岩→鲕粒灰岩→介壳灰岩的层序组合，代表开阔台地相沉积环境；B. 泥灰岩→泥晶灰岩→介壳灰岩→泥岩夹粉砂岩、钙质页岩的层序组合，发育沙纹层理、小型包卷层理、压溶缝合线等沉积构造，代表潮坪环境沉积。上部主要由核形石灰岩→泥晶灰岩夹生物碎屑灰岩、介壳灰岩→泥灰岩夹钙质粉砂岩的层序组合，代表局限台地相沉积环境。

西部以长龙梁剖面为代表，发育两类基本层序：A. 微晶灰岩或泥晶灰岩→介壳灰岩构成；B. 微晶灰岩→微晶、亮晶生物碎屑鲕粒灰岩构成。这两种基本层序代表了开阔台地相环境沉积特征。

(6) 白龙冰河组（J_3b）

该组由西藏区调队（1986）以改则县北部白龙冰河南侧路线剖面为代表创建，整合覆于雁石坪群上灰岩组之上，上未见顶，由下部灰、浅灰、灰白色中厚层状泥灰岩、泥质灰岩、生物碎屑灰岩、白云质灰岩和鲕粒灰岩及上部中厚层状灰岩、泥灰岩与灰绿色泥质页岩、钙质泥岩、泥岩的互层夹浅灰色粉砂岩组成，厚达 2 080m，富含菊石动物群，时代为晚侏罗世。其沿革见表 2-5。

①岩性特征及横向变化

白龙冰河组广泛出露中南部盘埂山-虎背岭-观湖台-独山以及金星湖、光明湖-半岛湖一带呈近东西或南东走向，多与索瓦组相伴出现，出露面积约 1 700km²。区域上白龙冰河组地层对比情况见图 2-34。该组与下伏索瓦组整合接触，在中东部见雪山组整合覆于其上。东西向上岩性略有差别。

东部以曲龙沟剖面为代表，主要岩石组合为钙质砂岩、页岩、粉砂岩和泥晶灰岩、泥灰岩、白云质灰岩、介壳灰岩构成不等厚互层，外观显示阶梯状地貌特征，发育水平层理和沙纹层理，富含双壳类和腕足类化石，也见少量菊石和珊瑚等。以灰岩的终结和杂色碎屑岩的大量出现为界与雪山组分开。

西部的白龙冰河组，可以长龙梁剖面为代表，该剖面的中下部仍显示了碳酸盐岩与碎屑岩不等厚互层的特征，但岩石组合相对单一，基本层序更为简单，主要由泥晶灰岩、泥质灰岩、泥灰岩与钙质泥岩

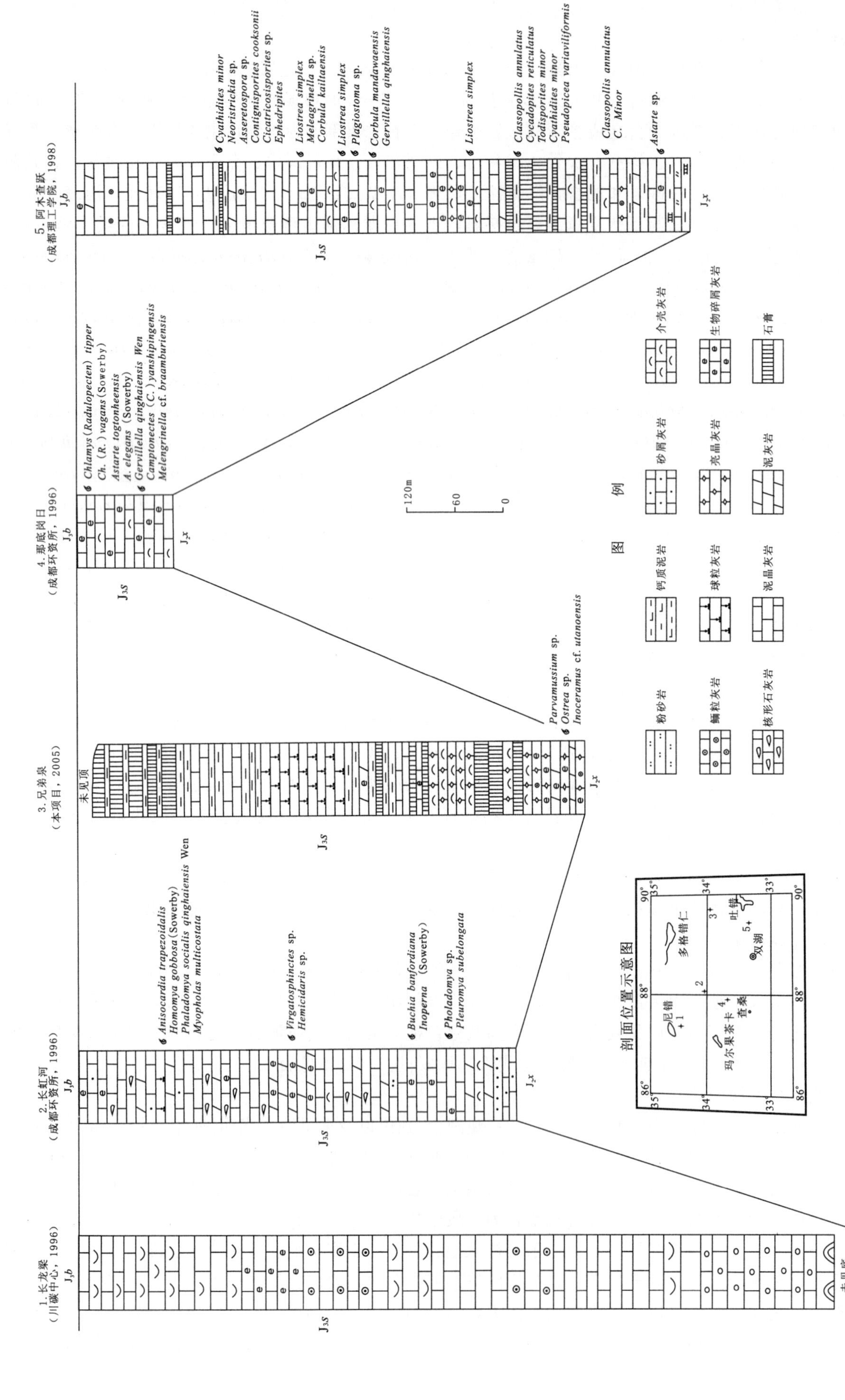

图2-33　羌塘盆地索瓦组南北向地层柱状对比图

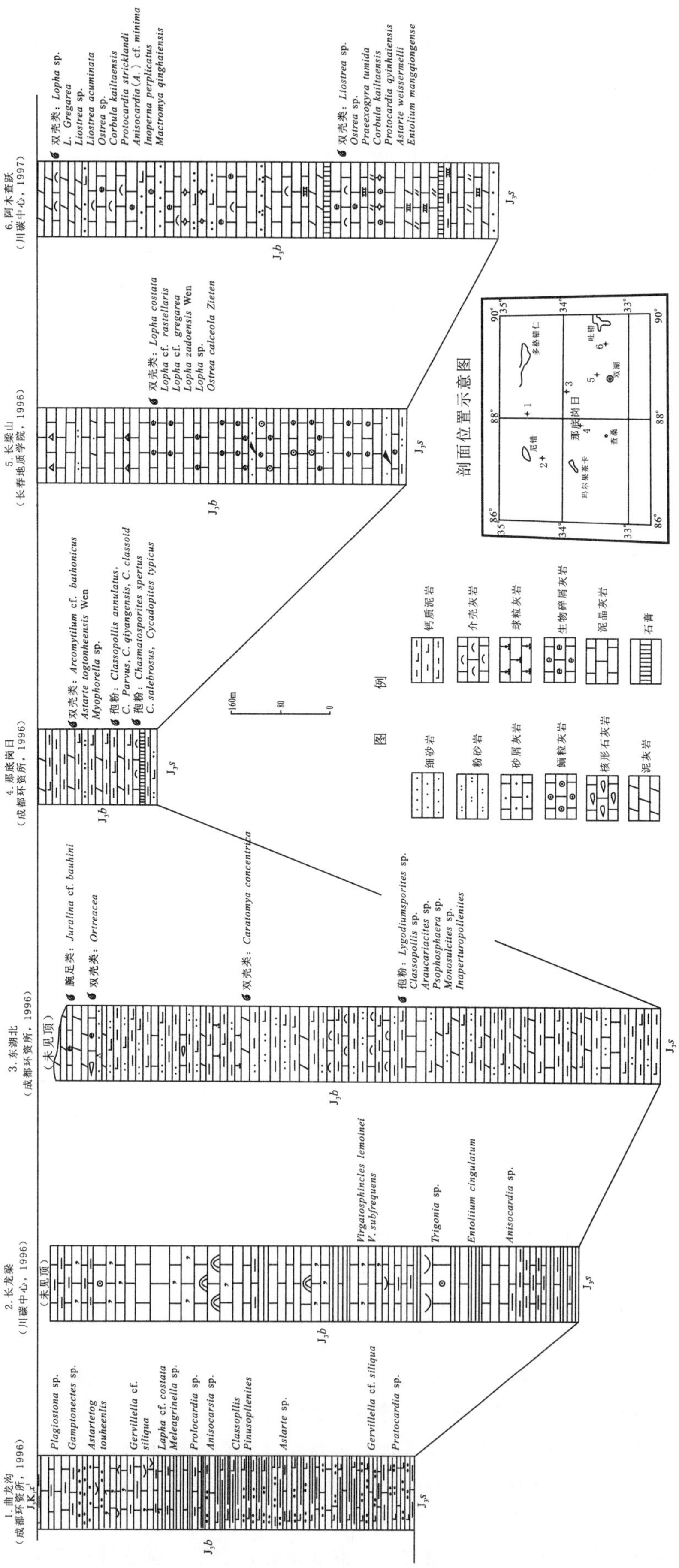

图2-34　北羌塘盆地白龙冰河组南北向地层柱状对比图

或介壳灰岩、鲕粒灰岩与钙质泥岩构成不等厚互层，灰、泥比一般为1∶3～1∶5，少数为2∶1～2∶3，所含生物总貌东、西基本相似，富含双壳类、腕足类，次有珊瑚、孢粉等。双壳类：*Astarte subdeprella*，*A. subminma*，*A.* cf. *mandawaensis*，*A. subcardiformis*，*Entolium cingulatum*，*Gervillella orientalis*，*G.* cf. *siliqua*，*Homomya* cf. *cressiuscula*，*Liostrea* cf. *blanfordi*，*Modiolus* cf. *yunnanensis*，*Myopholas multicostata*，*Peregrinoconcha* sp. *Plagiostoma amdoense*。腕足类：*Bihenithyris vectumarginata*，*Burmirhynchia cuneata*，*Turmanella rotunta*。菊石：*Virgatosphinctes frequens*，*V. lemoinei*。珊瑚：*Stylosmilia crassitheca*，*S. catenula*，*Epistreptopyllum cylindratum*，*Thecosmilia*? *shuanghuensis*，*T.* cf. *costuta*，*T.*? *tibetana* 等。

②基本层序特征及沉积环境

根据该组在剖面上岩性组合和沉积特征，东部曲龙沟剖面总体表现为泥灰岩与薄层状钙质粉砂岩互层、泥晶灰岩与泥灰岩互层以及泥灰岩与钙质泥页岩互层构成3种类型的基本层序。总体上表现由局限台地至潮坪相沉积特征。

西部长龙梁剖面，中下部识别出泥灰岩与钙质泥岩不等厚互层、泥晶灰岩夹生物碎屑灰岩两种类型的基本层序；上部为生物碎屑灰岩夹泥晶灰岩构成基本层序，反映为泻湖相一台地相沉积环境。

（7）雪山组（J_3K_1x）

雪山组一名首先由原地质部石油地质局综合大队（1966）提出，1983年由蒋忠惕正式公布，以温泉剖面为典型代表，主要岩石组合为灰色粉砂岩与粉砂质泥岩互层，夹不厚的钙质泥岩和泥灰岩，顶部为一套较厚的黄褐色砂岩，厚559.58m，上未见顶，下与羌姆勒曲组整合接触，含双壳类：*Paranipplononaia* cf. *paucisulcata*，*Lamplrotula* sp.，*Protocardia* sp.，*Nippononaia* aff. *wakinoensis*，*Gervillella* sp. 和 *Trigonioides* sp. 等。当时定其时代为早白垩世。以后各家先后在不同剖面的相当层位中，采得 *Laevitrigonia gibbosa*，*Peregrinoconcha yunnanensis*，*Peregrinoconcha perlonga*，*Myopholas multicostata*，*Cypricardia* cf. *loweana* 等双壳类，将其时代更正为晚侏罗世，并作为上侏罗统最高一个岩石地层单位，成都地矿所（1996）将雪山组正式引入到北羌塘西区。本项目把雪山组暂定为晚侏罗世—早白垩世（详见本章第四节中的雪山组时代讨论）。其沿革见表2-5。

①岩性特征及横向变化

测区的雪山组仅出露在图幅北东部较小范围内，呈东西向集中分布在独山、星罗河一带，向西在多色梁子东南部也零星可见，出露面积约240km²，下与白龙冰河组整合接触，上为古近系始新统康托组（E_2k）超覆，或自身构成向斜未见其顶。根据纵向岩石组合特征，自下而上划分两个段级岩石地层单位：杂色泥岩段、紫红色砂岩段，可作为正式填图单元。

杂色泥岩段（$J_3K_1x^1$）

该段地层以紫红、紫灰、灰绿、黄绿、灰、浅灰、灰黄等色组成的杂色陆缘碎屑岩沉积组合。在黄山剖面的中上部夹少量薄层泥晶灰岩，生屑灰岩和介壳灰岩，近顶部还偶见薄层细砾岩。总体是以泥岩为主夹长石岩屑砂岩，石英砂岩，粉、细砂岩或为泥岩与不同粒级的砂岩构成不等厚互层。在细砾岩底部具冲刷、充填构造，砂岩中见楔形、板状交错层理、粒序层理和平行层理，含植物化石碎片，粉砂岩中发育沙纹层理，在剖面所夹生屑灰岩中，仅采得时限较长的腹足类：*Galaba* sp.，*planorbis* sp.，厚371.94～375.14m，下与白龙冰河组，上与紫红色砂岩段均为整合接触，总体反映了三角洲相的一套岩石和生物组合面貌，根据其中采得的双壳类 *A. spitiensis*，其时代属晚侏罗世无疑。

紫红色砂岩段（$J_3K_1x^2$）

本段为一套河流-湖泊相沉积的紫红色碎屑岩组合。主要岩石组合为长石岩屑砂岩、长石石英砂岩、岩屑石英砂岩、粉砂岩、粉砂质泥岩和泥岩组成不等厚互层的地层体，局部夹含砾砂岩和砾岩。发育底冲刷、板状交错层理、槽状交错层理、楔形交错层理、平行层理和粒序层理等沉积构造。一般未见其顶或为康托组（E_2k）超覆角度不整合接触，与下伏杂色碎屑岩段整合接触，厚度大于1 125m，未获任何生物化石。

雪山组在整个羌塘盆地并不随地可见，主要多见于盆地东部，温泉、雁石坪和雀莫错等剖面最引人瞩目。其岩性组合以长石岩屑砂岩、石英砂岩、细砂岩、粉砂岩为主夹少量泥岩，粒砂质泥岩和灰岩，含比较丰富的双壳类和孢粉化石，分段性不明显，厚560～1 260m，整合于白龙冰河组之上，上未见顶。测区及邻区该组总体岩性组合特征无太大的变化，以一套三角洲—陆相河湖沉积的碎屑岩为特征，二分性比较明显。目前采得化石均来自杂色泥岩段中，除上述所列颇具时代意义的双壳类 *Astarte spitiensis* 外，成都地矿所（1996）在那底岗日剖面相当于杂色泥岩段下部层位中还获得比较丰富的裸子植物花粉和蕨类植物孢子。前者以 *Classopollis* 占优势，主要有 *C. annulatus*，*C. monostriatus*，*C. trangulus*，*C. tristriatus*，*C. parmus*，次有 *Cycadopites nitidus*，*C. giganteus*；后者以 *Lygodiumsporites* sp.，*Lycopodiumsplorites pseudoarmotumus*，*Osmundacidites wellmanii* 等为代表。其中 *Classopollis amulatus* 是繁盛于晚侏罗世的属种，*Lygodiumsporites* sp. 的少量出现和 *Astarte spitiensis* 的存在，可以肯定下部杂色泥岩段属晚侏罗世无疑，但上部砂岩段不排除有属早白垩世的可能。

②基本层序特征及沉积环境

紫红色砂岩段（$J_3K_1x^2$）可识别出两种类型的基本层序：A. 下部以泥岩为主夹长石岩屑砂岩构成；B. 上部泥岩与不同粒级的砂岩不等厚互层构成。

紫红色砂岩段（$J_3K_1x^2$）由长石岩屑砂岩与粉砂质泥岩组成不等厚互层构成一种类型的基本层序。

雪山组中基本层序的构成均总体反映了三角洲前缘-平原相沉积特征。

（三）古近系

古近系地层在图区有着比较广泛的分布，出露面积约2 940 km²，包括始新统和渐新统，未发现古新统的存在，由3个岩石地层单位组成，自下而上我们以康托组、唢呐湖组和鱼鳞山组相称。历年来各家对这一时期地层的划分，名称使用和时代的归属，有着多种不同的意见。现将主要各家意见列于表2－6。

表2－6 羌塘盆地古近系—新近系岩石地层单位划分沿革表

地层系统（系）	地层系统（统）\ 划分者	西藏区调队（1986）	成都地矿所（1996）	西藏地矿局（1997）	赵政璋等（2001）	本项目 2005
新近系	上新统	石坪顶组	石坪顶组 唢呐湖组	石坪顶组		石坪顶组
	中新统	唢呐湖组 康托组	康托组	唢呐湖组 康托组	石坪顶组 唢呐湖组 康托组	
古近系	渐新统	纳丁错组			纳丁错组	鱼鳞山组
	始新统					唢呐湖组 康托组

1. 剖面描述

（1）西藏双湖地区列石坡古近系始新统康托组（E_2k）修测剖面（LP）[据成都环资所（1996）实测剖面修订][①]

① 成都环境地质与资源开发研究所，1996，青藏地区羌塘盆地（红土山等六幅）1∶10万区域石油地质调查报告。

剖面测于虎尾岭南的列石坡，起点坐标：N34°19′43″，E88°05′17″，终点坐标：N34°19′29″，E88°05′53″。剖面长 1 290.5m，厚度大于 669.87m，未见顶，与下伏中侏罗统夏里组呈角度不整合接触（图 2－35）。

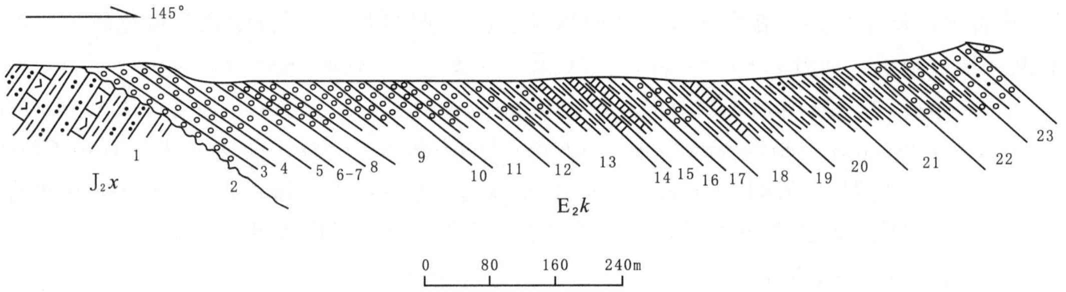

图 2－35　西藏双湖地区列石坡古近系始新统康托组（E_2k）修测剖面图

始新统康托组（E_2k）　　（未见顶）　　>669.87m

23.	紫红色中－厚层状含粗砾中细砾岩。具不等粒结构，泥质胶结，砾石成分灰岩占 98%，余为脉石英和硅质岩	> 37.54m
22.	紫红色泥岩夹细砂岩。二者之比为 10∶1	57.70m
21.	紫红色泥岩	65.37m
20.	紫红色泥岩夹粉砂质泥岩	56.26m
19.	紫红色泥岩	25.45m
18.	紫红色薄层状页岩夹白色中层状石膏层，石膏呈板状，单层厚度 1～4cm	47.72m
17.	紫红色薄－中层状中细砾岩夹紫红色薄层状页岩，砾岩显粒序层理，砾石成分灰岩占 45%，余为硅质岩、脉石英和少许砂岩	25.23m
16.	紫红色泥岩与白色薄层状石膏不等厚互层。石膏单层厚 1.5～6cm，二者之比为 7∶1	13.09m
15.	紫红色泥岩夹灰白－白色薄层状石膏。石膏呈粒状和薄板状，单层厚 2～5cm	34.34m
14.	灰白色、白色薄层状石膏。石膏呈纤维状和板状，单层厚 4～5cm	3.15m
13.	紫红色泥岩夹砂砾岩，局部夹薄层石膏	64.85m
12.	紫红色薄－中层状中细砾岩与泥岩不等厚互层	29.31m
11.	浅红色中厚层状中细砾岩夹薄层状含砾中细粒岩屑长石砂岩	39.18m
10.	浅紫红色中－厚层状中细砾岩。砾石成分灰岩占 95%以上，余为少许砂岩和脉石英	11.57m
9.	土黄色中厚层状中－细砾岩，局部夹薄层状细砾岩	60.43m
8.	土黄色薄－中层状中－细砾岩。细砾岩沿走向延伸不稳定，砾石成分灰岩占 95%以上，余为少许砂岩、脉石英和硅质岩	20.85m
7.	土黄色中层状含粗砾中细砾岩。砾石成分以灰岩为主，余为少量砂岩和脉石英	7.90m
6.	土黄色中层状中细砾岩。岩石具粒序层理	10.68m
5.	土黄色薄－中层状中细砾岩，夹薄层状细砾岩。具粒序层理，砾石成分灰岩为主，次为砂岩和脉石英	15.96m
4.	土黄色中厚层状中—细砾岩夹中层状中砾岩。砾石成分以灰岩为主，见少许脉石英	20.23m
3.	土黄色薄－中层状含砾中细砾岩。具不等粒结构，砾石成分主要为灰岩	13.75m
2.	土黄色中厚层状含粗砾中砾岩，砾石成分主要为灰岩	9.78m

～～～～～～不整合～～～～～～

下伏地层：中侏罗统夏里组（J_2x）灰色粉-细砂岩、粉砂质泥岩夹生屑灰岩

（2）西藏双湖地区蚂蝗山古近系始新统康托组（E_2k）实测地层剖面（MP17）［据川碳中心（1995）实测剖面修订］①

① 四川碳酸盐岩油气田技术开发研究中心，1996，青藏地区羌塘盆地（石榴湖等六幅）1∶10 万区域石油地质调查报告。

剖面测于测区西部金星湖南蚂蝗山。起点坐标：N34°17′41″，E87°00′16″，终点坐标：N34°17′22″，E87°00′07″，剖面长528m，厚度大于348.38m，未见顶、底。

始新统康托组（E_2k）　　（未见顶）	**348.38m**
21. 暗红色块状泥岩夹灰绿色薄—中层细砂岩，泥岩呈块状，不显层理，其中发育灰绿色灰质条带和斑块；细砂岩单层厚为10～25cm，层面平整，侧向延伸稳定	40.82m
20. 灰色中厚层砾岩夹砂岩透镜体。砾岩单层厚0.2～0.5m不等，侧向延伸不稳定，呈透镜状；砾石含量65%～80%，砾石成分均为灰岩；砾石大小为1～3cm，分选性中等，磨圆度好，填隙物为不等粒砂，钙质胶结，颗粒支撑。砂岩呈薄透镜状，发育不太清晰的平行层理	7.71m
19. 灰黄色块状泥岩夹灰色中层含砾砂岩。含砾砂岩单层厚度为20～40cm，呈夹层状产出	28.86m
18. 灰色厚层—块状砾岩夹同色中层含砾砂岩和砂岩。砾岩单层厚0.6～2.1m，砾石含量为60%～75%，砾石成分均为石灰岩，砾石大小一般为2～4cm，最大8cm，分选性中等，磨圆度好；填隙物为不等粒砂，钙质胶结；砾岩层一般具向上变细的粒序。砂岩中发育平行层理，并与下伏砾岩呈过渡关系	17.43m
17. 灰黄色块状泥岩夹灰色中—厚层含砾砂岩。含砾砂岩呈夹层状产出，厚度为0.4～1.1m	24.82m
16. 灰色薄—中层含砾不等粒岩屑砂岩夹灰色中层状砾岩，砾石以灰岩为主	4.84m
15. 暗红色块状泥岩夹灰色中层岩屑砂岩	11.24m
14. 灰色块状砾岩夹灰黄色薄—中层不等粒砂岩透镜体。砾岩底面不平整，砾石含量60%～75%，砾石成分均为石灰岩，砾径一般为5～10cm，其中含少量大漂砾，最大砾径为61cm，砾石磨圆中等，分选性差；填隙物为不等粒砂和泥，以颗粒支撑为主，局部为基质支撑。砾岩层厚度一般为2～3m，具向上变粗或向上变细和不显粒序等粒序特点，砂岩中发育平行层理和交错层理	23.65m
13. 灰白色纹层状泥质石膏层	7.75m
12. 暗红色块状泥岩夹灰褐色中层含砾砂岩	23.78m
11. 灰白厚层砾岩夹灰黄色含砾砂岩。砾岩层厚0.6～0.8m，底面不平整，砾石含量为60%～80%，砾石成分均为石灰岩，砾径一般为3～5cm，最大砾径为10cm，分选性较差，磨园度中等—较好，填隙物为不等粒砂，颗粒支撑。含砾砂岩呈透镜状，发育平行纹层	7.84m
10. 灰色中厚层含砾砂岩夹暗红色泥岩和白色薄层纤维状石膏。石膏层单层厚度为2～5cm	23.17m
9. 灰白色粒状石膏，发育水平和波状纹层	1.01m
8. 灰色薄—中层钙质不等粒岩屑砂岩，发育平行层理	5.77m
7. 灰白色薄—中层泥质石膏层夹纤维状石膏。石膏层单层厚10～25cm，成层性好，发育水平层理	8.75m
6. 暗红色块状泥岩夹两层纤维状石膏，石膏层厚5～7cm	20.02m
5. 黄灰色中层含砾不等粒岩屑砂岩，其中发育平行层理	15.25m
4. 白色纹层状、粒状石膏和纤维状石膏，纹层厚0.5～2cm，侧向延伸稳定	0.65m
3. 灰色中厚层砾岩、含砾砂岩与灰绿色薄层泥岩构成的旋回层、砾石以灰岩为主。砾岩位于底部，厚约1m；砂岩位于中部，发育平行层理；泥岩位于顶部	3.37m
2. 灰褐色中层含砾砂岩夹薄层砾岩透镜体	39.35m
1. 灰色厚层砾岩夹灰绿色薄—中层岩屑砂岩，砾石以灰岩为主，砂岩中发育平行层理	>32.30m
（未见底）	

(3) 西藏双湖地区争胜湖古近系始新统唢呐湖组（E_2s）修测地层剖面（ZP）［据成都环资所（1996）实测剖面修订］①

剖面位于琵琶湖西争胜湖东，起点坐标：N34°11′01″，E87°37′30″，终点坐标：N34°11′14″，E87°37′39″。剖面长433.7m，厚度大于212.14m，上未见顶，下以角度不整合覆于上侏罗统索瓦组（J_3s）之上，共分15层（图2-36）。

① 成都环境地质与资源开发研究所，1996，青藏地区羌塘盆地（红土山等六幅）1：10万区域石油地质调查报告。

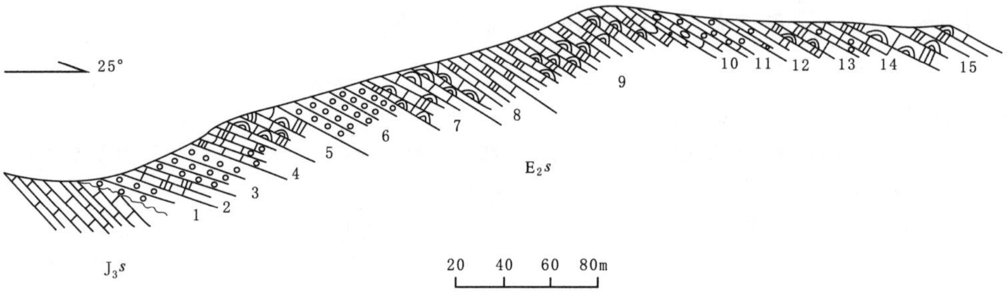

图 2-36　西藏双湖地区争胜湖古近系始新统唢呐湖组（E_2s）修测剖面图

始新统唢呐组（E_2s）：　　　　（未见顶）	**> 212.14m**
15. 灰白色薄一中层状含膏藻灰岩，局部见溶蚀孔洞，发育水平层理	>13.89m
14. 灰褐色薄一中层状含砾含膏藻灰岩	5.69m
13. 灰白色薄一中层状含膏藻灰岩，见溶蚀孔洞，发育水平层理	6.81m
12. 暗红色薄一中层状含砾含膏藻灰岩，局部发育纤维状石膏	8.43m
11. 灰褐色薄层状铁质含膏藻灰岩	4.65m
10. 灰白、灰黄色薄层状“似竹叶状”灰岩	5.82m
9. 黄灰、灰白色薄层状含膏藻灰岩，水平层理发育	55.15m
8. 褐黄色薄一中层状含膏藻灰岩夹灰褐色薄层状内碎屑灰岩	19.09m
7. 灰白色薄层状含膏藻灰岩，溶蚀孔洞发育，局部见水平纹理	14.57m
6. 灰一浅灰色中厚层状细砾岩，砾石以灰岩为主，含量达 95%，钙质、膏泥质胶结 介形虫化石：*Bucypris* sp.（真星介）	23.02m
5. 灰白色、黄灰色薄一中层状含膏藻灰岩	13.18m
4. 灰一浅灰色中层状含砾含膏藻灰岩，溶蚀孔洞发育	12.08m
3. 灰一浅灰色中层状砾岩、钙质胶结，粒序层理发育	15.14m
2. 灰白色薄层状含膏藻灰岩，次生溶蚀孔洞发育 介形虫化石：*Metacypris* sp.（圆星介）	5.13m
1. 灰色中厚层状砾岩，钙质胶结。砾石成分以灰岩为主，约 95%，余为硅质岩、砂岩	8.49m

~~~~~~不整合~~~~~~

下伏地层：上侏罗统索瓦组、灰一深灰色薄一中层状泥晶灰岩

（4）西藏双湖地区火车头山始新统+渐新统鱼鳞山组（$E_{2+3}y$）实测地层剖面（HCP）

剖面位于图幅西北火车头山南坡，起点坐标：N34°46′43.7″，E87°04′45.3″，终点坐标：N34°47′42.9″,E87°06′22.4″。剖面长 3 064m，厚度大于 1 098m，上未见顶，下与始新统唢呐湖组呈角度不整合接触（图 2-37）。

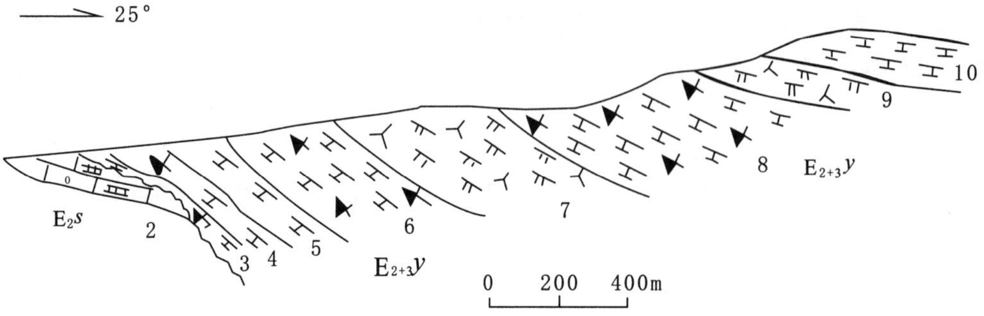

图 2-37　西藏双湖地区火车头山始新统+渐新统鱼鳞山组（$E_{2+3}y$）实测剖面图
~~~~~~

始新统—渐新统鱼鳞山组（$E_{2+3}y$）： **（未见顶）** **＞1068.58m**

10. 灰绿色块状褐铁矿化粗面岩。具块状构造，部分定向构造斑状结构，基质呈粗面结构、交织结构，斑晶含量约3.8%，大小1～5mm，呈粒状或板柱状晶形，部分斑晶长轴平行流面定向分布。主要矿物为正长石、条纹长石、钠铁闪石、霓辉石、黝方石及磁铁矿、褐铁矿等 ＞96.58m
9. 灰绿色块状霞石响岩，具斑状结构，定向构造，基质呈粗面结构，交织结构，斑晶含量约20%～30%，大小1mm×2mm～4mm×5mm，板状晶形，定向、半定向平行流面分布。主要矿物为正长石、霞石、霓辉石、霓石、钠铁闪石和鳞灰石、火山玻璃及磁铁矿、褐铁矿等 96.10m
8. 深灰色块状霓辉石粗面岩，具块状和定向构造，斑状构造，基质为粗面结构、交织结构。斑晶含量约10%～21%，呈板状、板柱状晶形，大小1mm×2mm～9mm×10mm，部分斑晶长轴平行流面定向分布。主要矿物有：正长石、霓辉石、钠铁闪石、火山玻璃及磁铁矿、褐铁矿等 331.75m
7. 深灰色块状霞石黝方石响岩，具斑状结构，块状构造、定向构造，基质呈粗面结构、交织结构和玻基交织结构，斑晶含量约8%～13%，大小1mm×1mm～4mm×10mm，长轴平行流面分布。主要矿物有正长石、黝方石、霞石、霓辉石、霓石和碱性角闪石及火山玻璃、磁铁矿、褐铁矿等 183.08m
6. 灰绿色块状霓辉石粗面岩，具块状构造，不等粒斑状结构，基质呈粗面结构、交织结构。斑晶含量约1%～5%，大小1mm×1mm～3mm×5mm，板状晶形。主要矿物为正长石、条纹长石、霓辉石、霓石、霞石、火山玻璃和磁铁矿、褐铁矿，偶见古铜辉石、易变辉石等 202.51m
5. 灰、灰绿色块状粗面岩，具块状构造、定向构造，不等粒斑状结构，基质呈粗面结构、交织结构，斑晶含量的25%～35%，大小为1cm×2cm×1cm，板状、板柱状、粒状晶形，长轴平行流面定向分布。主要矿物有长石，部分角闪石和少量黑云母等 79.68m
4. 灰色块状霓辉石粗面岩，具块状构造，不等粒斑状结构。基质呈粗面结构、交织结构。主要矿物有正长石、条纹长石、霓辉石、霓石和黝方石及火山玻璃、磁铁矿、褐铁矿等 52.18m
3. 灰绿色块状霓辉石粗面岩，具块状、定向构造，不等粒斑状结构，基质呈粗面结构、交织结构，斑晶含量约20%～35%，大小0.5～8mm，板状或粒状晶形。主要矿物为正长石、条纹长石、霓灰石、白榴石和黝方石、磁铁矿、褐铁矿等，可见部分暗色物质平行流面定向分布 26.20m

～～～～～～不整合～～～～～～

下伏地层：始新统唢呐湖组（E_2s）浅灰白、灰黄色中层状膏灰岩

（5）西藏双湖地区长龙河始新统＋渐新统鱼鳞山组（$E_{2+3}y$）修测地层剖面（CP）［据川碳中心（1996）实测剖面补修订］①

剖面测于长龙河以南，起点坐标：N34°36′35.7″，E88°11′25.4″，终点坐标：34°36′38.2″。E88°11′40.5″，剖面长550m，厚度大于244.58m。下未见底，上被第四系覆盖（图2-38）。

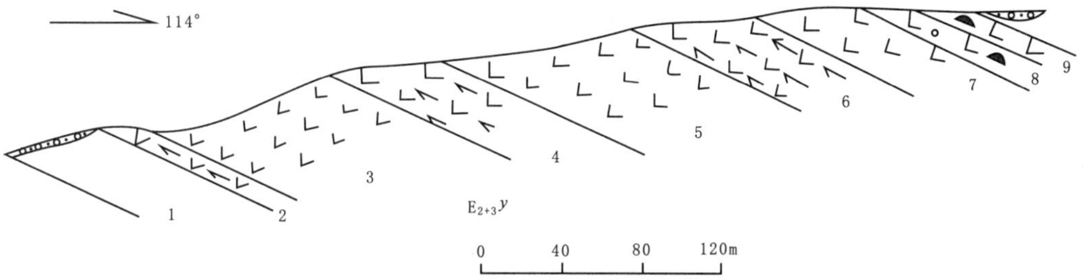

图2-38 西藏双湖地区长龙河始新统＋渐新统鱼鳞山组（$E_{2+3}y$）修测剖面图

上覆地层：第四系

～～～～～～不整合～～～～～～

始新统—渐新统鱼鳞山组（$E_{2+3}y$） **＞244.58m**

① 四川碳酸盐岩油气田技术开发研究中心，1996，青藏地区羌塘盆地（石榴湖等六幅）1∶10万区域石油地质调查报告。

9. 黑色致密块状含紫苏辉石玻基安山岩，岩石呈稀疏不等粒斑状结构，流动构造、杏仁状构造。基质呈玻基交织结构、玻晶交结结构。主要矿物有斜长石、紫苏辉石、顽辉石、含铁质火山玻璃及火山玻璃等　13.09m
8. 气孔状、杏仁状含紫苏辉石玻基安山岩，岩石呈稀疏微斑状结构、玻晶交织结构－玻基交织结构。流动构造，杏仁状、气孔状构造。主要矿物为斜长石、紫苏辉石、顽辉石，含铁质火山玻璃等　15.55m
7. 灰色斑点状含紫苏辉石安山岩。具微斑状结构，流动构造，基质呈玻晶交织结构。主要矿物为斜长石、紫苏辉石、含铁质火山琉及火山玻璃等　21.40m
6. 紫红色致密块状赤铁矿化辉石安山岩。具微斑状结构，流动构造、杏仁状构造，基质呈玻晶交织结构。主要矿物为斜长石、紫苏辉石、顽辉石－斜辉石、含铁质火山玻璃、火山玻璃等　33.45m
5. 灰色斑点状辉石安山岩。具微斑状结构，流动构造，基质呈玻晶交织结构。主要矿物为斜长石、辉石紫苏辉石、含铁火山玻璃、火山玻璃等　48.22m
4. 紫色气孔状辉石安山岩　30.60m
3. 灰色斑点状安山岩　64.11m
2. 灰色块状紫苏辉石安山岩。微斑状结构，流动构造，基质呈玻晶交织结构。主要矿物为斜长石、紫苏辉石、火山玻璃与少量透辉石、普通辉石和橄榄石、铁质等　＞18.16m

（未见底）

2. 岩石地层单位特征及时代讨论

（1）康托组（E_2k）

该组由西藏区调队（1986）以改则县北康托西山剖面为层型创建，原义指岩性为一套紫红色砾岩夹砂岩、含砾砂岩、粉砂岩及少量泥岩夹基性喷出岩和凝灰质砂岩组成的地层体，未获化石。因其不整合覆于K－Ar法年龄值为31.1Ma的纳丁错组之上，将其时代推定为上第三系（新近系），并用以代表羌塘地区上第三系最下部一个岩石地层单位。

西藏地矿局（1997）进一步将康托组定义为一套以紫红色砂砾岩为主，次为杂色泥岩、粉砂岩，底部夹基性火山岩的地层体，不整合在日贡拉组（原纳丁错组）之上，未见顶，并修订、扩大其含义，包括了西部地区原龙门卡群上部（郎久组），东部包括怒江西岸的原“拉屋拉组”及未命名的晚第三纪沉积。

在区域上，各家认定的康托组在沉积环境、岩石组合、层位关系等方面都大同小异，基本都是一套以陆相河湖沉积的砾石、砂岩、泥页岩为主的地层体，具韵律式、正粒序组合特征，砾岩砾石以灰岩为主，化石稀少等共同特征，不同的是少数地方如康托西山，唐古拉山南以及洛隆县旺西村等地有火山岩的存在，石膏夹层并不普遍，厚度差异悬殊等（薄者数百米，厚者达3 000余米）。对于康托组的时代，前人依据建组剖面下伏火山岩测得K－Ar法年龄值31.1Ma，朱同兴等（1996）双湖阿布山剖面下部第5层采得4科9属孢粉：*Onychium* sp.，Polyodiaceae，*Pinus* sp.，Cupressaceae，*Betula* sp.，*Pterocarya* sp.，*Aluns* sp.，*Vluns* sp.，*Carylus* sp.，*Quercus* sp.，*Fagus* sp.，Gramineae，Chenodiaceae；四川区调队（1990）在洛隆县旺西村碎屑岩夹火山岩的层位中，采得孢粉 *Juglana* sp. *Quercus* sp.，*Polygonum* sp. 和 Gramineae 以及上覆唢呐湖组中采获曾见于新疆、内蒙中新统的双壳类、腹足类化石等，比较一致将康托组时代归于中新世或中、上新世。应该指出的是作为直接证据的上述孢粉化石，采得层位和数量都很有限，仅就科属而论，一般延续时限较长，难以确认具体时代。而当时认定其时代是基于上述孢粉中缺失热带植物孢粉组合，以阿布山剖面为例，其所得4科9属孢粉只来自厚41.93m的第5层，对此层所获而言，缺失热带植物孢粉组合无疑是正确的，但仅以此层来推定厚达1 580余米的康托组都缺乏热带植物孢粉组合，似乎欠妥。随着工作面的扩大，工作进一步深入，研究程度的进一步提高，对区域上康托组时代归属，将有更加确切可信的提高。

遗憾的是本组中至今未发现大化石的存在，尽管有不少样品采集到微体化石，但均无鉴定意义。因此，当前对其时代归属尚无直接证据。但康托组不整合伏于鱼鳞山组之下，而鱼鳞山组Ar－Ar法同位素年龄为32.2～28.2Ma，为渐新世，因此，康托组时代不应晚于渐新世，故我们将图区的康托组时代归于始新世。沿革见前表 2-6。

①岩性特征及横向变化

测区的康托组分布于强日玛查、牛角梁、屋架山、平包山、白云岭、梅花山等地，呈块状大面积分布，出露面积约 1 400km^2，以角度不整合覆于中、上侏罗统不同层位之上，也见超覆在晚三叠世藏夏河组之上，其上多被唢呐湖组角度不整合覆盖，也存在鱼鳞山组角度不整合其上。

康托组的岩石组合以一套紫红、暗红色为主色调夹灰、灰黄、土黄色的薄至中厚层状不同砾级的砾岩、泥岩为主夹含砾砂岩、细砂岩、粉砂岩、粉砂质泥页岩和多层灰白、白色石膏。或构成韵律式沉积，具向上砾（粒）度变细的层序结构。总体上显示紫红色调，砾岩为主，砾岩砾石以灰岩突出，砂、泥岩层中夹白、灰白色薄层石膏等突出特征，是判定测区康托组的明显标志，厚度大于 670m。

②基本层序特征与沉积环境

康托组的基本层序主要有 3 种类型，下部由砾岩夹砂岩构成，上部由泥岩夹砂砾岩、泥岩夹石膏构成，纵向上具向上变细的层序结构，总体反应了陆相河流-冲积扇和干盐湖环境沉积特征。

（2）唢呐湖组（E_2s）

唢呐湖组为西藏区调队（1986）创建，命名地点在本图幅西南角外的唢呐湖东。原义指岩性为泥灰岩、泥岩、粉砂岩夹生物碎屑泥晶灰岩、含砾砂岩及多层石膏的地层体，厚 530～4 300m。西藏地矿局（1997）作了更加明确的定义，指岩性主要为红、砖红、土红色或鲜红色泥岩、泥质粉砂岩、砂岩、粗砂岩、含砾砂岩、砾岩，夹多层含膏盐岩的地层体，产淡水腹足类、双壳类化石，底部与雁石坪群角度不整合接触，上未见顶，认定时代为中新世一早上新世。

关于唢呐湖的时代，对于本图幅来说，无论前人还是本次的工作都没有取得准确认定时代的直接证据，已采得介形虫：*Bucypris* sp.，*Metacypris* sp. 的延续时限都较长。尽管在本图幅该组的直接上覆地层鱼鳞山组（前人多以石坪顶组相称）中测得有古近系的 K-Ar 法年龄值数据（如前康托组所述），但因与层位叠置关系和独泉湖相当该组的层位中采得的曾见于新疆乌塔西河组的双壳类 *Sphaerium* sp.，*S.* aff. *nitidum* 和见于准噶尔盆地下绿色岩组及内蒙古通古尔组，川西昌台群等中新世地层中的腹足类：*Planorbia* sp.，*P. youngi*，*Lymnaea* sp.，*Gyraulus* sp. 等指示时代相矛盾而未加理论，故一致认同其时代为中新世或中、上新世（见表 2-6）。然而经我们对这些属种的进一步查证，发现这些化石并不完全只限于中新世地层中，如其中的腹足类 *Plamorbia*，*Gyraulus* 就在云南下中始新统果郎组中早有发现。潘华璋（1979）指出，含这些腹足类化石的地层时代为早第三纪（古近纪）。还有最近广西地质调查研究院（2005）在心湖一带的该组膏盐岩、石膏层中的砂质泥岩夹层中采得丰富的介形虫：*Cyprinotus* sp.，叶肢介：*Paraleptosthoria* cf. *menglaensis*，其中 *Cyprinotus* 是云南下、中始新统果郎组的常见分子，叶肢介：*P.* cf. *menglensis* 首见于云南古新统勐野井组，其原型种在云南下、中始新统果郎组中常见，与之伴生的还有 *P. yunlongensis*，*P. triangularis*。陈丕基（1996）指出，这个叶肢介群在国内还见于黑龙江泰来县和安徽定远县，与其共生的腹足类、介形虫等化石都是早第三系的分子，加之如前讨论康托组时代中指出的上覆鱼鳞山组（前人称石坪顶组），在图区最新测得 Ar-Ar 法年龄值为渐新世，前人测得 K-Ar 法年龄值包含了始新世，位于其下的唢呐湖组的时代自然不应晚于渐新世，故我们将其归入始新世。

①岩性特征及横向变化

测区的唢呐湖组主要出露在 N34°30′以南地区的多格错仁地层分区内，其中尤以 N34°20′以南较为集中，呈东西向展布，出露面积约 1 240km^2。

岩性特征：底部以河流相灰色复成分砾岩或灰岩砾石为主的中厚层状砾岩；中上部以湖泊相的灰、浅灰、灰白色薄—中层状含膏藻灰岩和含砾、含膏藻灰岩为特征，夹“似竹叶状”灰岩、灰褐色薄层内碎屑灰岩和少量细砾岩，局部发育纤维状石膏。含膏藻灰岩中溶蚀孔洞发育，见水平层理，局部见水平纹理，镜下鉴定藻类主要为轮藻和绿藻，含介形虫 *Bucypris* sp.（真星介），*Metacypris* sp.（圆星介）。

区域上该组以其底部复成分砾岩和中上部膏质灰岩与康托组有明显区别。角度不整合在侏罗系不同层位之上，或角度不整合在始新统康托组之上，其上多被第四系地层掩盖，也见被始一渐新统鱼鳞山组火山岩不整合覆盖（图 2-39），如长龙河东、映天湖北、火车头山一带。厚度大于 212m。

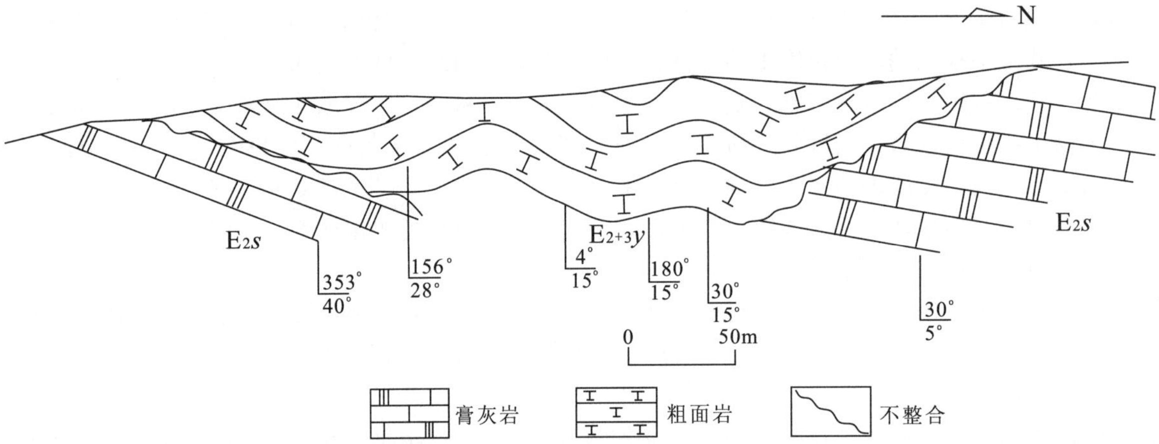

图 2-39 火车头山鱼鳞山组（$E_{2+3}y$）与喷呐湖组（E_2s）不整合接触关系素描

②基本层序特征与沉积环境

根据争胜湖剖面和区域上路线地质调查情况，喷呐湖组可识别出 3 种典型基本层序：A. 由底部灰色复成分砾岩夹砂岩构成，反映河流相沉积特征；B. 由中上部紫红色泥页岩夹岩屑砂岩，或两者呈不等厚互层构成；C. 中上部灰、浅灰、灰白色薄—中层状含膏藻灰岩构成。B、C 基本层序均反映湖泊相沉积特征。

（3）鱼鳞山组（$E_{2+3}y$）

该组为西藏区调队（1987）命名，创名地位于改则县北西 188km 的鱼鳞山附近，原定义是指下部黄绿色火山角砾岩，凝灰岩和凝灰质砂岩，厚 30～50m；中部灰绿色含气孔状白榴石响岩，石榴石响岩质凝灰岩和凝灰质火山角砾岩；上部灰绿色致密块状、气孔状霓辉粗面岩。

西藏地矿局（1997）将该组进一步定义为一套不整合在康托组之上的火山盆地型碱性-强碱性火山岩及火山碎屑岩，岩性为白榴石响岩，霓辉粗面岩及火山角砾岩、凝灰岩、凝灰质砂岩，上未见顶或为全新世砾石层不整合覆盖，多呈岩被、岩锥产出，推定时代为晚上新世一早更新世。

测图区的鱼鳞山组，前人多以石坪顶组相称，对其时代归属意见各有不同（见表 2-6）。通过本次工作，我们在前人资料的基础上，经对比研究发现，图区所谓的石坪顶组，无论是岩石组合特征，还是同位素年龄测试成果都与定义中的石坪顶组相去甚远，但与鱼鳞山组定义的特征基本吻合，故本图幅取用鱼鳞山组一名，并订正原义中推定时代上新世—早更新世为始新世—渐新世。

鱼鳞山组在图区主要出露在火车头山，错尼东和长龙河与浩波湖、映天湖之间地带，在半岛湖北也见有约 $2km^2$ 的出露，其出露总面积约 $300km^2$。在西部，据火车头山、错尼一带的系统路线剖面观察和实测剖面的不完全统计，该组下部主要为一套钙碱系列的中酸性火山岩系，由暗褐色安山岩、安山质火山角砾岩、霓辉石粗面岩、粗面岩和浅灰、灰白色英安质熔岩组成，角度不整合在喷呐湖组之上，厚 110～361m；上部为一套碱性、过碱性中基性火山岩和次火山岩，主要由灰、深灰色碱性玄武岩，白榴碱玄岩，灰褐、灰绿色白榴碧云岩、云辉正煌岩、白榴石响岩、黝方石响岩、霞石响岩、蓝方石响岩、霓辉粗面岩、斑状粗面岩、白榴碱煌岩、橄辉白榴岩和云辉霞石正长岩等，厚 415～708m。在东部长龙河一带，据成都地矿所（1996）所测的长龙河剖面和我们的较系统观察和补充采样鉴定：其岩性组合主要为一套灰、紫红色及少量黑色安山岩、辉石安山岩、紫苏辉石安山岩、含紫苏辉石玻基安山岩，路线上还见到角闪安山岩、黑云母安山岩以及夹于上述岩层中的少量玄武岩、英安岩、安山质凝灰岩等，厚度大于 244.58m。角度不整合在雀莫错组、夏里组、索瓦组、白龙冰河组等中晚侏罗世地层之上，同时也能见到角度不整合在喷呐湖组或康托组之上，上覆地层因常被披盖在山顶，而难见到顶部，见者也为第四系砂土及砾石层不整合覆于其上。对于这套岩石组合的地层时代，早在1989年邓万明等在巴毛穷宗山的白榴石响岩、霞石碱玄岩中就测得K-Ar法同位素年龄值28.6～20Ma，指示时代为渐新世—中新世。川碳中心、成都地矿所（1996）在火车头山、错尼、长龙河一带分别测得K-Ar法同位素年龄值38.75～22.5Ma和44.1±0.1Ma～35.0±0.6Ma。李才等（2000）对建组剖面中的白榴石响岩测得Ar-Ar法年龄值27.8Ma，K-Ar法年龄值30～18Ma；本队在火车头山剖面中、下部分别获得Ar-Ar法年龄值28.2Ma和32.2Ma。这些年龄数据中，所有Ar-Ar法年龄值都落在渐新世，K-Ar法年龄值跨度较大，从始新世—中新世。因此，我们将鱼鳞山组的时代定位为始新世至渐新世，并以渐新世为主。

（四）新近系

我们从本图幅的客观实际出发，吸取了邻区图幅部分最新成果，并对前人的成果作了初步的分析、对比研究，对原定上新世的岩石地层单位，从时代上作了解体，将康托组，唢呐湖组和鱼鳞山组3个岩石地层单位划归古近系中、晚期（始新世—渐新世），保留了石坪顶组代表新近系的岩石地层单位。

石坪顶组（N*sh*）由西藏区调队（1986）以改则县北东430km处沉鱼湖西石坪顶剖面为层型创建，原义分上、下两段：上段为辉石安山岩和粗面安山岩，全岩同位素年龄值为9.4Ma；下段为气孔状玄武岩、辉石安山岩、玄武安山岩、玄武碱性粗面岩、流纹质晶屑凝灰岩及凝灰岩（白云湖东）。西藏地矿局（1997）新定义为一套碱性、中基性粗面质玄武岩、安山岩及中酸性火山碎屑岩组成的火山岩系，不整合覆于唢呐湖组之上，其上未见顶。

图区的石坪顶组呈零星，小块出露在图幅东北角玉盘湖、太苦湖以南和饮马湖以东一带，出露面积约15km^2。无剖面控制，路线所见主要由灰绿色粗安岩、安山岩和流纹质晶屑凝灰岩等组成，估计厚度约几十至200m左右。与上侏罗统白龙冰河组或中侏罗统雀莫错组断层接触，上未见顶或被第四系覆盖。西藏区调队（1986）曾在玉盘湖南测得该组晶屑凝灰岩K-Ar法同位素年龄值10.6Ma，指示其时代为中新世托尔通期（Tortonian），与层型剖面全岩K-Ar法同位素年龄值9.4Ma指示时代完全一致。

石坪顶组在羌塘北部广大地区都有分布，在南昆仑、可可西里也有所见，露头零星分散，所见岩石组合有所变化，但所得同位素年龄值都在国际地层表所定的新近系同位素年龄值23.03～1.806Ma之间。如中科院科考队（1979）曾在涌波错辉石安山岩和粗面安山岩中，测得K-Ar法同位素年龄值9.4Ma；在枕头崖和勒斜武担湖东北山口，测得球粒安山岩和火山玻璃K-Ar法同位素年龄值分别为4.27±0.14Ma和2.11±0.03Ma。它们都在国际地层年表锁定的新近系（中新世—上新世）年龄值范围内，因此我们从区域考虑把石坪顶组的时代归属新近系，是否还包含有更新世部分，还有待证实。

（五）第四系

测区第四系十分发育，分布面积约5 850km^2，占图幅总面积的38%以上，遍布在河谷、湖缘、低丘及其边缘地带。根据野外的实地观察，结合遥感影像的综合分析，将测区第四系简要介绍如下。

1. 更新统（Qp）

该统在测区主要分为河流阶地沉积、湖泊阶地沉积、冲洪积和残坡积等几种成因类型。其岩石组合主要为弱固结细砾石层、砂砾层、沙泥层、粘土、砂丘、沙垄、膏盐等。

（1）河流阶地沉积

这种沉积类型主要见于图区长虹河、长龙河、汇水河、曲龙河等较大河流的河谷中，阶高1～5m不等，阶地类型为堆积阶地和基座阶地，基座阶地地层主要是始新统康托组和唢呐湖组。堆积阶地的剖面结构多为下部细砾砂砾层，上部细砾、亚砂土层，其中含有麻黄属、松属等木本植物花粉及卷柏属等蕨类植物花粉。

（2）湖积阶地沉积

这类阶地沉积，主要见于各湖泊周缘，可以吐坡错西湖积阶地为代表，自上而下可分6层。

6. 黄色亚砂土，具沙纹层理　0.5m
5. 细砾石层，以唢呐湖组泥灰岩细砾为主　0.4m
4. 黄色细砂层，具沙纹层理，沿走向变化大　0.2～1.6m
3. 黄色细砂亚粘土　0.2m
2. 棕黄色砂砾层、弱固结，以侏罗系灰岩细砾为主　0.15m
1. 棕黄色粘土层夹绿色亚砂土层，含栎属、枫杨属、草本植物花粉　3.0～3.5m

2. 全新统（Qh）

全新统的成因类型主要有河床、河漫滩、湖泊、湖沿沼泽、风积物和泉水沉积、堆积等，以松散砾砂泥粘土为特征。

对于上述成因类型第四系时限的确认还是很粗略的，一方面区内各成因类型互相穿插，变化较大，露头欠佳，对比困难；另一方面研究程度低下，所获孢粉化石采集系统性较差，数量有限，对其时代的确切认定尚有困难，充其量也只能显示第四系面貌，而同位素年龄值测定也很有限，当前获得成果的仅是川碳中心（1996）在曲龙河采的3件样品，以ESR法测定出年龄值，变化在0.381～0.657Ma之间，均落入第四系更新世时限内。

三、西雅尔岗地层分区

该分区分布在测区西南角，出露的地层较少，仅见上三叠统菊花山组（T_3j）、古近系康托组（E_2k）和第四系（Qp^{pal}、Qh^{al}）。

（一）上三叠统菊花山组（T_3j）

菊花山组一名为吴瑞忠等（1985）首创，用以代表查布-查桑一带上三叠统地层。1986年西藏区调队在1∶100万改则幅报告中，未采用此名，而以肖茶卡群代表羌塘盆地中西部地区的上三叠统岩石地层单位，并得到比较广泛的认同。沿革见表2-7。

本项目2003—2005年在开展1∶25万区域地质调查中发现，北羌塘盆地晚三叠世自北而南存在4个不同沉积相带：即深水复理石盆地沉积相带、深水暗色细碎屑岩沉积相带、开阔台地-缓坡碳酸盐岩沉积相带和三角洲含煤碎屑岩沉积相带。认为有必要对每一不同沉积相带，冠以不同岩石地层单位名称，明确加以区别实有必要。因此重新启用菊花山组，代表西雅尔岗地层分区的一套缓坡相的碳酸盐岩地层体。

菊花山组仅在图区西南角成独岛状出现于第四系之中，零星可见其岩性为一套碳酸盐岩，与相邻图幅上三叠统菊花山组岩性相同，图区内无剖面控制，为反映其基本特征面貌，我们特引入西邻甜水河剖面加以介绍。

表2-7　西亚尔岗地层分区上三叠统岩石地层划分沿革表

划分者 / 地层系统	吴瑞忠 1985	西藏区调队 1986	西藏地矿局 1993	成都地矿所 1996	西藏地矿局 1997	赵政璋等 2001	本项目 2005
上三叠统	菊花山组	肖茶卡群	肖茶卡群	肖茶卡组	肖茶卡群	肖茶卡组	菊花山组

1. 剖面描述

该剖面由川碳中心（1995）实测于甜水河北岸①，起点坐标：E86°51′19.4″，N34°35′8.1″，终点坐标：E86°52′00″，N34°06′47″，未见底，上被那底岗日组平行不整合覆盖，厚度668.64m（图2-40）。

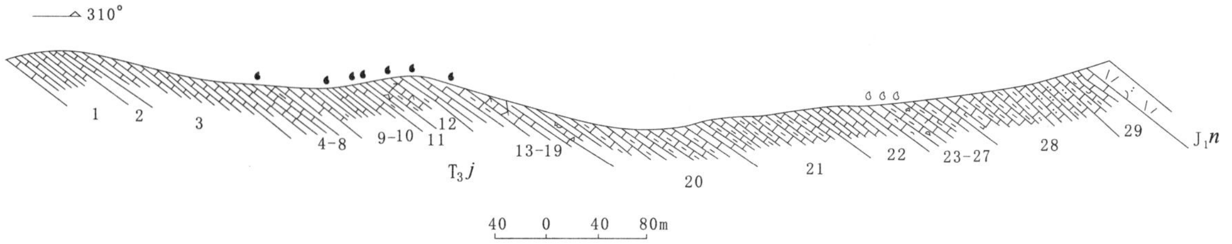

图2-40 甜水河上三叠统菊花山组（T_3j）实测剖面图（TP）
（引用川碳中心，1995测）

上覆地层：那底岗日组（J_1n）火山岩

～～～～～～平行不整合～～～～～～

上三叠统菊花山组（T_3j） **>668.64m**

29. 灰色、深灰色厚层状泥晶灰岩夹黑色生物介壳灰岩，灰岩晶洞中见碳质沥青 28.80m
28. 灰色、浅灰色薄层状泥质灰岩，见保存不佳的双壳类及腕足类化石 122.93m
27. 灰色、深灰色薄一中层状含生物碎屑泥晶灰岩，裂隙、晶洞极为发育 3.24m
26. 灰色、浅灰色薄层状泥灰岩 21.20m
25. 灰色、深灰色薄层状泥晶灰岩夹灰黑色生物碎屑灰岩 4.69m

双壳类化石：*Chlamys*（*Praechlamys*）*dingriensis* J. Chen 定日套海扇（前套海扇）

24. 灰色、浅灰色极薄层状泥质灰岩，发育小型沙纹层理 4.60m

双壳类化石：*Indopecten glabra minor* Zhang（平滑印度海扇小型亚种）

孢粉化石：*Leiotriletes*（光面三缝孢属）
Piceaepollenites（云杉粉属）
Classopallis（克拉梭粉属）
C. annulatus（环圈克拉梭粉）
C. classoides（拟克拉梭克拉梭粉）
C. paruus（小克拉梭粉）

藻类化石：*Leiospnaeridia*（光面球藻属）
Gronodisons（粒面球藻属）

23. 灰色、深灰色薄层状生物碎屑泥晶灰岩 37.75m
22. 灰色、深灰色薄一中层状泥晶灰岩 37.75m
21. 灰色、浅灰色薄层状泥质灰岩夹灰色、深灰色薄层状泥晶灰岩 79.68m
20. 灰色、深灰色薄层状泥晶灰岩夹灰色泥灰岩。含腕足类、双壳类及孢粉、藻类化石 92.21m

孢粉化石：*Leiotriletes*（光面三缝孢属）
Piceites（拟云杉粉属）
Piceaepollenites（云杉粉属）
Classopollis（克拉梭粉属）
C. annulatus（环圈克拉梭粉）
C. classoides（拟克拉梭克拉梭粉）
C. paruus（小克拉梭粉）

---

① 四川碳酸盐岩油气田技术开发研究中心，1995，青藏地区羌塘盆地头叉河-布若岗日西-戈木日、色玛岗喀日-藏色岗日-果干加年日、朝阳湖-错尼-纳洛日1:20万石油天然气路线地质调查工程报告。

C. tristriatus（三条克拉梭粉）
C. monostriatus（单条克拉梭粉）
藻类化石：*Cymaticophaera*（膜网藻属）
C. paruascus（小膜网藻）
Pterosermella（翼球藻属）
P. miceroptera（微翼翼球藻）
Acanthaulax（棘刺沟藻属）

19. 灰色、浅灰色薄层一中层状泥晶灰岩，含双壳类、腕足类碎片　7.71m
18. 杂色中层状角砾状灰岩，角砾砾径 2～45cm，晶洞发育并充填方解石　3.37m
17. 灰色、浅灰色薄一中层状含生物碎屑泥晶灰岩　2.86m
16. 灰色、浅灰色薄层状泥质灰岩　12.70m
15. 灰紫色、紫褐色薄一中层状亮晶生物碎屑灰岩，发育晶洞、节理、裂隙，为方解石充填　6.54m
双壳类化石：*Chlamys* cf. *biformatus* (Bittner)（双形套海扇）
14. 灰色薄层状泥灰岩，含双壳类　2.23m
13. 灰色、浅灰色薄一中层状泥晶灰岩，发育微裂隙，偶见双壳类、腕足类　7.86m
12. 灰色、浅灰色薄层状泥晶灰岩夹紫红色亮晶生物碎屑灰岩，发育裂隙为方解石充填　24.64m
双壳类化石：*Chlamys*（*Praechlamys*）*dingriensis* J. Chen
11. 灰色、深灰色薄层状泥晶灰岩与黄绿色薄层状泥灰岩互层　10.33m
双壳类化石：*Posidomia* sp.（海浪蛤）
Chlamys（*Prachlamys*）*dingriensis* J. Chen
10. 紫褐色、灰紫色薄一中层状亮晶灰岩，发育网状裂隙为方解石充填，介壳含量约 45％　3.23m
双壳类化石：*Chlamys*（*Praechlamys*）*dingriensis* J. Chen
C. cf. *biformatus* (Bittner)（双形套海扇）
9. 灰色、深灰色薄层状泥质灰岩　38.30m
双壳类化石：*Chlamys* sp.
C.（*Praechlamys*）*dingriensis* J. Chen
C. cf. *biformatus* (Birrner)
孢粉化石：*Leiotrueles*（光面三缝孢属）
Cycadopites（苏铁粉属）
Perinopollanites（薄壁粉属）
Piceaepollenites（云杉粉属）
Abietinaepallenites（单束松粉属）
Classopollis（克拉梭粉属）
C. annulatus（环圈克拉梭粉）
C. ctassoides（拟克拉梭克拉）
C. paruus（小克拉梭粉）
C. tristriatus（三条克拉梭粉）
藻类化石：*Acanthaulax*（棘刺沟藻属）
Cymatiosphaera（膜网藻属）
Leiophaeridia（光面球藻属）
8. 灰色、浅灰色藻层状泥晶白云质灰岩　13.50m
7. 灰色、深灰色薄一中层状泥质灰岩。含双壳类、腕足类碎片，见晶洞式，裂隙式软沥青、碳质沥青　8.2m
孢粉化石：*Piceaepollenites*（云杉粉属）
Classopollis（克拉梭粉属）
C. annulatus（环圈克拉梭粉）
C. paruus（小克拉梭粉）
藻类化石：*Leiosphaeridia*（光面球藻属）
6. 灰色、深灰色薄一中层状泥晶灰岩，裂隙发育为方解石充填，见大量碳质沥青、软沥青呈裂隙式、晶洞式及缝合线式产出　5.03m

双壳类化石：*Indopecten glabra minor* Zhang（平滑印度海扇小型亚种）

5. 灰色、浅灰色薄层状亮晶含生物碎屑灰岩，方解石脉发育，含破碎的双壳类、腕足类化石 4.87m

双壳类化石：*Chlamys* sp.（套海扇）

4. 灰色、深灰色薄一中层状泥晶灰岩 11.90m

3. 灰色、浅灰色中层状白云质灰岩 15.66m

双壳类化石：*Chlamys* sp.

Indopecten sp.（印度海扇）

2. 灰色薄层状含白云质泥晶灰岩 9.24m

1. 灰色、浅灰色薄层状泥晶灰岩 >37.23m

（未见底）

2. 岩性特征及横向变化

区内菊花山组仅在西南角极零星分布，出露面积约 3.5km^2，下未见底，上被始新统康托组角度不整合覆盖，未获得古生物化石，参照邻区地层分布状况以及出露岩性特征对比认定为上三叠统菊花山组。

从区域上现有资料可知，该组较为广泛分布于 E85°23′～87°31′和 N33°30′～34°35′范围内。前人在这一区间的甜水河北岸、照沙山、菊花山等地均有实测剖面控制，其岩性组合特征：主要由灰一深灰色薄至中厚层状泥晶灰岩、泥质灰岩、生物碎屑灰岩、核形石灰岩、泥灰岩夹砾屑灰岩、介壳灰岩、砂屑灰岩、藻屑灰岩、鲕粒灰岩和珊瑚礁灰岩，厚度>479～988m，均未见底，其上在甜水河和菊花山都可见被下侏罗统那底岗日组平行不整合覆盖。产双壳类：*Indopecten plabra minor* Zhang，*Chlamys*（*Praechlamys*）*dingriensis* J. Chen；牙形石：*Neohideodella kobayashi*（Igolkoike），*Neo. triassica* Muler. *Xanicgothus defleotens* Swet；珊瑚：*Koilocoenia* sp.，*Tropiastrea* sp.；藻类：*Parachaetetes* cf. *triasinus*（Vinassade）；水螅：*Spongiomorpha*（*Heptastylopsis*）cf. *romosa* Frech 和鱼鳞片 *Turinia asiatica* 等。其中 *Indopecten* 是晚三叠世代表性分子，其他为晚三叠世常见而较丰富的属种，牙形石在国内外三叠纪地层中极为常见，由此，菊花山组的时代属晚三叠世无疑。

（二）古近系康托组（E_2k）

测区内该地层分区的康托组分布极为局限，仅在图幅西南角 4 972 高地和 5 003 高地两处小面积出露。未测制剖面，路线上见其为一套紫红色的灰质砾岩夹粗砂岩透镜体，在 4 972 高地角度不整合覆于菊花山组之上。康托组地层特征与前文中多格错仁地层分区的康托组一致。

（三）第四系

该地层分区内第四系较发育，约占该区面积的 3/5。按时代和成因类型可分为两类：全新统冲积物（Qh^{al}）和更新统冲洪积物（Qp^{pal}），Qp^{pal} 主要为一套半固结的砾、砂、泥堆积物，沿着山沟出口分布，地表较为平坦，局部呈扇状。Qh^{al} 主要沿着河沟分布，为松散的现代河床和河漫滩堆积物。

第二节 生物地层及年代地层

生物地层工作主要是建立生物地层单位（生物带），通常采用的生物地层单位有组合带、延限带、顶峰带和间隔带。这些生物地层单位是以化石内容或生物特征的一致性，来区别邻层的岩层体，目的是把岩层按化石内容和分布，系统地组成命名单位。年代地层是以地层形成的时限（或地质时代）作为唯一依据而划分的单位，共有 6 个不同的等级，即宇、界、系、统、阶和时间带，其中前 4 种是全球性的，年代地层的顶、底界线以等时面为界。

生物地层单位不仅仅是简单地作为岩层的明显特征，而且还是含化石岩石形成环境的敏锐指示者，同时由于生物的进化是不可逆的，并多少具有规律性的演化，因此，生物在地层年代的对比方面具有独特的重要性。生物地层单位的建立，是以对连续系统剖面中古生物化石的系统采集和古生物学者对所采化石的准确鉴定为基础，选择其中在时间上演化快，空间上有比较稳定分布区间的属种为代表，而命名的生物带。

近20余年来，我国许多地学工作者，从青藏公路沿线，到羌塘腹地的无人区，从科学考察到路线地质调查，以及不同比例尺的大面积填图，实测了数百条地层剖面，采集了成千上万件各门类古生物化石，为生物地层单位的建立打下了比较良好的基础。对于本图幅所在的羌塘盆地西区来说，生物地层工作始于20世纪80年代中期，到90年代中期发展到了一个新的阶段，以西藏区调队和成都地矿所、川碳中心、江汉石油勘探开发研究院等为代表的羌塘盆地区域石油地质调查工程队，以羌塘盆地西区或整个羌塘盆地做了以三叠系、侏罗系为重点的生物地层单位创建工作。赵政璋、李永铁、罗建宁等(2001)对历年来，特别是1994年以来各石油地质调查工程队的成果，做了比较系统的总结，作为《青藏高原地层》专著中的一部分公开出版。这里我们将以本图幅中可作生物地层单位划分的上三叠统和中、上侏罗统两个时期为出发点，辐射到羌塘盆地西区相同时期，在前人研究的基础上，结合近年来在羌塘盆地西区开展1∶25万区调中取得的一些新成果，对上三叠统和中、下侏罗统的生物地层单位作进一步探讨。

一、上三叠统生物地层及年代地层

仅就图区而言，该统地层中获得生物化石比较稀少，当前只有腕足类14属12种，双壳类6属4种，孢粉8属1种，植物1属，并多来自地质路线中，显然仅以此来建立生物地层单位是不现实的。为了有效反映这一时期生物群面貌，我们放眼于羌塘盆地西区，发现上三叠统地层中古生物化石十分丰富，经我们不完全的收集整理发现，各门类化石多达13个门类，150余属，150余种（包括相似种，下同），就门类来看以双壳类、腕足类、孢粉最为繁盛，其属的数量占总数的75%，种的数量是总数量的79%，次为珊瑚，有属28个、种16个，其他为菊石、牙形石、介形虫、有孔虫、藻类、水螅、腹足类、鱼类（鳞片、牙）和植物等，但属、种均在10个以下。能建立生物地层单位的门类，经前人和我们的进一部对比研究，有双壳类、腕足类、菊石、牙形石、孢粉和珊瑚等。此前，在羌塘盆地西区只有成都地矿所（1996）和赵政璋等（2001）作过双壳类、腕足类、牙形石和孢粉4个门类生物地层单位划分的初步尝试，我们在此基础上加入近年来获得的一些新成果，作了补充和修订，其沿革如表2-8所示。

（一）双壳类生物地层单位

双壳动物群在图区只在路线上有少量发现，不足以单独进行生物地层单位的建立，但放眼图幅所在的羌塘盆地西区，经我们的收集整理，已发现40余属60余种，主要分布在菊花山组，土门格拉群和肖茶卡群地层中，并以广见于各地上三叠统诺利阶的属种最为突出，卡尼阶和瑞替阶的典型分子极为少见，因此，我们只建立了代表诺利期的1个双壳动物群生物地层单位，即：*Indopecten-Palaeocardita* 组合带。

组成该组合带的主要分子有 *Indopecten calamiscriptus* Zhang，*I. himalayensis* Wen et Can，*I. variocostatus* Wen et Can，*I. serraaticostus* (Bittner)，*I. glabra minor* Zhang，*I. zogangensis* Zhang，*Palaeocaruca bunuca* Bohm，*P. langnongensis* Wen et Len，*P. singularis* Healey，*Cardium* (*Tulongocardium*) *nequan* Healey，*Chamys jindingensis* Chen，*Emtolium quotidianum* (Healey)，*E. tenuistriatum rotumdum* Chen，*Halobia yanlongensis*，*Myophoria* (*Costatoria*) *mansuyi* Hsu，*M.* (*C.*) *minor* Chen，*Monotis* (*M.*) *salinaria* Bronn，*Myophoricardium tulongensis* Wen et Len，*Myophoria* (*Ekgantinia*) *venusta* Chen，*Prototrigonia seranensis* (Krumbeek)，*Schofhaeutlia sphaerioides* (Bottger)，*S. gigantea* (Krumbeek) 等。

表 2－8 羌塘盆地西区上三叠统生物地层划分沿革表

划分者 / 生物门类			成都地矿所 1996			赵政璋等 2001			本项目 2005					
系	统	阶	双壳类	腕足类	牙形石	双壳类		孢 粉	双壳类	腕足类	牙形石	孢 粉	菊 石	珊 瑚
三叠系	上统	瑞替阶												
		诺利阶	*Indopecten* － *Palaeocardita* 组合带	*Caucasorhynchia* － *Triadithyris* 组合带	*Epigondolella postera* － *E. abmeptia spatulatus* 组合带	*Burmesia* － *Costatoria* 组合带	*Yunnanophorus* － *Cardium* （*Tulongocardium*） 组合带	*Ovalipollis* － *Cryptemeria* － *Pollenites* － *Dictyophyllidides* 组合带	*Indopecten* － *Palaeocardita* 组合带	*Caucasorhynchia kunensis* － *Rhaetina taurica* 组合带	*Epigondolella postera* － *E. abneptis spatulatus* 组合带	*Dictyophyllidites* － *Clathroidites* 组合带	*Discotropites* － *Juvavites* 组合带	*Margarosmilia* － *Stylophyllopsis velzeia* 组合带
		卡尼阶												

上述代表分子和组合分子都是各地上三叠统诺利阶的典型和常见分子，具种群多样，层位稳定的特征，其代表的时代属诺利期无疑。

（二）腕足类生物地层单位

图区的腕足动物群均来自若拉岗日地层分区的若拉岗日岩群中，计有14属12种，而位于羌塘地层区的藏夏河组和菊花山组中，当前还没有发现该动物群，但这并不说明在羌塘盆地西区该统地层中也无腕足动物群的存在。经我们对前人和近年来1∶25万区调中获得一些成果的收集、整理发现，在若拉岗日岩群，菊花山组和肖茶卡群中有腕足动物群30余属30余种。我们在成都地矿所（1996）对羌塘盆地西区建立的诺利阶一个生物地层单位的基础上，作了修订并建立了 *Caucasorhynchia kunensi-Rhaetina taurica* 组合带。

该组合带的组成分子主要有 *Caucasorhynchia kunensis* Dagys，*C.* cf. *kunensis* Dagys，*Crurirhynchia kiparrisovae* Pagys，*Rhaetina taurica* Moisseier，*R.* cf. *taurica* Mosseier，*Rhaetinopsis pentagonalis* Sun，*R. zadoensis*，*Amphiclina intermedia* Bittner，*A. taurica* (Moisseier)，*Euxinella levintina* (Bittner)，*Eoseptaliphoria tulungensis*，*Dierisma simokaexa* Sun，*Aulacothyropsis pentagonalis* Sun，*Koninckina leonherd*，*K.* cf. *elegentula* (Bittner)，*Loballopsis zangbeiensis*，*Oxycolpella* cf. *rectimarginata*，*Paralaballa zangbeiensis*，*Qilianoconcha curviformis* Bittner，*Pseudorugitela pulchalla* (Bittner)，*Sacothyris sinosa* (Jin et Tang)，*Timorhynchia nimassica* (Krumbeck)，*T. sukcata* Sun et chin，*Zeilleria lingula* Ching，Sun et Ye，*Z. moisseiev* Dagys，*Z. bukowski* (Bittner) 等。上述生物群组合总体代表了上三叠统诺利阶腕足动物群特征，但鉴于其中的 *Caucasorhynchia kunensis* 见于川西曲嘎寺组，为卡尼期 *Sangqiaothyris elliptica-Lobothyris robinsoni* 组合中的组成分子之一、*Oxycolpella* cf. *rectimarginata* 的原型种，曾被赵金科（1980）列为喜马拉雅区卡尼阶 *Neoretzia tibetensis-Oxycolpella oxycolpos-Sangiaothyris elliptica* 组合的组成分子等，因此我们将该组合带定为卡尼晚期-诺利期的组合带。

（三）牙形石生物地层单位

图区内上三叠统地层中，目前尚无牙形石的发现，相邻地区也不多见，当前只在雪环湖一带和菊花山，照沙山等剖面的菊花山组地层中采得5属5种，数量虽少，但时代意义较强，早在1996年成都地矿所就正式建立了 *Epigondolella postera-E. abneptis spatulatus* 组合带。这里我们沿用该组合带。

这个组合带的组成分子有 *Epigondolella postera*，*E. abneptis spatulatus*，*Neohindella triassica* Müler，*N. kobayashi* (Igo & koike)，*Xaniogathus deflectens* Swet，*Neospathodus* sp.，*Ozarkodina* sp. 等。其中代表分子是 *Epigondolella* 动物群的重要组成分子，在藏南、藏中、青海、川西、滇西上三叠统诺利阶地层中均有稳定的分布，并被王志浩等作为诺利阶早、中期的带化石；而 *E. sbenptis* 还被田傅荣（1982）作为藏南聂拉木土隆上三叠统诺利阶下部的带化石，并与国际三叠系牙形石第20带对比。其他分子也是晚三叠世常见分子，因此，将其作为诺利阶的牙形石生物地层单位是各家一致的意见。

（四）孢粉生物地层单位

图区内上三叠统地层中目前所获孢粉化石很少，只见7属1种，出自若拉岗日岩群和藏夏河组，但放眼羌塘盆地西区，经我们对前人和新近成果的收集、整理，已发现有41属25种，主要来自土门格拉群含煤碎屑岩和肖茶卡群细碎屑岩层中，其次在菊花山组的泥灰岩、泥质灰岩中也有所发现。此前对上三叠统孢粉生物地层单位很少有人涉及，我们在综合研究对比现有成果的基础上，建立了羌塘盆地西区上三叠统的一个孢粉生物地层单位，即 *Dictyophyllidites-Clathroidites* 组合带。

该组合带的主要组成分子有 *Didtyophyllidites* sp.，*Clathroidites* cf. *papulosus*，*Cadargasporites granulatus*，*C. raticulatus*，*Lueckisporites ruttnari*，*Lycopodiacidites* cf. *rugulatus*，*Megamonoporites cacheutensis*，*O. smundacidites wellemanii*，*O. elegans*，*Ovaliporis lunzensis*，*Psophosphaera bullulinaeformis*，*Pseudowalchia landessi*，*P. ovalis*，*Semiretisporis lycopodioides*，*Schizosporites* cf. *parvus*，*Taeniaesporites noviaulensis* 及 *Classopollis annulatus*，*C. monostriates*，*C. paruns*，*Klukisporites variegatus*，*Assoretospora gyrata* 等。其中所列该组合带的两个属，是四川上三叠统须家河组地层中的重要分子和优势种群，并具有演化快，延续时间短的特征，还有 *Ca. granulatus*，*Ca. raticulatus*，*Lueckisporites ruttnavi*，*Lycodiacidites* cf. *rugulatus*，*Me. cacheutensis*，*O. luniensis*，*Pseudowalchia landessi*，*Pso. bullulinaeformis*，*S. lycopodiodes*，*I. novianlensis* 等，广见于四川、贵州、云南、湖北等地上三叠统的须家河组、火把冲组、一平浪组、武昌群下煤组，并与英国、瑞士、奥地利等晚三叠世的孢粉组合相似，是指示晚三叠世以诺利期为主，有可能跨瑞替期的一个孢粉组合带。

（五）菊石生物地层单位

菊石动物群在图区内上三叠统地层中还不曾有所发现，整个羌塘盆地也比较少见。当前资料显示，只在江爱达日那和董布拉上三叠统地层中找到共 7 属 3 种，因此，前人还没有建立该生物地层单位的先例。我们在分析对比现有属种的时代意义基础上，新建了一个菊石生物地层单位，即 *Discotropites-Jnvavites* 组合带。

该组合带的组成分子有 *Discotropites* sp.，*Distichites* sp.，*Tropites* cf. *subbullatus*，*Arietoceitites* cf. *arittitoides*，*Buchites* sp.，*Parathisbites* sp. 和 *Juvavites* cf. *xizangensis* 等，其中的 *Discotropites*，*Tropites* 两属曾被三江区域地层（1992）定为三叠系第 10 个菊石组合的代表分子，见于巴塘群、结扎群下部灰岩，公也弄组、三合洞组、大水塘组等地层中，用以代表卡尼晚期。孙崇仁等（1997）也曾把 *Discotropites* 作为青南、藏东晚卡尼期菊石组合带的代表分子之一，*T.* cf. *subbullatus* 是卡尼期的一个带化石的比较种；*Juvavites* cf. *xizangensis* 来自江爱达日那土门格拉群中部碳酸盐岩中，朱同兴等（2005）称石门关组，该属被认为是喜马拉雅和阿尔卑斯晚三叠世诺利阶的重要分子。因此，我们以该组合带代表晚三叠世卡尼晚期-诺利期的菊石生物地层单位。

（六）珊瑚生物地层单位

珊瑚动物群在图区上三叠统地层中尚未见及，但就羌塘盆地西区而言，近年来有了较多的发现，据我们不完全的收集，整理已发现 28 属 16 种，主要分布在土门格拉群，肖茶卡群和菊花山组地层中。此前尚无人对其作过生物地层单位的划分，现经我们分析、对比研究，拟新建一个生物地层单位：*Margarosmilia-Stylophyllopsis-Volzeia* 组合带。

组成该组合带的主要分子有 *M. zieteni*（Klipstein），*M. zogangensis*，*Stylophylopsis* sp.，*Volzeia degeensis* Deng et Zhang，*V. chagyabensis* Deng et Zhang，*Margarophyllum decora* We，*Montliviltia narica*，*Myriophyllum munsteri* Xia et Liao，*Craspedophyllia cristata* Volz，*Pachythecopora Pachytheca*，*Paromghalophyllia sparsa* Deng et Zhang，*Retiophyllia eudenticulata*（We），*Thamnasteria rectimellosa*，*Thecosmilia weberi* Vinassa et Regny，*T.* cf. *clathrata*，*T. eudenticulata*，*T. fenestrata* 等。其中 3 个代表属在区域上都只见于晚三叠世，*Margarosmilia* 更是中特提斯分布最广的属，在意大利北部的南提罗尔和帝汶的晚三叠世地层中均有见及；*Volzeia degeensis*，*V. chegabensis* 在川西、藏东上三叠统卡尼阶的曲嘎寺组，东达村组中比较常见，其他属种都是各地晚三叠世的常见属种。因此，该组合带可视为羌塘盆地西区晚三叠世卡尼阶-诺利阶的珊瑚生物地层单位。

综上所述，我们着眼于羌塘盆地西区建立了双壳类、腕足类、菊石、珊瑚、牙形石和孢粉生物地层单位各 1 个，其中珊瑚和菊石生物组合带为本项目所新建，各生物地层单位之间以及与年代地层之间的对比关系，综合列于表 2-9。

二、侏罗系生物地层单位及年代地层

在图区内，侏罗系的古生物群相对其他时代来说还是比较丰富的，据目前所知，计有 14 个门类，

表 2-9　羌塘盆地西区上三叠统生物地层单位划分综合对比表

<table>
<tr><th colspan="3">年代地层</th><th colspan="6">生物地层单位</th></tr>
<tr><th>系</th><th>统</th><th>阶</th><th>双壳</th><th>腕足</th><th>菊石</th><th>珊瑚</th><th>牙形石</th><th>孢粉</th></tr>
<tr><td rowspan="4">三叠系</td><td rowspan="4">上统</td><td>瑞替阶</td><td></td><td></td><td></td><td></td><td></td><td rowspan="2">Dictyophyllidites - Clathroidites 组合带</td></tr>
<tr><td>诺利阶</td><td>Indopecten - Palaeocardita 组合带</td><td rowspan="2">Caucasorhynchia kunensis - Rhaetina taurica 组合带</td><td rowspan="2">Discotropites - Juvavites 组合带</td><td rowspan="3">Margarosmilia - Stylophyllopsis - Volzeia 组合带</td><td>Epigondolella postera - E. abenptis spatulatus 组合带</td></tr>
<tr><td rowspan="2">卡尼阶</td><td rowspan="2"></td><td rowspan="2"></td><td rowspan="2"></td></tr>
<tr><td></td><td></td></tr>
</table>

130余属，120余种（包括相似种，下同）。其中属种在10个以上的门类有双壳类、腕足类、菊石、孢粉和有孔虫。但与图区所在的羌塘盆地西区相比，无论是在属种的丰度上，还是在层位的分布上都相差甚远。在羌塘盆地西区，经我们不完全的收集整理，已发现19个门类，290余属460余种，其中双壳类80余属210余种，腕足类50余属100余种，菊石28属30余种，孢粉60属70余种，珊瑚30余属30余种（主要来自路线），其他如有孔虫、苔藓虫、层孔虫、介形虫、海绵、海胆、鱼类、藻类、腹足类、海百合茎、箭石、水螅、刺毛虫和植物等，属种多在10以下，一般时限较长，时代意义欠佳。

对于羌塘盆地西区侏罗系生物地层的研究，主要在20世纪90年代中期，以成都地矿所，川碳中心和江汉石油勘探开发研究院等为代表，根据各自工作成果结合东区资料曾对双壳类、腕足类、菊石和孢粉等门类作过生物地层单位的划分。此前西藏区调队（1986）也对中侏罗统的双壳类、腕足类和上侏罗统的菊石作过生物地层单位的初步划分。此后赵政璋、李永铁、罗建宁等（2001）在总结1994年以来石油地质调查成果资料的基础上，从羌塘地区总体出发，也提出了生物地层单位的划分意见。本项目在前人划分的基础上，加入近年来1∶25万区调中各相关单位取得的部分成果，对羌塘盆地西区双壳类、腕足类、菊石、孢粉和珊瑚五大门类生物地层单位的划分作进一步探讨。

（一）双壳类生物地层单位

双壳类动物群，无论是在图区还是在羌塘盆地西区，都是中、上侏罗统分异度最高的一个门类，在图区计有29属63种的发现。就羌塘盆地西区而言，经我们的收集整理，达80余属210余种，种群在10个以上的属有 *Astarte*、*Camptonectes*；5～10个的属有 *Chlamys*，*Corbula*，*Entolium*，*Gervillilla*，*Liostrea*，*Lopha*，*Modiocarda*，*Radulopholas*，*Plagiostoma*，*Pleuromya*，*Protocarda*，*Myopholas* 等，其余均在5个以下。主要分布在中侏罗统布曲组和上侏罗统索瓦组，次为中统的雀莫错组，夏里组和上统白龙冰河组，上侏罗统—下白垩统雪山组生物化石相对最少。

对该动物群生物地层单位的划分，主要有西藏区调队、川碳中心、江汉石油勘探开发研究院、成都地矿所和赵政璋等。我们在研究前人成果的基础上，根据羌塘盆地西区的现状作了补充和修订，其划分沿革见表2-10。现将我们新建立的2个生物地层单位分述如下。

表 2-10 羌塘盆地西区中、上侏罗统双壳类生物地层单位划分沿革表

<table>
<tr><th colspan="3">划分者</th><th rowspan="2">藏区调队
1986</th><th rowspan="2">川碳中心
1996</th><th rowspan="2">江汉石油勘探开发研究院 1996</th><th rowspan="2">成都地矿所
1996</th><th rowspan="2">赵政璋等
2001</th><th rowspan="2">本图幅
2005</th></tr>
<tr><th>系</th><th>统</th><th>阶</th></tr>
<tr><td rowspan="6">侏罗系</td><td rowspan="3">上侏罗统</td><td>提塘阶</td><td rowspan="3"></td><td>Camptonectes (C.) abscurus - Laevitrigonia gibbosa 组合</td><td></td><td rowspan="2">Buchia blanfordiana - Inoperna sowerbyana 组合带</td><td></td><td rowspan="3">Buchia blanfordiana - Entolium mangqiongensis - Radulopecten fibrosus 组合带</td></tr>
<tr><td>基末里阶</td><td>Lopha gragea - Pereginocan chayunnanensis 组合</td><td rowspan="2">Myopholas multicostata - Radulopecten fibrosus - Gervillella aviculoides 组合</td><td rowspan="2">Myopholas multicostata - Radulopecten fibrosus - Gervillella aviculoides 组合</td></tr>
<tr><td>牛津阶</td><td>Radulopecten fibrosus - Myopholus multicostata 组合</td><td>Gervillella aviculoides - Entolium xizangensis 组合带</td></tr>
<tr><td rowspan="3">中侏罗统</td><td>卡洛阶</td><td>Myopholas multicotata - Gerillella carentalis - Inoperna sowerbyana - Camptonectes (C.) lens 组合</td><td>Chlamys (Radulopectus) tipperi - Ch. (R.) vagans - Cercomya 组合</td><td></td><td>Bostra buchii 顶峰带</td><td>Meleagrinella bramburiensis - Pronoella triangularis 组合</td><td rowspan="2">Bositra buchii - Paravamussium pumilum 组合带</td></tr>
<tr><td>巴通阶</td><td>Lopha asellus - Liostrea bimanica - Camptonectes (C.) laminates - Chlamys (Radulopectus) vagans - Ch. (R.) tipperi - Modiolus inbricatus 组合</td><td>Chlamys - Liostrea - Camptonectes 组合</td><td>Camptonectes (C.) laminates - Homomyagibbosa - Liostreabimanica 组合</td><td rowspan="2">Camptonectes (C.) laminatas - Ceratomys concertrica 组合带</td><td>Camptonectes laminates - Radulopecten vagans 组合
Eomiodon angulatus - Isognomon (Mytiloperna) bathonicus 组合</td></tr>
<tr><td>巴柔阶</td><td></td><td></td><td></td><td>Anisocardia gibbosa - Camptonectes auritus 组合</td><td></td></tr>
</table>

注：川碳中心和赵政璋等综合了整个羌塘盆地资料

1. *Bositra buchii-Paravamussium pumilum* 组合带

该组合带的组成分子主要有 *Bositra buchii* (Roemer), *B.* cf. *buchii* (Roemer), *B.* cf. *somaliensis* Cox, *Parvamussium pumilum* (Lemarch), *P. subersonapum* (Vaeck), *P. subpersonatus* (Vaeck), *Ceratomys concertrica* (sowerby), *Cercomya* (*Capillimya*) cf. *strata*, *Eligmus* cf. *rollandi* Douville, *Eopecten inaequstrica* (Voltz), *Grammatador kunyanus* Cox, *Liostrea jiangjinensis* Wen, *L. acuminate* (Sowerby), *L. eduliformis*, *L. simplex* Cox, *Lopha asella* (Greppin), *L. costata* (Sowerby), *Inoperma perplicatum*, *Ostrea calceola* Zieten, *O. quadrata*, *Placunopsis fibrosa* (Laube),

Nicaniella (*Trautschoidia*) *aitkeni* Cox, *Thracia toghonheensis* Wen 等。

上述组合分子在羌塘盆地西区当前只见于中侏罗统雀莫错组、布曲组和夏里组内，以布曲组最为突出。在上侏罗统中尚未发现，它们所在的层位中，常有典型的巴通期腕足类 *Burmirhynchia*、*Holcothyris* 等相伴出现。*Bostra buchii* 在比隆错夏里组油页岩剖面中特别富集，*Thracia totohensis*、*Liostrea acumiaata* 在夏里组中也很有特征。*Placunopsis fibrosa* 目前也只在雀莫错组中见到。因此，我们以此组合带作为以巴通期为主，可能下跨巴柔期，上延卡洛夫期的中侏罗世双壳类生物地层单位。

2. *Buchia blanfordiana*－*Entolium mangqiongensis*-*Radulopecten fibrosus* 组合带

该组合带组成分子十分丰富，主要有 *Radulopecten fibrosus* Sowerby, *R. gerzensis* Wen, *R. inaequecostata* (Yong et Bird), *R. moodanensis* (Cox), *R. siliqua*, *R.* cf. *scarburgensis*, *R. tiperi*, *Entolium mangqiongensis*, *E. demissum* (phillps), *E. disciforme* (Schiibler), *E. cingulatum*, *E. xizangensis* Tongi, *Buchia blanfordiana* (Stoliczka), *Anisocardia kinjeleensis* Cox, *A.* (*A.*) *minima* (Sowerby), *Astarte spitiensis*, *Margaritifera guanyintanensis* Xiong et wang, *Meleagrinella radiate* (Trauti), *Pronella kidugaloensis* Cox 等。

上述组合分子当前只出现在羌塘盆地西区上侏罗统索瓦组和白龙冰河组中，个别如 *Astarte spitiensis* 只在雪山组中发现，其中的 *R. fibrosus* 是各家一致列为牛津阶或牛津阶－基末里阶的代表分子，也见于英国的 Corsllian 组，是欧洲牛津阶的常见分子，在羌塘盆地西区主要出自白龙冰河组中。*R. moondanensis*, *R.* cf. *scarburgensis* 在欧洲基末里阶-提塘阶地层中都有产出。*Entolium* 一属中所列各种，比较广泛见于索瓦组中，常见有菊石 *Virgatosphinctes*, *Blanfordiceras*, *Haplophyoceras* 等共生。*Buchia blanfordiana* 出现在长虹河剖面索瓦组中部，其上、下层位中均见菊石 *Virgatosphinctes*，同时该属在西藏南部上侏罗统门卡墩组中极为丰富，其种群多达 20 种，并有大量上侏罗统菊石共生，同时，也是斯匹提叶岩的常见分子。*Astarte spitiensis* 是当前羌塘盆地西区雪山组中除孢粉外的唯一动物化石，也见于藏南上侏罗统门卡墩组，其出现层位间于含菊石 *Virgotosphinctes*, *Aulcosphincioides*, *Aulacosphinctes* 和双壳类 *Buchia* 的层位之间，同时在斯匹提叶岩中也有产出。由此可见，这个生物组合中任何分子都不局限于上侏罗统某个时间段，因此，我们将其作为一个生物地层单位对待，代表上侏罗统的一个双壳类组合带。

（二）腕足类生物地层单位

腕足动物群在图区所获不多，目前只发现 16 属 23 种，主要分布在布曲组－白龙冰河组，并以索瓦组居多，次为白龙冰河组和布曲组，夏里组极为少见，雀莫错组和雪山组目前还没有腕足类动物的发现。但在图幅所在的羌塘盆地西区内，腕足类是仅次于双壳类的一个生物门类，据我们不完全的收集整理，已发现 50 余属 100 余种，主要产出层位是布曲组和索瓦组，次为夏里组、雀莫错组和白龙冰河组，其中种群在 10 个以上的属有 *Burmirhynchia*、*Holcothyris*、*Kutchithyris*；5～10 个属的是 *Avonothyris* 和 *Tanggularella*，其余都在 5 个以下。

本项目在分析和研究前人成果的基础上，加入部分近年来的新成果对其进一步做了补充和修订，现将划分沿革列于表 2－11，划分意见分述如下。

1. *Lacunaerhynchia lungchiangensis*-*Monsardithyris trineata* 组合带

该组合带的组成分子主要有 *Lacunaerhynchia lungchiangensis* Ching, Sun et Ye, *L.* cf. *lungchiangensis* (Ching, Sun et Ye), *L. vergissonensis* Aleras, *Monsardithyris trineata* Yang et Bird, *Rhynchonelloidella trigonalis* Mairwood, *R. proxima* Roche, *R. praecusor* Roche, *Wattonithyris circumdata* (Deslongchamps), *W. moquensis* 等，主要出现在独雪山剖面布曲组中（川碳中心，1995）①。

① 四川碳酸盐岩油气田技术开发研究中心，1995，羌塘盆地尼玛-那底岗日-雪环湖西 1∶20 石油地质路线调查工程报告。

表 2－11　羌塘盆地西区中、上侏罗统腕足类生物地层单位划分沿革表

系	统	阶	西藏区调队 1986	川碳中心 1996	江汉石油勘探开发研究院 1996	成都地矿所 1996	赵政璋等 2001	本项目 2005
侏罗系	上侏罗统	提塘阶		*Wottonithyris zodaensis*－*Kutch ithyris pygmae* 组合带				
		基末里阶		*Cymatorhynchia*－*Rhynchonel loiella*－*Turkmenithyris* 组合带	*Monticlarella*－*Rutorhynchia* 组合带		*Lacunosella rhombica*－*Meschiaalata* 组合带	*Rutorhynchia jieshanensis*－*Lacunosella trilobatiformis* 组合带
		牛津阶		*Thurmanella rotunda*－*Rutorh ynchia jieshanensis* 组合带	*Lacunosella trilobatiformis*－*Pentithiris vulgaris* 组合带 *Septaliphoria speptentrionalis*－*Thurmanella acuticosta* 组合带	*Thurmanella rotunda*－*Rutorhynchia bipticata* 组合带	*Rutorhynchia jieshanensis* 组合带	
	中侏罗统	卡洛夫阶	*Thurmanella rotunda*－*Kutchithyris deqinensis* 组合带			*Burmirhynchia*－*Holcothyris*－*Kutchithyris* 顶峰带	*Dzhangirhnnchia kokdzharensis*－*Dorsoplicathyris pentagonalis* 组合带	
		巴通阶	*Burmirhynchia*－*Holcothris* 组合带	*Burmirhynchia*－*Holcothyris*－*Tanggularella* 组合带	*Pseudotubithyris*－*Tanggularella* 组合带 *Burmirhynchia*－*Holcothyris* 组合带	*Tanggularella*－*Avonothyris subpentagona* 组合带	*Burmirhynchia*－*Holcothyris* 组合带	*Burmirhynchia*－*Holcothyris* 顶峰带
		巴柔阶					*Cymatorhynchia densecosta*－*Monsardithyris ventricosa* 组合带 *Pthyctorhynchia duogecoensis*－*Tubithyris tibetica* 组合带	*Lacunarhynchia lungchiangensis*－*Monsardithyris trineata* 组合带

其代表分子见于藏南聂聂雄拉组上部以及扎达波林优秀沟组下部，据史晓颖（1987）研究，可与法国中巴柔阶对比；*Rhynchonelloidella* 在特提斯区常与中、晚巴柔期分子共生；*R. proxina* 在法国见于巴柔期顶部。由此，我们将该组合带作为中侏罗统巴柔阶的腕足类生物地层单位。

2. *Burmirhynchia* - *Holcothyris* 顶峰带

该顶峰带的组成分子，主要由 *Burmirhynchia* 和 *Holcothyris* 两属的种群和与之伴生的种群，且当前只见于中侏罗统布曲组的 *Tanggularella abbrevia* Shi，*T. feraxa* Shi，*T. sphenoides* Shi，*T. rotunda* Ching，Sun et Ye. *Arcomytilum bathonicus*（Morris et Lycett），*Avonothyris sogxianensis* Sun，*A. subpentagona* Ching，Sun et Ye，*A. gothonicus* Ching，Sun et Ye，*A. tibetica* Ching，Sun et Ye，*Gusarella mucleala* Ching，Sun et Ye，*Lotharingella spides* 等组成。*Burmirhynchia*，*Holcothyris* 两属，据我们的收集整理，在羌塘盆地西区发现的种群共 38 种（包括 cf.，aff.），占中、上侏罗统腕足类动物种群总合的 35%，前者共有 20 种，其中 19 种在布曲组中都能见到，但 *B. gutta* Buckman 可下延到雀莫错组，*B. cuneata* Ching，Sun et Ye，*B. flanilis* Ching，Sun et Ye，*B. lujiangensis* Reed，*B. nierongensis* Ching，Sun et Ye 和 *B. trilobata* 可上延到夏里组和索瓦组，个别如 *B. cuneata* 在白冰河组也偶有所见。*B. altilis* Ching，Sun et Ye，*B. bpalaiensis* Buckman，*B. costata*（Reed），*B. hasipawensis*，*B. irragularis*，*B. obessi* Buckman，*B. ovalis* Buckman，*B.* aff. *praestans* 等只见于布曲组。后者共 18 种，在中侏罗统布曲组中都能见到，但其中 *Holcothyris suboralis* Buckman，*H. trigomaris* Buckman 可下延到雀莫错组，*H. tenuis* Ching，Sun et Ye，*H. golmudensis* Ching，Sun et Ye，*H. tanggulaica* Ching，Sun et Ye，*H. trigomaris* Buckman 和 *H.*（*Pinguis*）var. *longisulcata* Reed，*H.*（*P.*）var. *olivaeformis* Reed 可上延到索瓦组，只见于布曲组的是 *H. brveseptata*，*H. cooperi*，*H. curvita*，*H. depressa*，*H. flexa* Buckman，*H.* cf. *lujiangensis* Reed，*H. macra* Buckman，*H. pinguis* Reed，*H. undulata* 等。这两属在地理上有着广泛的分布，从我国的青海、西藏、云南到缅甸禅邦、泰国呵叻，在阿富汗、法国、摩洛哥、阿尔及利亚以及英国等地中侏罗统中期地层中都能见到，其时代多定为巴通期。但从上述我们对其在羌塘盆地西区产出层位的分析中可见，该两属的时代并不只限于巴通期，应该是始于巴柔期，繁盛在巴通期，上延到牛津期－基末里期。可能绝灭于提塘期，此观点为与之共生的上侏罗统菊石动物群所佐证。但在中侏罗统巴通期达到顶盛时期，也是客观存在的事实。因此，我们以顶峰带这一生物地层单位的概念，来锁定其时代为中侏罗统巴通期。

3. *Rutorhynchia jieshanensis* -*Lacunosella trilobatifornis* 组合带

该组合带的主要组成分子有 *Rutorhynchia jieshanensis* Sun，*R. biplicata* Sun，*R. quadplicata*，*R. elongata*，*Lacunosella trilobatiformos*，*L. trilobata*，*L . rhombica*，*Bihenithyris rectimarginata* Ching，Sun et Ye，*Bicepsirhynchia pyriformis*，*Carainirhynchia rossica* Hat Ben，*Cymetorhynchia densecosta*，*Dorsoplicathyris pentagonalis* Almeras，*Epithyoris oxonica* Arkell，*E. perbellus* Shi，*Juralina* cf. *bauhini*（Etallon），*Pentithyris* cf. *pelagica*，*Sepaliphoris compta* Ching，Sun et Ye，*S.* cf. *arduensis*，*Somalirhynchia moravica*，*Turkmenithyris krimbohi*，*Turmanella rotunta* Ching，Sun et Ye，*T. pentphyca* Ching，Sun et Ye 等。

上列主要组合分子，当前只见于羌塘盆地西区上侏罗统，主要分布在索瓦组地层中，其中 *Rutorhynchia* 是晚侏罗世才出现的属，所列各种主要来自本图幅白龙冰河剖面索瓦组底部，也见于喀喇昆仑地区红其拉甫组。*Lacunosella trilobatiformis* 曾被史晓颖等（1991）作为北羌塘盆地牛津阶的代表分子之一，*L. rhombica* 也曾被赵政璋等（2001）列为牛津晚期－基末里期的腕足类组合的领头分子，也是喀喇昆仑地区红其拉甫组 *L. xinjiangensis* - *Torquirhynchia karavorumensis* 组合中的重要分子，*Juralina* cf. *baulini* 其原型种是法国上侏罗统牛津阶重要组成分子。由此，我们将该组合带视为晚侏罗世牛津期－基末里期的腕足类生物地层单位。

（三）菊石生物地层单位

菊石动物群在图区已发现 9 属 20 种，主要来自上侏罗统索瓦组和白龙冰河组，中侏罗统只在黄山布曲组剖面中采得 1 枚 *Dolikephalites typicus*?。上侏罗统的菊石多来自地质路线中，剖面上只采有 5

属 7 种。但放眼相邻地区还是有比较丰富的发现，据我们的收集整理，连同图区在内，共发现 24 属 31 种，其中来自剖面的有 15 属 23 种，以长虹河、吐波错、独星湖和白龙冰河等剖面相对比较集中，并可见各主要属种在纵向层位上的叠置组合关系。这个菊石动物群据我们分析、研究和对比，有以下几点值得关注：①所得化石来自地质路线的较多，而来自剖面的相对较少；②剖面分层较粗，采获化石的层位也少；③现有资料显示与国际一些学者建立的上侏罗统菊石生物地层单位，存在不协调现象，如 *Blanfordiceras*，*Virgatosphinctes*，*Aulcosphinctes*，*Aulacosphinctoites*，*Perisphinctes* 等在剖面中并不存在上、下叠置关系，而是共生关系。

前人对这一菊石动物群的生物地层单位作过不同的划分，我们在研究前人划分的基础上，从本地区的实际资料出发，以剖面产出化石为基础，只建立了 *Progeronia*-*Alligaticeras* 组合带和 *Blanfordiceras*-*Virgatosphinctes*-*Aulacosphinctes*-*Aulacosphinctoides* 组合带。其划分沿革见表 2-12。

1. *Progeronia*-*Alligaticeras* 组合带

该组合带目前只见于白龙冰河剖面下部索瓦组中，同层产出的是 *Progeronia* sp.，*Allgaticeras* sp.，Perisphinctidae。*Progeronia* 在藏南相当层位中也有所见，并广泛分布在西欧、北非、马达加斯加及印度等地，被视为牛津阶—基末里阶的标准分子；另外的 1 科 1 属，也见于藏南聂拉木地区上侏罗统门卡墩组，昌都的拉贡塘组。*Alligaticeras* 也在洛隆马里相当卡洛夫期的地层中发现。但在白龙冰河剖面上，这些分子都整合覆于中侏罗统巴通期—卡洛夫期常见的 *Holcothyris*，*Avonothyris gigontes*，*Liostrea birmanica* 等的层位之上，因此我们将该组合带作为牛津期—基末里早期的一个菊石组合带。

2. *Blanfordiceras*-*Virgatosphinctes*-*Aulacosphinctes*-*Aulacosphinctoides* 组合带

该组合带的组合分子十分丰富，几乎包括了除上一组合带分子外的所有属种，其中尤以 *Virgatosphinctes* 最为丰富，其种群多达 17 个，其次是 *Aulacosphinctes*，*Aulacosphintoides*，*Blanfordiceras*，其他仅见 1 种或只有属的发现。现将鉴定无疑问的属群和原型种群分子列举如下：*Aulacosphinctes hollandi* Uhlig，*A. morickeanus*，*A. rareplicatus*，*A. spitiensis*，*Aulacosphintoides infundibulus*，*Berriasella* sp.，*Blanfordiceras cricki*，*B. calebranti*，*Euprionoceras* sp.，*Haplohyoceras aculeatum*，*Kossmatia* sp.，*Paraboliceras spitiense.*，*Perisphinctes* sp.，*Properispinctes* sp.，*Streblites platydomus*，*Subplanites* sp.，*Substeueroceras* sp.，*Ubigites griesbachi*，*Virgatosphinctes broilii*，*V. contiguus*，*V. dacquei*，*V. denseplicatus*，*V. frequens*，*V. haydeni*，*V. holdhausi*，*V. lemoinei*，*V. kutianus*，*V. minusculus*，*V. multifasciatus*，*V. subfrequens* 等。其中 *Perisphinctes* 见于藏南上侏罗统门卡墩组，新疆红其拉甫组，曾被林宝玉（1989）作为牛津阶的带化石之一，在世界各地也是牛津阶的常见分子，在印度库奇仅限于牛津阶上部。但在这里它产自白龙冰河剖面上部白龙冰河组，并与 *Aulacosphinctes*，*Virgatosphinctes*，*Properispinctes* 等同出一层。*Aulacosphintoides infundibulus* 曾见于斯匹提页岩中，是晚基末里期—早提塘期的主要分子，在印度库奇大量出现在中基末里期，该属地理分布更广，常见于非洲、南美阿根廷、澳大利亚、新西兰、日本、印度等地，多数学者主张置于提塘阶下部。但在这里的独星湖剖面中，它与 *Virgatosphinctes*，*Blanfardiceras* 同出一层，*Aurgatosphinctes* 在藏南、法国、丹麦、马达加斯加、印度库奇、尼泊尔等地曾作为提塘阶的指示化石。可在这里却出现在吐坡错、独星湖剖面的索瓦组，并与 *Kossmatia*，*Blanfordicetas*，*Virgatosphinctes* 等共生，而在白龙冰河剖面它又出现在白龙冰河组，并与 *Perisphinctes*，*Properispinctes*，*Virgatosphinces*，*Paraboliceras* 等同在一个大层中。*Euprionoceras* 见于东湖剖面索瓦组下部，是我国北方海域早—中基末里期的分子。*Blanfordiceras* 见于长虹河、独星湖剖面的索瓦组中、上部，在长虹河剖面与 *Haplophyoceras aculeatum*，*Virgatosphinctes*，*multifasciatus*，*V. haydeni* 同出一层，在独星湖剖面与 *Aulacosphinctes spitiensis*，*V. dacquei* 共生，而在藏南古错村剖面见于门卡墩组，并与 *Berriasella* 多种同出一层。至于 *Vigatosphinctes*，从上述中不难发现它在索瓦组和白龙河组中都能见到和各家所列基末里期到提塘期的代表属群均存在共生关系。

表 2-12　羌塘盆地西区侏罗统菊石生物地层单位划分沿革表

<table>
<tr><th colspan="3">划分者</th><th rowspan="2">西藏区调队
1986</th><th rowspan="2">川碳中心
(QT96YD-01)
1996</th><th rowspan="2">成都地矿所
(QT96YD-02)
1996</th><th rowspan="2">江汉石油勘探
开发研究院
1996</th><th rowspan="2">成都地矿所
(QT96YZ-01)
1996</th><th rowspan="2">赵政璋等
2001</th><th rowspan="2">本图幅
2005</th></tr>
<tr><th>系</th><th>统</th><th>阶</th></tr>
<tr><td>白垩系</td><td>下统</td><td>贝利阿斯阶</td><td>Berriasella-Spiticeras
组合带</td><td>Berriasella-
Blanfordiceras 组合带</td><td></td><td></td><td rowspan="2"></td><td></td><td></td></tr>
<tr><td rowspan="4">侏罗系</td><td rowspan="4">上统</td><td rowspan="2">提塘阶</td><td rowspan="2">Virgatosphinctes-
Aulacosphinctes
组合带</td><td>Aulacosphinctes-
Virgatosphinctes
组合带</td><td rowspan="3">……………………
Blanfordiceras-
Virgatosphinctes-
Aulacosphinctes-
Kossmatia-
Paraboliceras
组合带</td><td>Aulacosphinctes
组合带</td><td>Aulacosphinctes
组合带</td><td rowspan="3">Blanfordiceras-
Virgatosphinctes-
Aulacosphinctes-
Aulacosphinctoides
组合带</td></tr>
<tr><td>Aulacosphinctoides-
Streblites 组合带</td><td rowspan="2">Aulacosphinctoides
组合带</td><td rowspan="2">Blanfordiceras-
Aulacosphinctes-
Virgatosphinctes
组合带</td><td>Aulacosphinctoides-
Virgatosphinctes
组合带</td></tr>
<tr><td>基末里阶</td><td>Perisphinctidae 带</td><td>Kossmatia-
Euprionoceras 组合带</td><td></td></tr>
<tr><td>牛津阶</td><td>Progeronia 带</td><td>Properispinctes-
Alligaticeras 带</td><td>Properispinctes-
Alligaticeras 组合</td><td>Perisphinctes 组合</td><td>Progeronia-
Alligaticeras
组合带</td><td>Perisphinctes 组合带</td><td>Progeronia-Alligaticeras
组合带</td></tr>
</table>

由此可见，羌塘盆地西区目前的菊石动物群资料展示表明：*Blanfordiceras* - *Virgatosphinctes* - *Aulacosphinctes* - *Aulacosphinctoides* 组合带为基末里中晚期—提塘期的菊石组合带。

（四）孢粉生物地层单位

测区所获的孢粉化石很少，只在黄山布曲组、长虹河、曲龙沟和白龙冰河等剖面的索瓦组中零星分散的发现，共有 15 属 1 种，且一般延时较长，不足以建立生物地层单位。

区域上，川碳中心（1995）所测的独雪山布曲组剖面上，在 7 个层位中获得以 *Classopollis*，*Leiotriletes*，*Cyathidites*，*Klukisporites*，*Conbaculatisporites*，*Baculatisporites* 和 *Minlerisporites* 等为代表的 17 属 2 种，其中突出的是获得了以 *Minlerisporites* 为代表的大孢子群。成都地矿所（1996）所实测的那底岗日剖面上，在包括从中侏罗统布曲组一上侏罗统雪山组的 10 个层位中，获得 51 属 63 种孢粉化石，其中有裸子植物孢粉 15 属 30 种、蕨类植物孢子 36 属 33 种。这两个工作单位曾据所获的孢粉化石各自建立了 2 个侏罗系孢粉生物地层单位。

我们在此基础上，充分利用近年来区调成果，作了一些补充和修订，建立了 *C* - *N* - *M* 组合带和 *C* - *L* 组合带，现将沿革列于表 2 - 13。

表 2 - 13 羌塘盆地西区侏罗系孢粉生物地层单位划分沿革表

<table>
<tr><td colspan="3">划分者</td><td rowspan="2">川碳中心
1996</td><td rowspan="2">成都地矿所
1996</td><td rowspan="2">本项目
2005</td></tr>
<tr><td>系</td><td>统</td><td>阶</td></tr>
<tr><td rowspan="6">侏罗系</td><td rowspan="3">上统</td><td>提塘阶</td><td rowspan="2">Classopollis - Klukisporites
组合带</td><td rowspan="3">Classoporillis - Klukisporites
组合带</td><td rowspan="3">Classopollia annulatus -
Lygodiumsprites 组合带</td></tr>
<tr><td>基末里阶</td></tr>
<tr><td>牛津阶</td><td rowspan="4">Classopollis - Osmundacidites
组合带</td></tr>
<tr><td rowspan="3">中统</td><td>卡洛夫阶</td><td rowspan="3">Classopollis - Cyathidites
- Neoraistrickia
组合带</td><td rowspan="3">Cyathidites - Neoraistrickia
- Minerisporites richardsoni
组合带</td></tr>
<tr><td>巴通阶</td></tr>
<tr><td>巴柔阶</td></tr>
</table>

1. *Cyathidites* - *Neoraistrickia* - *Minerisporites richardsoni* 组合带

该组合带主要见于独雪山剖面的布曲组和那底岗日剖面布曲组中部以及夏里组。其主要组成分子有大孢子 *Minerisporites richardsoni*，*M.* spp.，*M.* sp. nov，*Pesillitriletes phyllicus*，*Aneuletes* sp. 和少量 *Trileites* sp. 等。*M. richardsoni* 最早见于英国中侏罗统，后在波兰、德国和我国的同期地层中均有发现；*P. phyllicus* 广泛分布于国内、外的中侏罗统，但在波兰、丹麦上侏罗统中也有发现。蕨类植物孢子中的 *Cyathidites* 在布曲组和夏里组中都是常见而主要出现的分子，在独雪山布曲组中含量最高可达 11%，次有 *Neoraistrickia*，*Punctatisporites*，*Boculatisporites*，*Canbaculatisporites*，*Klukisporites* 及 *Osmundacidites* 等。裸子植物花粉中 *Classopolis* 占压倒性多数，在独雪山剖面布曲组中，最高含量达 70%～80%，在那底岗日剖面的布曲组中部到夏里组上部，所占比例达 75%～95%。其主要种群有 *C. atmulatus*，*C. classoides*，*C. major*，*C. parvus*，*C. triangulus*，*C. tristriatus* 等，次有 *Cycadspetes* 及少量 *Caytompollenites*，*Chasmatosmatosporites*，*Eucomidites* 等。其中的 *Classopollis* 是侏罗系到下

白垩统都比较繁盛的一个属，单独出现在地层中很难判定其所在地层的确切时代。*Neoraistrickia* 数量虽少，但还未见在上侏罗统中出现，因此，我们以此组合带作为中侏罗统的一个孢粉生物地层单位。

2. *Classopollis annulatus* -*Lygodiumsporites* 组合带

该组合带主要见于那底岗日剖面上侏罗统索瓦组—雪山组下部，以裸子植物花粉占绝对优势，含量达 80.2%～96.4%，而蕨类植物孢子只占 3.2%～19.8%，在裸子植物花粉中 *Classopollis* 含量最高 47.1%～94.4%，主要种群是 *C. annulatus*，*C. monostriatus*，*C. multistriatus*，*C. qiyungulus*，*C. torosus*，次有 *Chasmatosporites*，*Cycadopiotes*，还偶见 *Pristinuspollenites* 等。其中 *C. annulatus* 是开始出现在中侏罗统，繁盛于上侏罗统，衰落于下白垩统的一个属种。蕨类孢子以出现 *Lygodiumsporites*，*Concavissimisporites*，*Ischyosporites*，*Pristinuspollenites* 为特征，而区别于中侏罗统孢粉生物地层单位，也见有上延的 *Klukisporites*。含量较高者为 *Lyathidites*，次有 *Stereisporites*，*Osmundacidites*，*Lygodiumsporites* 是晚侏罗世才开始出现的属，而前人列为上侏罗统的代表分子 *klukisporites* 延续时间较长，在剖面中从布曲组到雪山组都有它的存在。因此，我们将 *Classopollis annulatus* -*Lygodiumsporites* 组合带作为上侏罗统的一个孢粉生物地层单位。

（五）珊瑚生物地层单位

测区内珊瑚动物群仅有 7 属 7 种的发现，并分散在中侏罗统夏里组和上侏罗统索瓦组和白龙冰河组中，除 *Montlivoltia* sp. 出现在剖面中外，其他均来自地质路线上相当层位，仅此实难建立该动物群的生物地层单位。但在整个羌塘盆地西区产比较丰富的珊瑚动物群，在中、上侏罗统中已有约 30 属 40 种的发现，所在层位有布曲组、夏里组、索瓦组和白龙冰河组，其中尤以上侏罗统最为丰富，晚侏罗世应是特提斯区造礁珊瑚的繁盛时期。

前人在土门格拉地区和日土多玛地区，分别建立了这两地区侏罗系珊瑚动物群的生物地层单位。

本项目根据区域上的资料，通过分析、对比研究，分别建立了代表中侏罗世巴通阶为主的 *Chomatoseris* cf. *complanata* -*Protethanos blanfordi* 组合带和上侏罗统牛津阶—基末里阶的 *Pseudocoenia hexaphylla* -*Stylosmilia michalini* -*Epistreptophyllum cornutiformis* 组合带。

1. *Chomatoseria* cf. *complanata*—*Protethanos blanfordi* 组合带

该组合带的主要组成分子有 *Chomatoseria* cf. *complanata*，*Protethanos blanfordi*，*Epistreptophyllum diatritum*，*Donacosmilia* cf. *coralina*，*Complexastraea kochensis*，*Thecosmilia* cf. *rutogensis*，*Th. virgulina*，*Th. weberi* 等，它们都产自中侏罗统布曲组和夏里组，而以布曲组占优势。其中 *Chomatoseris* 广泛分布于亚、欧地区中、下侏罗统，其原型种 *Ch. complanata* 见于法国巴通阶，*Protethanos blanfordi* 是印度库奇地区巴通阶的重要组成分子，并被赵政璋等（2001）定为岗底斯措勤分区中侏罗统珊瑚组合代表分子之一；*Donacosmilia* cf. *coralina* 的原型种是欧洲中侏罗统的常见分子；*Epistroptophyllum diatritum* 也见于云南保山地区中侏罗统柳湾组。

据此，我们以该组合带代表羌塘盆地西区中侏罗统巴通阶为主的珊瑚生物地层单位。

2. *Pseudocoenia hexaphyllia* -*Stylocmilia michelinia* -*Epistreptophyllum cornutiformis* 组合带

该组合带的组成分子非常丰富，地域分布广泛，而且属种繁多，主要为 *Pseudocoenia hexaphyllia*，*Cryptocoenia octosepta*，*Stylosmilia michelinia*，*S. catenula*，*S. crassitheca*，*S. tanggulaensis*，*Stylina paricosta*，*S. bangoinensis*，*Thecosmilia* cf. *costata*，*Th.* cf. *tibetana*，*Stephanestraea zangbeiensis*，*Epistreptophyllum cornutiformis*，*E.* cf. *densumi*，*E. cyllindratum*，*Dungulia sinplex*，*Domacoenilia coralina*，*Axosmilis sinensis*，*A.* cf. *sessilis*，*Latiastrea pakongensis*，*Montlivoltia cornutiformis elliptica*，*Parepismilia* cf. *amdoensis* 等。

上列组合分子都产自上侏罗统索瓦组及白龙冰河组，其中 *Pseudccoenia hexaphyllia*，*Stylosmilis* michelinia 曾被廖卫华（1994）列为班戈帕孔接奴群上部珊瑚组合的代表分子。这里的 *Cryptocoenia octesepta*，*Stylina paricosta*，*Thecosmilia* cf. *costeta*，*Epistreptophyllum* cf. *densumi* 也是组成该组合的组成分子，*E*. cf，*densumi* 还见于云南保山地区上侏罗统柳湾组，廖氏认为这个珊瑚组合中大部分分子都是欧洲多国上侏罗统牛津阶—基末里阶的重要分子，具有与之相似的珊瑚动物群。*Epistreptophyllum cornutiformis* 的相似种，曾被赵政璋等（2001）选为土门格拉地区上侏罗统牛津阶—基末里阶珊瑚动物群代表分子之一，其原型种见于藏南上侏罗统门卡墩组，同见于门卡墩组的还有 *Dungulia simplex*，*E. cylindratum*，*Donacoenilia coralina*，在日土多玛地区上侏罗统地层中也有所见，*Montlivoltia cornutiformis elliptica* 还见于拉贡塘组。

由此，我们以该组合带代表羌塘盆地西区上侏罗统牛津阶—基末里阶珊瑚生物地层单位。

综上所述，我们着眼于羌塘盆地西区，建立了双壳类、腕足类、菊石、珊瑚和孢粉等生物门类的生物地层单位 11 个，其中双壳类、菊石、孢粉和珊瑚各 2 个，腕足类 3 个，各单位相互之间以及与年代地层之间的对比关系，综合列于表 2－14。

表 2－14　羌塘盆地西区中、上侏罗统生物地层单位划分综合对比表

<table>
<tr><th colspan="3">年代地层</th><th colspan="5">生物地层单位</th></tr>
<tr><th>系</th><th>统</th><th>阶</th><th>双壳</th><th>腕足</th><th>菊石</th><th>珊瑚</th><th>孢粉</th></tr>
<tr><td rowspan="6">侏罗系</td><td rowspan="3">上统</td><td>提塘阶</td><td rowspan="3">Buchia blanfordiana – Entolium mangquongensis – Radulopecten fibrosus 组合带</td><td></td><td rowspan="2">Blanfordiceras – Virgatosphinctes – Aulacosphinctes aulacosphinctoides 组合带</td><td></td><td rowspan="3">Classopollia annulatus – Lygodiumsporites 组合带</td></tr>
<tr><td>基末里阶</td><td rowspan="2">Rutorhynchia jieshanensis – Lacumosella trilobatiformis 组合带</td><td rowspan="2">Pseudocoenia hexaphyllia – Stylosmilia michalini – Epistreptophyllum cornutiformis 组合带</td></tr>
<tr><td>牛津阶</td><td>Progeronia – Alligaticeras 组合带</td></tr>
<tr><td rowspan="3">中统</td><td>卡洛夫阶</td><td rowspan="3">Bositra buchii – Parvamussium pumilum 组合带</td><td></td><td rowspan="3"></td><td rowspan="2">Chomatoseria cf. complanata – Protethanos blanfordi 组合带</td><td rowspan="3">Cyathidites – Neoraistrckia – Minerisporitesrichardsoni 组合带</td></tr>
<tr><td>巴通阶</td><td>Buromirhynchia – Holcothyris 顶峰带</td></tr>
<tr><td>巴柔阶</td><td>Lacunarhynchia lungchiangensis – Monsardithris trilineata 组合带</td><td></td></tr>
</table>

第三节　层序地层

一、层序地层学研究的基本内容

层序地层是在一个等时地质年代格架内从三维空间上认识一个有成因联系的沉积组合体，上下被不整合面以及与之相当的整合面所截切（P. R. Vail，1987），控制地层层序形成的机制是周期性的海平面升降变化，即一个层序响应着一次海平面升降变化。层序界面以海平面下降的起点和终点所形成的不整合面或与之相当的整合面为标志，强调层序不整合界面的成因受控于海平面的快速下降，并根据海平面下降幅度和速率对陆架坡折带造成暴露的影响程度，把层序界面通常划分为两类：Ⅰ型层序界面（SB_1）

和Ⅱ型层序界面（SB_2）。

三级层序的识别与划分是层序地层学研究的重要内容之一。限于野外露头客观条件以及 1∶25 万填图精度要求，本次依赖于露头剖面以及填图路线对测区沉积岩地层进行的主要是三级层序的识别和研究。

二、各时代典型剖面层序划分与描述

根据测区出露的各地层岩性组合、沉积相标志、层序界面特征、准层序和体系域构成等，从上三叠统—上侏罗统共划分出 12 个三级层序，其中上三叠统地层出露不完整，仅能识别出 2 个不完整的三级层序，侏罗系识别出 10 个三级层序（表 2－15）。区内各时代地层野外露头层序划分、描述如下。

表 2－15　测区中生代三级层序地层划分表

系	统	组	层号	厚度（m）	沉积相	底边界类型	体系域	SQ
侏罗系	上统	雪山组	XP 32－34	＞248.1	三角洲	SB_2	TST	10
			XP 19－31	605.6		SB_2	HST	9
			XP 1－18	642.9			TST	
		白龙冰河组	QP23－44	306.1	潮坪	SB_2	HST	8
			QP 1－22	310.1	泻湖		TST	
		索瓦组	CHP 19－24	140.1	浅滩	SB_2	HST	7
			CHP 1－18	335.9	局限台地		TST	
	中统	夏里组	MP 29－36	101.4	潮坪	SB_2	HST	6
			MP 18－28	98.3	三角洲		TST	
			MP 1－17	302.8	潮坪-三角洲	SB_2	HST	5
		布曲组	HP 32－39	127.7	局限台地		TST	
			HP 29－31	228.4	浅滩		HST	
			HP 1－28	303.9	局限台地	SB_2	TST	4
		雀莫错组	XFP 41－48	116.6	浅滩	SB_1	HST	3
			XFP 24－40	553.4	潮坪		TST	
			XFP 1－23	1 063.2	河流相		LST	
	下统	那底岗日组	WWP 7	65.6	火山溢流	SB_1	HST－TST	2
			WWP 6	33.7	水下扇		LST	
			WWP 4－5	95.2	火山溢流	SB_1	HST－TST	1
			WWP 2－3	5.8	河流		LST	
三叠系	上统	藏夏河组	WWP0－1	＞6.8	陆棚-三角洲	SB_1	HST	III
			ZP9－25	772.6	盆地		TST	
			ZP8	66.1	浊积扇		LST	
			ZP1－7	224.6	斜坡-陆棚	?	HST	II

(一) 藏夏河上三叠统藏夏河组

藏夏河组出露于测区北部的藏夏河、弯弯梁、雪环湖、岗盖日等地，呈近东西向分布的深水复理石盆地-浊积岩相带，因区内藏夏河组很不完整仅出露其中上部，且构造变形强烈，结合填图过程中观察到的岩性和沉积相变化特征，将区内藏夏河组划分出 2 个不完整的三级层序（图 2-41）。

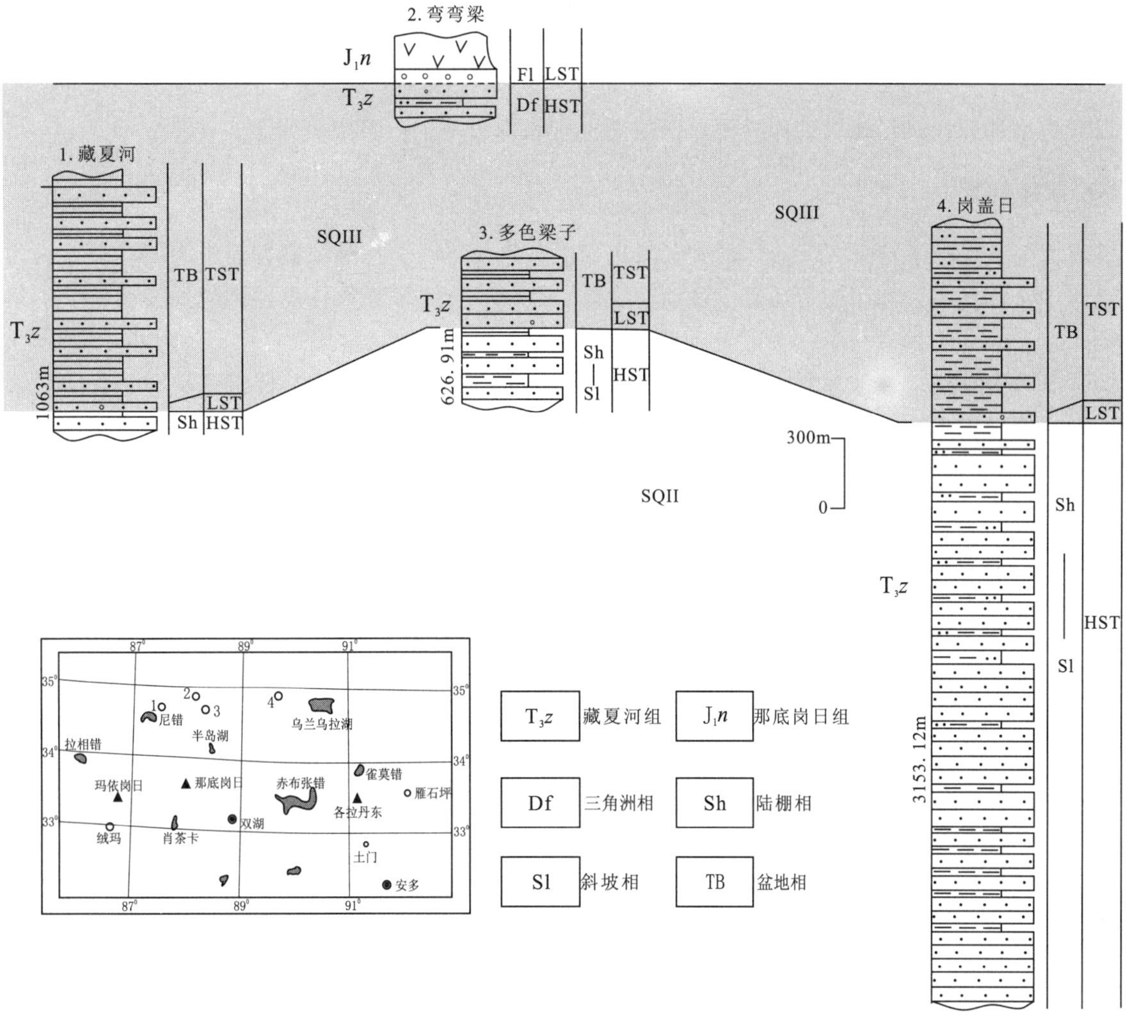

图 2-41　测区北部藏夏河组层序地层东西向对比图

SQII 层序

底界面未见及，性质不明，测区内仅见出露部分 HST，对应于藏夏河剖面第 1-7 层、多色梁子剖面第 1-8 层、岗盖日剖面第 1-39 层，由一套斜坡-陆棚的岩屑长石砂岩夹泥页岩构成，向上砂岩增多变粗，具有明显的向上变浅，加积—进积结构特征。

SQIII 层序

底界面为 I 类层序界面，表现为浊积扇形成向海岸上超界面。

LST 相当于藏夏河剖面第 8 层、多色梁子剖面第 10—14 层、岗盖日剖面第 40 层，由浊积扇形成的低位楔构成。

TST 相当于藏夏河剖面第 9—25 层、多色梁子剖面第 15—23 层、岗盖日剖面第 41—53 层，该体系域不完整，由深水复理石盆地-浊积岩相的灰、灰绿色泥页岩与黄灰色、灰色薄—中层状中细粒岩屑杂砂岩不等厚互层，发育鲍马序列和正粒序层理、平行层理、沙纹层理等沉积构造。总体表现为向上水体加深、结构变细的沉积旋回，体系域由较强的向海岸方向上超退积叠加形成。

HST 在路线地质调查中见由陆棚至三角洲相岩屑砂岩和粉砂质泥页岩组成不等厚间互层，沉积旋回向上砂岩明显增多增厚，顶部在弯弯梁处以三角洲相含砾砂岩、岩屑砂岩与上覆那底岗日组假整合接触。该体系域整体表现出以向上变粗、进积叠置型式为主的沉积特征。

根据野外地层出露情况看，体系域结构 TST＞HST。

（二）下侏罗统那底岗日组

以弯弯梁那底岗日组地层剖面为例，该剖面上可识别出两个三级层序（图 2-42）。

SQ_1 层序（第 1—5 层）

底界面为Ⅰ型层序界面（SB_1），以大套河流相的砾岩与下伏上三叠统藏夏河组为假整合接触，反映上三叠统末金沙江闭合和印支运动造成盆地北缘隆升成陆，至侏罗系北羌塘盆地性质发生转变的早期沉积特征。

LST（第 1—3 层），以大套河流相的粗砾岩与下伏上三叠统藏夏河组为假整合接触，准层序结构不明显，但总体向上变细，反映出水体加深沉积特征。

TST 和 HST 剖面上分不开（第 4—5 层），为一套玄武岩和粗面岩，属水下火山溢流相，底部夹岩屑火山角砾岩。

该层序顶界面为中上部沉积火山角砾岩形成的水下扇覆盖，即顶界面为一个Ⅰ类层序界面。

SQ_2 层序（第 6—7 层）

底界面为Ⅰ型层序界面（SB_1），以一套水下扇相的沉火山角砾岩与下伏 SQ_1 层序接触。

LST（第 6 层），以一套水下扇相的沉火山角砾岩形成水下低位楔构成，准层序结构不明显，总体有水体加深沉积特征。

TST 和 HST 剖面上分不开（第 7 层），为一套水下火山溢流相的英安岩，该套层序对应于区域上菊花山一带，在顶部出现一套三角洲平原相的砂泥岩，可作为高位体系域 HST，而在弯弯梁一带可能该套砂泥岩被剥蚀。该层序顶界面与上覆雀莫错组的河流相砾岩假整合接触，为一个Ⅰ类层序界面。

（三）中侏罗统雀莫错组

以区内旋风梁剖面为例，依据该组野外露头结合区域地层情况，划分出一个三级层序（SQ_3）（图 2-43），该剖面上 SQ_3 底层面未见，但区内弯弯梁一带，见雀莫错组与下伏那底岗日组假整合接触（如石羊沟剖面上），或直接与藏夏河组不整合接触，也就是说底界面应存在一个Ⅰ型界面（SB_1）。

体系域特征如下：

低位体系域 LST（第 1—23 层）：由河流相之辫状河沉积的复成分砾岩与砂岩组成一系列韵律间互层，厚度大，反映雀莫错组早期位于盆地北缘、长期处于河流环境、物源充足的特征。总体向上具变深沉积序列，包括一系列砾岩-砂岩组成的准层序，准层序组叠置型式为退积结构。

海侵体系域（TST）（第 24－40 层）：由三角洲平原相细碎屑岩→潮坪相的灰岩、砂岩、泥页岩→前三角洲相细碎屑岩构成。向上是加深的沉积序列，准层序组叠置型式为退积结构。

高位体系域（HST）（第 41－48 层）：剖面上未见顶，由三角洲前缘砂体组成，表现为粉砂质泥岩与岩屑长石砂岩互为夹层，准层序具向上变浅的进积型地层结构。根据区域情况，如咸水河一带（成都地矿所，1995）、那底岗日一带（成都地矿所，1996）等处在雀莫错顶部多出现潮坪萨布哈相中厚层状石膏，说明该组顶部存在一个层序的顶界面，即整个雀莫错组构成一个完整的三级层序。

从沉积相和三级层序划分来看，雀莫错组总体反映沉积期为长期海侵的特征，但沉积环境水体较浅，水体变化幅度小，始终处于河流-三角洲环境。

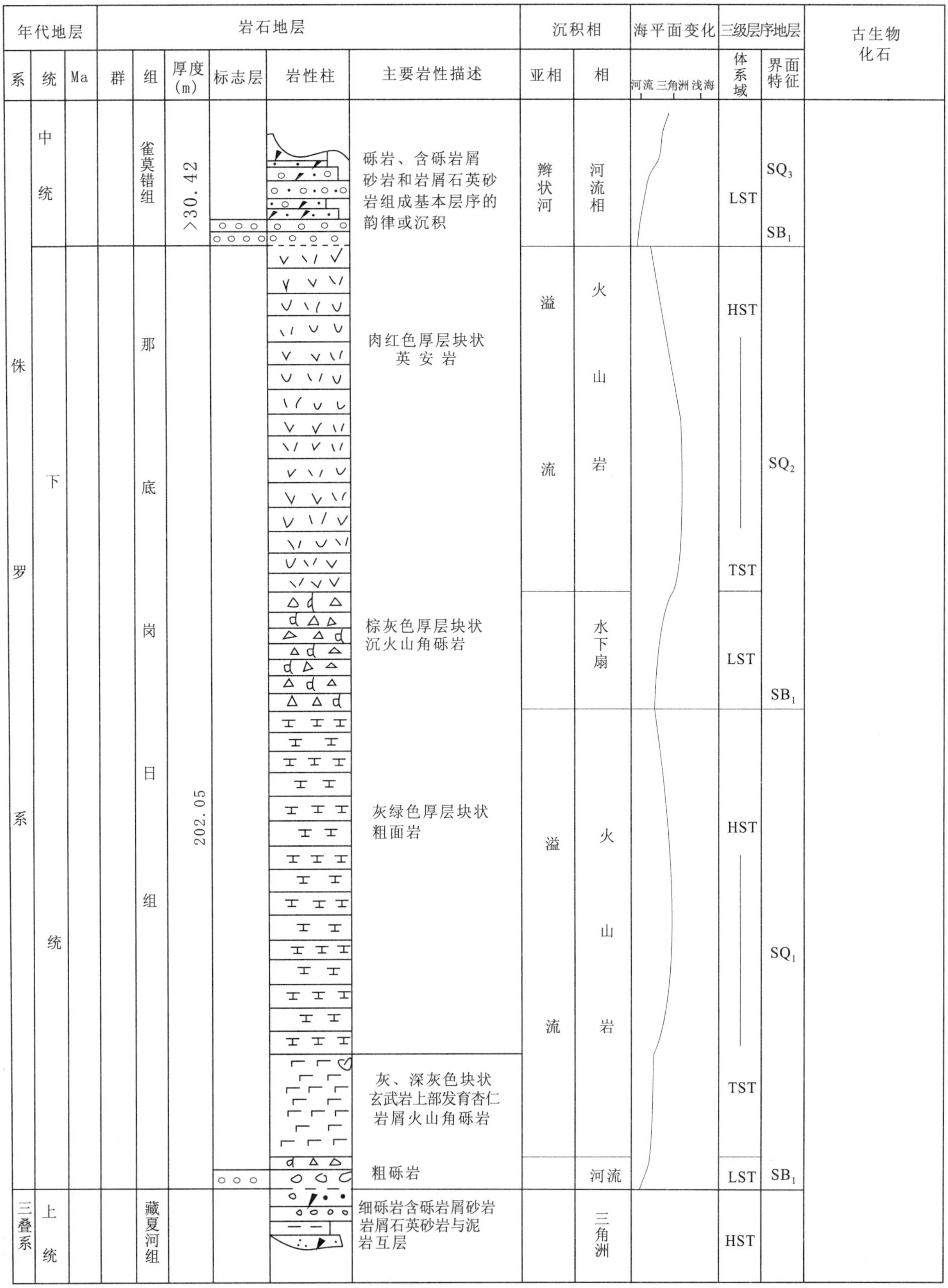

图 2-42 测区弯弯梁剖面那底岗日组层序地层划分图

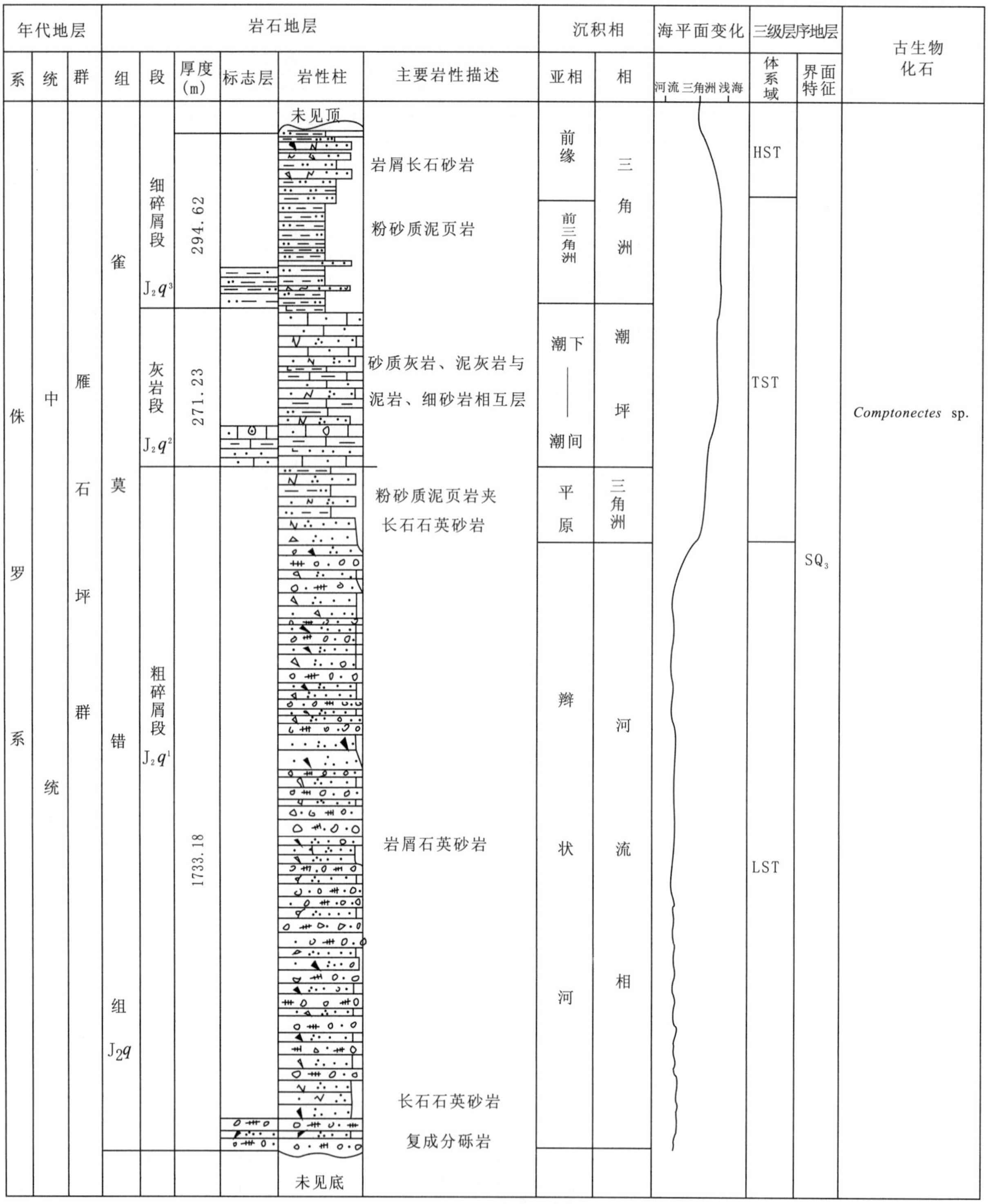

图 2-43　测区旋风梁剖面雀莫错组层序地层划分图

（四）中侏罗统布曲组

以黄山布曲组剖面为例，剖面上布曲组顶底不全，但在区域上可见其顶底界面。结合区域情况，在该组中可划分出 SQ_4 和 SQ_5 两个三级层序（图 2-44），其中 SQ_4 在该组中下部为一完整的层序，SQ_5 与上覆夏里组下部组成一个完整层序。

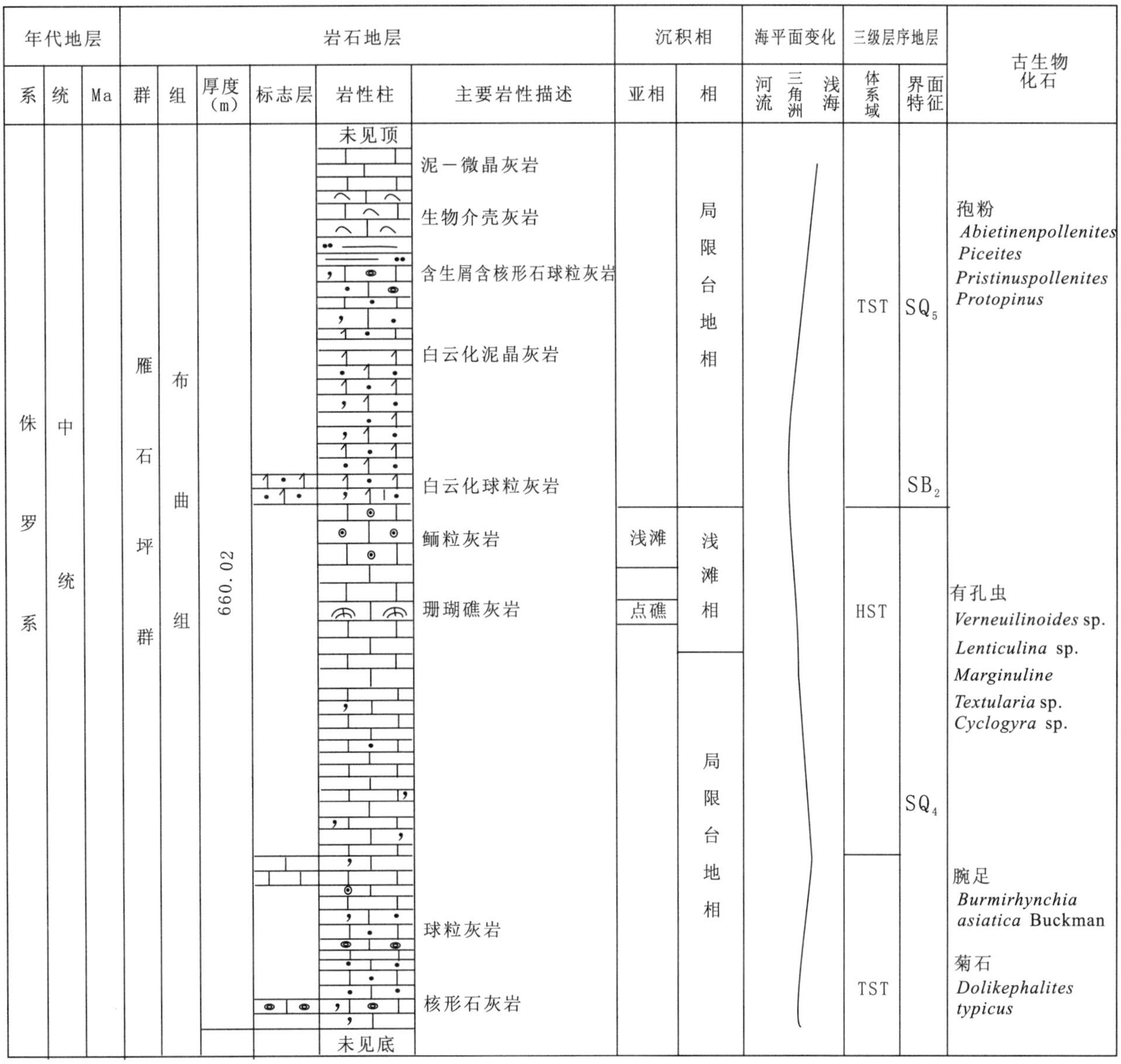

图 2-44　测区黄山剖面布曲组层序地层划分图

SQ_4 层序（第 1—31 层）

底界面为 II 型层序界面，以区域上布曲组和下伏雀莫错组的整合接触界面为该层序底界面，界面之下为雀莫错组顶部潮坪萨布哈德的细碎屑岩夹石膏，界面之上为布曲组底部台盆或泻湖相的泥质岩、泥灰岩。该层序底界面主要表现为岩相结构转换面，并且初始海泛面与层序底界面重合。

TST（第 1—28 层），可识别三个准层序，下部由局限台地相含生屑球粒灰岩组成，含少量保存完整腕足类生物；中部由凝块石泥晶灰岩组成；上部由泥-微晶灰岩组成，三个准层序均受后期白云岩化作用。该体系域沉积水动力能量较低，总体反映出向上加深、向岸退积的叠置层序特征。

HST（第 29—31 层），主要由浅滩相凝块石泥晶灰岩夹生物礁和鲕粒灰岩组成，中厚层状产出形态，具有明显的向上变浅，加积-进积结构特征。区域上那底岗日一带对应于该体系域顶部有一套潮坪萨布哈相石膏。

体系域结构显示，TST＞HST，显示出长期海侵，快速下降的沉积特征。

SQ_5 层序（第 32—39 层）

该层序在布曲组中仅分布其下部海进体系域（TST），高位体系域分布在上覆地层夏里组中。底界面为 II 型层序界面。

TST 体系域剖面上出露不完整，可识别出两个准层序，下部为局限台地相球粒灰岩组成，上部为介壳灰岩-泥晶灰岩组成，准层序的叠置具向上变深、退积的特征。该体系域的顶界面为布曲组和夏里组的整合接触界面。

（五）中侏罗统夏里组

以马牙山夏里组剖面为例，剖面上识别出 SQ_4 和 SQ_5 两个三级层序（图 2-45），其中 SQ_4 在该组中发育高位体系域（HST），与布曲组中的 TST 组成一个完整的 SQ_4 层序，SQ_5 发育在夏里组上部，为一完整的三级层序。

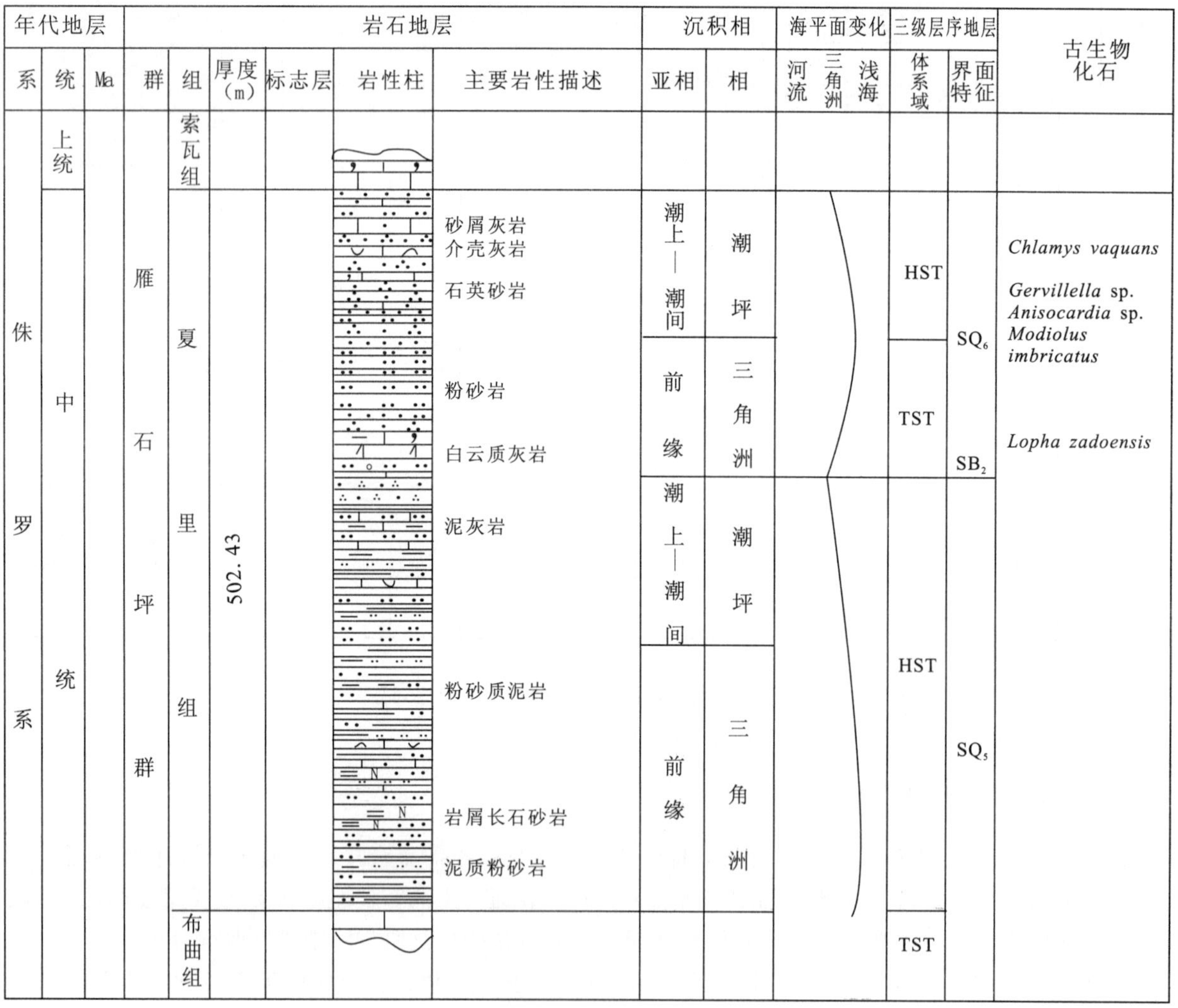

图 2-45　测区马牙山剖面夏里组层序地层划分图

SQ_5 层序（第 1—17 层）

本组中发育其高位体系域（HST），剖面上第 1—17 层，可识别两种类型的准层序，下部为三角洲前缘相泥质粉砂岩与粉砂质泥页岩间互层构成，夹前缘砂体；上部为三角洲平原相泥质粉砂岩与粉砂质泥页，夹少量泥灰岩构成。准层序叠置反映向上变浅、进积结构特征。

结合布曲组该层序的TST，可看出布曲组沉积期海平面一直在上升，沉积一套碳酸盐岩，至布曲组沉积期结束，海平面开始下降，形成夏里组一套碎屑岩为主体的沉积物。同时体系域结构显示，TST与HST厚度大致相等，需要说明的是虽然TST与HST厚度结构大致相等，但由于夏里组中HST碎屑岩的沉积速率比布曲组中的TST泥晶灰岩高得多，由此认为TST时限（海平面上升的时间）比HST时限（海平面下降的时间）可能要长久。

SQ_6层序（第18—36层）

底界面为II型层序界面，表现为岩相结构转换面，界面之下为三角洲平原相，之上为三角洲前缘相。初始海泛面与层序底界面重合，缺乏陆棚边缘体系域沉积。

TST（第18—28层），由三角洲前缘细-粉砂岩砂体夹灰岩、泥页岩组成。准层序结构特征显示向上加深，向岸退积的特征。

HST（第28—36层），由潮坪相潮间-潮上石英砂岩夹灰岩组成。砂岩中发育交错层理、羽状交错层理、底冲刷构造，反映水动力较强的沉积环境。层序结构总体为向上变浅变粗的进积型粉砂岩、细-中砂岩，准层序组向上具变浅的加积-进积结构特征。该体系域顶界面及SQ_5层序的顶界面为夏里组和上覆索瓦组地层界面，为II型层序界面。

（六）上侏罗统索瓦组

以长虹河上侏罗统索瓦组剖面为例，剖面上可识别出一个三级层序（图2-46），即由整个索瓦组组成一个完整的SQ_7层序。

底界面为II型层序界面，与索瓦组和夏里组地层界面吻合，为一岩相结构转换面，初始海泛面与层序底界面重合。

TST（第1—18层）：由局限台地相的泥灰岩、泥晶灰岩、核形石灰岩夹少量钙质泥页岩、钙泥质粉-细砂岩组成，灰岩中产丰富的保存完好的双壳类、腕足类化石，反映沉积水动力能量较低的沉积环境。准层序剖面上表现为下部以泥灰岩为主，上部以泥晶灰岩为主。准层序组叠置反映出向上加深、向岸退积的叠置层序特征。

HST（第19-24层）：由浅滩相核形石灰岩、生物屑灰岩组成进积型碳酸盐岩沉积，层序结构由下至上为球粒灰岩、泥晶灰岩、核形石灰岩到生物屑灰岩，表现出向上进积型结构。该体系域顶界面为白龙冰河组和索瓦组的地层界线。

值得指出的是在确旦日南，在索瓦组顶部有一层厚50m的萨布哈相石膏层，东西向延伸大于2km（成都地矿所，1996），更说明该层序是可以划分的。

体系域结构显示TST＞HST，反映水体长期上升和快速下降的海平面变化特征。

（七）上侏罗统白龙冰河组

以曲龙沟上侏罗统白龙冰河组剖面为例，可划分出一个完整的三级层序（SQ_8）（图2-47）。

底界面为II型层序界面（SB_2），为一岩相结构转换面，对应于白龙冰河组和索瓦组地层界线。

TST（第1—22层）：由泻湖相粉砂岩-泥页岩夹少量泥灰岩、泥晶灰岩组成，准层序下部由钙质粉砂岩夹泥灰岩或泥晶灰岩构成，上部由钙泥质粉砂岩-钙质粉砂质泥页岩构成，发育水平层理，表现出水动力能量较低的沉积特征。同时，准层序组叠置亦具向上明显加深、向岸退积的特征。剖面上第22层为厚41m深灰色钙质页岩，可能相当于最大海泛面之上的凝缩层沉积。

HST（第23—44层）：由潮坪相砂泥岩、灰岩组成。下部为泥灰岩和沙泥页岩间互层，上部为泥灰岩、泥晶灰岩夹泥页岩、粉砂岩，表现为向上颜色变浅、层厚增加。准层序组叠置具向上变浅、进积型结构。

区内星罗河一带在该层序顶部，即白龙冰河组的顶部细碎屑岩中夹石膏层，应为潮坪萨布哈相，这

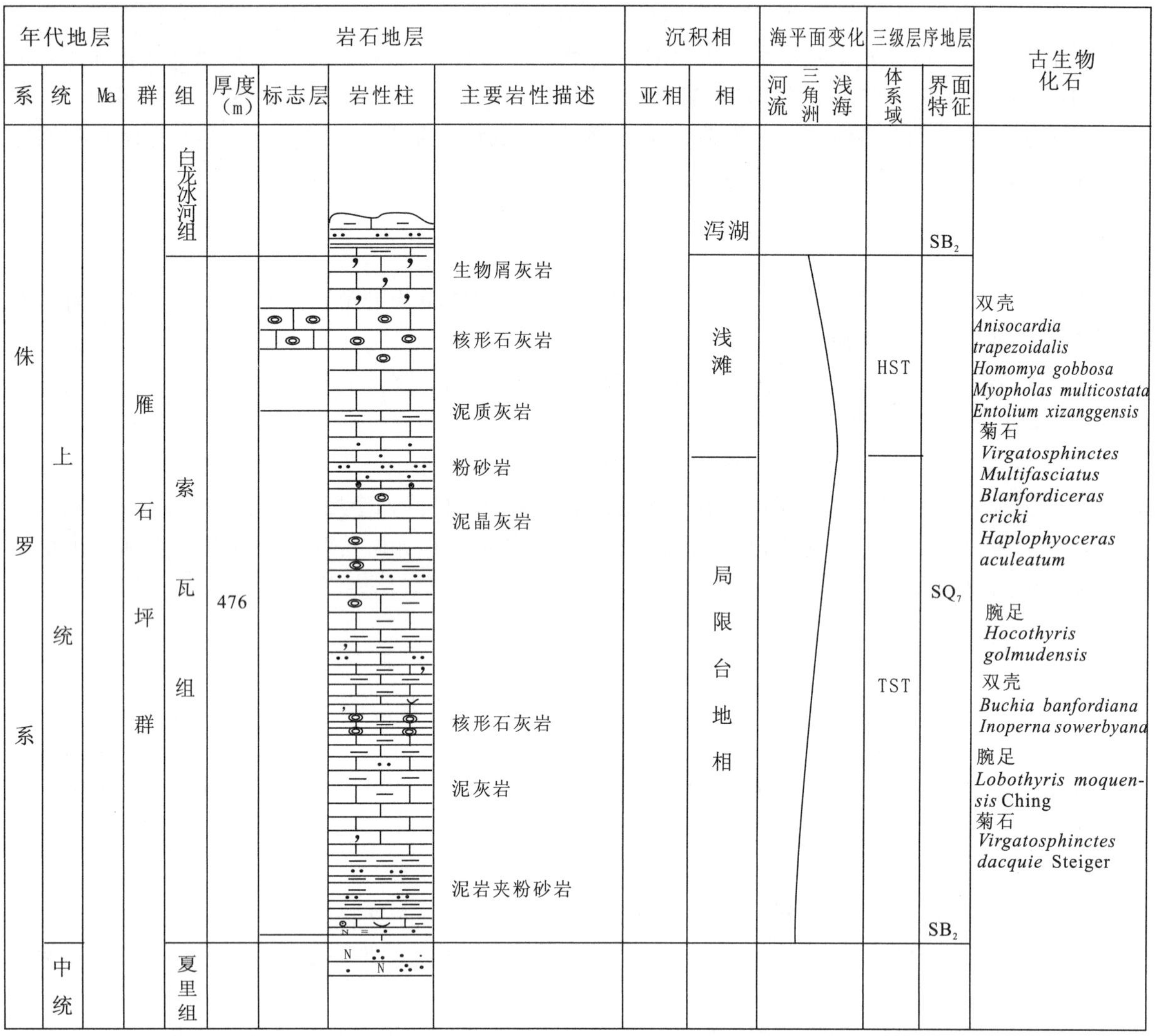

图 2-46　测区长虹河剖面索瓦组层序地层划分图

也佐证了该层序是可划分的，层序顶界面对应于白龙冰河组和雪山组地层界面，为 II 型层序界面。

体系域结构显示 TST 和 HST 厚度大致相等。

（八）上侏罗统—下白垩统雪山组

以星罗河上侏罗统—下白垩统雪山组剖面为例，剖面上可划分出 SQ_9 和 SQ_{10} 两个三级层序（图 2-48），其中 SQ_9 为一完整层序，SQ_{10} 剖面上仅发育部分 TST。

SQ_9 层序（第 1—31 层）

底界面为 II 型层序界面，为一岩相结构转换面，对应于白龙冰河组和雪山组的地层界线。

TST（第 1—18 层）：由三角洲平原-前缘相砂泥岩组成。包括两个准层序组，下部为平原相的砂岩-泥岩组成一系列准层序，上部为前缘相粉砂质泥岩夹粉砂岩组成准层序组，发育平行层理、交错层理以及冲刷面构造，层序叠置方式具有明显的向上变深的退积结构特征。

HST（第 19—31 层）：由三角洲平原相砂泥岩组成，准层序组由泥岩-粉-细砂岩组成，准层序叠置具有向上变浅的进积结构特征。该体系域顶界面为 II 型层序界面，界面之上为三角洲分支河道相。

体系域结构显示 TST 和 HST 厚度大致相等。

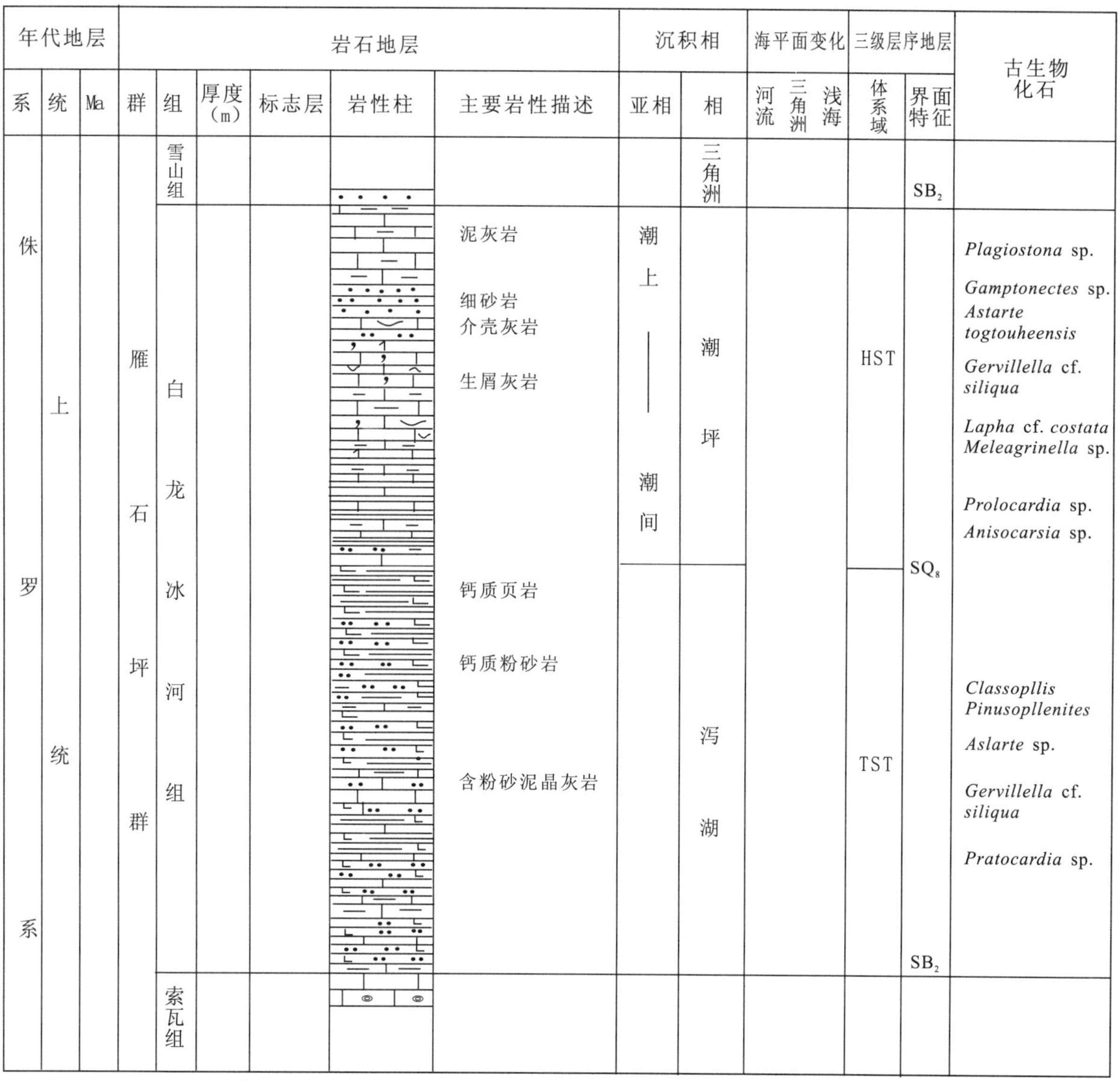

图 2-47 测区曲龙沟剖面白龙冰河组层序地层划分图

SQ_{10}层序（第 32—34 层）

剖面上该层序发育不完整，仅见及部分 TST，底界面为 II 型层序界面，表现为岩相结构转换面，界面之上为三角洲分支河道相，之下为三角洲平原亚相。

HST（第 32—34 层）：出露不完整，在该剖面上由三角洲分支河道-前缘相组成，准层序表现为下部分支河道相含砾砂岩、细—粉砂岩、泥岩互层构成，上部为细砂岩夹泥岩构成。准层序叠置具向上明显变细、变深的退积结构特征。

三、小结

综上所述，测区上三叠统—下白垩统各组的层序地层及海平面变化特征如下。

（1）测区内共识别出 12 个三级层序。其中上三叠统由于露头情况较差，出露极不完整，仅在弯弯梁一带见其顶，从而造成露头层序划分的困难，只识别出 2 个不完整的三级层序；侏罗系—下白垩统共识别出 10 个三级层序，其中侏罗统的三级层序时限平均为 6.3Ma。

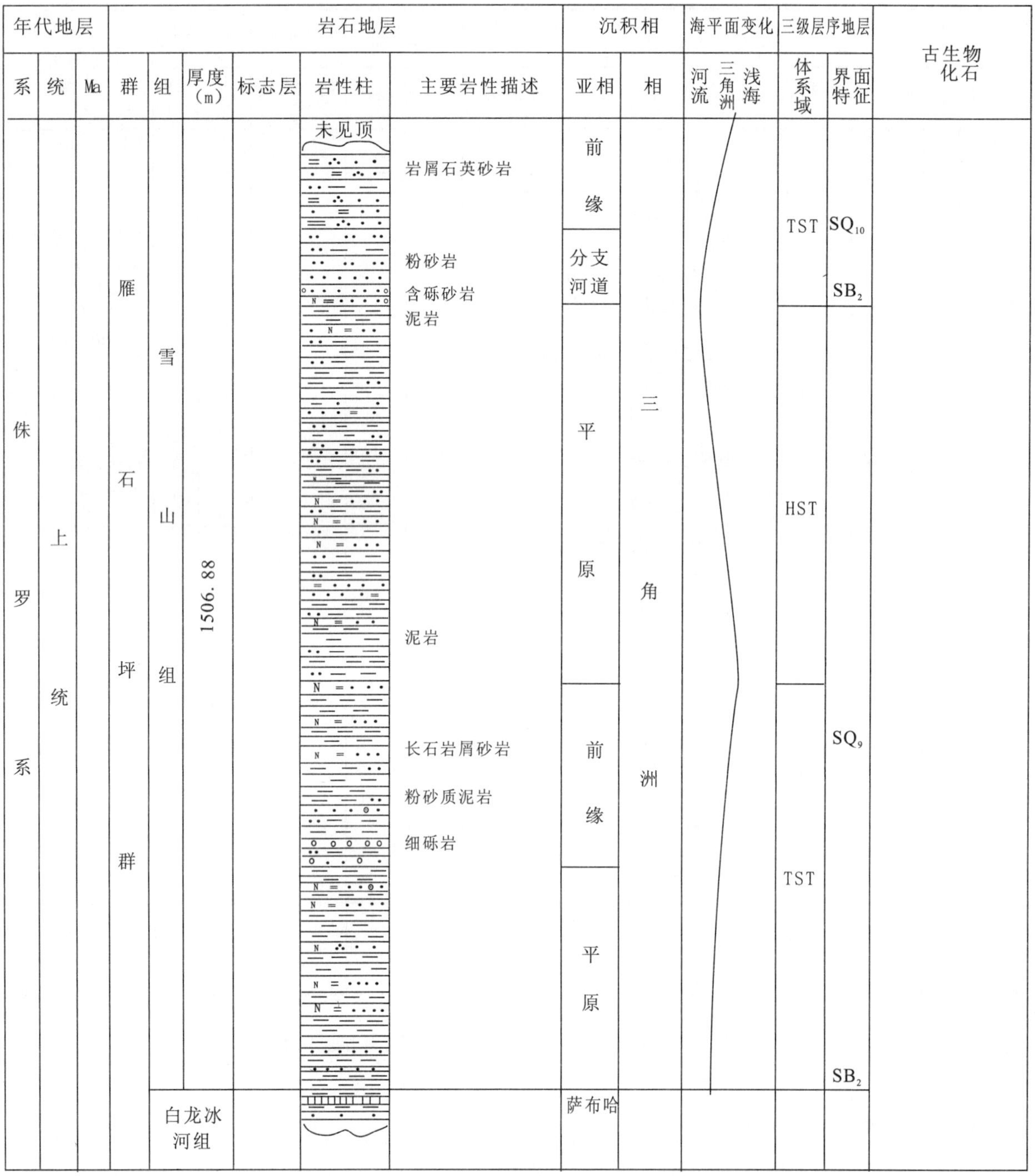

图 2-48　测区星罗河剖面雪山组层序地层划分图

(2) 侏罗系—下白垩统剖面上 10 个三级层序的底部，除 SQ_1、SQ_2、SQ_3 层序底部可见低位体系域（LST）河流相砂砾岩以及水下扇砾岩之外，普遍缺失 SMST 或 LST，表明沉积背景以浅海为主，未进入斜坡和盆地地带。

(3) 层序界面标志明显，尤其是Ⅰ型层序底界面都具有暴露、侵蚀冲刷、河流回春等特征，并伴随区域构造隆升事件（造陆运动）发生。Ⅱ型层序底界面主要表现为岩相结构转换面，并且初始海泛面与层序底界面重合。

(4) LST 组成主要有两种类型：一是河流相砂砾岩，如那底岗日组底部 SQ_1 以及雀莫错组底部 SQ_3 层序中 LST；二是浅海水下扇砾岩形成的低位楔，如那底岗日组上部 SQ_2 层序中的 LST。总体具有向上变细、加积叠置结构型式。

(5) TST组成主要有3种类型：三角洲平原-前缘亚相的砂泥岩；泻湖相细碎屑岩夹泥灰岩；局限台地相泥灰岩、泥晶灰岩、核形石灰岩等，总体具有向上加深、岸超退积型叠置结构。

(6) HST组成的主要有4种类型：潮坪相细碎屑岩、泥晶灰岩、生物屑灰岩；浅滩相鲕粒灰岩、凝块石灰岩、生物屑灰岩，局部含礁灰岩等；三角洲平原相砂泥岩，总体上具有向上变浅、进积型叠置结构。

(7) 各层序体系域厚度结构总体表现为TST和HST大致相等，即TST周期与HST周期大体相同。反映在海侵-海退结构样式和海平面变化曲线上，三级层序总体具有持续缓慢海侵—缓慢海退的特点。

(8) 沉积背景分析及海平面变化特征：上三叠统藏夏河组总体为深水盆地相沉积体系，后期受金沙江闭合影响，隆升形成三角洲相，局部成为剥蚀区，至早侏罗世，随着北羌塘陆块继续仰冲，北缘下侏罗统那底岗日组为岛弧环境，为一套火山溢流相地层，反映在海平面变化上，整体为下降过程。中侏罗世开始羌塘盆地性质发生转变，海平面逐渐上升，中侏罗统雀莫错组整体发育河流-浅海三角洲-潮坪沉积体系；中侏罗统布曲组是中侏罗世海侵最大时期的沉积，处于台地沉积体系，后期海平面逐渐下降，至夏里组为一套三角洲-潮坪沉积体系。上侏罗统索瓦组是区内另一起海侵沉积，发育台地沉积体系，随后逐渐海退，白龙冰河组形成一套泻湖-潮坪沉积体系，至雪山组为一套三角洲沉积体系，最终结束了区内海相沉积。

四、层序时空变化及沉积演化

(一) 层序时空格架

建立层序地层的等时格架主要是通过层序界面、初始海侵面和最大海泛面的确认，辅以体系域的空间叠置关系，来实现层序地层格架的建立。测区中生代地层中晚三叠纪层序格架由3个三级层序组成，侏罗纪地层格架由10个三级层序组成，由于地层剖面在沉积盆地中所处的位置不同，层序界面的等时性价值各不相同，在南北方向上，各层序单元内部沉积岩石组合，沉积相都有一定的相似性和差异性(图2-49、图2-50)。

1. 晚三叠纪层序时空格架

SQI

该层序仅在江爱达日那剖面土门格拉群下部可见，且发育完整，以北区域均未见及，该剖面上发育LST、TST和HST，底界面为I类层序界面，对应于T_3与T_2的地层假整合接触界面。LST由三角洲分支河道亚相复成分砾岩-前缘砂体亚相组成；TST由泻湖低能亚相的泥页岩夹煤线构成；HST由三角洲前缘亚相席状砂体构成。

SQII

该层序在江爱达日那剖面土门格拉群中发育完整，以北区域如沃若山、菊花山、甜水河、藏夏河-多色梁子等区只见及该层序的部分HST。江爱达日那剖面上该层序底界面为II类层序界面，TST为碳酸盐岩缓坡相或局限台地相薄—中层状泥晶灰岩构成。HST在区域内相变较大，江爱达日那剖面上为碳酸盐岩缓坡相或低能台地相的砾屑灰岩组成、在沃若山为三角洲平原相细碎屑岩顶部夹煤线组成、菊花山与甜水河一带以碳酸盐岩缓坡相-礁滩相泥晶灰岩、礁灰岩、生物屑灰岩组成，而在盆地北侧藏夏河-多色梁子-岗盖日一带则为斜坡-外陆棚相一套复理石沉积。

SQIII

该层序区域内发育，但总体沉积环境差异较大，底界面性质也有差别。江爱达日那剖面底界面为II类层序界面，TST由陆棚背景相的泥页岩夹煤线构成，HST由三角洲前缘-平原相砂泥岩组成；沃若山剖面底界面为II类层序界面，TST由三角洲平原-前缘的细碎屑岩组成，HST由三角洲平原相细碎

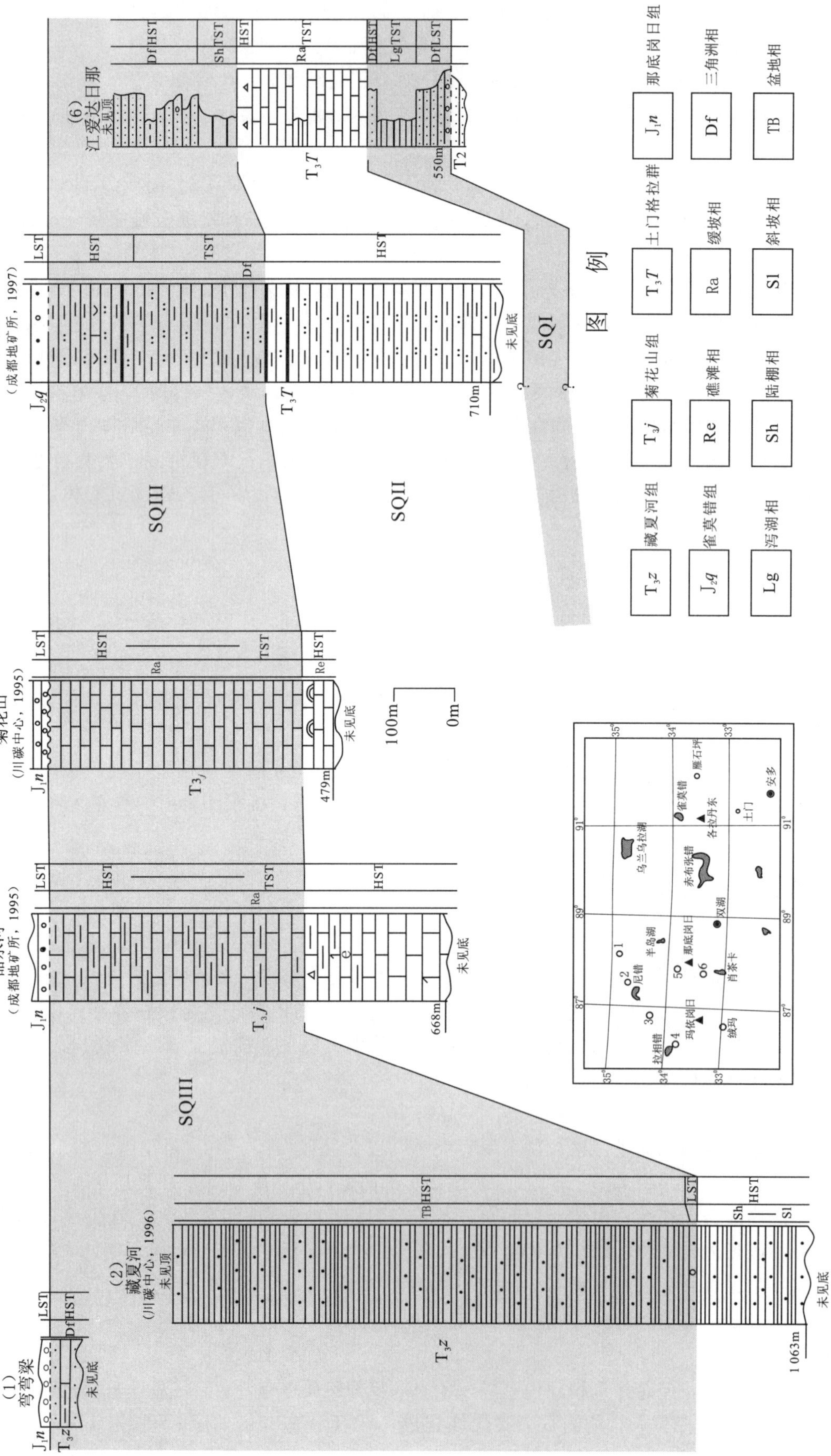

图2-49　测区晚三叠世层序地层南北向对比图

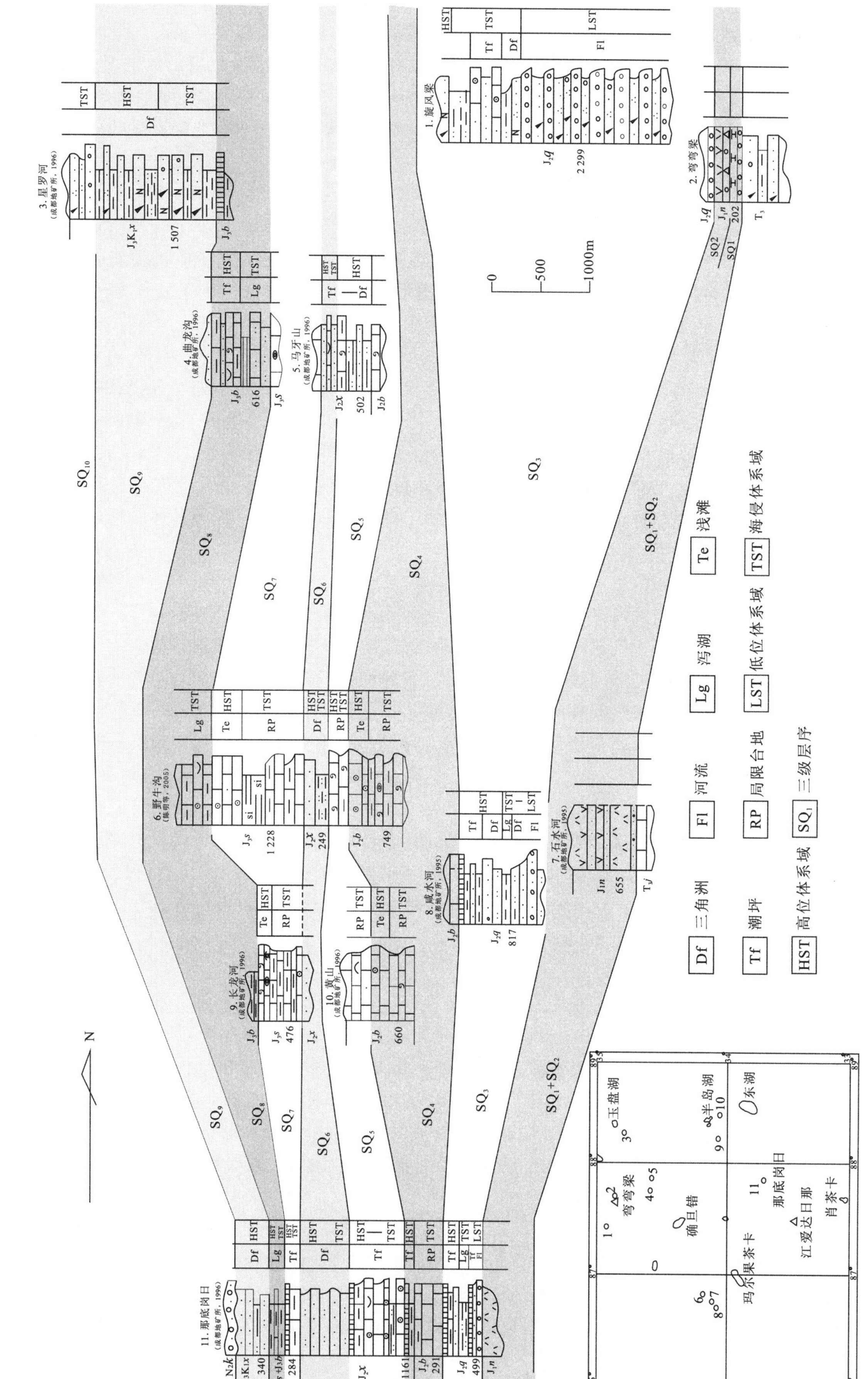

图2-50　测区侏罗纪三级层序南北向对比图

屑岩夹煤线组成，顶部与上覆雀莫错组不整合接触；菊花山和甜水河一带，底界面为II类层序界面，TST与HST界限不清楚，均由碳酸盐岩缓坡相泥晶灰岩或泥灰岩组成，顶部与那底岗日组的砾岩假整合接触。藏夏河-多色梁子一带底界面为I类层序界面，发育LST，为深水浊积扇形成的低位楔组成，TST为一套深水复理石盆地-浊积岩相砂泥岩组成，HST为陆棚-三角洲相砂泥岩组成，顶部与那底岗日组的大套砾岩假整合接触。从该层序格架的沉积相变化来看，明显反映出水体北深南浅的沉积特征。

2. 侏罗纪层序时空格架

SQ_1

本层序由下侏罗统那底岗日组下部地层组成。在弯弯梁、石水河、甜水河等地为河流相砂砾岩假整合于晚三叠世地层之上，为一升隆侵蚀假整合面，属I类层序界面。发育低位体系域，为河流相砂砾岩，海侵体系域和高位体系域分不开，为一套溢流相火山岩。

SQ_2

本层序由下侏罗统那底岗日组上部地层组成，区域上仅在弯弯梁、菊花山两处发育相对完整，底界面为I型层序界面。弯弯梁处以一套水下扇相的沉火山角砾岩作为LST与下伏SQ_1层序接触，TST与HST分不开，为一套火山溢流相的英安岩；而在菊花山为那底岗日组中部三角洲分支河道相作为LST，三角洲前缘作为TST，三角洲平原作为HST。区内除了菊花山在那底岗日上部见及碎屑岩沉积外，其他皆为火山岩或火山凝灰岩与上覆中侏罗统雀莫错组砾岩假整合接触，推测是那底岗日组在早侏罗晚期顶部多暴露被剥蚀的结果。

SQ_3

该层序由雀莫错组组成，区域内该层序延伸稳定，底界面清楚，为一个I类层序界面。发育LST，区域内表现为底部河流相砾岩与下伏那底岗日组假整合接触或与下伏晚三叠世地层不整合接触，在那底岗日一带该体系域顶部夹石膏层；海侵体系域区域内由三角洲相砂泥岩、潮坪相灰岩与砂泥岩互层以及前三角洲相泥页岩构成，区域内该体系域沉积相延伸稳定；高位体系域由三角洲前缘-潮坪相砂泥岩构成，区域内在咸水河、那底岗日等处顶部发育萨布哈相石膏层。总体上讲该三级层序地层格架为中侏罗世海侵初期的沉积产物。

SQ_4

该层序主体由布曲组中下部地层组成，底界面具等时性，区域内与布曲组和下伏雀莫错组的地层接触界面重合，表现为岩相结构转换面，初始海泛面与层序底界面重合，为一个II类层序界面，缺失SMST。海侵体系域为局限台地相的泥晶灰岩、泥灰岩、球粒灰岩、核形石灰岩组成，高位体系域浅滩相由鲕粒灰岩组成。在那底岗日处HST跨夏里组底部。

SQ_5

该层序区域上具穿时性，底界面表现为岩相结构转换面，初始海泛面与层序底界面重合，为一个II类层序界面，缺失SMST。黄山-马牙山一带该层序由布曲组上部与夏里组下部共同组成，TST由布曲组上部局限台地相泥晶灰岩、含生屑泥晶灰岩组成，HST由夏里组中下部三角洲相砂泥岩夹泥灰岩组成；测区西南部野牛沟一带该层序由布曲组上部地层构成，总体为局限台地相，TST由泥灰岩、含生屑泥灰岩组成，HST由生物屑灰岩组成；那底岗日一带则由夏里组中下部地层构成该层序，TST为潮坪滩相鲕粒灰岩-泻湖相泥灰岩，HST为潮坪-萨布哈相泥灰岩、砂泥岩夹数层石膏。

SQ_6

该层序由夏里组构成，以三角洲相为主体，底界面为一个II类层序界面，表现为岩相结构转换面，初始海泛面与层序底界面重合。马牙山一带TST由三角洲前缘相粉-细砂岩组成，HST由潮坪相砂岩与砂屑、介壳灰岩组成；野牛沟和那底岗日一带TST由三角洲前缘相粉砂质泥岩、粉-细砂岩组成，HST由三角洲平原相含砾砂岩、粉-细砂岩组成。该层序由北向南有水体变浅、沉积物颗粒变粗的趋势。

SQ_7

该层序由索瓦组组成，底界面区域上具等时性，与索瓦组和夏里组地层界面重合，表现为岩相结构转换面，初始海泛面与层序底界面重合，为一个II类层序界面。区域上TST为局限台地相泥晶灰岩、泥灰岩构成；高位体系域HST在半岛湖、野牛沟一带为浅滩相灰岩构成，在确旦日南索瓦组顶部有一层厚50m的萨布哈相石膏层，在那底岗日一带为潮坪-萨布哈相泥页岩夹石膏，反映沉积时期水体北深南浅的沉积特征。

SQ_8

该层序由白龙冰河组组成，底界面区域上具等时性，与索瓦组和白龙冰河组地层界面重合，表现为岩相结构转换面，初始海泛面与层序底界面重合，为一个II类层序界面。该地层格架在曲龙沟一带最为清楚，TST由泻湖相的细碎屑岩夹泥灰岩、粉砂质泥晶灰岩构成，HST由潮坪相泥灰岩、白云化生屑泥晶灰岩与细碎屑岩不等厚间互层构成，在星罗河该体系域顶部为萨布哈相泥页岩夹石膏层。向南至那底岗日一带，该层序主体为泻湖相的泥页岩夹泥灰岩，TST与HST界限不清楚。从沉积厚度上由北向南该层序变薄，沉降中心处于半岛湖-曲龙沟一带区域。

SQ_9

该层序由雪山组下部地层组成，底界面区域上具等时性，与雪山组和白龙冰河组地层界面重合，表现为岩相结构转换面，初始海泛面与层序底界面重合，为一个II类层序界面。区域上仅在星罗河一带发育完整，TST由三角洲平原相细碎屑岩-前缘相泥岩与砂岩、砂砾岩间互层构成，HST由三角洲平原相长石岩屑砂岩、岩屑石英砂岩与粉砂质泥页岩互层构成。根据区域上雪山组的分布特征推断其沉降中心应该在星罗河一带，厚度可达千米以上。

SQ_{10}

该层序仅在星罗河一带雪山组中见及，且发育不完整只能识别出TST，底界面为II类层序界面，表现为岩相结构转换面。TST由三角洲平原相含砾砂岩、岩屑石英砂岩构成。

（二）沉积演化阶段划分

中生代北羌塘盆地的沉积演化从构造演化角度出发可以划分为3个阶段：晚三叠世—早侏罗世弧间或弧后盆地沉积演化阶段、前陆盆地发育阶段和羌塘盆地萎缩阶段。

1. 晚三叠世—早侏罗世弧间或弧后盆地沉积演化阶段

在北羌塘地区，由于受到昆仑地块向南碰撞造山和南羌塘陆块向北碰撞造山的双重影响，导致北羌塘陆块南北两侧中酸性火山岛弧发育，以弧间或弧后复理石盆地沉积为特征。

晚三叠世盆地的沉降中心进一步向南迁移，前渊带位于藏夏河、明镜湖一带，形成深水复理石沉积；沃若山、江爱达日那一带为隆起区，发育含煤碎屑岩系沉积建造；而在盆地中南部发育缓坡相碳酸盐岩沉积建造。

早侏罗世作为滞留弧的中酸性火山岩和火山碎屑岩特别发育，并且有岩浆侵入。土阿辛晚期结束了弧间或弧后盆地演化阶段。

2. 前陆盆地发育阶段

该阶段自中侏罗世巴通期至晚侏罗世基末里期。整个区内发生了相对稳定的均匀沉降作用，盆地内发生了2次明显的海侵，形成中、晚侏罗世“三砂夹两灰”的沉积结构，以半岛湖一带为中心，整体上呈南北浅中部深的向形结构，总沉积厚度巨大，可达6 000多米。

3. 前陆盆地萎缩阶段

该阶段发生在晚侏罗世提塘期—早白垩世贝利阿斯期。提塘期，随着班公湖-怒江洋盆关闭，羌塘盆地南部迅速抬升，在北羌塘盆地中西部形成一个向北西开口的海湾环境，沉积河流-三角洲相紫红色碎屑。大约在贝利阿斯期末，海水退出羌塘地区，结束中生代海相盆地的演化历史。

第四节 几个重要地层及地质界线的讨论

一、几个重要地层问题的讨论

1. 白龙冰河组问题的讨论

白龙冰河组自西藏区调队（1986）创建以来，可说是一波三折。创建时指整合覆于雁石坪群上灰岩组之上一套碳酸盐岩和碎屑岩组合的地层体，以含丰富菊石为特征（详见本章第一节岩石地层部分的白龙冰河组），时代归属晚侏罗世。西藏地矿局（1993、1994）沿用白龙冰河组这一名称和含义。川碳中心（1996）和成都地矿所（1996）通过进一步工作后，未采用白龙冰河组一名，而将其所包含的地层作为索瓦组另一沉积组合类型，将其分为上、下两段，下段以比较单一的碳酸盐岩为特征；上段为碳酸盐岩与碎屑岩组成的不等厚互层。含双壳类、腕足类和菊石等生物群，整合覆于夏里组之上，其上为雪山组整合覆盖，时代归属晚侏罗世早中期（牛津期一基末里期），同时川碳中心（1996）通过测制长龙梁剖面与白龙冰河层型剖面对比，发现在相当于白龙河组层位之上，还连续沉积了一套厚度大于 316m 的碳酸盐岩地层，未见双壳类、腕足类和菊石等生物组合，而代之以珊瑚、海绵、有孔虫、层孔虫、藻类、苔鲜虫等生物组合（详见岩石地层相关部分），认为其时代可能为早白垩世。西藏地矿局（1997）在《西藏岩石地层》一书中，废去了白龙冰河组一名，将其所属地层体纳入雁石坪群上灰岩组中（索瓦组）时代归属卡洛期－基末里期。方德庆、梁定益（2000）重新起用了白龙冰河组一名，修订了建组时含义，只代表成都地矿所（1996）索瓦组上段地层，认为其主体部分时限为基末里期—提塘期，顶部可能跨入早白垩世。赵政璋等（2001）在《青藏高原地层》一书中也用了白龙冰河组一名，但对其含义似乎显得比较模糊，在岩石地层序列及对比表中，将白龙冰河组与夏里组、雪山组对比，但在该书的文字述说中既谈到白龙冰河组与夏里组连续过渡，又说白龙冰河组与索瓦组岩性界线难于确定，同时又认为白龙冰河组与雪山组为同时异相产物。成都地质矿产研究所（2004）在青藏高原及邻区地质图（1∶1500000）说明书中也用了白龙冰河组一名，层位置于上侏罗统最上部与雪山组为同时异相关系，下与索瓦组整合接触。由此可见，截至 2004 年各家对白龙冰河组的层位和时代认识并未得到统一。

本图幅通过对测区的进一步工作，结合前人在羌塘盆地西区所取得的成果，发现区内上侏罗统三分性明显，即索瓦组下段、上段和雪山组，完全可作 3 个正式填图单位。不过在少数地方如长龙梁、甜水河北岸在相当三分的索瓦组上段之上，还见一套岩性仍为碳酸盐岩，但其生物组合面貌完全与之相异（详见岩石地层部分白龙冰河组）的层段，其层位可能是与雪山组相当的层位，目前所获化石多来自其下部，并具有比较浓厚的晚侏罗世色彩，如珊瑚 *Stylosmilia michelinia*，*Cryptocoenia octosepta*；层孔虫：*Cladocropsis mirabilix* 等。据此，我们对原索瓦组和白龙冰河组的含义做了修订：将原索瓦组下段的一套以碳酸盐岩为特征的地层体称索瓦组，代表以晚侏罗世牛津期为主跨基末里期的地层体；原索瓦组上段的一套碳酸盐岩和碎屑岩组合的层段叫白龙冰河组，代表基末里期中上部，跨入提塘期的地层体。

2. 雪山组时代问题的讨论

雪山组一名自蒋忠惕（1983）正式公布以来，至今对其时代归属也未得到统一，代表的时代分歧归纳起来主要为晚侏罗世、早白垩世中期、早白垩世中晚期以及下部为晚侏罗世晚期、上部早白垩世等几种不同意见。但各家对其层位的认识都是基本一致的，即整合覆于雁石坪群上灰岩组（羌姆勒曲组上部，扎窝茸组，索瓦组或新定义的白龙冰河组）之上，一套以碎屑岩为特征的地质体，位居雁石坪群顶部的一个岩石地层单位。

各家对其时代认识不同的根源主要有以下几个方面：

①各家在相同层位中所采得化石认定的时代和生活的环境认识不一致；

②对景星动物群、*T. N. P* 动物群的时代和生活环境的认识有不同意见；

③对菊石 *Berriasella*（贝利阿斯）的时代及贝利阿斯（*Berriasian*）的归属问题认识有分歧等造成的。

首先我们来看根源①，蒋忠惕（1978，1983）在温泉剖面雁石坪群顶部碎屑岩中采到被认为属淡水双壳类：*Nippononam* aff. *Wakinensis*，*Paranippononaia* cf. *paucisulcata*，*Trigonioides* sp. 为代表的 *T. N. P* 动物群，并与滇西曼岗组 *T. N. P* 动物群对比，将雪山组一名定为含 *T. N. P* 动物群的雁石坪群顶部碎屑岩系，时代定为早白垩系中期。但后来各家再没有在相当层位中找到该动物群，相反却在雪山组顶部层位中采到提塘期的双壳类 *Laevitrigonia gibbesa* Sowerby。同时又在雁石坪雪山组上部也采到双壳类 *Laevitrigonia gibbesa*，*Cypricardia* cf. *loweana*，下部采到 *Myopholas multicostata*，还在雀莫错剖面上部采到双壳类 *Peregrinoconcha yunnanensis*，*Peregrinoconcha perlonga*，*Questetia* sp.；下部采到双壳类：*Pleuronya* sp.，*Protocardia* sp.，*Questedtia* sp. 等侏罗纪或晚侏罗世的海生动物群和孢粉。成都地矿所（1996）在测区范围内雪山组地层的下部采获双壳类 *Astartespitiensis* 和大量孢粉，在孢粉组合中少量海金砂科孢子如 *Lygodiumsporite* sp. 的发现，突出的展示了时代属晚侏罗世的特征。

其次我们来看根源②，郭福详（1981）研究滇西早白垩世景星组、曼岗组的双壳类提出 *Koreanaia-Eonippononaia-Plicatounio-Peregrinoconche* 动物群和 *Trigonioides-Nippononam-Plicatounio* 动物群（*T. N. P* 动物群），指出这一双壳类是亚洲非海相白垩系特有的双壳类动物群，并将 T. N. P 动物群时代定为三分白垩纪的中白垩世。马其鸿（1996）研究景星组的双壳类有 *Nakamuranaia*，*Goniomya*，*Pleuromya*，*Peregrinoconcha*，*Felcimytilus* 等属，其中以 *Peregrinocencha*，*Nakamuranaia*，*Goniomya* 等数量最多，这些双壳类大部是英国、肯尼亚和坦桑尼亚晚侏罗世牛津期（Oxfordian）基末里（Kimmeridgian）晚期的分子。同时认为曼岗组中 *Trigonioides*（*T.*）*sinensis-Plicatounio*（*P.*）*naktongensis* 这一动物群在亚洲分布很广，除 *Nakamuranaie* 和 *Nippononai* 的时代为晚侏罗世至早白垩世外，*Trigonioides*，*Plicatounio* 和 *Yunnanoconcha* 的时代均为白垩纪。叶春辉（1979）建立了 *Peregrinoconcha yunnanens-Nakamuranaia laevigata* 动物群，并以此代表滇西上侏罗统海生双壳类动物群，由此可见，对滇西早白垩世双壳类的一些属种的生物相及时代归属尚有分歧。在测区 *Peregrinoconcha* sp. 在夏里组和白龙冰河组中都能见到，*P. yunnanens* 见于夏里组和索瓦组中，共生的腕足类，双壳类和菊石等都是无可非议的海生动物群，时代从卡洛期—提塘期都有存在。

最后我们来看根源③，贝利阿斯（*Berriasella*）菊石和贝利阿斯阶（*Berriasean*）时代归属的分歧。这个问题原本无讨论的必要，因为国际地层委员会已决定将贝利阿斯阶作为下白垩统最下部一个年代地层单位。但是在我国主要是作为贝利阿斯阶代表的贝利阿斯菊石，存在与大量世界公认的晚侏罗世菊石共生的特殊情况。如西藏区调队（1986）在白龙冰河组层型剖面第 5 层中，获得了一枚早白垩世贝利阿斯阶的 *Berriasella* sp. 菊石，可是在该层中同时又采得世界公认的晚侏罗世的菊石 *Virgatosphyinctes*，*Subplanites*，*Aulacosphinctes* 等。林宝玉、刘桂芳等（1989）在藏南定日县古错村上侏罗统—下白垩统剖面上第 5 层中采得丰富的贝利阿斯菊石 *Berriasella jacobi*，*B. oppella*，*B. aurousei*，*B. chomdracensis*，*B. privasensis*，*B. subcallisto*，*B. oxycosta* 等，同时又采得 *Hoplophyoceras strigile*，*Spiticeras* sp.，*Blanfordiceras wallichi*，*Bl. Latidomus*，*Bl. boehmi*，*Bl. acuticosta* 等晚侏罗世菊石。因此，我国不少学者主张贝利阿斯阶是一个跨系的年代地层单位，或把它作为侏罗系和白垩系的过渡层对待，把侏罗系和白垩系的界线划在 *Berriasella grandis-Thurmenicaras jenkinsi* 组合与 *Berriasella jacobi-Blanfordiceras* 组合之间。

从本图幅和整个羌塘地区来看，在东部温泉、雁石坪、雀莫错等地的雪山组中，唯温泉剖面出现了 *T. N. P* 动物群外，其他剖面所见都是滇西景星组中景星动物群的重要组成分子，如 *Pereginoconcha* sp. *P. yunnanensis* 为代表的属种，且多出现在雪山组的上部层位，下部是双壳类 *Myopholas multicostata* 或 *Ppeuromya* sp.，*Protocardia* sp.，*Questedtia* sp. 和孢粉等。值得指出的是温泉剖面的 *T. N. P*

动物群之下，并未见景星动物群分子，而且 *T. N. P* 动物群中的代表分子 *Nippononam* 还出现在夏里组中（见蒋忠惕 1983）。在北羌塘盆地西区雪山组中未见 *Peregrinoconcha* 属种的出现，反倒出现在夏里组一白龙冰组各层位中，在雪山组下部却是晚侏罗世的双壳类 *Astarte spitiensis* 和孢粉。由此，我们认为羌塘盆地的雪山组时代应是以晚侏罗世为主，鉴于温泉剖面了出现了滇西曼岗组的 *T. N. P* 动物群组成分子，方德庆等（2002）在长湖和半岛湖东北等地雪山组砂岩中，测得 ERR 法年龄值 105～85Ma，不排出上部有属早白垩世的可能性。

3. 石坪顶组的时代讨论

石坪顶组自西藏区调队（1986）创建以来，基本统一在新近系中新统一第四系更新统的时限内，但更具体的时限却是多种多样。

该组在层型剖面上部，测得辉石安山岩、粗面安山岩全岩 K－Ar 法同位素年龄值为 9.4Ma，同时又在玉盘湖南测得流纹质晶屑凝灰岩 K－Ar 法年龄值 10.6Ma，还有早在 1979 年中科院科考队也在涌波错辉石安山岩和粗面岩中测得 K－Ar 法同位素年龄值 9.4Ma，又在枕头崖测得球粒安山岩 K－Ar 法年龄值 4.27±0.14Ma，勒斜武担湖东北山口测得火山玻璃 K－Ar 法年龄值 2.11±0.03Ma 等，这些年龄数据都落在中新统至上新统的时限内，故将石坪顶组时代定在中新统—上新统。

本项目对测区内火车头山、乱青山、半岛湖一带原石坪顶组采样用 Ar－Ar 法测定，结果数据为 28.2～32.2Ma，川碳中心（1996）在火车头山一带 8 个 K－Ar 年龄值 22.05～38.75Ma 左右，成都地矿所（1996）在乱青山、半岛湖等地采集火山岩年龄样 13 件，K－Ar 法全岩同位素年龄测定年龄值集中在 32.6±0.8～44.1±1.0Ma 之间，主要都落在古近系渐新世时限内；李才等（2000）也对鱼鳞山组中碱性白榴石响岩，同时作了 Ar－Ar 法和 K－Ar 法同位素年龄值测定，结果是 Ar－Ar 法测得年龄值是 27.8Ma，根据上述该组中的年龄数据，我们将石坪顶组时代定在新近系中新统—上新统，而把前人纳入石坪项组，而年龄值又在古近系的火山岩地层体，不管它是基性或碱性，都排出在石坪顶组之外，划归于古近系鱼鳞山组。

二、几个地质界线问题的讨论

1. 侏罗系与三叠系界线

按国际地层委员会最新公布的国际地层表，侏罗系与三叠系的界线，划定在下侏罗统赫塘阶（Hettangian）和上三叠统瑞替阶（Rhaetian）之间，界线同位数年龄值为 199.6±0.6Ma。

测区内在北部弯弯梁见三叠系与侏罗系为平行不整合接触，遗憾的是在界线上、下层位中均未采得古生物化石，也未测得同位系年龄值，但从区域对比和路线中采获的古生物化石以及区域上同期测得的同位数年值判定，藏夏河组的时代属晚三叠世无疑，那底岗日组归属早侏罗世也可定论（详见岩石地层部分对两组的论述），据成都地矿所（1996）对菊花山剖面的研究，二者间的界线属角度不整合，但从磁性地层的研究，上三叠统顶部只缺少一个反向极性带，推测两系之间至少缺失 2Ma 的沉积间断①。

2. 中侏罗统与下侏罗统的界线

这两个统的界线，国际地层委员会公布的国际地层表中，锁定在中侏罗统阿林阶（Aalenian）与下侏罗统土阿辛阶（Toarcian）之间，界线同位素年龄值为 175.6±2.0Ma。

侏罗系是图区发育最完全，分布也广的一个地层时代，当前是将中、下侏罗统的界线划在雀莫错与那底岗日组之间，其间为平行不整合接触关系。下侏罗统那底岗日组在测区内仅出露在北部弯弯梁一带的小范围内，为一套砾岩-火山岩，如前所述，其时代的认定也是根据区域上相当层位地层中所得同位素年龄值推定，雀莫错组下部为一套粗碎屑岩，目前未获古生物化石，仅在其中部碳酸盐岩中采获少量

① 成都环境地质与资源开发研究所，1996，羌塘盆地西区综合地质工程综合研究报告。

双壳类，可以证明其时代为中侏罗世。该组在区域上有着比较广泛的分布，据成都地矿所（1996）对那底岗日剖面磁性地层的研究，也证明两组间为平行不整合接触，之间累计缺失有30～50万年的一个沉积间断。在羌塘东区的雀莫错组层型剖面，该组不整合在上三叠统结扎群之上，附近也见覆于不厚的深水凝灰质浊积岩之上，采有比较丰富的双壳类化石，将其时代定为中侏罗世早期。值得关注的是，广西地质调查研究院（2005）在独雪山剖面上，首次发现了一套淡水双壳类祁阳蚌组合，其主要分子有*Margaritifera*（*Qiyangia*）*loxos*，*M.*（*Q.*）cf. *lilingensis*，*Pseudocardinia kweichouensis*，*P. dakangensis*，*P. sibireconchiaformis* 以及较多的 *Camptoneces* sp. 等，认为这一组合在川、黔、鄂、湘的香溪组、自流井组下部（珍珠冲段和东岳庙段）和磨盘椏组等双壳类面貌相似，*Qiyangia* 在桂、皖、赣、闽的下侏罗统中也曾发现，时代为早侏罗世①，在测区内缺失这段含淡水双壳类祁阳蚌组合的岩性段。

① 广西地质调查研究院，2005，1∶25万布若错幅区域地质调查报告。

第三章 岩浆岩

测区内岩浆岩比较发育，主要分布在测区的中北部。其中主要为火山岩，侵入岩次之。岩浆活动时间自海西晚期直到喜山期，以燕山早期和喜山期占主导地位。侵入岩以浅成-超浅成侵入岩为主，岩体数量较少、规模小，岩性比较简单。火山岩出露面积也较小，但火山岩活动的期次多，岩石类型较齐全，岩性复杂。测区内火山岩活动的时代有晚三叠世、早侏罗世、古近纪和新近纪。主要分布层位有上三叠统若拉岗日群、下侏罗统那底岗日组、古近系鱼鳞山组和新近系石坪顶组。主要岩性包括了从基性至酸性、从钙碱性至过碱性的各种火山岩和火山碎屑岩。

第一节 侵入岩

测区侵入岩不发育，零星分布于雪环湖、黑石山和虾河等地（图 3－1），岩体数量较少、规模小，以浅成-超浅成侵入岩为主，侵入岩的时代有侏罗纪、白垩纪和古近纪。主要岩体有白石头花岗斑岩体、饮水湖北花岗斑岩体、饮马湖花岗斑岩体、乱道沟花岗斑岩体和虾河辉长辉绿岩体。岩性以中酸性和基性为主，其中基性岩体仅分布于测区西南角的双湖构造混杂带中。此外测区内还零星分布有石英二长斑岩、正长斑岩、英安玢岩、石英闪长玢岩小岩体（岩株）和花岗斑岩脉、煌斑岩岩脉等。

一、侏罗纪基性侵入岩

（一）地质特征与岩石学特征

侏罗纪基性岩侵入岩体仅分布于测区西南角的虾河断层以南，局限在双湖构造混杂岩带中。

主要岩体为虾河南辉长辉绿岩体，出露面积 75km^2，呈岩株状产出，向南延伸到测区外。该岩体的主体为辉长岩，向外过渡为辉绿岩，辉长岩和辉绿岩中见糜棱岩俘虏体（图 3－2）。同时在岩体中和附近围岩中尚有花岗闪长岩脉、花岗斑岩脉、石英闪长岩和闪长玢岩脉发育。成都环资所（1997）在该岩体南侧玛尔果茶卡东的辉绿岩脉中，采样测得 K－Ar 法同位素年龄为 170.7±2.2Ma，表明其侵位时代为中侏罗世。[①]

侏罗纪基性岩的主要岩性为辉长岩和辉绿岩。

（1）辉长岩：岩石为灰一灰黑色，辉长辉绿结构，块状构造，偶见杏仁状构造。主要矿物有拉长石（55%～60%）、普通辉石（40%±）及少量含钛磁铁矿、方解石及石英（1.5%±）等，副矿物见有榍石及磷灰石。辉石见有不同程度的碳酸盐化和绿泥石化。

（2）辉绿岩：岩石为灰一灰黑色，辉绿结构，块状构造，偶见杏仁状构造。主要矿物有拉长石（60%～65%）、普通辉石（35%±）及少量含钛磁铁矿、方解石及石英（1.5%±）等，副矿物见有榍石及磷灰石。辉石见有不同程度的碳酸盐化和绿泥石化。

（二）岩石化学特征

辉长岩和辉绿岩的化学成分及 CIPW 标准矿物见表 3－1。

---

① 成都环境地质与资源开发研究所，1997，青藏地区羌塘盆地（双湖地区西长梁等四幅）1∶10 万区域石油地质调查报告

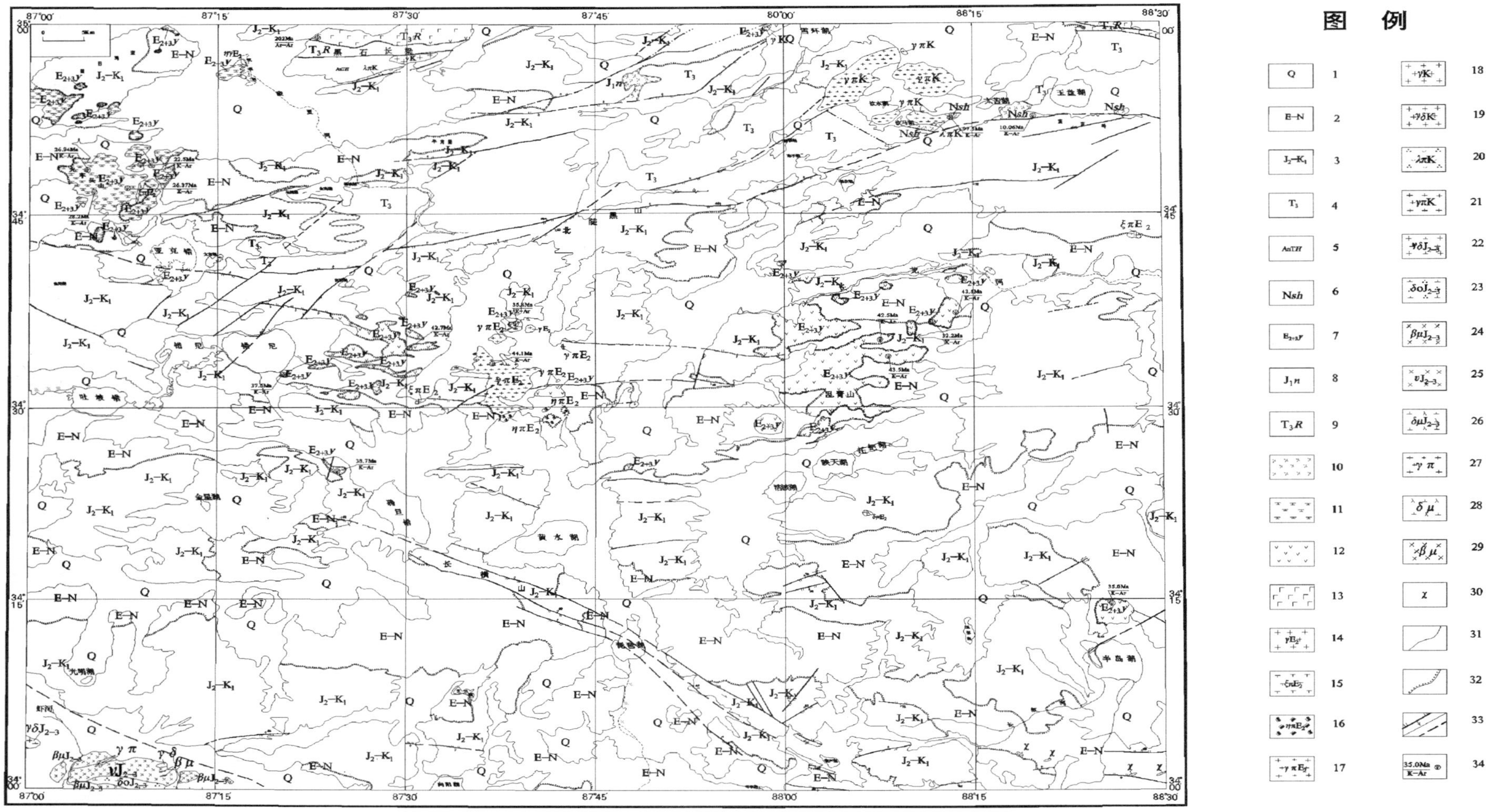

图3-1　岩浆岩分布图

1-第四系；2-古近系-新近系；3-中侏罗统-下白垩统；4-三叠系；5-黑石长梁岩群；6-石坪顶组；7-鱼鳞山组；8-那底岗日组；9-若拉岗日岩群；10-流纹岩；11-粗面岩、响岩；12-安山岩；13-玄武岩；14-古近纪花岗岩；15-古近纪正长斑岩；16-古近纪二长斑岩；17-古近纪花岗斑岩；18-白垩纪花岗岩；19-白垩纪花岗闪长岩；20-白垩纪石英斑岩；21-白垩纪花岗斑岩；22-侏罗纪花岗闪长岩；23-侏罗纪石英斑岩；24-侏罗纪辉绿岩；25-侏罗纪辉长岩；26-侏罗纪石英闪长岩；27-花岗岩脉；28-闪长玢岩脉；29-辉绿岩脉；30-煌斑岩脉；31-地质界线；32-角度不整合；33-断层；34-同位素年龄

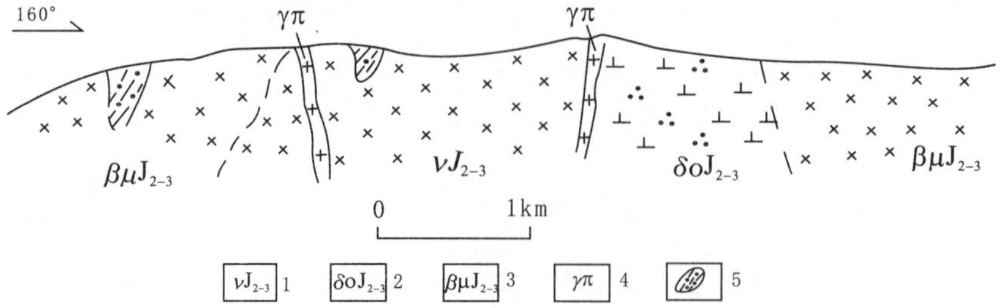

图 3-2　虾河岩体剖面图

1-辉长岩；2-石英闪长岩；3-辉绿岩；4-花岗斑岩脉；5-糜棱岩俘虏体

表 3-1　基性岩氧化物和 CIPW 标准矿物含量

样号	岩性	氧化物含量（w_B/%）										
		SiO_2	TiO_2	Al_2O_3	Fe_2O_3	FeO	MnO	MgO	CaO	Na_2O	K_2O	P_2O_5
D1190GS1	辉长岩	56.30	1.94	14.6	5.54	4.76	0.22	2.80	4.46	4.40	2.00	0.79
G11312N	辉绿岩	50.94	2.24	14.23	4.35	7.71	0.24	4.10	6.30	4.14	2.07	0.55
样号	岩性	CIPW 标准矿物（w_B/%）										
		Or	Ne	C	Di	Hy	Ol	Tl	Mt	Ap	Zr	合计
D1190GS1	辉长岩	12.12	0	0	2.13	11.60	0	3.78	5.75	1.88	0	100.02
G11312N	辉绿岩	12.63	0	0	11.43	12.50	0	4.39	6.51	1.32	0	100.00

辉长岩的主要氧化物含量（w_B%）为：SiO_2 56.30、TiO_2 1.94 、Al_2O_3 14.6、MgO 2.8、Na_2O 4.4、K_2O 2.00。其化学成分与中国辉长岩平均值（黎彤，1963）相比，具有较高的 SiO_2、TiO_2、Al_2O_3、Na_2O、K_2O 和较低的 Fe_2O_3、FeO、MgO 、CaO。

辉绿岩的主要氧化物含量（w_B/%）：SiO_2 50.94、TiO_2 2.24 、Al_2O_3 14.23、MgO 0.24、Na_2O 4.14、K_2O 2.07。其化学成分与中国基性岩平均值（黎彤，1963）相比，也具有明显的高碱（Na，K）、低 Fe、Mg 的特征。

辉长岩和辉绿岩的 CIPW 标准矿物组合为 Or＋Di＋Hy＋Tl＋Mt＋Ap，Al_2O_3＞K_2O＋ Na_2O＋ CaO，为 SiO_2 低度不饱和铝过饱和类型。在 Q-A-P 岩石分类图解上（图 3-3），投点于 9* 区（石英二长闪长岩、石英二长辉长岩）和 9 区（二长闪长岩、二长辉长岩）。

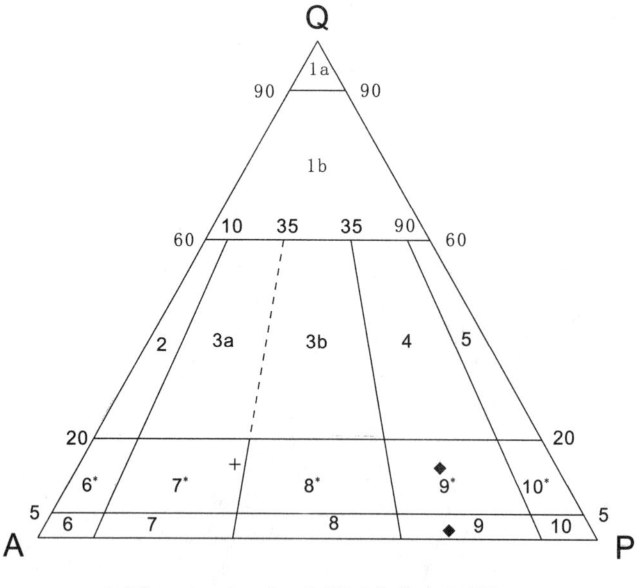

图 3-3　Q-A-P 岩石分类命名图解

（据 Streckeisen，1976）

1a-硅英岩（英石岩）；1b-富石英花岗岩类；2-碱长花岗岩；3a-正长花岗岩；3b-二长花岗岩；4-花岗闪长岩；5-英云闪长岩；6*-石英碱长正长岩；6-碱长正长岩；7*-石英正长岩；7-正长岩；8*-石英二长岩；8-二长岩；9*-石英二长闪长岩、石英二长辉长岩；9-二长闪长岩、二长辉长岩；10*-石英斜长岩、石英闪长岩、石英辉长岩；10-斜长岩、闪长岩、辉长岩

岩石全碱含量高（K_2O＋ Na_2O＝6.21～6.4），岩石碱度率（AR）分别为 2 和 1.87，在 AR-SiO_2 图（图 3-4）上样品投点于碱性区；在（K_2O＋Na_2O）-SiO_2图（图 3-5）上样品投点于钾玄岩系列区。

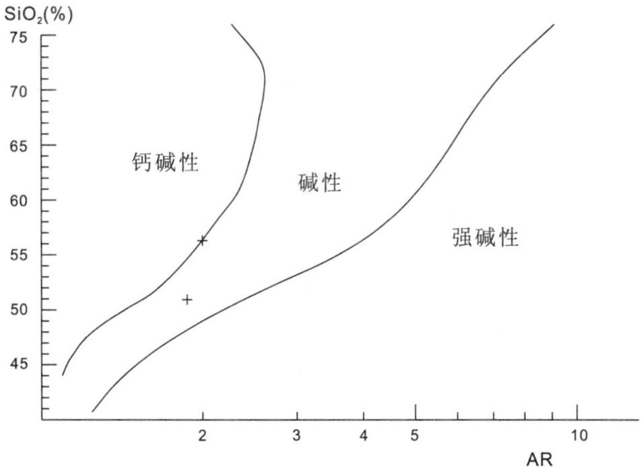

图 3-4　AR-SiO_2 与碱度关系图
（仿 J. B. Wright，1969）

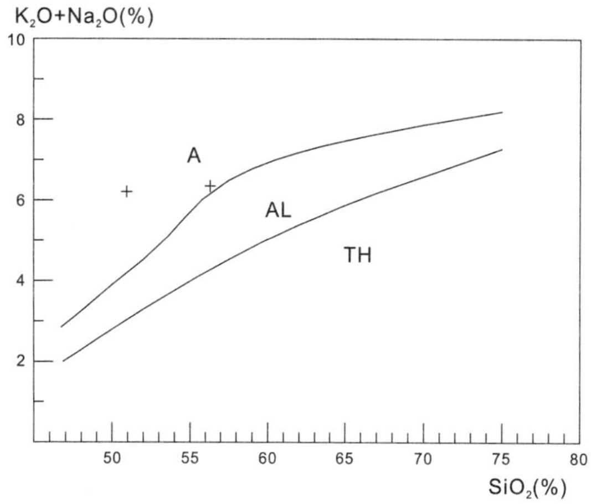

图 3-5　$(K_2O+Na_2O)-SiO_2$ 图解
（仿久野久，1966）
A-钾玄岩系列；AL-钙碱性系列；TH-岛弧拉斑玄武岩系列

岩石分异指数（DI）高达 63.86～74.85，表明其岩浆经过了较为强烈的分离结晶作用，具有残余岩浆性质。

（三）稀土及微量元素特征

辉长岩和辉绿岩的稀土元素分析结果及特征参数见表 3-2。

辉长岩和辉绿岩稀土总量较高，$\Sigma REE=187.62\times10^{-6}$，轻稀土 159.95×10^{-6}，重稀土 27.67×10^{-6}，Eu 微弱正异常（$\delta Eu=1.14$），Ce 微弱负异常（$\delta Ce=0.92$）。

辉长岩稀土元素配分曲线见图 3-6。其稀土元素配分曲线为向右缓倾斜的 LREE 富集型。

辉长岩和辉绿岩微量元素分析结果见表 3-3。

辉长岩辉绿岩微量元素蛛网图见图 3-7，与洋脊玄武岩相比，微量元素 Rb、Ba、Th 强烈富集，Y、Cr 亏损。具有板内玄武岩的特征。

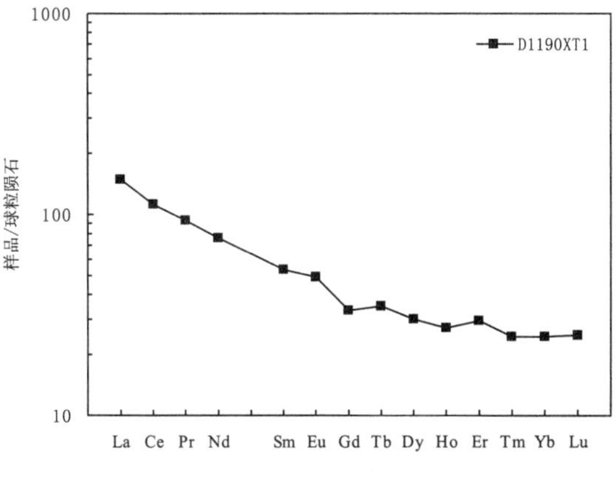

图 3-6　辉长岩稀土元素分布模式图

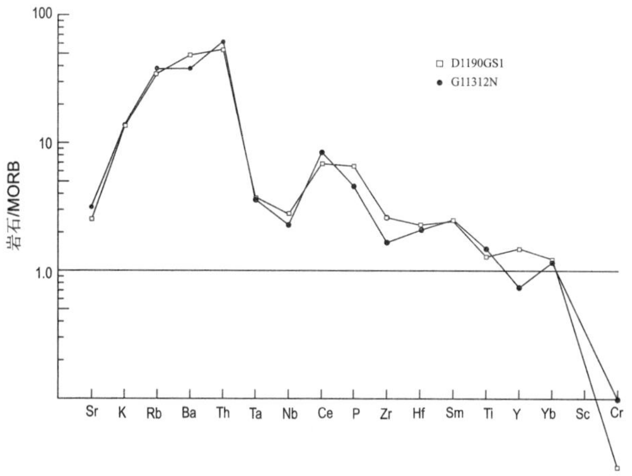

图 3-7　辉长岩辉绿岩微量元素蛛网图
（仿 Pearce，1982）

（四）构造环境分析

辉长岩和辉绿岩在化学成分特征上表现为明显的高碱（Na，K）、低 Fe、Mg 的特征。属钾玄岩系列，具有明显的板内岩浆岩的特征。在不同构造环境玄武岩的 Ti-Zr 判别图解（图 3-8）中，样品投影点落入板内玄武岩区内；在 Zr/Y-Zr 判别图解上（图 3-9），投点落入板内玄武岩区内。结合区域地质构造特征分析，辉长岩和辉绿岩可能是沿虾河北西向深断裂带侵入的。

表 3-2　侵入岩稀土含量及重要参数

序号	样品编号	岩石名称	时代	稀土元素含量($\times10^{-6}$)																参数		
				La	Ce	Pr	Nd	Sm	Eu	Gd	Tb	Dy	Ho	Er	Tm	Yb	Lu	Y	ΣREE	L/H	δEu	δCe
1	D1190XT1	辉长岩	J	35.4	68.8	8.95	35.9	8.07	2.83	6.79	1.31	7.69	1.53	4.86	0.630	4.22	0.64	45.0	187.62	5.78	1.14	0.92
2	G11312N	辉绿岩		41.5	84.6		41.1	8.3	2.31		0.977					3.95	0.582	22.2				
3	D1121XT2	花岗斑岩	K	23.5	46.3	6.14	23.0	5.96	0.46	5.25	1.07	6.57	1.29	4.18	0.580	4.00	0.59	37.1	128.89	4.5	0.25	0.92
4	D2122XT1	黑云母花岗岩		36.5	66.6	7.89	27.3	5.07	1.06	4.76	0.70	3.84	0.74	2.46	0.310	2.14	0.33	21.8	159.70	9.5	0.65	0.92
5	D2380XT1	石英斑岩		21.5	44.5	5.67	21.5	5.44	0.39	4.53	0.83	4.66	0.93	2.99	0.410	3.00	0.47	25.4	116.82	5.6	0.23	0.97
6	D2107XT1	正长斑岩	E_2	18.0	35.9	4.55	17.8	3.88	1.34	3.40	0.64	3.67	0.75	2.34	0.290	2.03	0.31	21.2	94.90	6.1	1.10	0.95
7	D3144XT1	辉石正长岩		306	393	56.3	183	25.9	6.61	27.1	2.32	8.40	1.35	5.27	0.450	3.19	0.44	41.3	649.59	24.7	0.26	0.64
8	D3167XT1	霞石正长岩		251	268	28.9	67.7	7.80	0.89	13.4	0.94	3.80	0.71	2.94	0.360	2.74	0.41	26.9	1019.33	20.0	0.76	0.68
9	D2389	花岗斑岩		28.1	47.3	4.84	15.5	2.15	0.418	1.10	0.164	0.741	0.120	0.319	0.053	0.368	0.061	2.90	101.22	33.5	0.74	0.91
10	D4501	正长斑岩		26.0	47.7	5.36	18.6	2.88	0.667	1.62	0.259	1.21	0.218	0.561	0.090	0.607	0.106	5.55	105.75	21.6	0.86	0.94
11	G28065	正长斑岩		194.3	349	35.38	118	17.2	3.39	6.86	1.07	6.34	1.22	3.08	0.410	2.28	0.33		738.86	33.2	0.80	0.96
12	G20078	二长斑岩		75	160	17.76	67.5	9.9	2.21	2.63	0.45	2.88	0.6	1.65	0.240	1.45	0.21		342.48	32.9	0.98	1.04
13	G20087	石英二长斑岩		35	70.3	8.06	30.2	5.02	1.12	1.99	0.34	2.26	0.48	1.35	0.200	1.23	0.19		157.74	18.6	0.91	0.99
14	G20089	二长斑岩		42	85.7	9.53	35.5	5.88	1.17	2.68	0.45	2.86	0.59	1.6	0.230	1.37	0.22		189.78	18.0	0.78	1.01
15	G22024	黄长黄斑岩		79.7	165	20.05	78.5	12.8	3.17	6.39	0.99	5.79	1.1	2.76	0.360	2	0.26		378.87	18.3	0.95	0.99
16	G23027	碱黄岩		120	245	28.6	109	17.4	4	3.36	0.997	5.94	1.15	2.92	0.390	2.19	0.29		541.24	30.4	1.06	0.99
17	G29005	云斜黄岩		60.2	133	15.98	64.3	9.6	2.42	5.53	0.87	5.21	1.01	2.58	0.350	1.95	0.28		303.28	16.1	0.93	1.03

资料来源:2、11—17 据石油天然气总公司青藏项目经理部,1996;其他为本项目所测

表 3-3 侵入岩微量元素含量($\times10^{-6}$)

序号	样品编号	岩石名称	时代	Sc	V	Cr	Co	Ni	Ga	Rb	Sr	Zr	Nb	Cs	Ba	Hf	Ta	Pb	Th	U	Li	Se	Be
1	D1190GP1	辉长岩	J	24.7	154	7.21	18.9	4.62	22.6	69.9	304	235	9.73	0.71	975	5.50	0.68	15.8	10.8	2.11	20.8	0.03	1.97
2	G11312N	辉绿岩		31.6		24.8	27.7	12		75.9	385	150	8		765	5	0.65		12.5	2.9			
3	D2122GP1	黑云母花岗岩	K	11.3	73.5	29.5	14.3	14.2	17.4	163	220	201	11.6	6.33	899	4.89	1.13	38.3	18.0	3.23	34.2	0.07	3.20
4	D2380GP1	石英斑岩		7.03	8.76	6.26	20.8	2.14	13.8	165	82.3	71.8	8.72	1.69	617	2.73	1.04	22.8	18.8	3.27	8.14	0.04	1.53
5	D1121GP2	花岗斑岩		7.41	7.83	5.15	18.5	2.21	15.2	186	55.2	81.2	8.99	4.10	653	3.08	1.03	19.6	19.9	2.53	13.4	0.01	2.68
6	D2107GP1	正长斑岩	E_2	22.3	124	144	26.9	61.3	16.5	14.1	504	157	21.0	4.39	323	3.18	1.36	8.51	2.42	0.50	48.5	0.04	1.13
7	D2389	花岗斑岩		1.69	22.0	3.3	2.57	1.57	18.6	212	154	83.3	4.23	8.29	1068	3.03	0.655	28.9	18.8	1.63			
8	D4501	正长斑岩		1.66	41.1	4.72	2.68	6.61	19.7	82.0	636	154	4.07	12.8	1192	4.18	0.329	44.3	10.2	5.13			
9	D3144GP1	辉石正长岩		10.3	104	129	19.1	76.0	20.4	186	3005	604	53.6	8.49	2835	14.2	2.40	250	111	15.6	37.3	0.08	11.1
10	D3167GP1	霞石正长岩		2.15	22.9	4.80	0.95	2.24	39.5	443	40.1	665	66.3	7.94	58.9	23.9	1.40	110	220	4.81	104	0.08	35.1
11	G28065	正长斑岩				18.6	3.7			248	1395	588		17.3	776	17	1.6		75.5			3.13	
12	G20078	二长斑岩				175	21.3			64.1	2400	287		2	1796	4.9	0.75		17.6			12.4	
13	G20087	石英二长斑岩				57.8	10.3			95.8	800	239		8.2	1150	5.6	0.7		14.9			8.89	
14	G20089	二长斑岩				40.5	13.8			101	1031	156		4	1282	5.4	0.4		16			10.8	
15	G22024	黄长黄斑岩		21.6		650	43.8			59	4179	313		161	4726	8.5	0.8		15.6			21.6	
16	G23027	碱黄岩		21.3		482	39.2			52.6	3222	369		6.2	3260	10.5	0.6		20			21.3	
17	G29005	云斜黄岩		21		563	43.6			174	1058	245		7.7	2221	8.8	0.8		14.1			21	

资料来源:2、11—17 据石油天然气总公司青藏项目经理部,1996;其他为本项目所测

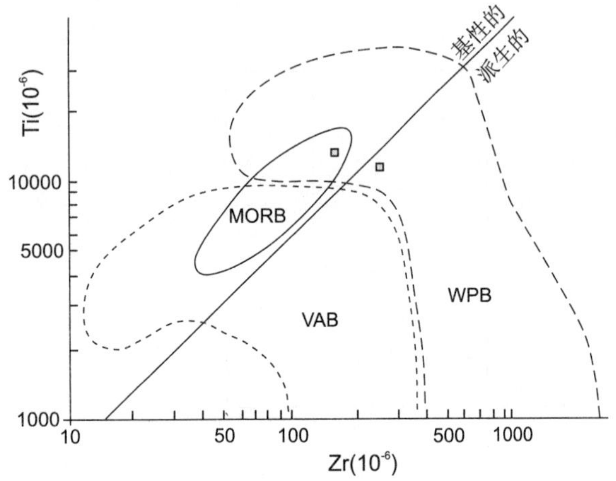

图 3-8　Ti-Zr 判别图解

（仿 T. H. Pearce，1973）

MORB-洋中脊玄武岩区；VAB-火山弧玄武岩区；

WPB-板内玄武岩区

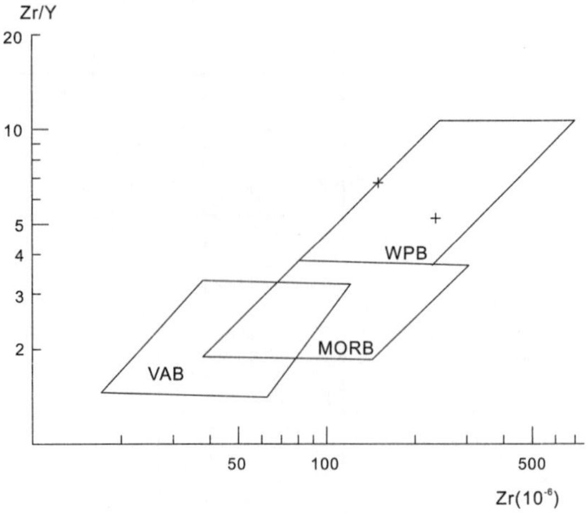

图 3-9　Zr/Y-Zr 判别图解

（仿 T. H. Pearce，1982）

MORB-洋中脊玄武岩区；VAB-火山弧玄武岩区；

WPB-板内玄武岩区

二、白垩纪花岗岩

白垩纪花岗岩主要集中分布于测区北东部的雪环湖南东一带和黑石长梁南侧。较大的岩体集中在雪环湖南东，有白石头花岗斑岩体（32 km^2）、饮水湖北花岗斑岩体（24 km^2）和饮马湖花岗斑岩体（12km^2），岩体侵入上三叠统藏夏河组和中侏罗统雀莫错组（图 3-10）。黑石长梁南侧有一个花岗岩小岩体和一个石英斑岩体，侵入黑石长梁岩群。本项目测得花岗斑岩年龄为 97.56 Ma（全岩 K-Ar 法），侵入时代为白垩纪。

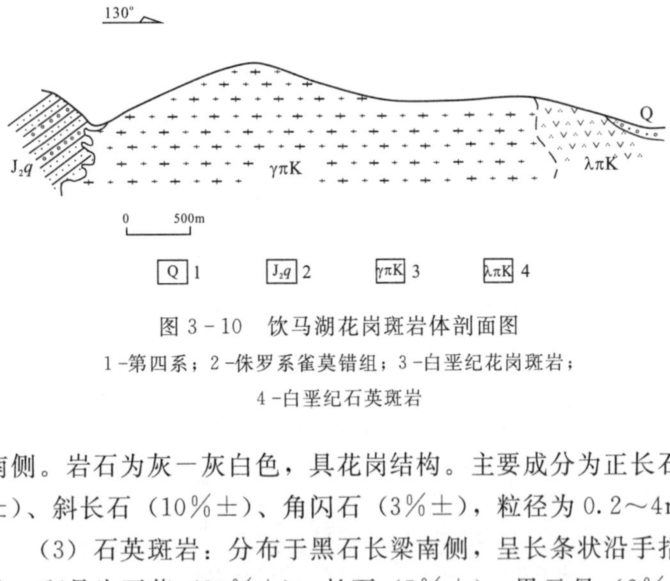

图 3-10　饮马湖花岗斑岩体剖面图

1-第四系；2-侏罗系雀莫错组；3-白垩纪花岗斑岩；

4-白垩纪石英斑岩

（一）岩石学特征

白垩纪花岗岩主要岩性有花岗斑岩、黑云母花岗岩和石英斑岩。

（1）花岗斑岩：分布在雪环湖南东。岩石为灰—灰白色，具斑状结构，块状构造。斑晶由条纹长石（5%）、斜长石（5%）、石英（15%）及少量黑云母组成。基质为微晶长石（75%），具交织结构。副矿物见有锆石。

（2）黑云母花岗岩：分布在黑石长梁南侧。岩石为灰—灰白色，具花岗结构。主要成分为正长石（30%±）、石英（35%±）、黑云母（20%±）、斜长石（10%±）、角闪石（3%±），粒径为 0.2～4mm。

（3）石英斑岩：分布于黑石长梁南侧，呈长条状沿手指湖断层侵入。岩石为灰—灰白色，具斑状结构，斑晶为石英（20.%±）、长石（5%±）、黑云母（2%±），粒径为 0.1～2mm。基质具微晶结构，占总量的 75%左右，粒径为 0.05mm 左右，由长石、石英以及黑云母等组成。

（二）岩石化学特征

白垩纪花岗岩化学成分及 CIPW 标准矿物见表 3-4 和表 3-5。

花岗斑岩主要氧化物含量（w_B/%）：SiO_2 76.56、TiO_2 0.07 、Al_2O_3 12.55、MgO 0.15、Na_2O 3.32、K_2O 4.36。其化学成分与中国花岗岩平均值（黎彤，1963）相比，具有较高的 SiO_2 和较低的 TiO_2，其他氧化物含量比较接近。

表 3-4　白垩纪和古近纪侵入岩氧化物含量

序号	原编号	样品名称	时代	化验项目及含量(w_B/%)												
				SiO_2	TiO_2	Al_2O_3	Fe_2O_3	FeO	MnO	MgO	CaO	Na_2O	K_2O	P_2O_5	烧失量	Σ
1	D1121GS2	花岗斑岩	K	76.56	0.07	12.55	0.97	0.20	0.017	0.15	0.47	3.32	4.36	0.016	0.86	99.543
2	D2122GS1	黑云母花岗岩		68.90	0.41	15.51	0.95	2.15	0.079	1.82	1.44	3.01	3.84	0.10	2.10	100.309
3	D2380GS1	石英斑岩		77.56	0.068	12.10	0.51	0.29	0.017	0.18	0.31	2.98	4.62	0.018	0.89	99.543
4	D2107GS1	正长斑岩	E_2	48.00	1.24	16.93	4.63	1.52	0.17	3.64	7.46	3.57	0.50	0.34	11.31	99.31
5	D3144GS1	辉石正长岩		50.18	1.02	16.53	4.72	1.28	0.14	4.17	6.71	1.82	7.77	0.80	4.22	99.36
6	D3167GS1	霞石正长岩		64.52	0.18	17.31	1.98	0.23	0.15	0.19	1.66	6.53	5.64	0.03	1.35	99.77
7	D2389	花岗斑岩		73.82	0.24	14.60	1.62	1.06	0.01	0.73	1.00	2.68	4.58	0.01	2.13	101.67
8	D4501	正长斑岩		71.71	0.41	16.80	3.86	1.37	0.01	0.12	2.49	4.31	2.58	0.04	3.70	102.87
9	G28065	正长斑岩		63.96	0.36	15.83	1.62	1.06	0.084	0.66	2.27	3.43	6.57	0.18		96.02
10	G20078	二长斑岩		58.04	0.7	14.6	3.86	1.37	0.088	4.89	7.45	3.65	3.39	0.47		98.508
11	G20087	石英二长斑岩		62.82	0.48	15.05	2.47	1.72	0.083	1.51	4.79	3.86	2.88	0.22		95.883
12	G20089	二长斑岩		63.32	0.55	15.95	3.56	1.17	0.11	1.34	4.32	3.92	2.88	0.25		97.37
13	G22024	黄长煌斑岩		47.24	1.09	10.16	4.12	3.52	0.14	9.41	11.07	1.68	3.80	1.2		93.43
14	G23027	碱煌岩		48.38	1.17	12.91	3.4	4.49	0.17	9.47	9.65	3.58	2.09	1		96.31
15	G29005	云煌岩		64.26	0.59	15.76	0	3.37	0.150	1.11	3.55	2.18	4.51	0.970		96.45

资料来源:9—15 据石油天然气总公司青藏项目经理部,1996;其他为本项目所测

表 3-5　白垩纪和古近纪侵入岩 CIPW 标准矿物和重要参数

序号	原编号	样品名称	时代	CIPW 标准矿物(w_B/%)														重要指数		
				Q	An	Ab	Or	Ne	C	Di	Hy	Ol	Tl	Mt	Ap	Zr	合计	DI	SI	AR
1	D1121GS2	花岗斑岩		37.53	2.26	37.4	19.89		0.98		1.02		0.13	0.74	0.04		99.99	97.08	1.68	3.88
2	D2122GS1	黑云母花岗岩	K	28.85	6.61	33.09	18.11		3.62		7.3		0.79	1.4	0.24		100	86.65	15.46	2.36
3	D2380GS1	石英斑岩		38.74	1.44	39.63	17.85		0.76		0.88		0.13	0.52	0.04		99.99	97.66	2.1	4.16
4	D2107GS1	正长斑岩		4.84	32.71	34.44	3.37			5.62	12.47		2.68	2.97	0.9		100	75.36	26.81	1.4
5	D3144GS1	辉石正长岩			14.73	6.25	48.37	5.4		11.77		5.42	2.04	4.06	1.95		99.99	74.75	21.33	2.41
6	D3167GS1	霞石正长岩		2.35	1.28	56.19	33.89			2.5			0.35	1.73	0.07		100	93.71	1.31	4.58
7	D2389	花岗斑岩		37.34	4.89	22.81	27.24		3.47		2.65		0.46	1.11	0.03		99.99	92.27	7.52	2.74
8	D4501	正长斑岩		31.62	12.2	36.83	15.37		2.5		0.29		0.78	0.08	0.09		99.99	96.02	1.53	2.11
9	G28065	正长斑岩	E_2	14.02	8.74	30.24	40.45			1.43	2.01		0.71	1.97	0.43		100	93.45	4.96	3.47
10	G20078	二长斑岩		5.11	13.67	31.41	20.37			16.55	7.44		1.35	3	1.11		100.0	70.56	28.8	1.94
11	G20087	石英二长斑岩		18.63	15.9	34.09	17.77			6.05	3.58		0.95	2.5	0.53		100	86.39	12.22	2.03
12	G20089	二长斑岩		18.73	17.92	34.13	17.51			2.01	5.28		1.07	2.75	0.6		100	88.29	10.55	2.01
13	G22024	黄长煌斑岩			9.6	11.67	24.08	1.94		32.5		11.02	2.22	4	2.98		100.0	47.29	42.06	1.7
14	G23027	碱煌岩			13.49	23.46	12.83	4.34		23.43		13.6	2.31	4.13	2.41		100	54.12	41.24	1.67
15	G29005	云煌岩		26.22	11.69	19.13	27.63		3.28		8.56		1.16		2.33		100	84.67	9.94	2.06

资料来源：9—15 据石油天然气总公司青藏项目经理部，1996；其他为本项目所测

黑云母花岗岩主要氧化物含量（w_B/%）：SiO_2 68.9、TiO_2 0.41 、Al_2O_3 15.51、MgO1.82、Na_2O 3.01、K_2O 3.84。其化学成分与中国花岗岩平均值（黎彤，1963）比较接近，具有略高的 SiO_2、MgO 和略低的 K_2O。

石英斑岩主要氧化物含量（w_B/%）：SiO_2 77.56、TiO_2 0.068 、Al_2O_3 12.1、MgO 0.18、Na_2O 2.98、K_2O 4.62。其化学成分与中国花岗岩平均值（黎彤，1963）相比，具有明显的高 SiO_2 低 TiO_2、MgO、Na_2O 的特征。

岩石的 CIPW 标准矿物组合为 Q+An+Ab+Or+C+Hy+Tl+Mt+Ap，$Al_2O_3>K_2O+Na_2O+CaO$，为 SiO_2 过饱和，铝过饱和类型。在 Q-A-P 岩石分类图解上（图 3-11），投点于 3b 区（花岗岩、二长花岗岩区）。岩石全碱含量较高（K_2O+Na_2O=6.85～7.68），岩石碱度率（AR）为 2.36～4.16。在花岗岩碱性程度（$K_2O+Na_2O-Al_2O_3$）判别图上样品投点于钙性区（图 3-12）。

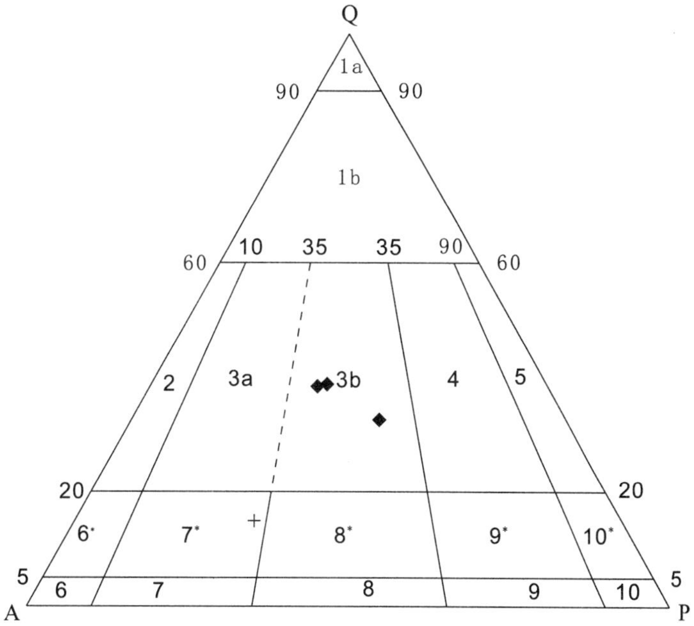

图 3-11　Q-A-P 岩石分类命名图解

（据 Streckeisen，1976）

1a-硅英岩（石英岩）；1b-富石英花岗岩类；2-碱长花岗岩；3a-正长花岗岩；3b-二长花岗岩；4-花岗闪长岩；5-英云闪长岩；6*-石英碱长正长岩；6-碱长正长岩；7*-石英正长岩；7-正长岩；8*-石英二长岩；8-二长岩；9*-石英二长闪长岩、石英二长辉长岩；9-二长闪长岩、二长辉长岩；10*-石英斜长岩、石英闪长岩、石英辉长岩；10-斜长岩、闪长岩、辉长岩

岩石 CIPW 标准矿物中出现刚玉（C=0.76%～3.62%），在两种花岗岩类型判别图（图 3-13 和图 3-14）上，投点均落入 S 型花岗岩区。白垩纪花岗岩总体上显示 S 型花岗岩的特征。

（三）稀土及微量元素特征

白垩纪花岗岩的稀土元素分析结果及特征参数见表 3-2。

稀土总量较高（$\Sigma REE=116.82\times10^{-6}\sim159.70\times10^{-6}$），轻稀土富集（L/H =4.5～9.5），明显的负 Eu 异常（δEu=0.23～0.65），微弱的负 Ce 异常（δCe =0.92～0.97）。

球粒陨石标准化稀土元素配分曲线见图 3-15。其稀土元素配分曲线为向右缓倾斜的 LREE 富集型。具有典型的地壳重熔型花岗岩的稀土元素分配形式。

（四）构造环境分析

白垩纪花岗岩的地球化学资料显示 S 型花岗岩的特征。

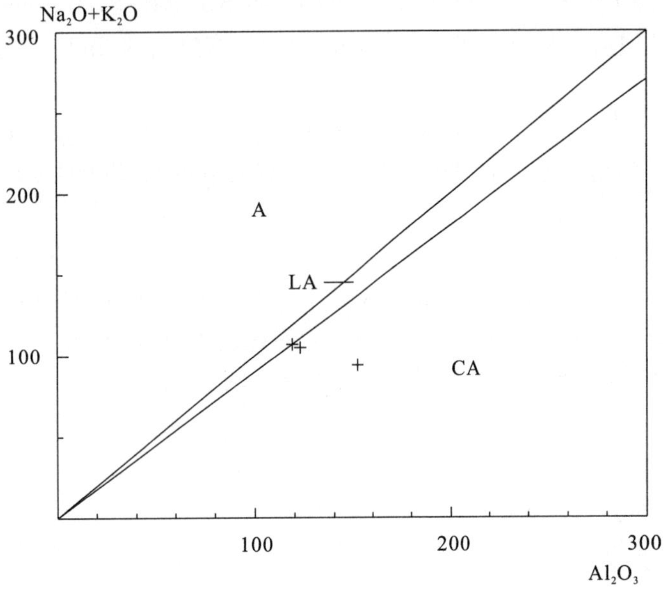

图 3-12　花岗岩碱性程度判别

（仿洪大卫，1987）

A-碱性；LA-偏碱性；CA-钙性

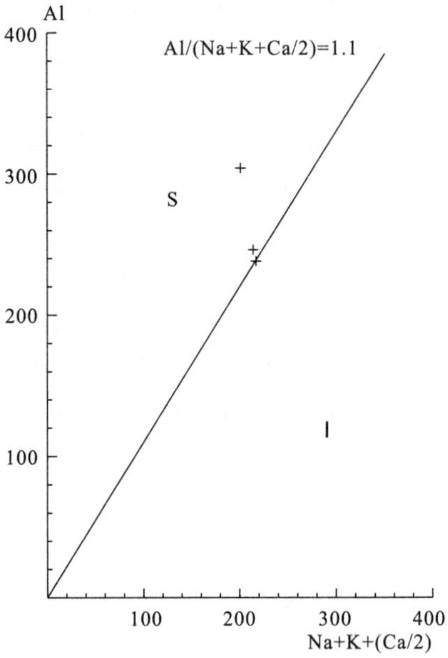

图 3-13　花岗岩类型判别图

S 型花岗岩投影区；I 型花岗岩投影区

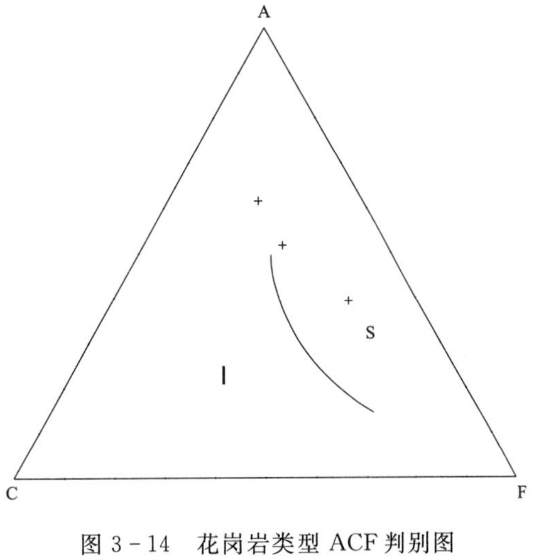

图 3-14　花岗岩类型 ACF 判别图

S 型花岗岩投影区；I 型花岗岩投影区

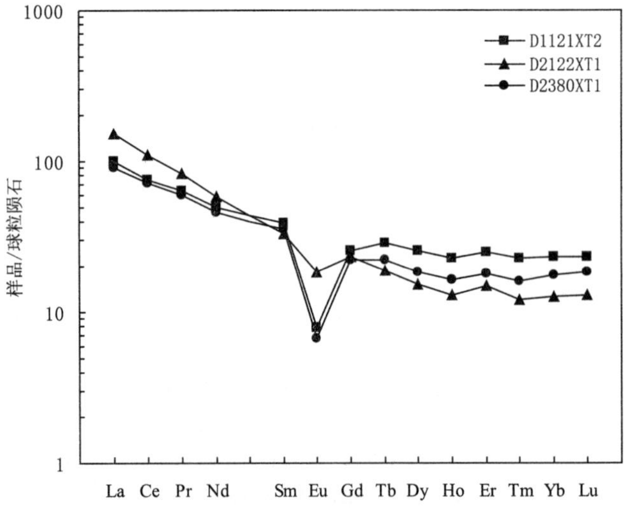

图 3-15　白垩纪花岗岩稀土元素球分布模图

在花岗岩与板块关系图解（图 3-16）上，投点落在同碰撞期的花岗岩和造山期后的花岗岩区域内。

利用岩石的微量元素进行构造环境判别，在 Rb-（Yb+Nb）（图 3-17）和 Rb-Y（图 3-18）图解上，投影点均落在火山弧花岗岩和同碰撞花岗岩区内。

综合考虑白垩纪花岗岩的特点，其形成的板块环境应为板块陆-陆碰撞-碰撞后的隆升环境。

三、古近纪花岗岩

古近纪花岗岩集中分布在测区的黑虎岭西侧，另外在独山、双咀湖和火车头山零星分布小岩体。主要岩体有乱道沟花岗斑岩体（44.5km²）、黑牛山二长斑岩（1.76km²）等。岩体与侏罗系地层呈侵入接触关系（图 3-19）。主要岩石类型有花岗斑岩、二长斑岩、正长斑岩和花岗岩。浪沙河口二长斑岩体全岩 K-Ar 法同位素年龄值为 39.20Ma，表明侵入时代为古近纪。

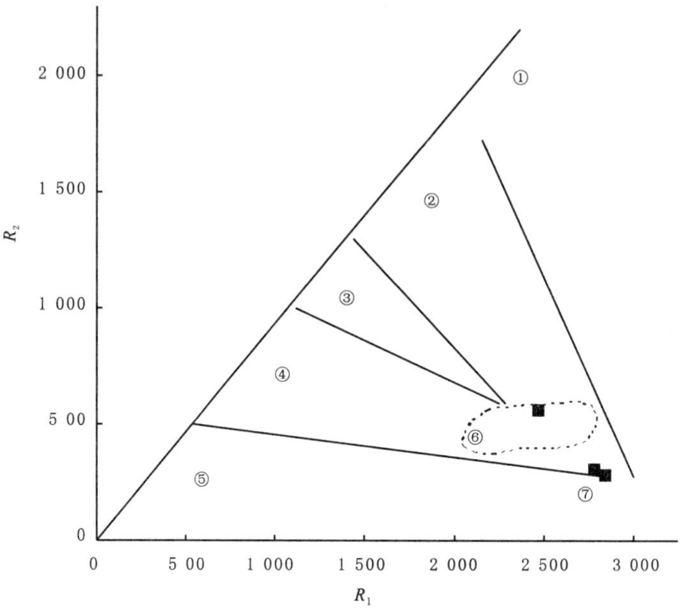

图 3-16　花岗岩与板块关系图解

（仿，R. A. Batchelor 等，1985）

①-地幔分离的花岗岩；②-碰撞前的花岗岩；③-碰撞后抬升的花岗岩；④-造山晚期的花岗岩；⑤-非造山的花岗岩；⑥-同碰撞期的花岗岩；⑦-造山期后的花岗岩

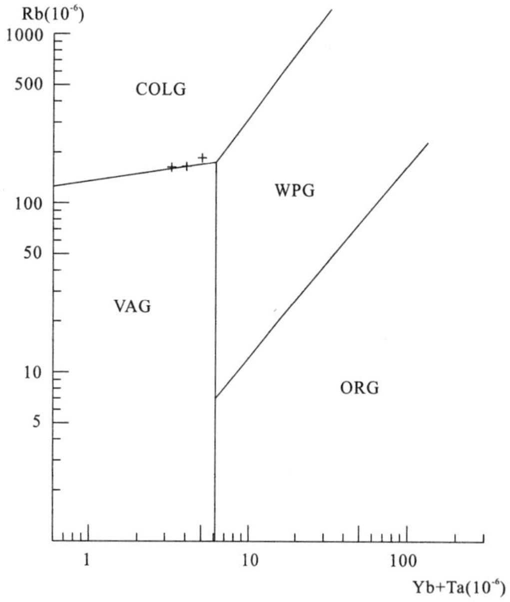

图 3-17　花岗岩类环境判别 Rb-（Yb+Ta）图

（仿 Pearce，1984）

ORG-洋脊花岗岩；WPG-板内花岗岩；VAG-火山弧花岗岩；COLG-同碰撞花岗岩

（一）地质特征与岩石学特征

古近纪花岗岩的主要岩性有花岗斑岩、二长斑岩和正长斑岩。

1. 花岗斑岩

分布于乱道沟、小石沟、骆驼峰以及虎尾岭北东。其中以乱道沟岩体规模最大，出露面积达 44.5km^2。与中—上侏罗统呈侵入接触。

岩石呈浅紫红色—浅灰紫色，具斑状结构，块状构造。斑晶矿物为中长石（10%～12%，An43）、黑云母（3%±）以及角闪石（2%±），粒径为 0.2～4.5mm。基质占 83%，具微晶结构或玻晶交织结构，粒径为 0.01～0.03mm，由长石细小晶体作定向一半定向排列，其间被角闪石、黑云母或玻璃质成分充填。

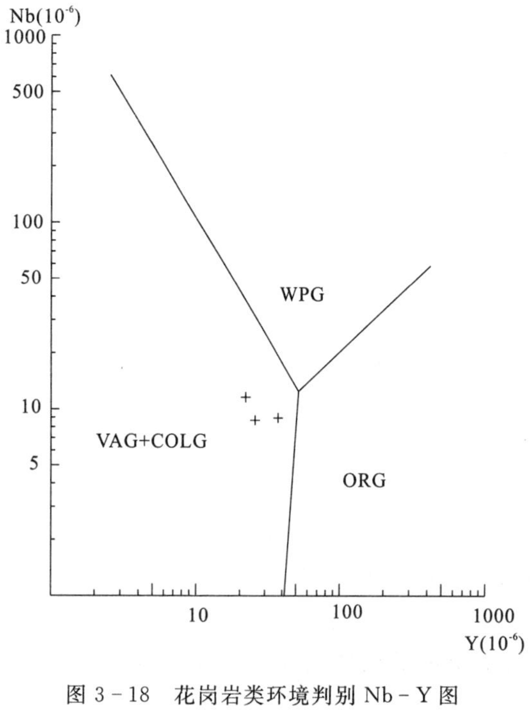

图 3-18　花岗岩类环境判别 Nb-Y 图

（仿 Pearce，1984）

ORG-洋脊花岗岩；WPG-板内花岗岩；VAG-火山弧花岗岩；COLG-同碰撞花岗岩

2. 二长斑岩

分布于黑牛山地区，与中—上侏罗统呈侵入接触，被康托组和唢呐湖组不整合掩盖。地表出露三个小岩体，其中以浪沙河口二长斑岩体规模最大，地表呈孤峰状，出露面积约 1.76km^2。

岩石为灰—灰白色，具斑状结构。斑晶为正长石（10%±）、石英（3%±）、斜长石（9%±）、黑云母（2%±）、角闪石（1%±），粒径为 0.2～4mm。基质具微晶结构，占总量的 75% 左右，粒径为 0.04mm 左右，由钾长石、斜长石、石英以及黑云母等组成。

3. 正长斑岩

分布于独山、坪南沟和火车头山。地表呈孤峰状，出露面积一般小于 1km^2，围岩为侏罗系地层。

岩石为浅红色，斑状结构，斑晶为正长石（8%±）、黑云母（2%±）以及少量的辉石和角闪石，粒径为 0.6～4mm 不等。基质具似粗面结构，为板条状 0.03～0.2mm。遇到斑晶时晶体绕过斑晶排列。副矿物主要为针状磷灰石以及少量铁质矿物。

（二）岩石化学特征

古近纪花岗岩的化学成分及 CIPW 标准矿物见表 3-4 和表 3-5。

花岗斑岩主要氧化物含量（w_B/%）：SiO_2 73.82、TiO_2 0.24 、Al_2O_3 14.6、MgO 0.73、Na_2O 2.68、K_2O 4.58。其化学成分与中国花岗岩平均值（黎彤，1963）相比，具有较高的 SiO_2、K_2O 和较低的 TiO_2、Al_2O_3、MgO 、Na_2O。

二长斑岩主要氧化物含量（w_B/%）：SiO_2 58.04～63.32、TiO_2 0.55～0.7 、Al_2O_3 14.6～15.95、MgO 1.34～4.89、Na_2O 3.65～3.92、K_2O 2.88～3.39。其化学成分与中国石英二长岩平均值（黎彤，1963）相比，具有略高的 MgO、Na_2O 和略低的 TiO_2。

正长斑岩主要氧化物含量（w_B/%）：SiO_2 63.96～71.71、TiO_2 0.36～0.41 、Al_2O_3 15.83～16.8、MgO 0.12～0.66、Na_2O 3.43～4.31、K_2O 2.58～6.57。其化学成分与中国正长岩平均值（黎彤，1963）相比，具有明显的高 SiO_2 低 TiO_2、Al_2O_3、MgO 、Na_2O、K_2O 的特征。

岩石的 CIPW 标准矿物组合主要为 Q+An+Ab+Or+Di+Hy+Tl+Mt+Ap，个别样品出现霞石（Ne）或刚玉（C）。多数样品 Al_2O_3>K_2O+Na_2O+CaO，为 SiO_2 过饱和，铝过饱和类型。只有一个样品没有出现标准矿物石英（Q），出现了碱性矿物霞石（Ne）。

在 QAFP 岩石分类图解上（图 3-20），投点于 3a（正长花岗岩）、4（花岗闪长岩）、8*（石英二长岩）、7*（石英正长岩）、7（正长岩）和 7′（含副长石正长岩）区。

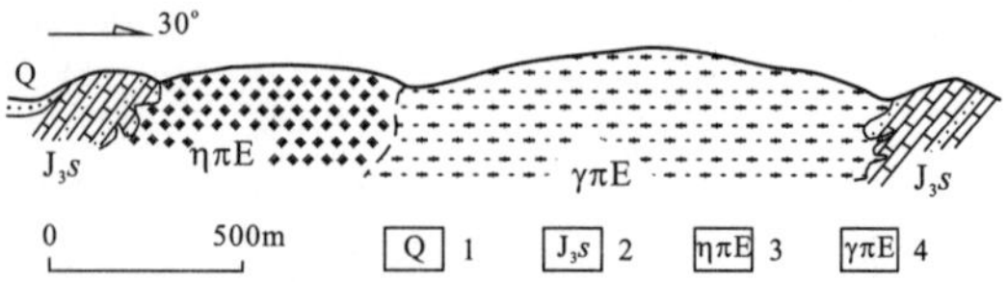

图 3-19　乱道沟岩体剖面图

1-第四系；2-侏罗系索瓦组；3-古近纪二长斑岩；4-古近纪花岗斑岩

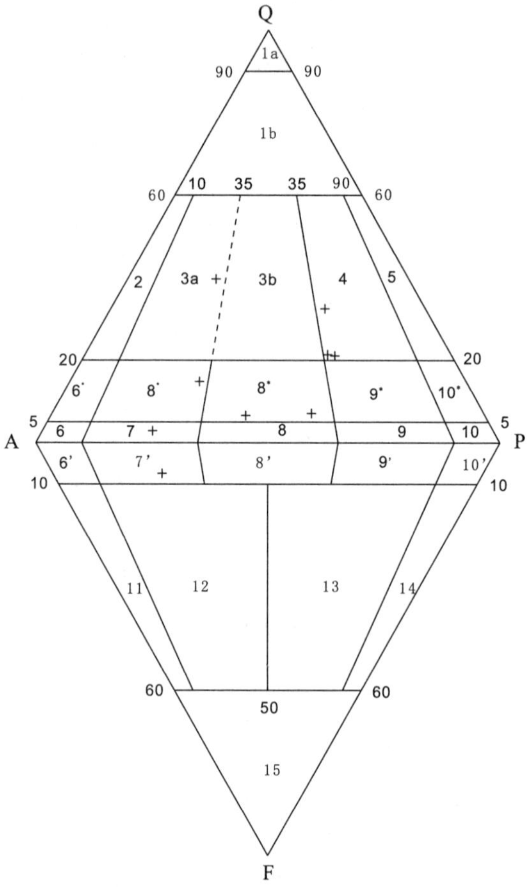

图 3-20　花岗岩类 QAFP 命名图解

（据 Streckeisen，1976）

1a-硅英岩（石英岩）；1b-富石英花岗岩类；2-碱长花岗岩；3-花岗岩；3a-正长花岗岩；3b-二长花岗岩；4-花岗闪长岩；5-英云闪长岩；6*-石英碱长正长岩；6-碱长正长岩；6′-含副长石碱长正长岩；7*-石英正长岩；7-正长岩；7′-含副长石正长岩；8*-石英二长岩；8-二长岩；8′-含副长石二长岩；9*-石英二长闪长岩、石英二长辉长岩；9-二长闪长岩、二长辉长岩；9′-含副长石二长闪长岩、含副长石二长辉长岩；10*-石英斜长岩、石英闪长岩、石英辉长岩；10-斜长岩、闪长岩、辉长岩；10′-含副长石斜长岩、含副长石闪长岩、含副长石辉长岩；11-副长石正长岩；12-副长石二长正长岩；13-副长石二长闪长岩、副长石二长辉长岩；14-副长石闪长岩、副长石辉长岩；15-副长石岩岩石全碱含量较高（K_2O+ Na_2O=6.80～12.17），岩石碱度率（AR）为1.4～4.58。在花岗岩类型 Na_2O-K_2O 判别图（图3-21）上样品投点于I型花岗岩区，个别投到A型花岗岩区。在花岗岩类型 $Zr-SiO_2$ 判别图（图3-22）上，投点落入I型花岗岩区。说明古近纪花岗岩总体上显示I型花岗岩的特征。

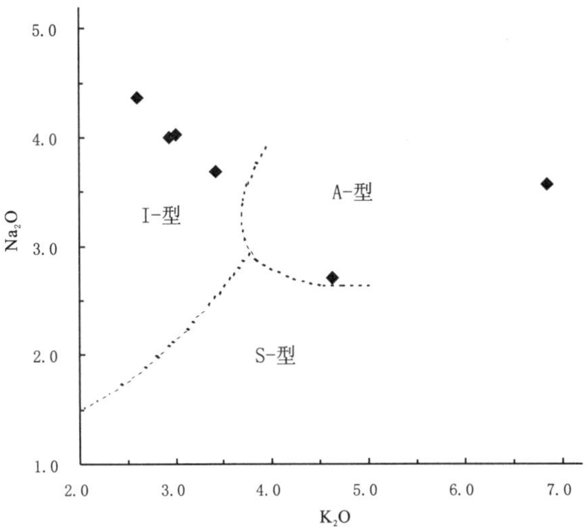

图3-21　花岗岩类型 Na_2O-K_2O 判别图

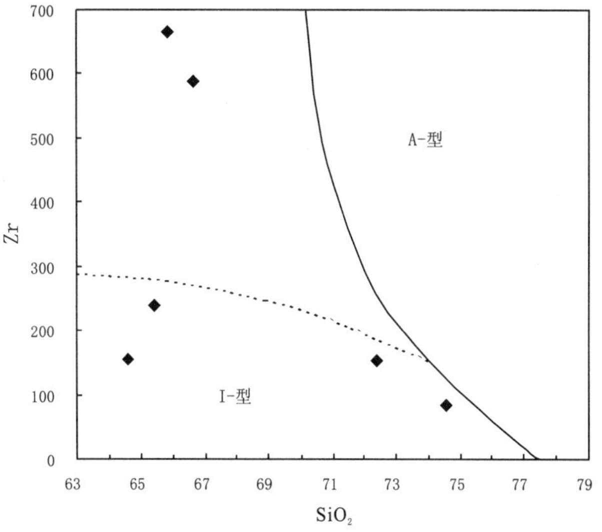

图3-22　花岗岩类型 $Zr-SiO_2$ 判别

（三）稀土及微量元素特征

测区古近纪花岗岩的稀土元素分析结果及特征参数见表3-2。

稀土总量较高（$\Sigma REE=94.90\times10^{-6}\sim1019.33\times10^{-6}$），轻稀土富集（L/H =6.1～33.5），明显的负Eu异常（δEu= 0.26～1.10），微弱的负Ce异常（δCe =0.64～1.04）。

球粒陨石标准化稀土元素配分曲线见图3-23。其稀土元素配分曲线为向右缓倾斜的LREE富集型，显示I型花岗岩的特征。

（四）构造环境分析

古近纪花岗岩的地球化学资料显示I型花岗岩的特征。在花岗岩与板块关系图解（图3-24）上，

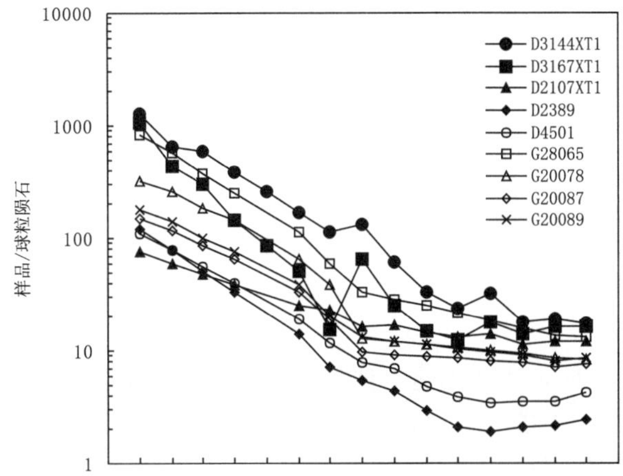

图3-23　古近纪花岗岩稀土元素分布模式图

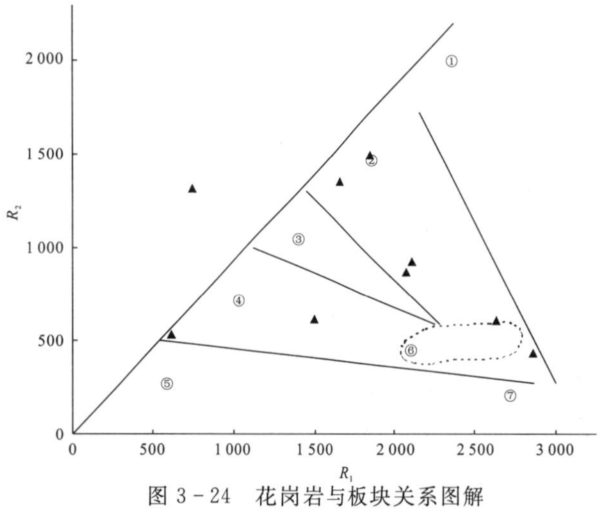

图3-24　花岗岩与板块关系图解

（仿 R. A. Batchelor 等 1985）

①-地幔分离的花岗岩；②-碰撞前的花岗岩；③-碰撞后抬升的花岗岩；④-造山晚期的花岗岩；⑤-非造山的花岗岩；⑥-同碰撞期的花岗岩；⑦-造山期后的花岗岩

投点很分散，多数落在碰撞前的花岗岩和造山晚期的花岗岩区域内。利用岩石的微量元素进行构造环境判别，在 Yb－Ta（图 3－25）和 Rb－（Yb+Ta）（图 3－26）图解上，投影点均落在火山弧花岗岩和同碰撞花岗岩区内，但靠近板内花岗岩区。综合考虑古近纪花岗岩的特点，其形成的板块环境应为板块内部环境。

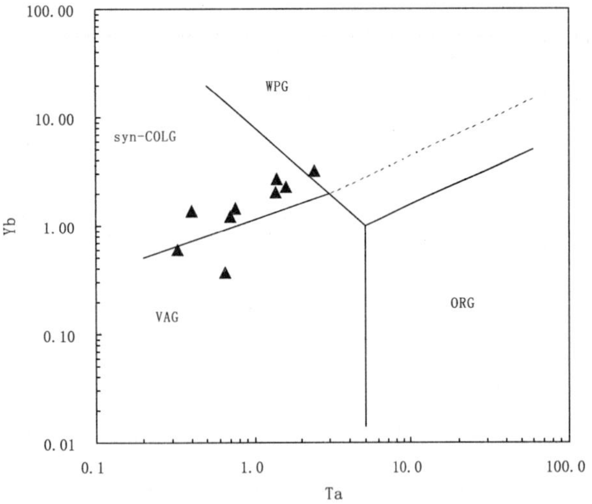

图 3－25 花岗岩类环境判别 Yb－Ta 图
（仿 Pearce，1984）
ORG－洋脊花岗岩；WPG－板内花岗岩；
VAG－火山弧花岗岩；COLG－同碰撞花岗岩

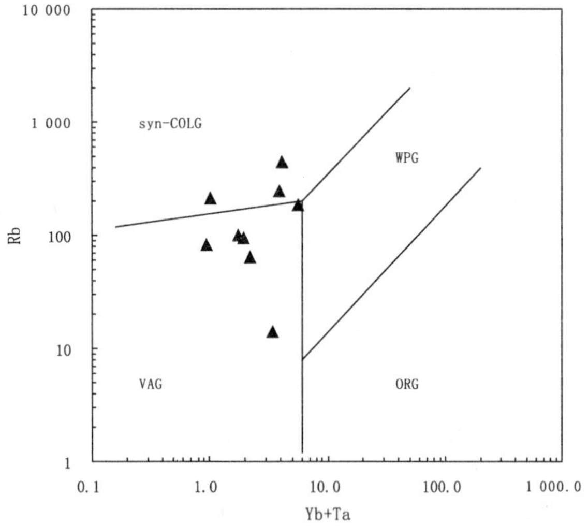

图 3－26 花岗岩类环境判别 Rb－（Yb+Ta）图
（仿 Pearce，1984）
ORG－洋脊花岗岩；WPG－板内花岗岩；
VAG－火山弧花岗岩；COLG－同碰撞花岗岩

四、脉岩

（一）地质特征与岩石学特征

脉岩分布于测区的虾河南和半岛湖南一带。虾河南侧花岗斑岩脉和闪长玢岩脉侵入辉长辉绿岩体中，岩脉规模小，一般长 30～50m，宽 2～5m，岩脉大致呈北东或近东西走向。半岛湖南见煌斑岩脉 4 条，侵入古近系康托组，岩脉规模较小，一般长 30～40m，宽 2～5m，岩性有云煌岩、碱煌岩以及黄长煌斑岩等。

主要脉岩叙述如下：

（1）闪长玢岩：位于测区西南角。侵入于辉长岩中。岩石具斑状结构，块状构造。斑晶矿物为中长石（10%～12%，An 43）、黑云母（3%±）以及角闪石（2%±），粒径为 0.2～4.5mm。基质占 83%，具微晶结构或玻晶交织结构，粒径为 0.01～0.03mm，由斜长石细小晶体作定向一半定向排列，其间被角闪石、黑云母或玻璃质成分充填。

（2）花岗斑岩：位于测区西南角。侵入于辉长岩或辉绿岩中。岩石为灰—灰白色，具斑状结构，块状构造。斑晶由条纹长石（5%）、斜长石（5%）、石英（15%）及少量黑云母组成。基质为微晶长石（75%），具交织结构。副矿物见有锆石。

（3）辉绿岩：位于测区西南角。灰一灰黑色，辉绿结构，块状构造，偶见杏仁状构造。主要矿物有拉长石（60%～65%）、普通辉石（35%±）及少量含钛磁铁矿、方解石及石英（1.5%±）等，副矿物见有榍石及磷灰石。辉石见有不同程度的碳酸盐化和绿泥石化。

（4）黄长煌斑岩：分布于半岛湖南东。岩脉呈近东西向断续出露于侵入古近系康托组中，规模较小，脉宽仅 2～3m。岩石为深灰绿色，气孔状构造。具斑状结构，斑晶为辉石（10%±）、黑云母（12%±）、黄长石（3%±）以及少量白榴石组成。斑晶大小为 0.2～2mm。岩石中气孔较为发育，占 10%左右，多数有针状磷灰石晶体沿其边缘向中心充填现象。基质具隐晶质结构，含有 15%左右的星点状铁质不透明矿物。

(5) 碱煌岩：分布于半岛湖南东，侵入古近系康托组。岩石为深灰绿－灰黑色，块状构造，斑状结构。斑晶为辉石（24%±）、磁铁矿（2%±）和橄榄石（3%±）。基质具微晶-微粒结构，大小0.03mm左右，成分为中性长石（30%±）、辉石（15%±）、磁铁矿（10%～15%）和玻璃质（15%～20%）。可见少量霞石。

(6) 云煌岩：产于半岛湖南西。侵入古近系康托组。岩石为绿黑色，块状构造，断面粗糙，具斑状结构，斑晶为单斜辉石（12%±）、黑云母（5%±）、橄榄石（1%±）和斜方辉石（1%±），粒度为0.1～0.2mm。基质具微粒结构，其中辉石占2.5%±、黑云母占15%±，其余为磁铁矿和长石微晶，矿物边界和光性模糊，含量为40%±。

（二）岩石化学和稀土微量元素特征

煌斑岩化学成分及CIPW标准矿物见表3-4和表3-5。

黄长煌斑岩的主要氧化物含量（$w_B/\%$）：SiO_2 47.24、TiO_2 1.09 、Al_2O_3 10.16、MgO 9.41、Na_2O 1.68、K_2O 3.80。岩石的CIPW标准矿物组合主要为An+Ab+Or+Ne+Di+Ol+Tl+Mt+Ap，出现标准矿物霞石（Ne）透辉石（Di）和橄榄石（Ol）。$K_2O+Na_2O<Al_2O_3<K_2O+Na_2O+CaO$，为$SiO_2$低度不饱和铝正常类型。

碱煌岩的主要氧化物含量（$w_B/\%$）：SiO_2 48.38、TiO_2 1.17 、Al_2O_3 12.91、MgO 9.47、Na_2O 3.58、K_2O 2.09。岩石的CIPW标准矿物组合主要为An+Ab+Or+Ne+Di+Ol+Tl+Mt+Ap，出现标准矿物霞石（Ne）透辉石（Di）和橄榄石（Ol）。$K_2O+Na_2O<Al_2O_3<K_2O+Na_2O+CaO$，为$SiO_2$低度不饱和铝正常类型。云煌岩的主要氧化物含量（$w_B/\%$）：$SiO_2$ 64.26、TiO_2 0.59 、Al_2O_3 15.76、MgO 1.11、Na_2O 2.18、K_2O 4.51。岩石的CIPW标准矿物组合主要为Q+An+Ab+Or+C+Hy+Tl+Ap，出现标准矿物石英（Q）和刚玉（C）。$Al_2O_3>K_2O+Na_2O+CaO$，为SiO_2过饱和，铝过饱和类型。

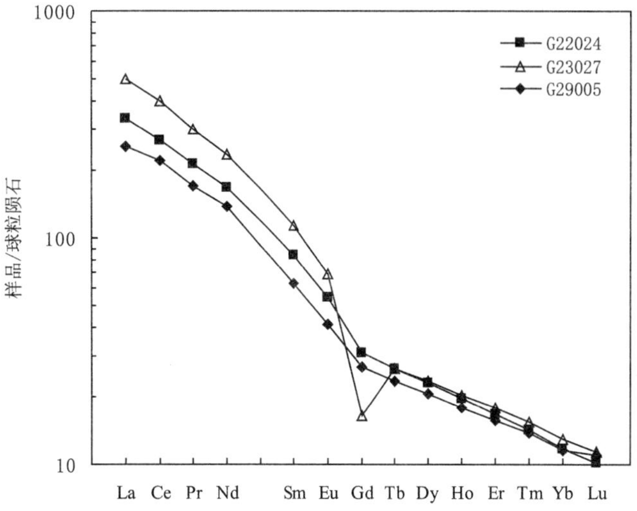

图3-27 煌斑岩稀土配分模式图

测区煌斑岩的稀土元素分析结果见表3-2。

稀土总量较高（$\Sigma REE=303.28\times10^{-6}\sim541.24\times10^{-6}$），轻稀土$LREE=285.50\times10^{-6}\sim524.00\times10^{-6}$，重稀土$HREE=17.24\times10^{-6}\sim19.65\times10^{-6}$，轻稀土强烈富集（L/H =18～30），无Eu异常（$\delta Eu=0.95\sim1.06$），无Ce异常（$\delta Ce=0.99\sim1.03$）。

球粒陨石标准化稀土元素配分曲线见图3-27。其稀土元素配分曲线为向右陡倾斜的LREE富集型。

第二节 火山岩

测区内火山岩不太发育，出露面积也较小，但火山岩活动的期次多，岩石类型较齐全，岩性复杂。测区内火山岩活动的时代有晚三叠世、早侏罗世、古近纪和新近纪，主要分布层位有上三叠统若拉岗日岩群、下侏罗统那底岗日组、古近系鱼鳞山组和新近系石坪顶组，其中以古近系鱼鳞山组火山岩分布最广、岩性也最复杂。主要岩性包括了从基性至酸性、从钙碱性至过碱性的各种火山岩、火山碎屑岩。

一、晚三叠世基性火山岩

（一）产出特征

晚三叠世火山岩分布于上三叠统若拉岗日岩群中。若拉岗日岩群仅出露在测区北部边缘的黑石长梁和玉盘湖北两地，呈构造断片局限在若拉岗日-狮头山构造混杂带中。在黑石长梁一带，岩性主要为灰绿色气孔杏仁状、致密块状蚀变玄武岩和灰绿色蚀变晶屑岩屑凝灰岩，岩石中劈理发育，气孔和杏仁被拉长变形。在玉盘湖北一带，岩性为灰绿色气孔杏仁状、致密块状蚀变玄武岩和火山角砾岩。该套火山岩在测区内出露不全，厚度大于700m。

（二）岩石学特征

在黑石长梁北侧的双咀湖剖面中，火山岩底部为大套的灰绿色晶屑岩屑凝灰岩，顶部为灰绿色致密块状玄武岩。总体上，从下往上爆发相的产物减少，喷溢相的产物增加。岩层内部构成两个凝灰岩－玄武岩熔岩的爆发-喷溢旋回。

岩石类型比较单一，主要有玄武岩、安山岩、晶屑岩屑凝灰岩、晶屑凝灰岩和玄武质火山角砾岩。

（1）玄武岩：灰绿色，斑状结构，气孔状杏仁状构造或致密块状构造。斑晶为辉石和斜长石，含量一般为5%～8%。基质为显微隐晶质，含量92%～95%。岩石遭受较强烈的碳酸盐化蚀变。岩石中发育劈理，杏仁、气孔被明显的拉长变形。

（2）安山岩：灰色-灰绿色，斑状结构，基质具隐晶－微晶结构、玻晶交织结构、气孔状构造和块状构造。斑晶由斜长石和普通角闪石组成，一般6%～10%。基质为显微隐晶质，含量92%～95%。岩石遭受较强烈的碳酸盐化蚀变。岩石中发育劈理。

（3）晶屑岩屑凝灰岩：灰绿色，具凝灰结构，块状构造、流动构造。主要成分为岩屑、晶屑和火山凝灰质，有少量玻屑。岩石中劈理发育。

（4）晶屑凝灰岩：灰绿色，具晶屑凝灰结构，流动构造。晶屑为斜长石。含量为5%。主要成分为斜长石、火山玻璃、火山凝灰质。岩石中劈理发育。

（5）火山角砾岩：灰绿色，角砾状结构，块状构造。角砾成分以玄武质熔岩为主，占40%～60%。角砾大小不一，一般2～30cm，多为棱角状。胶结物为灰绿色凝灰质。

（三）岩石化学特征

若拉岗日岩群火山岩的化学成分及CIPW标准矿物见表3-6。

玄武岩的主要氧化物含量（w_B/%）：SiO_2 49.08～54.72、TiO_2 1.08～4.1 、Al_2O_3 12.33～18.2、MgO 2.37～4.53、Na_2O 5.08～6.82、K_2O 0.03～4.02。其化学成分与中国玄武岩平均值（黎彤，1963）相比，具有较高的Na_2O、K_2O和较低的MgO。

安山岩的主要氧化物含量（w_B/B%）：SiO_2 60.86～69.46、TiO_2 0.21～0.68 、Al_2O_3 16.49～20.53、MgO 0.29～1.15、Na_2O 3.98～6.23、K_2O 5.99～7.56。其化学成分与中国安山岩平均值（黎彤，1963）相比，具有明显的高SiO_2、Na_2O、K_2O，低MgO 、TiO_2的特征。

玄武岩的CIPW标准矿物组合为An+Ab+Or+Ne+Di+Hy+Ol+Il+Mt+Ap，标准矿物中出现霞石（Ne），说明碱度高。Al_2O_3>K_2O+ Na_2O+ CaO，为SiO_2低度不饱和铝过饱和类型。

安山岩的CIPW标准矿物组合为Q+An+Ab+Or+C+Di+Hy+Il+Mt+Ap，标准矿物中出现石英（Q）和刚玉（C）。Al_2O_3>K_2O+ Na_2O+ CaO，为SiO_2饱和铝过饱和类型。

在TAS岩石分类命名图解上（图3-28），岩石投影点很分散，7个样品分别投点于粗面玄武岩、玄武质粗面安山岩、响岩质碱玄岩、粗面英安岩区内。

岩石全碱含量高（K_2O+ Na_2O=4.05～13.44），岩石碱度率（AR）为1.75～4.64，在（K_2O+Na_2O）-SiO_2图（图3-29）上样品投点于碱性系列区。

表 3-6　若拉岗日岩群和那底岗日组火山岩氧化物含量和 CIPW 标准矿物

地层代号	样品编号	岩石名称	化验项目及含量(w_B/%)												
			SiO_2	TiO_2	Al_2O_3	Fe_2O_3	FeO	MnO	MgO	CaO	Na_2O	K_2O	P_2O_5	烧失量	Σ
T_3R	SZP3GS1	玄武岩	49.08	2.67	16.51	3.43	5.24	0.18	3.88	4.55	6.01	1.21	0.95	5.56	99.27
	SZP5GS1	玄武安山岩	63.02	0.68	17.45	2.08	0.48	0.076	0.29	1.37	6.23	5.99	0.09	1.69	99.446
	SZP7GS1	玄武岩	49.24	2.43	18.20	4.14	3.44	0.22	4.02	3.68	5.08	4.02	0.81	4.34	99.62
	D4511GS1	玄武安山岩	54.72	1.08	18.04	8.17	0.26	0.073	2.37	5.81	6.47	0.029	0.31	2.83	100.162
	D4623GS1	安山岩	60.86	0.44	20.53	1.51	0.46	0.13	1.15	0.57	5.24	7.56	0.1	1.36	99.91
	D2156	玄武岩	53.44	4.10	12.33	2.05	8.18	0.12	4.53	6.62	6.82	0.22	0.24	3.05	101.71
	D2158	安山岩	69.46	0.21	16.49	0.42	1.69	0.01	0.30	0.07	3.98	6.71	0.04	1.16	100.55
J_1n	WWP4GS1	玄武岩	45.84	1.72	17.27	5.71	3.75	0.28	2.65	9.13	3.50	0.50	0.59	8.34	99.28
	WWP5GS1	粗面安山岩	54.64	1.37	15.22	8.57	1.24	0.25	2.52	4.04	6.35	0.48	0.69	4.26	99.63
	WWP7GS1	流纹岩	76.80	0.16	11.68	0.98	0.20	0.030	0.32	0.54	3.09	4.52	0.030	0.92	99.27
	D2143	流纹岩	77.00	0.11	12.32	0.35	1.42	0.02	0.30	0.53	3.08	4.39	0.02	0.96	100.50
	D2142	流纹岩	80.53	0.08	10.96	0.23	0.92	0.01	0.26	0.21	3.81	2.56	0.01	0.89	100.48

地层	原编号	样品名称	CIPW 标准矿物(w_B/%)															重要指数		
			Q	An	Ab	Or	Ne	C	Di	Hy	Wo	Ol	Tl	Mt	Hm	Ap	Zr	合计	DI	SI	AR
T_3R	SZP3GS1	玄武岩		15.47	52.2	7.63	1.12		1.59			8.92	5.41	5.31		2.35		100	76.43	19.63	2.04
	SZP5GS1	玄武安山岩	1.7	2	53.96	36.23			1.59		0.96		1.32	1.51	0.5	0.21		99.98	93.89	1.93	4.7
	SZP7GS1	玄武岩		13.62	34.97	24.95	5.51	0.78				7.9	4.85	5.47		1.97		100	79.04	19.47	2.42
	D4511GS1	玄武安山岩	1.73	20.75	56.52	0.18			5.63	7.05			2.12	5.28		0.74		99.99	79.17	14.08	1.75
	D4623GS1	安山岩		2.21	44.23	45.35	0.42	2.97				2.04	0.85	1.62	0.07	0.24		100	92.21	7.24	4.08
	D2156	玄武岩		2.42	53.23	1.33	2.85		23.8			4.9	7.89	3.01		0.57		100	59.83	20.79	2.18
	D2158	安山岩	19.15	0.09	33.89	39.89		2.67		3.2			0.4	0.61		0.1		100	93.02	2.27	4.64
J_1n	WWP4GS1	玄武岩	1.62	33.01	32.66	3.26		10.46	8.73	3.6	5.16	1.51	3.6	100	70.54	16.71	1.36	100	70.54	16.71	1.36
	WWP5GS1	粗面安山岩	4.57	12.23	56.6	2.99		3.38	9.38	2.74	6.44	1.68	2.74	100	76.39	13.46	2.1	100	76.39	13.46	2.1
	WWP7GS1	流纹岩	40.58	2.53	26.59	27.17	0.81		1	0.31	0.95	0.07	0.31	100	96.87	3.53	4.3	100	96.87	3.53	4.3
	D2143	流纹岩	39.96	2.56	26.17	26.04	1.58		2.93	0.21	0.51	0.04	0.21	100	94.73	3.1	3.77	100	94.73	3.1	3.77
	D2142	流纹岩	47.3	0.97	32.41	15.2	1.56		2.04	0.15	0.33	0.03	0.15	99.99	95.88	3.32	3.66	99.99	95.88	3.32	3.66

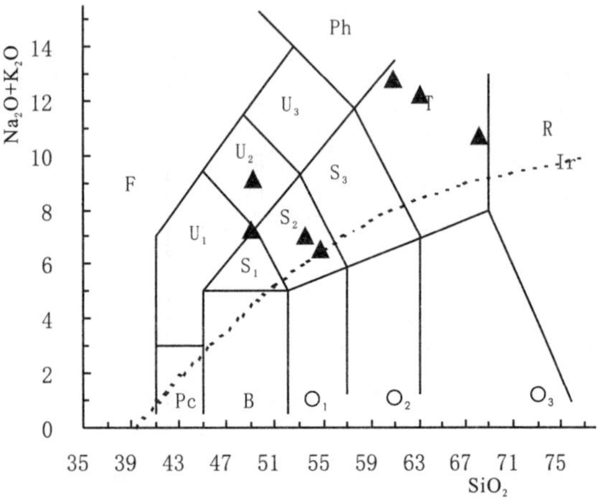

图 3-28　TAS 火山岩分类命名图解

（仿 M. J. Le Bas 等，1986）

F-副长石岩；Pc-苦橄玄武岩；B-玄武岩；O_1-玄武安山岩；O_2-安山岩；O_3-英安岩；S_1-粗面玄武岩；S_2-玄武粗安岩；S_3-粗安岩；T-粗面岩、粗面英安岩；R-流纹岩；U_1-碧玄岩、碱玄岩；U_2-响岩质碱玄岩；U_3-碱玄质响岩；Ph-响岩

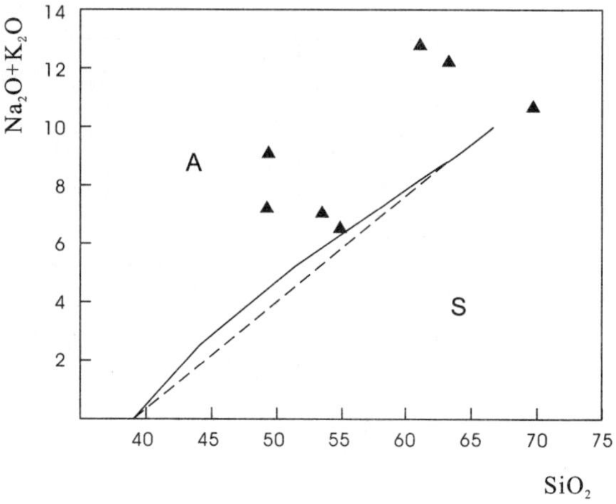

图 3-29　硅碱图解

（仿 T. N. Irvine 等，1971）

A-碱性系列；S-亚碱性系列

岩石分异指数（DI）高达 59.83～93.02，表明其岩浆经过了较为强烈的分离结晶作用，具有残余岩浆性质。

（四）稀土及微量元素特征

若拉岗日岩群的玄武岩和安山岩的稀土元素分析结果及特征参数见表 3-7。

稀土总量较高，$\Sigma REE=122\times10^{-6}\sim744\times10^{-6}$，轻稀土 $108\times10^{-6}\sim723\times10^{-6}$，重稀土 $14.7\times10^{-6}\sim33.1\times10^{-6}$，Eu 明显负异常（$\delta Eu=0.25\sim1.11$），Ce 微弱负异常（$\delta Ce=0.7\sim1.07$）。

稀土元素配分曲线见图 3-30。其稀土元素配分曲线为向右缓倾斜的 LREE 富集型。具有板内玄武岩的特征。

玄武岩和安山岩微量元素分析结果见表3-8。蛛网图见图3-31。与洋脊玄武岩相比，微量元素

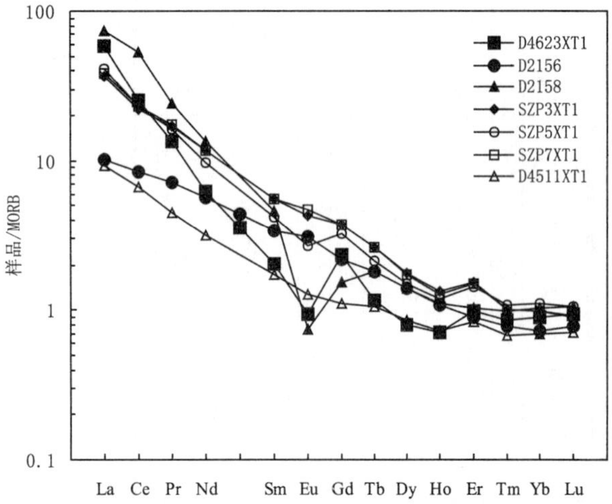

图 3-30　晚三叠世火山岩稀土元素分布模式图

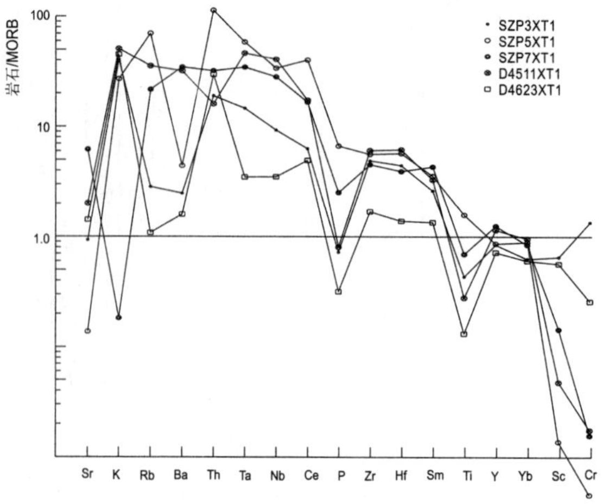

图 3-31　晚三叠世火山岩微量元素蛛网图

（仿 Pearce，1982）

表 3-7 若拉岗日岩群和那底岗日组火山岩稀土含量($\times 10^{-6}$)

序号	样品	岩石名称	地层	La	Ce	Pr	Nd	Sm	Eu	Gd	Tb	Dy	Ho	Er	Tm	Yb	Lu	Y
1	D4623XT1	安山岩	T_3R	145	189	17.9	45.5	5.39	0.95	8.67	0.77	3.64	0.74	2.90	0.39	2.73	0.43	23.1
2	D2156	玄武岩		25.4	63.8	9.38	41.2	8.83	3.13	8.07	1.22	6.33	1.13	2.67	0.359	2.22	0.356	26.2
3	D2158	安山岩		185	396	32.1	97.1	12.0	0.760	5.62	1.21	6.38	1.16	3.08	0.456	3.12	0.483	26.9
4	SZP3XT1	玄武岩		91.1	166	22.2	84.7	14.5	4.39	13.6	1.74	7.97	1.40	4.55	0.46	2.97	0.41	38.6
5	SZP5XT1	玄武安山岩		102	173	21.3	71.3	11.1	2.74	11.8	1.43	6.76	1.25	4.27	0.50	3.37	0.49	35.6
6	SZP7XT1	玄武岩		96.2	174	23.1	85.7	14.6	4.80	13.7	1.74	7.77	1.35	4.46	0.46	2.99	0.42	37.1
7	D4511XT1	玄武安山岩		23.4	50.1	5.96	22.9	4.58	1.29	4.07	0.70	3.88	0.76	2.51	0.31	2.14	0.33	22.4
8	D2143	流纹岩	J_1n	43.3	75.4	8.47	26.8	4.29	0.539	2.91	0.515	2.86	0.567	1.54	0.264	1.88	0.328	14.5
9	WWP4XT1	玄武岩		47.8	97.0	12.3	47.4	8.65	2.32	7.81	1.13	5.95	1.13	3.73	0.46	3.11	0.47	32.8
10	WWP5XT1	粗面安山岩		94.8	175	23.2	84.6	13.2	2.74	12.6	1.34	5.77	1.05	3.81	0.41	2.74	0.41	29.9
11	WWP7XT2	流纹岩		36.6	65.3	6.93	22.3	3.74	0.69	3.77	0.46	2.40	0.46	1.63	0.22	1.57	0.24	14.6

表 3-8 若拉岗日岩群和那底岗日组火山岩微量元素含量($\times10^{-6}$)

序号	样品	岩石名称	地层	Sc	V	Cr	Co	Ni	Ga	Rb	Sr	Zr	Nb	Cs	Ba	Hf	Ta	Pb	Th	U
1	D4623GP1	安山岩	T_3R	19.0	139	223	39.1	179	18.1	94.9	1852	374	41.0	2.51	2475	7.86	2.10	45.1	34.6	4.02
2	D2156	玄武岩		27.2	316	347	34.9	195.4	17.5	5.81	116	449	32.7	0.147	50.7	10.9	2.64	2.9	3.79	0.663
3	D2158	安山岩		0.582	0.225	1.18	0.369	1.03	20.8	138	18	513	117	0.575	89.7	13.9	10.4	4.7	22.2	2.83
4	SZP3GP1	玄武岩		1.23	27.5	4.94	2.59	2.33	19.1	149	514	118	3.61	7.61	1133	3.54	0.399	32.6	17.6	6.17
5	SZP5GP1	玄武安山岩		38.5	465	352	58.7	156	27.3	88.1	91.7	419	110		454	10.8	7.70	22.4	9.06	1.19
6	SZP7GP1	玄武岩		28.3	199	520	39.0	189	16.7	141	2443	475	34.9		4161	10.8	1.42	94.1	83.5	13.4
7	D4511GP1	玄武安山岩		10.6	85.4	64.9	21.3	47.3	22.5	77.0	1374	199	8.28	2.53	1404	4.82	0.50	39.8	15.4	3.10
8	D2143	流纹岩	J_1n	2.04	11.2	5.03	2.18	1.72	31.5	163	56.7	898	175	1.23	106	22.1	7.86	10.1	20.7	4.09
9	WWP4GP1	玄武岩		6.52	59.8	57.9	8.85	43.7	20.3	83.1	1014	253	6.50	2.01	1370	6.01	0.421	32.4	18.7	3.73
10	WWP5GP1	粗面安山岩		15.1	91.2	33.5	9.93	17.6	22.8	247	2066	648	38.6		2673	14.6	1.69	117	80.7	14.3
11	WWP7GP2	流纹岩		29.6	306	184	49.2	107	23.6	30.7	360	193	21.1	0.54	338	4.54	1.42	15.4	2.71	0.83

Rb、Ba、Th、Nb、Ce强烈富集，Ti、Y、Cr亏损。也具有板内玄武岩的特征。

（五）火山岩喷发时代探讨

本项目在双咀湖剖面上取得新鲜玄武岩样品，其全岩同位素 Ar-Ar 法测年结果见表3-9和图3-32、图3-33。测得的坪年龄为201±4Ma，等时线年龄为202±4Ma，显示其时代为晚三叠世诺利期—瑞替期。若拉岗日岩群的泥质板岩中采获的孢粉属种都是各地上三叠统中的常见分子，化石鉴定结果与同位素测年结果是一致的。

表3-9　$^{39}Ar-^{40}Ar$ 阶段加热视年龄参数表

阶段	T（℃）	^{39}Ar/%	$^{40}Ar^*$/%	$^{39}Ar/^{36}Ar$	$^{40}Ar/^{36}Ar$	$^{37}Ar/^{39}Ar$	年龄（Ma）	误差
1	440	0.54	15.83	16.21	351.11	0.52	78.55	2.65
2	520	1.09	53.26	67.26	632.86	0.52	113.76	1.62
3	600	3.75	87.45	289.78	2 371.73	0.18	160.38	0.37
4	680	6.43	94.93	676.56	5 943.16	0.28	185.54	0.24
5	750	6.88	92.94	450.71	4 234.53	0.24	193.8	0.25
6	810	9.42	97.5	1 292.06	12 282.45	0.05	205.07	0.24
7	870	7.85	97.09	1 144.72	10 486.02	0.04	197.22	0.3
8	930	10.7	96.74	1 041.75	9 321.55	0.04	192.22	0.21
9	980	13.79	96.11	833.82	7 772.6	0.04	198.58	0.2
10	1 030	13.36	94.32	549.16	5 284.31	0.05	201.04	0.32
11	1 070	9.26	93.66	473.82	4 723.04	0.07	206.47	0.21
12	1 130	11.65	94.66	562.36	5 623.03	0.06	209.17	0.2
13	1 190	2.89	92.9	412.53	4 208.84	0.1	209.43	0.63
14	1 300	2.4	90.54	304.74	3 149.01	0.17	206.88	0.64

样品编号：SZP5N1；岩石名称：玄武岩

照射天数：2.51；保存天数：180

标准样：$^{40}Ar/^{39}Ar$=5.85；年龄=132Ma；J=1.30×10^{-2}

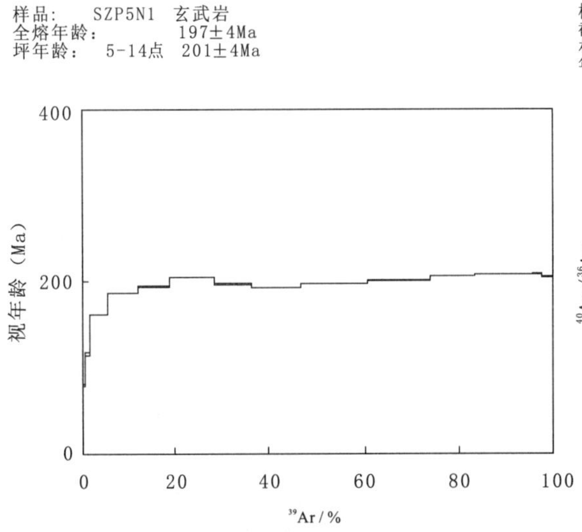

图3-32　玄武岩坪年龄

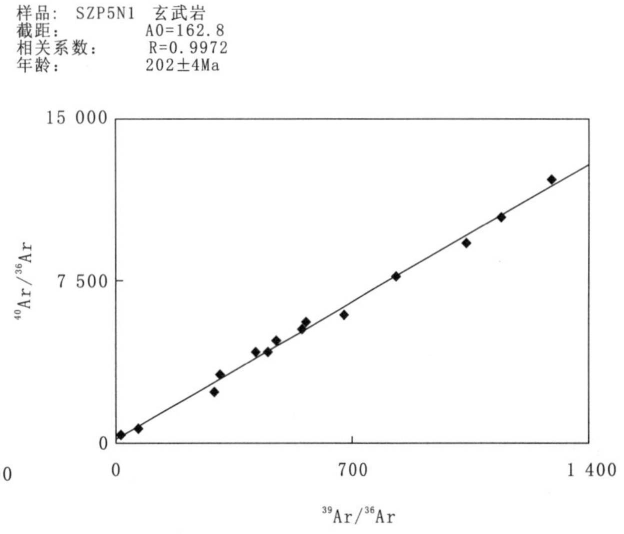

图3-33　玄武岩等时线年龄

（六）构造环境判别

玄武岩和安山岩在化学成分特征上表现为明显的高碱、低Fe、Mg的特征。属碱性玄武岩系列，具有明显的板内岩浆岩的特征。在不同构造环境玄武岩的Ti－Zr判别图解（图3－34）中，样品投影点主要落入板内玄武岩区内，个别样品投在火山弧玄武岩区；在Zr/Y－Zr判别图解上（图3－35），投点落入板内玄武岩区内。玄武岩和安山岩的微量元素蛛网图（图3－31）显示板内玄武岩的特征。结合区域地质构造特征分析，若拉岗日岩群的火山岩应该形成于板内环境。

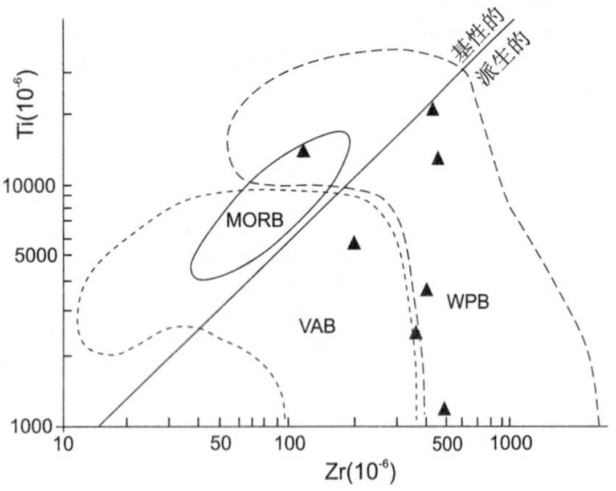

图3－34　Ti－Zr判别图解
（仿T. H. Pearce，1973）
MORB－洋中脊玄武岩区；VAB－火山弧玄武岩区；
WPB－板内玄武岩区

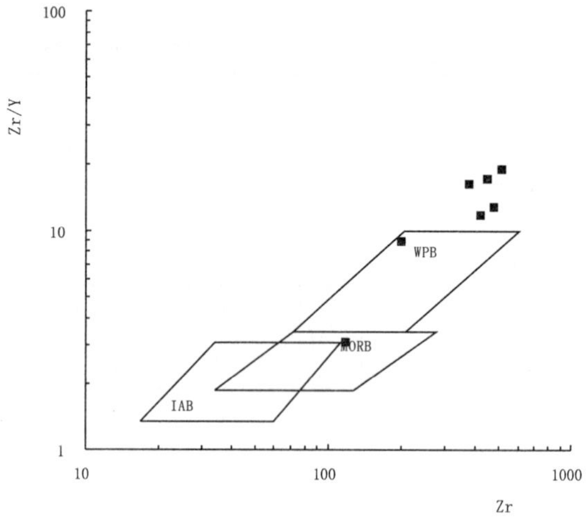

图3－35　Zr/Y－Zr判别图解
（仿T. H. Pearce，1982）
MORB－洋中脊玄武岩区；VAB－火山弧玄武岩区；
WPB－板内玄武岩区

二、早侏罗世火山岩

（一）产出特征

早侏罗世火山岩仅发育于下侏罗统那底岗日组中。那底岗日组出露于测区北部的弯弯梁一带。出露面积约8km²。下与藏夏河组、上同雀莫错组均呈平行不整合接触。剖面底部为灰、灰绿色块状复成分砾岩，砾石以火山岩为主；向上为黄绿色块状沉火山角砾岩，灰、深灰色玄武岩，灰绿色厚块状粗面安山岩，灰色厚层块状沉火山角砾岩；顶部为肉红色厚块状流纹岩。该套地层总厚202.05m。剖面上火山岩仅见喷溢相的熔岩，岩性分别为玄武岩、粗面安山岩和流纹岩。

（二）岩石学特征

（1）玄武岩：灰、深灰色，具显微斑状、间粒状结构，块状、杏仁状构造。斑晶占55%，主要为培长石、拉长石、斜长石、辉石等；基质为微晶长石，含量为45%，基质具交织结构、间粒结构。岩石中偶见石英杏仁。

（2）粗面安山岩：灰绿色，具斑状结构，块状构造，部分气孔状构造。斑晶分布不均，含量8%～35%，主要由正长石、斜长石及少量黑云母组成，长石斑晶呈1～2mm×2～5mm的长柱状，部分熔蚀呈不规则柱状，少量长石斑晶达5～8mm×1mm，并具卡氏双晶，部分斑晶长轴平行定向分布；基质为细微晶结构。

（3）流纹岩：肉红色，斑状结构，块状构造。斑晶含量15%～25%，斑晶主要为长石、石英和少量黑云母。其中石英为自形-半自形粒状，粒径0.5～2mm；斜长石，半自形板状，粒径0.5～4mm；黑云母，少量，不规则片状。部分斑晶定向排列。基质由斜长石微粒和火山玻璃组成。含量75%～

85%。基质呈霏细结构。岩石中含少量凝灰质、安山质岩石角砾。

（三）岩石化学特征

那底岗日组火山岩的岩石化学成分及 CIPW 标准矿物见表 3-6。

玄武岩的主要氧化物含量（w_B/%）：SiO_2 45.84、TiO_2 1.72 、Al_2O_3 17.27、MgO 2.65、Na_2O 3.5、K_2O 0.5。其化学成分与中国玄武岩平均值（黎彤，1963）相比，具有较高的 Al_2O_3 和较低的 MgO、TiO_2、Na_2O、K_2O。

粗面安山岩的主要氧化物含量（w_B/%）：SiO_2 54.64、TiO_2 1.37 、Al_2O_3 15.22、MgO 2.52、Na_2O 6.35、K_2O 0.48。其化学成分与中国安山岩平均值（黎彤，1963）相比，具有明显的高 TiO_2、Na_2O，低 SiO_2、MgO、K_2O 的特征。

流纹岩的主要氧化物含量（w_B/%）：SiO_2 76.8～80.53、TiO_2 0.08～0.16 、Al_2O_3 10.96～12.32、MgO 0.26～0.32、Na_2O 3.09～3.81、K_2O 2.56～4.52。其化学成分与中国流纹岩平均值（黎彤，1963）相比，具有明显的高 SiO_2 低 K_2O 的特征。

玄武岩的 CIPW 标准矿物组合为 Q＋An＋Ab＋Or＋Di＋Hy＋Tl＋Mt＋Hm＋Ap，标准矿物中出现石英（Q）和透辉石（Di）。Al_2O_3＞K_2O＋ Na_2O＋ CaO，为 SiO_2 过饱和铝过饱和类型。

粗面岩的 CIPW 标准矿物组合为 Q＋An＋Ab＋Or＋Di＋Hy＋Tl＋Mt＋Hm＋Ap，标准矿物中出现石英（Q）和透辉石（Di）。Al_2O_3＞K_2O＋ Na_2O＋ CaO，为 SiO_2 过饱和铝过饱和类型。

流纹岩的 CIPW 标准矿物组合为 Q＋An＋Ab＋Or＋C＋Hy＋Tl＋Mt＋Hm＋Ap，标准矿物中出现石英（Q）和刚玉（C）。Al_2O_3＞K_2O＋ Na_2O＋ CaO，为 SiO_2 过饱和铝过饱和类型。

在 TAS 岩石分类命名图解上（图 3-36），岩石投影点很分散，5 个样品分别投点于玄武岩、玄武质粗面安山岩和流纹岩区内。

岩石全碱含量较高（K_2O＋ Na_2O＝4.0～7.61），岩石碱度率（AR）为 1.36～4.3，在（K_2O＋Na_2O）-SiO_2 图（图 3-37）上样品投点于亚碱性系列区。岩石分异指数（DI）高达 70.54～96.87，表明其岩浆经过了较为强烈的分离结晶作用，具有残余岩浆性质。

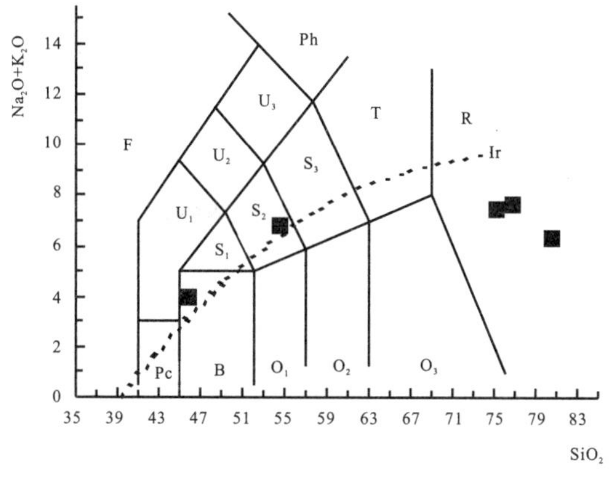

图 3-36　TAS 火山岩分类命名图解

（仿 M. J. Le Bas 等，1986）

F-副长石岩；Pc-苦橄玄武岩；B-玄武岩；O_1-玄武安山岩；O_2-安山岩；O_3-英安岩；S_1-粗面玄武岩；S_2-玄武粗安岩；S_3-粗安岩；T-粗面岩、粗面英安岩；R-流纹岩；U_1-碧玄岩、碱玄岩；U_2-响岩质碱玄岩；U_3-碱玄质响岩；Ph-响岩

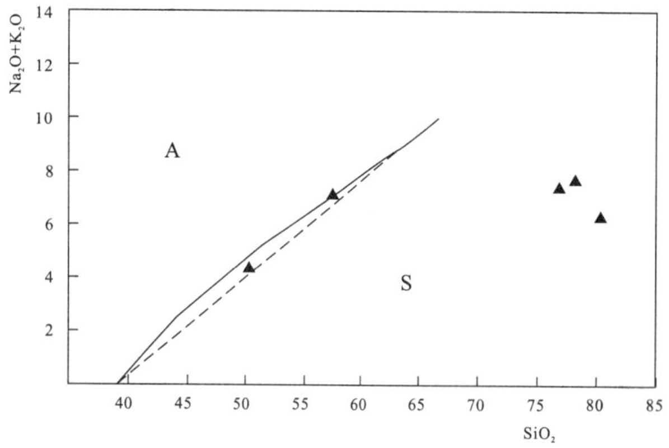

图 3-37　硅碱图解

（仿 T. N. Irvine 等，1971）

A-碱性系列；S-亚碱性系列

（四）稀土及微量元素特征

那底岗日组火山岩的稀土元素分析结果及特征参数见表 3-7。

那底岗日组火山岩的稀土总量较高，$\Sigma REE=146\times10^{-6}\sim421\times10^{-6}$，轻稀土 $135\times10^{-6}\sim395\times10^{-6}$，重稀土 $10\times10^{-6}\sim28\times10^{-6}$，Eu 明显负异常（$\delta Eu=0.55\sim0.84$），Ce 微弱负异常（$\delta Ce=0.84\sim0.91$）。

稀土元素配分曲线见图 3－38。其稀土元素配分曲线为向右缓倾斜的 LREE 富集型。

那底岗日组火山岩的微量元素分析结果见表 3－8。微量元素蛛网图见图 3－39。与洋脊玄武岩相比，微量元素 Rb、Th、Zr、Hf 强烈富集，Ti、Y、Cr 亏损。具有板内玄武岩的特征。

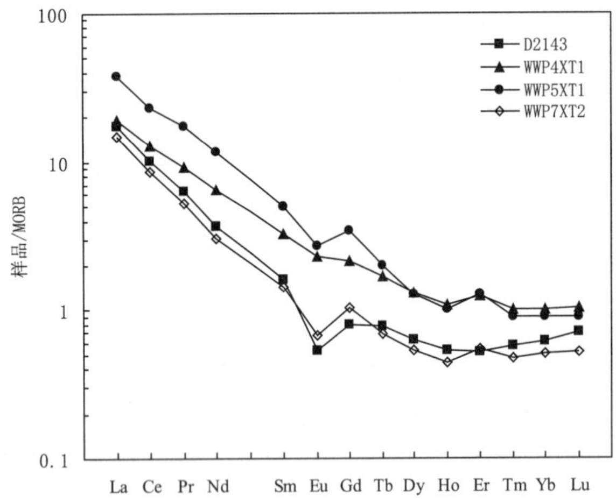

图 3－38　早侏罗世火山岩稀土元素分布模式图

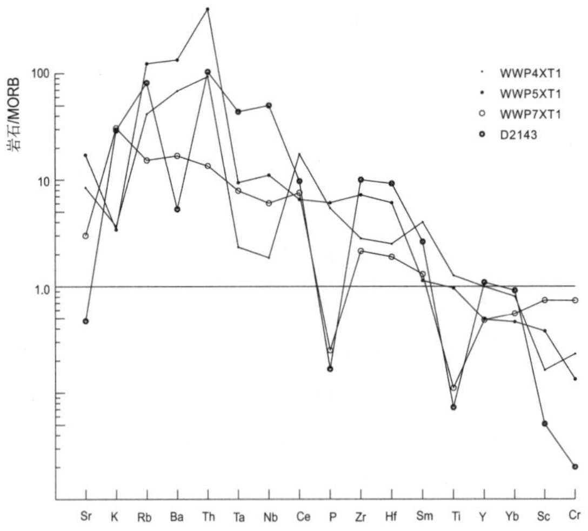

图 3－39　早侏罗世火山岩微量元素蛛网图
（仿 Pearce，1982）

（五）火山岩喷发时代探讨

对于那底岗日组火山岩的时代，测区尚未获得同位素测年的成果，当前只能根据层位关系，结合区域对比认定其时代为早侏罗世。在区域上，成都环资所（1996）曾对菊花山剖面作过磁性地层的研究，其磁极性柱状图图案与国际地磁极性年表的下侏罗统图案吻合，另外所采凝灰岩样品测得 Ar－Ar 法同位素年龄值为 182.97±3.66Ma，3 件 K－Ar 法同位素年龄值分别是 167.5±4.4Ma，161.9±5.8Ma，164.4±3.3Ma，川碳中心（1996）在碱水河、虾河采样用 Rb－Sr 法测得同位素年龄值分别为 174.9Ma，187.00Ma。根据这些年龄数据，结合层位关系和古地磁研究成果，我们认为将那底岗日组时代定在早侏罗世比较合理。

（六）构造环境判别

早侏罗世火山岩的岩性组合为玄武岩＋粗面安山岩＋流纹岩，显示一个从基性到酸性的演化序列，并具有同碰撞火山岩或板内火山岩的岩性组合特征。利用稀土和微量元素对其形成构造环境进行判别，在不同构造环境玄武岩的 Ti－Zr 判别图解（图 3－40）中，样品投影点主要落入板内玄武岩区和火山弧玄武岩区；在 Zr/Y－Zr 判别图解上（图 3－41），投点落入板内玄武岩区内。玄武岩和安山岩的微量元素蛛网图（图 3－39）显示板内玄武岩的特征。结合区域地质构造特征分析，那底岗日组的火山岩应该形成于板内环境。

三、古近纪火山岩

（一）产出特征

测区内古近纪火山岩产于鱼鳞山组中。鱼鳞山组火山岩是测区内规模最大的火山岩，主要分布在乱青山-卧牛山、浩波湖北、凌云山、黄南山-黄石长梁、错尼东-火车头山等地。岩性上可分为钙碱性系列火山岩和碱性系列火山岩。

碱性系列火山岩类集中分布在火车头山一带，火山活动以中心式火山喷发为主，主要岩性有玄武安山岩、英安岩、流纹岩、粗面玄武岩、粗面安山岩、碱玄岩和响岩等。

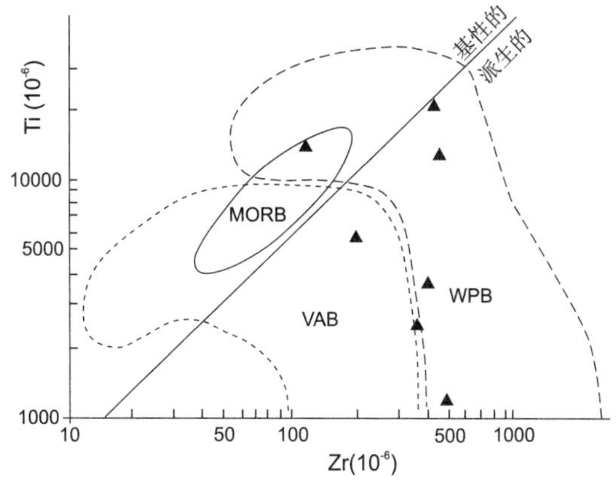

图 3-40 Ti-Zr 判别图解
（仿 T. H. Pearce，1973）
MORB-洋中脊玄武岩区；VAB-火山弧玄武岩区；
WPB-板内玄武岩区

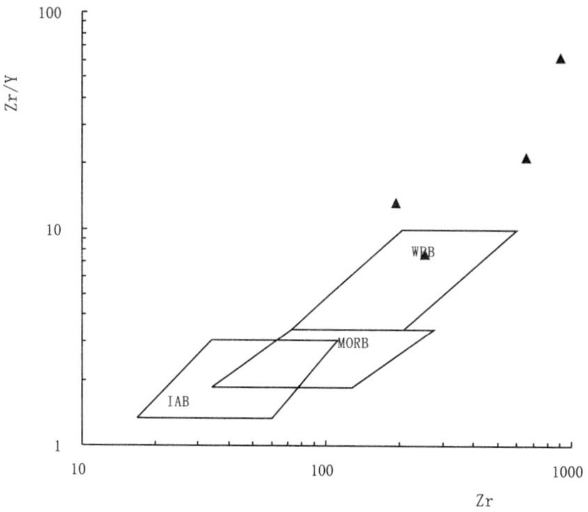

图 3-41 Zr/Y-Zr 判别图解
（仿 T. H. Pearce，1982）
MORB-洋中脊玄武岩区；VAB-火山弧玄武岩区；
WPB-板内玄武岩区

代表性剖面测于火车头山南坡。剖面岩层厚达 1 068.58m，下部为厚层的粗面玄武岩，向上出现碱玄岩和响岩，岩石从下到上碱性明显增加。

钙碱性系列火山岩分布较广，代表性剖面测于长龙河南侧。剖面上岩层厚 244.58m。主要岩性为喷溢相的辉石安山岩，顶部出现黑色玻基安山岩。

（二）火山机构

鱼鳞山组火山岩分布广，时代比较新，所以火山机构保存较好，地表可见熔岩被、火山口和火山颈等。

熔岩被：测区内广泛发育，其中以乱青山和火车头山一带出露较好。地表火山熔岩呈面状展布，地势平坦，常呈现熔岩台地或平顶山等地貌。

火山口：见于机头湖、石梁沙河和火车头山等地。其中以机头湖火山口保存较好（图 3-42）。机头湖火山口位于机头湖北 3km 处，构成一个椭圆形的小山包，发育放射状水系（冲沟）。火山口中心为黑色玻基安山岩，构成一个直径为 25m 左右的圆形，向外过渡为灰色安山质熔岩。发育放射状节理。

火山颈：见于卧牛山和浩波湖等地，以卧牛山火山颈最具特征（图 3-43）。火山颈形成高 50m 的环形山包。中心为灰色一黑色玻基安山岩，边部为浅紫色气孔状安山玢岩。发育柱状节理。火山颈四周为安山岩熔岩被。

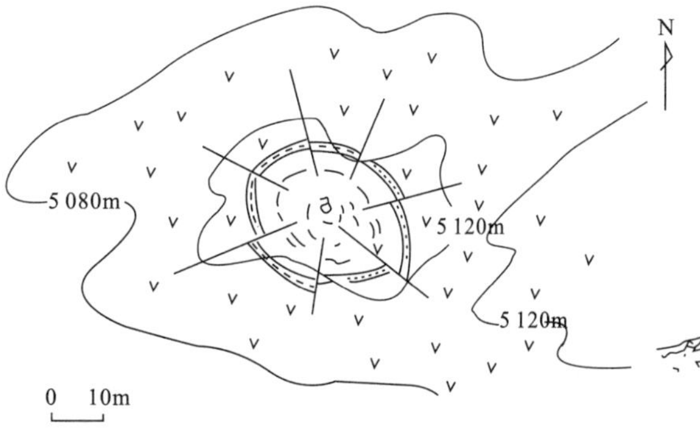

图 3-42 机头湖北火山口平面图

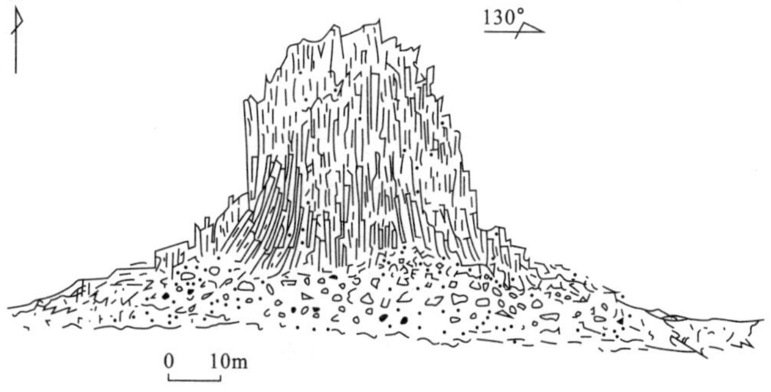

图 3-43 卧牛山火山颈素描图

（三）岩石学特征

鱼鳞山组的岩性十分复杂。根据镜下鉴定结合岩石化学命名，主要岩性：玄武岩、安山岩、玻基安山岩、英安岩、流纹岩、粗面玄武岩、白榴石碱玄岩、白榴碧玄岩、粗面安山岩、粗面英安岩、响岩和响岩质火山角砾岩等。

（1）玄武岩：岩石为灰色，斑状结构，基质具隐晶－微晶结构、玻晶交织结构、气孔状构造和块状构造。斑晶由中性斜长石（An30～45）（4%～20%）、普通角闪石（6%～10%）组成。基质由玻璃、斜长石微晶、普通角闪石、绿泥石和玻屑（<5%）等组成。

（2）安山岩：岩石为浅灰－灰色，斑状结构，基质具隐晶－微晶结构、玻晶交织结构、气孔状构造和块状构造。斑晶由中性斜长石（An31～45）（2%～22%）、黑云母（1%～5%）、普通角闪石（5%～10%）、钾长石（1%～5%）所组成。基质由玻璃、斜长石微晶、普通角闪石、绿泥石和玻屑（<5%）等组成。据岩石中黑云母和角闪石含量的多少可以分为黑云母安山岩和角闪石安山岩两种。黑云母和普通角闪石常具暗化边和熔蚀现象，斜长石偶见绢云母化现象。

（3）玻基安山岩：岩石为黑色，致密块状，隐晶质，断口贝壳状，肉眼下极似黑耀岩。岩石具斑状结构。斑晶为中长石（10%～15%）和黑云母（3%～5%）。基质具交织结构和隐晶质结构，可见微晶状长石呈交织状排列，其间为玻璃质和不透明矿物充填。

（4）英安岩：岩石为浅灰－浅紫灰色、斑状结构，基质具隐晶质－玻璃质结构，块状构造，局部见气孔状构造。斑晶由更-中长石（An27～33）（12%～20%）、黑云母（2%～5%）、普通角闪石（1%～5%）、透长石（1%～3%）和石英（1%～2%）等组成。基质为玻璃和斜长石微晶。斑晶矿物多具熔蚀现象，而黑云母和普通角闪石见暗化边现象。

（5）流纹岩：岩石为浅灰－浅紫灰色、斑状结构，基质为隐晶质－玻璃质结构，块状构造，局部见气孔状构造。斑晶由更－中长石（An27～33）（12%～20%）、黑云母（2%～5%）和石英（2%～5%）等组成。基质为玻璃和长石微晶。斑晶矿物多具熔蚀现象，黑云母见暗化边现象。

（6）粗面玄武岩：深灰色，风化面呈褐色，斑状结构，基质具间粒结构、块状结构。斑晶由霓辉石（5%～8%）、普通辉石（2%～7%）所组成。基质由斜长石（An30～53）（50%～55%）、普通辉石（20%～25%）、霓辉石（5%～6%）、钾长石（0%～3%）、玻璃质（0%～5%）、金属矿物（2%～4%）等组成。岩石中往往可见 0.9～2.7mm 大小的石英捕虏晶。

（7）白榴石碱玄岩：灰色，风化面上微带褐色，斑状结构，基质具同粒结构，块状构造。斑晶由霓辉石（局部见有霓石）（6%～15%）、普通辉石（2%～5%）、黑云母（1%～5%）、白榴石（1%～10%）和钾长石（10%～6%）所组成。基质由斜长石（25%～35%）、普通辉石（5%～28%）、霓辉石（1%～5%）、白榴石（1%～25%）、钾长石（1%～15%）和金属矿物（1%～3%）等组成。白榴石已部分变为假白榴石，局部可见长石或石英的捕虏晶。

（8）白榴碧玄岩：岩石为灰褐色－灰绿色，斑状结构，杏仁构造，基质具间粒结构。斑晶矿物含量约为 25%～40%，其中，橄榄石假象（8%～15%）由方解石、皂石和伊丁石构成，辉石（15%～25%）为浅褐色的含钛普通辉石，黑云母（1%～5%）为红褐色，斜长石（0%～2%）中长石（An34～44）。基质由斜长石（20%～30%）、普通辉石（10%～20%）、橄榄石（10%±）、白榴石（15%±）、富碱角闪石（红褐色）（1%±）等组成。副矿物为磷灰石和磁铁矿等。橄榄石常见碳酸盐化现象。

（9）粗面安山岩：岩石为浅灰色，具气孔状构造和流纹构造，斑状结构。斑晶主要为斜长石（15%±）和角闪石（1%～2%），大小为 0.2～2mm。基质具显晶质结构和显微粒状结构，晶粒大小为 0.05～0.1mm，为斜长石（25%±）、黑云母（15%±）、微斜长石（25%～27%）以及磁铁矿和角闪石等，含量为 2%～3%。岩石中普遍发育碳酸盐化，碳酸盐多数沿气孔充填，含量为 10%～15%。

（10）粗面英安岩：岩石为灰－浅灰色，斑状结构，流状构造，基质具粗面结构。斑晶由自形板状透长石（晶体大小变化于 $1\times2mm^2$～$30\times50mm^2$，多为 $3\times6mm^2$～$10\times15mm^2$）（10%～35%）、透辉石（5%～10%）、黑云母（3%～8%）和磷灰石（1%～2%）组成。基质由透长石（30%～50%）、透辉石（8%～14%）、霞石（7%～11%）和磁铁矿（2%～4%）及少量磷灰石（0.5%～1%）所组成。

（11）响岩：岩石为灰褐色—深绿色，斑状结构、块状构造，基质为（似）粗面结构和响岩结构。斑晶矿物含量约为5%～50%，由似长石（3%～40%）、透长石（1%～5%）、单斜辉石（1%～5%）及少量黑云母所组成。其中，似长石包括白榴石、假白榴石、黝方石、蓝方石、霞石和方钠石；单斜辉石包括霓辉石、霓石和透辉石。基质矿物含量约为50%～95%，由透长石、似长石和单斜辉石所组成。其矿物组合类似于斑晶矿物。副矿物常见榍石与磷灰石。

（12）响岩质火山角砾岩：岩石为深灰绿色，角砾结构，块状构造。角砾岩块的成分主要为黝方石响岩（30%～35%）、蓝方石响岩（15%～20%）、白榴石响岩（45%～50%）。角砾岩块大小不等，多介于2～50mm之间，均为棱角状角砾。角砾之间的胶结物为细小岩屑和晶状火山灰物质。

（四）岩石化学特征

鱼鳞山组火山岩的岩石化学成分及CIPW标准矿物见表3-10和表3-11。

在TAS岩石分类命名图解上（图3-44），样品投点于玄武岩（B）、粗面玄武岩（S_1）、碱玄岩（U_1）、玄武安山岩（O_1）、玄武质粗面安山岩（S_2）、安山岩（O_2）、粗面安山岩（S_3）、英安岩（O_3）、粗面英安岩（T）、响岩（Ph）和流纹岩区（R）内。

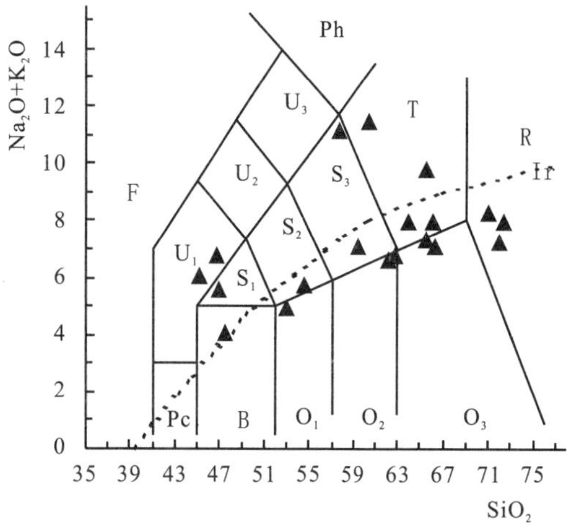

图3-44 TAS火山岩分类命名图解

（仿M. J. Le Bas等，1986）

Pc-苦橄玄武岩；B-玄武岩；O_1-玄武安山岩；O_2-安山岩；O_3-英安岩；S_1-粗面玄武岩；S_2-玄武粗安岩；S_3-粗安岩；T-粗面岩、粗面英安岩；R-流纹岩；U_1-碧玄岩、碱玄岩；U_2-响岩质碱玄岩；U_3-碱玄质响岩；Ph-响岩

玄武岩的主要氧化物含量（w_B/%）：SiO_2 47.52、TiO_2 2.71、Al_2O_3 13.47、Fe_2O_3 4.72、FeO 8.98、MgO 6.63、Na_2O 2.76、K_2O 1.28。其化学成分与中国玄武岩平均值（黎彤，1963）相比，具有明显的高TiO_2、Fe_2O_3、FeO，低K_2O、Na_2O的特征。玄武岩的CIPW标准矿物组合为An＋Ab＋Or＋Di＋Hy＋Ol＋Il＋Mt＋Ap，标准矿物中出现透辉石（Di）和橄榄石（Ol）。$K_2O+Na_2O<Al_2O_3<K_2O+Na_2O+CaO$，为$SiO_2$低度不饱和铝正常类型。

安山岩的主要氧化物含量（w_B/%）：SiO_2 59.45、TiO_2 0.91、Al_2O_3 16.05、Fe_2O_3 1.01、FeO4.05、MgO 4.19、Na_2O 4.45、K_2O 2.66。其化学成分与中国安山岩平均值（黎彤，1963）相比，具有明显的高Al_2O_3、FeO、MgO、Na_2O、K_2O，低CaO的特征。安山岩的CIPW标准矿物组合为Q＋An＋Ab＋Or＋Di＋Hy＋Il＋Mt＋Ap，标准矿物中出现石英（Q）和透辉石（Di）。$Al_2O_3>K_2O+Na_2O+CaO$，为SiO_2过饱和铝过饱和类型。

英安岩的主要氧化物含量（w_B/%）：SiO_2 63.87%～66.12%、TiO_2 0.54%～1.25%、Al_2O_3 16.06%～16.89%、MgO0.59%～2.30%、Fe_2O_3 0.68%～1.03%、FeO2.73%～4.12%、Na_2O 3.54%～4.21%、K_2O3.19%～4.37%。其化学成分与中国英安岩平均值（黎彤，1963）相比，具有明显的高TiO_2、Al_2O_3、K_2O、Na_2O，低CaO的特征。英安岩的CIPW标准矿物组合为Q＋An＋Ab＋Or＋C＋Hy＋Il＋Mt＋Ap，标准矿物中出现石英（Q）和刚玉（C）。$K_2O+Na_2O<Al_2O_3<K_2O+Na_2O+CaO$，为$SiO_2$过饱和铝正常类型。

流纹岩的主要氧化物含量（w_B/%）：SiO_2 71.01%～72.30%、TiO_2 0.28%～0.32%、Al_2O_3 15.16%～15.62%、MgO 0.52～0.78、Fe_2O_3 0.26～0.38、FeO1.04～1.54、Na_2O 3.28～4.87、K_2O 3.4～4.05。其化学成分与中国流纹岩平均值（黎彤，1963）相比，具有明显的高TiO_2、Al_2O_3、MgO、Na_2O，低Fe_2O_3、FeO、K_2O的特征。流纹岩的CIPW标准矿物组合为Q＋An＋Ab＋Or＋C＋

表 3-10　鱼鳞山组和石坪顶组火山岩氧化物含量

地层代号	样品编号	岩石名称	化验项目及含量(w_B/%)												
			SiO_2	TiO_2	Al_2O_3	Fe_2O_3	FeO	MnO	MgO	CaO	Na_2O	K_2O	P_2O_5	烧失量	Σ
$E_{2+3}y$	HCP5GS1	玄武岩	47.52	2.71	13.47	4.72	8.98	0.21	6.63	10.00	2.76	1.28	0.39	1.80	100.47
	HCP7GS1	碱玄岩	56.24	0.47	18.56	3.46	0.53	0.15	0.53	2.72	7.20	7.82	0.11	2.11	99.9
	HCP9GS1	响岩	57.62	0.55	17.77	3.66	0.33	0.12	1.08	3.01	2.94	8.19	0.17	4.26	99.7
	CHLP2GS1	英安岩	65.50	0.60	15.96	3.17	0.40	0.16	1.93	3.40	4.16	3.14	0.21	1.18	99.81
	D3087GS2	玻基安山岩	62.16	0.67	16.02	2.98	1.40	0.056	2.44	4.66	3.78	2.81	0.26	2.06	99.296
	D3141GS1	碱玄岩	46.68	1.3	12.08	5.38	2.98	0.16	9.70	10.51	3.58	3.18	1.55	2.56	99.66
	D4596GS1	碱玄岩	45.08	1.85	14.70	4.80	4.36	0.14	8.88	8.39	3.47	2.56	1.47	4.08	99.78
	D1112—1	安山岩	62.75	0.70	16.37	0.91	3.65	0.07	3.50	4.48	3.96	2.82	0.07	1.51	100.80
	D2123	玄武安山岩	54.60	1.18	20.15	1.39	5.54	0.14	3.26	6.69	3.86	1.87	0.31	2.82	101.80
	D3096-GS2	英安岩	63.87	1.25	16.79	1.03	4.12	0.02	0.88	2.23	3.54	4.37	0.15	1.71	99.95
	D3114	流纹岩	71.96	0.32	15.16	0.38	1.53	0.03	0.78	1.95	3.28	3.92	0.07	3.15	102.53
	D3115	英安岩	66.12	0.68	16.86	0.86	3.43	0.01	0.59	2.69	4.21	3.77	0.09	1.64	100.97
	D3116-2	流纹岩	71.01	0.27	15.62	0.31	1.24	0.02	0.61	2.17	4.87	3.40	0.04	2.35	101.92
	D3140-GS1	玄武安山岩	52.96	1.15	10.24	1.47	5.88	0.13	7.20	9.54	2.39	2.52	1.02	4.95	99.45
	D3141-GS2	粗面玄武岩	46.96	1.22	10.28	1.74	6.94	0.16	11.06	11.84	1.80	3.73	1.15	1.94	98.81
	D4543-1	粗面英安岩	65.58	0.37	16.53	0.92	3.68	0.02	0.53	1.63	3.24	6.53	0.11	1.34	100.48
	D4564-1	安山岩	59.45	0.91	16.05	1.01	4.05	0.08	4.19	6.00	4.45	2.66	0.27	0.87	100.00
	D4567	流纹岩	72.30	0.28	15.32	0.26	1.04	0.01	0.52	1.89	3.93	4.05	0.02	1.13	100.75
	D4568	英安岩	66.30	0.54	16.06	0.68	2.73	0.05	2.30	3.66	3.92	3.19	0.18	1.34	100.95
	D4574-GS1	粗面安山岩	60.39	0.67	15.70	0.95	3.80	0.12	1.93	3.75	4.20	7.23	0.15	0.59	99.47
N*sh*	D4523	凝灰质流纹岩	75.86	0.28	12.85	0.94	3.75	0.07	1.44	0.33	1.08	2.59	0.01	2.97	102.16
	D4524	凝灰质流纹岩	77.64	0.02	12.76	0.21	0.85	0.02	0.18	0.59	4.33	2.98	0.00	0.91	100.48

表 3-11 鱼鳞山组和石坪顶组火山岩 CIPW 标准矿物及重要参数

地层	原编号	样品名称	CIPW 标准矿物(w_B/%)															重要指数		
			Q	An	Ab	Or	Ne	C	Di	Hy	Wo	Ol	Ac	Il	M t	Ap	合计	DI	SI	AR
$E_{2+3}y$	HCP5GS1	玄武岩		20.86	23.67	7.67			21.74	8.18		4.81		5.22	6.94	0.92	100.0	52.2	27.21	1.42
	HCP7GS1	碱玄岩			13.58	47.31	21.44		6.96		2		7.3	0.91		0.26	100.0	82.33	2.73	5.8
	HCP9GS1	响岩	1.97	11.65	26.11	50.79			2.27	2.45				1.1	3.25	0.41	100	90.52	6.73	3.31
	CHLP2GS1	英安岩	19.56	15.73	35.74	18.84		0.04		5.88				1.16	2.55	0.49	100	89.88	15.25	2.21
	D3087GS2	玻基安山岩	17	18.99	32.93	17.09			2.44	6.58				1.31	3.05	0.62	100	86	18.32	1.94
	D3141GS1	碱玄岩		7.74	11.21	19.39	10.86		28.19			11.29		2.55	5.06	3.71	100	49.2	39.4	1.85
	D4596GS1	碱玄岩		17.76	19.95	15.83	5.84		12.49			15.53		3.68	5.37	3.56	100	59.37	37.09	1.71
	D1112-1	安山岩	12.85	18.68	33.78	16.76			2.63	12.45				1.35	1.33	0.17	100	82.07	23.57	1.96
	D2123	玄武安山岩	3.41	31.46	32.97	11.16		0.37		15.6				2.27	2.03	0.73	100.0	79.01	20.5	1.54
	D3096-GS2	英安岩	19.08	10.27	30.47	26.3		2.59		7.01				2.41	1.52	0.36	100.0	86.12	6.32	2.42
	D3114	流纹岩	32.01	9.3	27.95	23.3		2.15		3.97				0.61	0.56	0.16	100.0	92.56	7.87	2.45
	D3115	英安岩	18.86	12.85	35.9	22.45		1.17		5.99				1.31	1.25	0.22	100	90.06	4.6	2.38
	D3116-2	流纹岩	23.59	10.56	41.42	20.16		0.07		3.15				0.51	0.45	0.09	100	95.73	5.83	2.74
	D3140-GS1	玄武安山岩	4.39	10.3	21.44	15.78			26.43	14.61				2.31	2.26	2.49	100	51.9	36.99	1.66
	D3141-GS2	粗面玄武岩		9.24	2.73	22.75	7.03		35.01			15.5		2.39	2.6	2.75	100.0	41.76	43.76	1.67
	D4543-1	粗面英安岩	15.45	7.41	27.62	38.95		1.45		6.81				0.7	1.35	0.26	100	89.43	3.55	3.33
	D4564-1	安山岩	5.29	16.1	37.97	15.89			9.86	11.05				1.74	1.48	0.63	100.0	75.25	25.6	1.95
	D4567	流纹岩	28.72	9.27	33.38	24.05		1.09		2.54				0.53	0.38	0.05	100	95.41	5.26	2.73
	D4568	英安岩	18.96	16.87	33.29	18.94			0.16	9.35				1.03	0.99	0.41	100	88.06	17.95	2.13
	D4574-GS1	粗面安山岩		2.67	35.2	43.19	0.41		12.58			2.92		1.29	1.39	0.35	99.99	81.46	10.64	3.85
N*sh*	D4523	凝灰质流纹岩	54.66	1.6	9.2	15.44		7.75		9.42				0.54	1.37	0.02	100	80.9	14.66	1.77
	D4524	凝灰质流纹岩	39.06	2.91	36.82	17.69		1.35		1.83				0.04	0.31		100	96.47	2.09	3.43

Hy+Il+Mt，标准矿物中出现石英（Q）和刚玉（C）。Al_2O_3>K_2O+ Na_2O+ CaO，为 SiO_2 过饱和铝过饱和类型。

粗面玄武岩的主要氧化物含量（w_B/%）：SiO_2 46.96、TiO_2 1.22 、Al_2O_3 10.28、MgO11.06、$Fe_2O_3$1.74、FeO6.94、Na_2O1.80、K_2O3.73。其化学成分与中国粗面玄武岩平均值（黎彤，1963）相比，具有明显的高 MgO、K_2O，低 SiO_2、Na_2O、Fe_2O_3、TiO_2 的特征。粗面玄武岩的 CIPW 标准矿物组合为 An+Ab+Or+Ne+Di+Ol +Il+Mt，标准矿物中出现霞石（Ne）、透辉石（Di）和橄榄石（Ol）。K_2O+ Na_2O <Al_2O_3<K_2O+ Na_2O+ CaO，为 SiO_2 低度不饱和铝正常类型。

碱玄岩（碧玄岩）的主要氧化物含量（w_B/%）：SiO_2 45.08～46.684、TiO_2 1.3～1.85、Al_2O_3 12.08～14.70、MgO 8.88～9.70、Fe_2O_3 4.80～5.38、FeO 2.98～4.36、Na_2O 3.47～3.58、K_2O 2.56～3.18。其化学成分与中国碧玄岩平均值（黎彤，1963）相比，具有明显的高 Fe_2O_3、MgO 、Na_2O，低 SiO_2、K_2O 、TiO_2 的特征。碱玄岩的 CIPW 标准矿物组合为 An+Ab+Or+Ne+Di+Ol +Il+Mt，标准矿物中出现霞石（Ne）、透辉石（Di）和橄榄石（Ol）。K_2O+ Na_2O <Al_2O_3<K_2O+ Na_2O+ CaO，为 SiO_2 低度不饱和铝正常类型。

粗面安山岩的主要氧化物含量（w_B/%）：SiO_2 57.62、TiO_2 0.55、Al_2O_3 17.77、MgO 1.08、Fe_2O_3 3.66、FeO 0.33、Na_2O 2.94、K_2O 8.19。其化学成分与世界粗面安山岩平均值（武汉地质学院，1980）相比，具有明显的高 Fe_2O_3、K_2O，低 MgO 、TiO_2、Na_2O 的特征。粗面安山岩的 CIPW 标准矿物组合为 Q+An+Ab+Or+Di+Hy+Il+Mt，标准矿物中出现石英（Q）和透辉石（Di）。Al_2O_3>K_2O+ Na_2O+ CaO，为 SiO_2 过饱和铝过饱和类型。

粗面英安岩的主要氧化物含量（w_B/%）：SiO_2 60.39～65.58、TiO_2 0.37～0.67 、Al_2O_3 15.70～16.53、MgO 0.53～1.93、Fe_2O_3 0.95～0.92、FeO 3.68～3.80、Na_2O 3.24～4.20、K_2O 6.53～7.23。其化学成分与世界安粗岩平均值（武汉地质学院，1980）相比，具有明显的高 SiO_2、K_2O、Na_2O,低 MgO 、TiO_2 的特征。粗面英安岩的 CIPW 标准矿物组合为 Q+An+Ab+Or+C+Hy+Il+Mt，标准矿物中出现石英（Q）和刚玉（C）。Al_2O_3>K_2O+ Na_2O+ CaO，为 SiO_2 过饱和铝过饱和类型。

响岩的主要氧化物含量（w_B/%）：SiO_2 56.24、TiO_2 0.47 、Al_2O_3 18.56、MgO 0.53、Fe_2O_3 3.46、FeO 0.53、Na_2O 7.20、K_2O 7.82。其化学成分与世界响岩平均值（武汉地质学院，1980）相比，具有明显的高 K_2O 低 TiO_2、MgO 的特征。响岩的 CIPW 标准矿物组合为 Ab+Or+Ne+Di+ Hy+ Wo+Ac+Ns+ Il+Ap，标准矿物中出现霞石（Ne）、透辉石（Di）、硅灰石（Wo）、锥辉石（Ac）和硅酸钠（Ns）。Al_2O_3>K_2O+ Na_2O+ CaO，为 SiO_2 低度不饱和铝过饱和类型。

鱼鳞山组火山岩的岩石全碱含量较高。其中碱性系列火山岩 K_2O+ Na_2O=6.03～15.02，岩石碱度率（AR）为 1.85～5.8，在（K_2O+Na_2O)- SiO_2 图（图 3-45）上样品投点于碱性系列区。亚碱性系列火山岩 K_2O+ Na_2O=4.04～8.27，岩石碱度率（AR）为 1.42～2.45，在(K_2O+Na_2O)- SiO_2 图（图 3-45）上样品投点于亚碱性系列区。

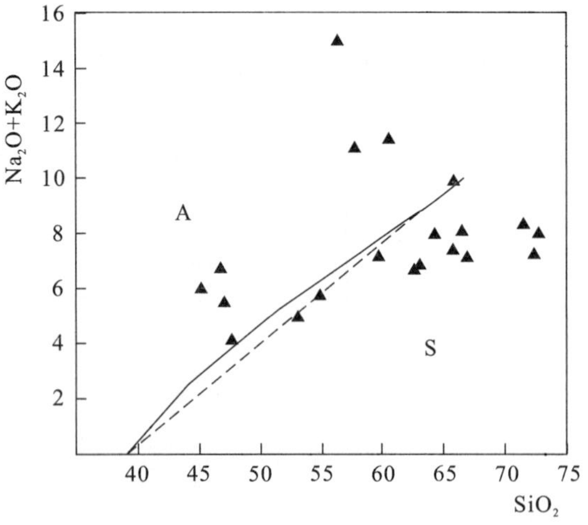

图 3-45　硅碱图解

（仿 T. N. Irvine 等，1971）

A-碱性系列；S-亚碱性系列

岩石分异指数（DI）跨度大，从 41.76（玄武岩）到 95.73（流纹岩），显示了一个从基性岩浆到酸性岩浆的完整的演化序列。

（五）稀土和微量元素特征

鱼鳞山组火山岩的稀土元素分析结果及特征参数见表 3-12。

该组火山岩的稀土总量较低，$\Sigma REE=141.94\times10^{-6}\sim1\ 205.58\times10^{-6}$，轻稀土 $LREE=122.48\times10^{-6}\sim1\ 164.04\times10^{-6}$，重稀土 $HREE=12.07\times10^{-6}\sim55.03\times10^{-6}$，轻稀土相对富集。具明显的 Eu 负异常（$\delta Eu=0.59\sim1.06$），明显的 Ce 负异常（$\delta Ce=0.73\sim0.93$）。

稀土元素配分曲线见图 3-46 和图 3-47。

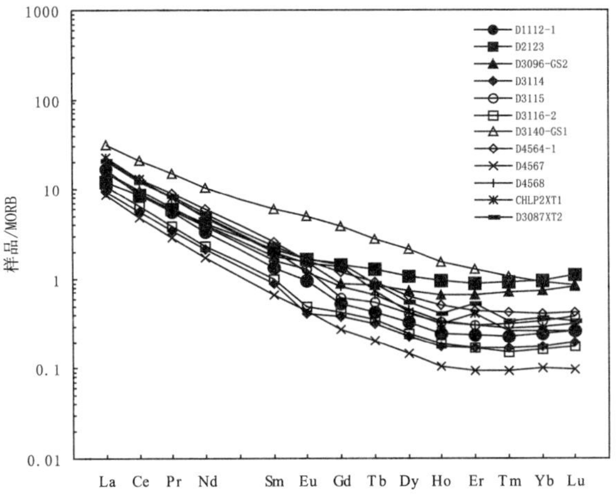

图 3-46　亚碱性系列火山岩稀土元素分布模式图

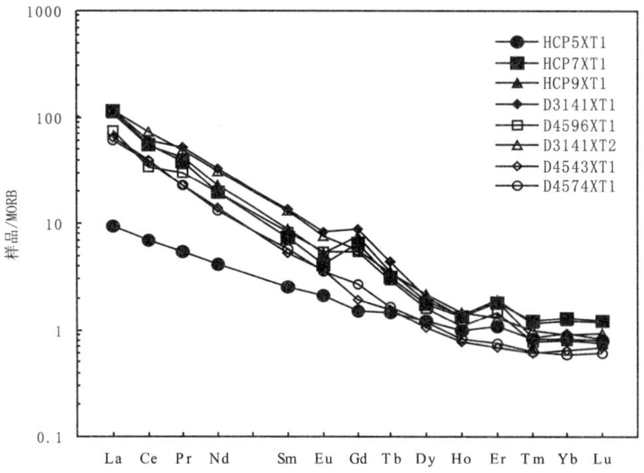

图 3-47　碱性系列火山岩稀土元素分布模式图

碱性系列火山岩和亚碱性系列火山岩的稀土元素配分曲线均为向右缓倾斜的 LREE 富集型。

鱼鳞山组火山岩的微量元素分析结果见表 3-13。

与洋脊玄武岩相比，微量元素 Rb、Ba、Zr、Th 强烈富集，Hf 富集，强烈的 Cr 亏损。具有板内火山岩的特征。

（六）火山岩喷发时代探讨

对于这套岩石组合的地层时代，已有较多同位素测年资料。本项目在火车头山剖面中、下部分别获得 Ar-Ar 法年龄 28.2Ma 和 32.2Ma，属渐新世。早在 1989 年邓万明等在巴毛穷宗山的白榴石响岩、霞石碱玄岩中就测得 K-Ar 法同位素年龄值 28.6～20Ma，时代为渐新世；川碳中心、成都环资所（1996 年）在火车头山、错尼、长龙河一带分别测得 K-Ar 法同位素年龄值 22.5～44.1±0.1Ma；李才等（2000 年）在建组剖面中测得白榴石响岩的 Ar-Ar 法年龄值 27.8Ma，K-Ar 法年龄值 18～30Ma。这些年龄数据中，Ar-Ar 法年龄值跨度小，都落在渐新世，而 K-Ar 法年龄值跨度较大，从始新世—中新世均有。综合考虑这些同位素资料，我们将鱼鳞山组火山岩的喷发时代定为古近纪。

（七）构造环境判别

鱼鳞山组火山岩的岩性复杂，既有碱性系列的火山岩也有钙碱性系列的火山岩，既有基性岩石又有中酸性岩石。组合为玄武岩（碱玄岩）+安山岩（粗安岩）+英安岩（粗面英安岩，响岩）+流纹岩。显示一个从基性到酸性的演化序列。具有同碰撞火山岩或板内火山岩的岩性组合特征。利用稀土和微量元素对其形成构造环境进行判别。在不同构造环境玄武岩的 Ti-Zr 判别图解（图 3-48）中，样品投影点主要落入板内玄武岩区和火山弧玄武岩区；在 Zr/Y-Zr 判别图解上（图 3-49），投点落入板内玄武岩区内。结合区域地质构造特征分析，鱼鳞山组火山岩应该形成于板内环境。

表 3-12　鱼鳞山组和石坪顶组火山岩稀土元素含量（$\times 10^{-6}$）

地层	样品	岩石名称	La	Ce	Pr	Nd	Sm	Eu	Gd	Tb	Dy	Ho	Er	Tm	Yb	Lu	Y
$E_{2+3}y$	D1112-1	安山岩	41.8	66.2	7.26	24.7	3.53	0.985	1.93	0.289	1.49	0.261	0.712	0.105	0.753	0.12	6.81
	D2123	玄武安山岩	30.5	64.2	7.89	30.3	5.57	1.69	5.24	0.846	4.91	1.00	2.61	0.418	2.93	0.502	25.0
	D3096XT2	英安岩	39.6	71.7	8.38	29.1	4.71	1.57	3.25	0.566	3.40	0.693	1.95	0.322	2.28	0.377	17.8
	D3114	流纹岩	23.4	42.3	4.57	15.8	2.35	0.413	1.40	0.211	1.03	0.187	0.498	0.077	0.541	0.091	5.08
	D3115	英安岩	39.4	68.1	7.74	28.4	4.26	1.32	2.26	0.372	1.84	0.343	0.904	0.146	1.03	0.173	8.62
	D3116-2	流纹岩	27.5	47.9	5.14	16.9	2.61	0.505	1.57	0.234	1.11	0.197	0.497	0.071	0.496	0.082	5.29
	D3140XT1	玄武安山岩	79.2	159	19.8	76.9	15.6	5.02	14.3	1.86	9.83	1.62	3.88	0.483	2.83	0.400	33.3
	D3141XT2	粗面玄武岩	286	547	64.5	225	34.2	7.73	20.4	2.32	9.90	1.55	3.87	0.449	2.70	0.420	35.9
	D4543-1	粗面英安岩	160	295	30.2	101	13.85	3.77	7.00	1.05	4.71	0.807	2.02	0.278	1.94	0.313	21.0
	D4564-1	安山岩	52.7	97.9	11.9	44.3	6.90	1.64	4.34	0.611	2.95	0.532	1.30	0.193	1.27	0.199	13.9
	D4567	流纹岩	21.7	36.6	3.84	12.5	1.74	0.444	1.00	0.138	0.657	0.111	0.284	0.043	0.311	0.045	3.05
	D4568	英安岩	55.4	95.4	10.6	36.8	5.38	1.21	3.09	0.440	2.06	0.358	0.906	0.130	0.891	0.146	9.49
	D4574XT1	粗面安山岩	152	284	29.7	96.0	15.0	3.60	9.87	1.12	5.37	0.850	2.25	0.285	1.77	0.277	20.7
	HCP5XT1	玄武岩	23.6	52.2	7.20	30.6	6.70	2.18	5.53	0.99	5.52	1.03	3.16	0.38	2.48	0.37	29.0
	HCP7XT1	碱玄岩	289	409	50.0	144	19.3	4.18	24.3	2.10	8.02	1.40	5.40	0.56	3.96	0.56	46.6
	HCP9XT1	响岩	267	407	55.2	168	23.5	5.44	27.6	2.41	8.63	1.43	5.67	0.52	3.70	0.54	43.6
	CHLP2XT1	英安岩	56.1	97.1	10.5	35.7	5.33	1.52	5.18	0.50	1.91	0.33	1.22	0.12	0.81	0.12	9.25
	D3087XT2	玻基安山岩	52.5	90.3	11.1	38.7	6.12	1.69	5.53	0.60	2.47	0.43	1.59	0.16	1.13	0.16	12.9
	D3141XT1	碱玄岩	283	454	68.2	238	35.6	8.49	32.2	2.92	9.34	1.39	5.62	0.39	2.79	0.38	40.4
	D4596XT1	碱玄岩	189	257	39.8	144	21.9	5.62	19.8	1.99	7.27	1.15	4.32	0.36	2.43	0.34	34.0
Nsh	D4523	凝灰质流纹岩	18.5	38.3	4.82	18.3	3.76	0.370	3.62	0.675	4.23	0.955	2.82	0.493	3.68	0.633	24.9
	D4524	凝灰质流纹岩	17.7	38.2	4.86	19.0	5.44	0.199	6.29	1.19	7.61	1.58	4.02	0.687	4.43	0.726	38.0

表 3-13　鱼鳞山组和石坪顶组火山岩微量元素含量($\times 10^{-6}$)

地层	样品	岩石名称	Sc	V	Cr	Co	Ni	Ga	Rb	Sr	Zr	Nb	Cs	Ba	Hf	Ta	Pb	Th	U
$E_{2+3}y$	D1112-1	安山岩	7.85	74.9	92.8	12.5	67.0	19.0	62.5	1425	233	9.53	1.97	1438	5.83	0.805	31.4	16.6	3.74
	D2123	玄武安山岩	14.8	166	7.22	14.4	12.6	20.7	37.0	896	254	11.6	1.70	1449	6.25	0.833	4.8	8.53	2.05
	D3096-GS2	英安岩	6.13	108	4.18	11.2	1.62	32.5	43.1	753	414	97.8	0.64	685	9.60	6.15	74.5	6.34	1.39
	D3114	流纹岩	2.04	19.4	4.79	6.29	1.53	22.1	70.1	248	554	141	0.37	633	15.0	8.26	27.0	3.21	0.52
	D3115	英安岩	6.18	99.8	5.33	9.73	1.71	24.5	85.3	834	441	116	1.45	2197	9.85	7.46	18.3	7.92	1.84
	D3116-2	流纹岩	23.6	104	67.9	25.0	32.2	15.9	2.24	176	156	12.5	0.56	32.7	3.42	0.64	9.14	5.88	0.32
	D3140-GS1	玄武安山岩	8.33	23.1	8.10	2.83	4.96	14.2	112	28	164	6.67	6.96	251	4.80	0.710	4.9	13.3	3.99
	D3141-GS2	粗面玄武岩	3.94	4.38	6.18	0.951	4.06	11.6	98.8	171	66.2	7.28	3.00	525	3.03	1.16	22.8	17.6	3.80
	D4543-1	粗面英安岩	26.1	211	333	33.5	114	19.1	15.3	367	332	23.3	1.09	141	7.38	1.26	16.8	22.1	3.02
	D4564-1	安山岩	4.53	14.5	6.32	16.1	2.24	12.7	132	276	111	13.7	2.36	1390	3.15	1.54	57.9	27.0	3.31
	D4567	流纹岩	11.1	136	25.3	9.11	8.42	20.0	196	396	328	17.7	14.1	1086	7.73	1.38	33.7	16.3	4.75
	D4568	英安岩	2.22	34.3	10.5	3.91	5.95	18.2	170	504	86.9	4.14	12.5	1421	2.82	0.430	34.9	15.1	6.57
	D4574-GS1	粗面安山岩	6.33	88.3	109	7.72	62.9	19.6	103	2066	163	7.41	17.2	1557	4.65	0.605	33.7	15.0	3.26
	HCP5GP1	玄武岩	7.09	70.9	13.9	9.85	10.2	19.3	187	3159	600	22.1	8.33	5068	14.2	1.60	67.2	49.2	6.95
	HCP7GP1	碱玄岩	10.5	96.0	138	17.4	110	20.0	65.9	1680	208	13.6	1.64	1420	5.14	0.980	131	13.1	3.40
	HCP9GP1	响岩	1.56	25.6	6.12	2.76	3.23	19.0	181	367	87.3	3.97	7.13	1210	2.66	0.465	35.7	14.5	3.35
	CHLP2GP1	英安岩	2.57	56.7	5.46	6.06	1.95	31.0	240	1698	972	63.8	16.3	390	22.2	2.09	352	200	17.4
	D3087GP2	玻基安山岩	4.06	67.3	9.96	5.47	3.77	27.3	235	3008	741	53.6	28.1	1512	18.6	2.08	323	168	4.13
	D3141GP1	碱玄岩	8.17	66.9	46.6	25.3	51.5	22.6	94.9	1000	240	7.57	6.19	1700	5.38	0.41	34.6	17.9	2.86
	D4596GP1	碱玄岩	24.5	156	431	40.2	178	18.9	171	2573	448	28.5	6.70	3551	9.63	1.18	99.6	89.4	9.97
N*sh*	D4523	凝灰质流纹岩	2.95	11.3	8.48	1.85	4.04	11.4	137	131	103	12.3	3.01	1109	3.60	1.68	47.0	28.8	3.50
	D4524	凝灰质流纹岩	21.4	236	27.6	34.3	33.1	22.0	9.76	565	302	14.1	1.47	448	6.71	0.88	32.5	10.1	2.14

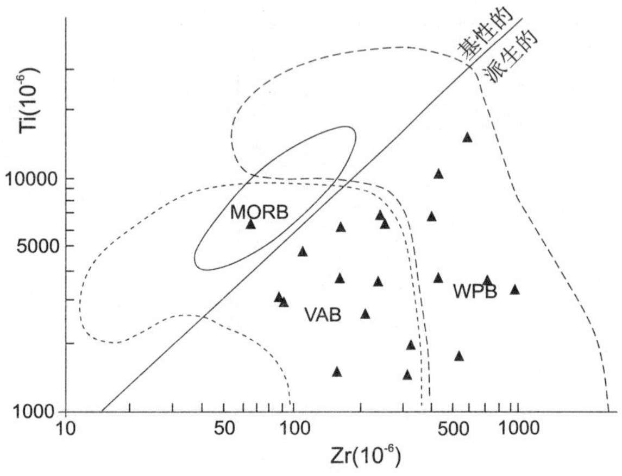

图 3－48　Ti－Zr 判别图解

（仿 T. H. Pearce，1973）

MORB－洋中脊玄武岩；VAB－火山弧玄武岩；

WPB－板内玄武岩

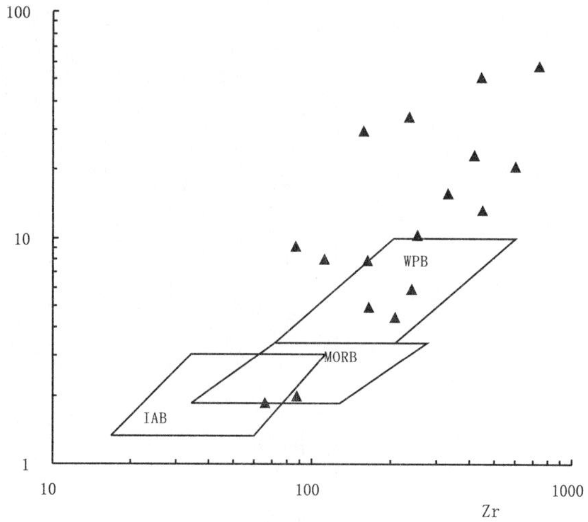

图 3－49　Zr/Y－Zr 判别图解

（仿 T. H. Pearce，1982）

MORB－洋中脊玄武岩；IAB－火山弧玄武岩；

WPB－板内玄武岩

四、新近纪火山岩

（一）产出特征

新近纪火山岩产于石坪顶组地层中。测区内的石坪顶组呈零星小块出露在图幅东北角玉盘湖南、太苦湖以南和饮马湖以东一带，出露总面积约 10km^2。主要岩性为凝灰质流纹岩和晶屑凝灰岩。估计厚度约几十米至 200m 左右。与上侏罗统雪山组或中侏罗统雀莫错组呈断层接触。

（二）岩石学特征

1. 凝灰质流纹岩：岩石为浅灰－浅紫灰色、斑状结构，基质具凝灰结构、隐晶质－玻璃质结构，块状构造，局部见气孔状构造。斑晶由长石（12%～20%）、黑云母（2%～5%）、普通角闪石（1%～5%）、透长石（1%～3%）和石英（1%～2%）等组成。基质中见有 15%～25%的火山碎屑物质（以玻屑为主，少量为长石和石英的晶屑），其余为玻璃和长石微晶。斑晶矿物多具熔蚀现象，而黑云母和普通角闪石见有暗化边现象。

2. 晶屑凝灰岩：灰绿色，具晶屑凝灰结构，流动构造。晶屑为长石和石英。含量为 5%。基质为火山凝灰质，占 95%左右。基质中主要成分为长石微晶和火山玻璃。

（三）岩石化学特征

石坪顶组火山岩的岩石化学成分及 CIPW 标准矿物见表 3－10 和表 3－11。

凝灰质流纹岩的主要氧化物含量（w_B/%）：SiO_2 75.86～77.64、TiO_2 0.02～0.28 、Al_2O_3 12.76～12.85、MgO 0.18～1.44、Na_2O 1.08～4.33、K_2O 2.56～2.98。其化学成分与中国流纹岩平均值（黎彤，1963）相比，具有明显的高 SiO_2，低 K_2O 、TiO_2 的特征。

凝灰质流纹岩的 CIPW 标准矿物组合为 Q＋An＋Ab＋Or＋C＋Hy＋Il＋Mt，标准矿物中出现石英（Q）和刚玉（C）。Al_2O_3＞K_2O＋ Na_2O＋ CaO，为 SiO_2 过饱和铝过饱和类型。

在 TAS 岩石分类命名图解上（图 3－50），2 个样品投点于流纹岩区内。

岩石全碱含量较低（K_2O＋ Na_2O＝3.67～7.31），岩石碱度率（AR）为 1.77～3.43，在（K_2O＋Na_2O）－SiO_2 图（图 3－51）上样品投点于亚碱性系列区。

岩石分异指数（DI）高达 80.9～96.47，表明其岩浆经过了较为强烈的分离结晶作用。

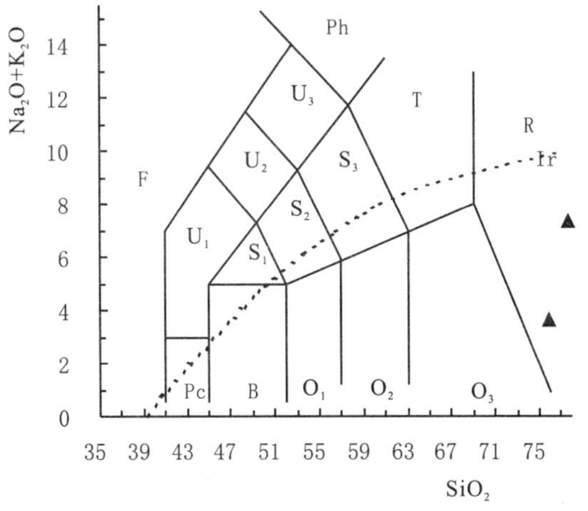

图 3-50 TAS 火山岩分类命名图解

（仿 M. J. Le Bas 等，1986）

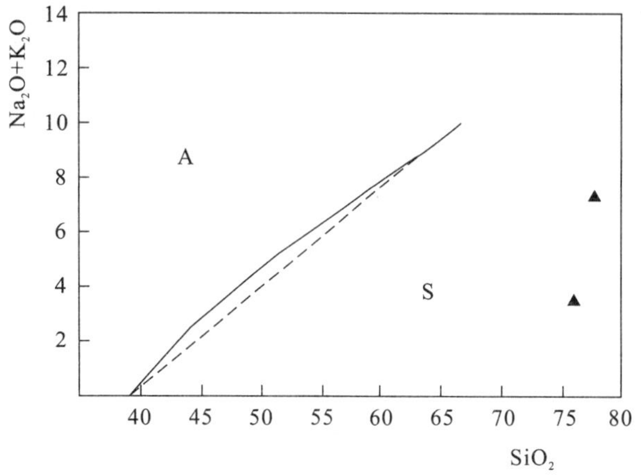

图 3-51 硅碱图解

（仿 T. N. Irvine 等，1971）

A-碱性系列；S-亚碱性系列

（四）稀土和微量元素特征

石坪顶组火山岩的稀土元素分析结果及特征参数见表 3-12，微量元素分析结果见表 3-13。

稀土总量较低，$\Sigma REE=101\times10^{-6}\sim111.92\times10^{-6}$，轻稀土 $84.02\times10^{-6}\sim85.39\times10^{-6}$，重稀土 $17.11\times10^{-6}\sim26.53\times10^{-6}$，具强烈的 Eu 负异常（$\delta Eu=0.1\sim0.3$），Ce 微弱负异常（$\delta Ce=0.93\sim0.95$）。稀土元素配分曲线见图 3-52，为向右缓倾斜的 LREE 富集型。

与洋脊玄武岩相比，微量元素 Rb、Th 强烈富集，强烈的 Cr 亏损，具有板内火山岩的特征。

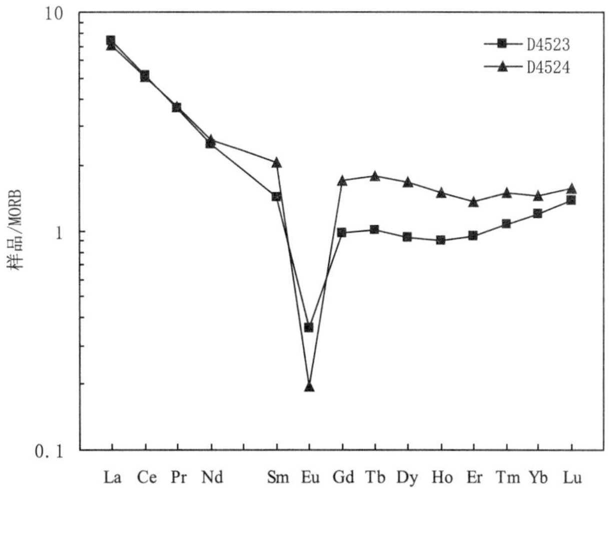

图 3-52 稀土元素分布模式图

（五）火山岩喷发时代探讨

石坪顶组在羌塘北部广大地区都有分布，露头零星分散。岩石组合有所变化，但所得同位素年龄值都在国际地层表锁定的新近纪同位素年龄值 23.03～1.806Ma 之间。西藏区调队（1986）曾在玉盘湖南测得该组晶屑凝灰岩 K-Ar 法同位素年龄值 10.6Ma，指示其时代为中新世。与层型剖面全岩 K-Ar 法同位素年龄值 9.4Ma 指示时代完全一致。中科院科考队（1979）曾在涌波错辉石安山岩和粗面安山岩中，测得 K－Ar 法同位素年龄值 9.4Ma；在枕头崖和勒斜武担湖东北山口，测得球粒安山岩和火山玻璃 K－Ar 法同位素年龄值分别为 4.27±0.14Ma 和 2.11±0.03Ma，它们都在国际地层年表锁定的新近纪（中新世—上新世）年龄值范围内，因此我们从区域出发把石坪顶组的时代归属新近纪。

（六）构造环境判别

测区内新近纪火山岩的岩石组合为凝灰质流纹岩＋晶屑凝灰岩，区域上在北羌塘内部见有辉石安山岩和粗面安山岩，具板内火山岩的岩性组合特征。可利用微量元素对其形成构造环境进行判别。在不同构造环境玄武岩的 Zr/Y－Zr 判别图解上（图 3－53），投点落入板内玄武岩区内。结合区域地质构造特征分析，新近纪火山岩应该形成于板内环境。

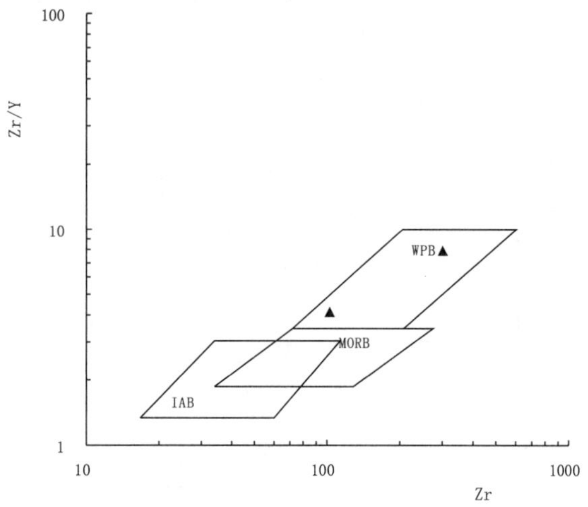

图 3－53　Zr/Y－Zr 判别图解

（仿 T. H. Pearce，1982）

MORB－洋中脊玄武岩区；IAB－火山弧玄武岩区；WPB－板内玄武岩区

第四章　变质岩与变质作用

测区内变质岩很不发育，主要分布在测区的北缘黑石长梁一带，变质岩分布面积约 100km²，仅占测区总面积的 0.6%，以岩片的形式分布在若拉岗日冲断带内，在区域上划属于大横山-黑熊山变质带（图 4-1）。

测区内的变质作用类型比较单调，根据变质作用成因机制的不同，测区内的变质岩可分为两大类：即区域变质岩和动力变质岩（表 4-1）。其中区域变质岩又可细分为区域中高温变质岩和区域低温动力变质岩两类。动力变质岩为糜棱岩型动力变质岩，在黑石长梁和虾河断裂带上少量发育。

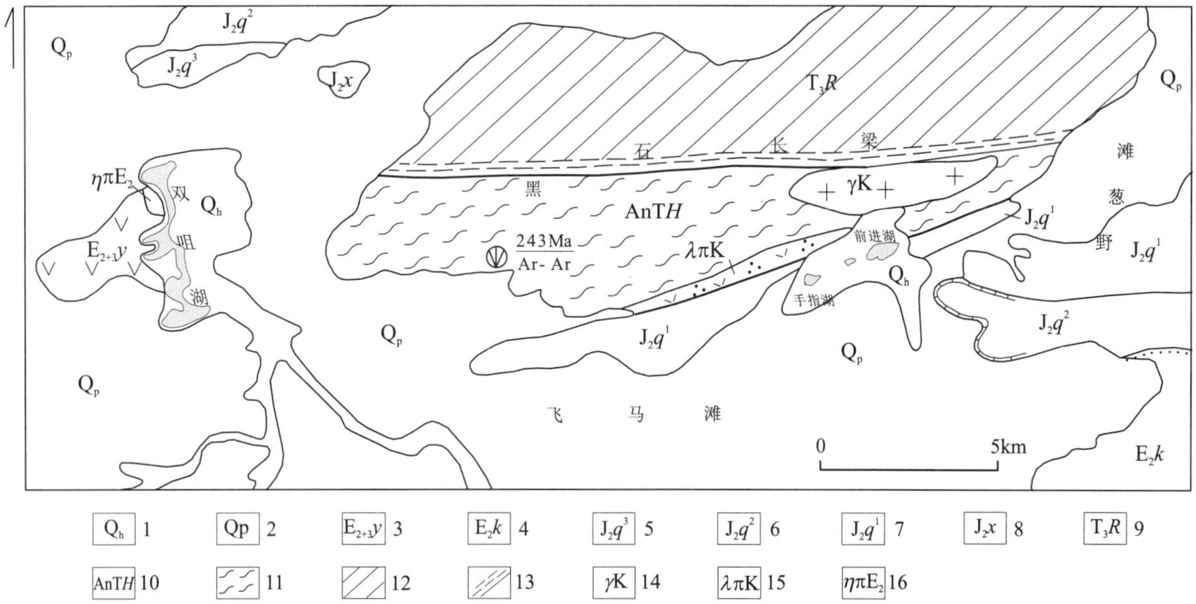

图 4-1　黑石长梁变质岩分布图

1-全新统；2-更新统；3-鱼鳞山组；4-康托组；5-雀莫错组上段；6-雀莫错组中段；7-雀莫错组下段；8-夏里组；9-若拉岗日群；10-黑石长梁岩群；11-区域中高温变质岩（角闪岩相）；12-区域低温动力变质岩（绿片岩相）；13-动力变质岩；14-白垩纪花岗岩；15-白垩纪石英斑岩；16-古近纪二长斑岩

表 4-1　测区变质岩类型一览表

变质岩类型		变质相（或成因类型）	变质时期
区域变质岩	区域中高温变质岩	角闪岩相	T_1
	区域低温动力变质岩	绿片岩相	T_3
动力变质岩	糜棱岩型动力变质岩	韧性剪切	K-E

第一节　区域中高温变质作用

区域中高温变质岩集中在黑石长梁一带，出露面积约 40km²，是测区内新发现的一套中深变质岩系地层体，我们在黑石长梁新建了一个岩石地层单位：黑石长梁岩群。

黑石长梁岩群北侧与若拉岗日岩群浅变质碎屑岩系呈断层接触，南侧被石英斑岩侵入，东侧和西侧被第四系掩盖。该套变质岩实为一个冲断岩片，主要呈层状或似层状产出，变质岩后期变形以褶皱变形为主。其岩石组合主要为硅质大理岩、斜长角闪岩、黑云二长石英片岩、黑云-绢云石英片岩、绢云石英片岩和黑云二长片麻岩等，其变质程度达到角闪岩相。另外，在该区地质路线调查中还首次发现麻粒岩。

一、区域中高温变质岩系剖面特征

剖面测于黑石长梁，剖面上岩石出露情况较好，基岩出露率达80%，地质构造较清楚。该剖面在第二章第二节岩石地层中已详细描述，其剖面图参见图2-2，岩层视厚度1 074m。

区内黑石长梁岩群无顶底，分别与若拉岗日岩群和雀莫错组断层接触，实质上是一个构造岩片。该套变质岩有较好的成层性，主要呈层状或似层状产出。岩石组合主要为硅质大理岩、斜长角闪岩、黑云二长石英片岩、黑云-绢云石英片岩、绢云石英片岩和石英片岩。白色硅质大理岩、灰黑色斜长角闪岩和各类灰－深灰色片岩互层，在地表形成黑白相间的条带。该套变质岩变形较弱，剖面上仅见硅质大理岩中有揉皱变形和斜长角闪岩被压扁拉长成构造透镜体（图4-2）。变质岩后期变形以褶皱变形为主。

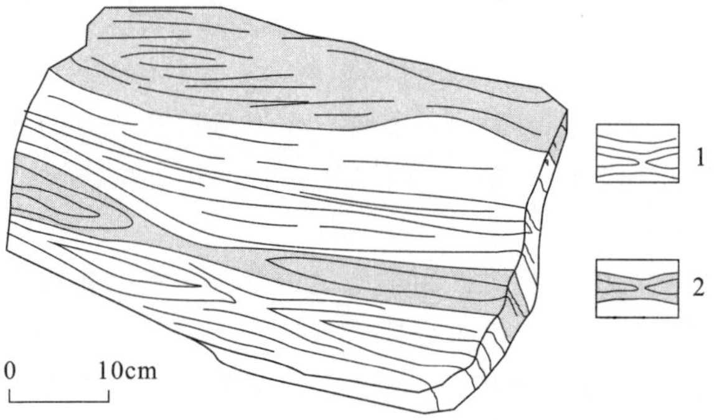

图4-2　硅质大理岩中的斜长角闪岩构造透镜体

1-硅质大理岩；2-斜长角闪岩

二、主要变质岩石类型及特征

该套变质岩的岩类比较复杂。主要岩石类型有硅质大理岩、斜长角闪岩、黑云斜长角闪岩、黑云二长片麻岩、黑云二长石英片岩、石英片岩、绢云母石英片岩、含石榴石斜长角闪岩和麻粒岩等。其中麻粒岩极少见，在地质剖面上未能测到。在地质路线调查中，仅在一处见到麻粒岩则呈团块状夹在片岩中。

（1）硅质大理岩：粒状变晶结构，条带状构造。主要成分：方解石，75%～80%，粒状自形晶；石英，15%～20%，粒状他形晶，晶粒常聚集成团块状；透闪石，3%，长柱状—片状；其他（泥质、碳质和玻璃质），2%。方解石和石英各自构成条带，相间排列，形成条带状构造。

（2）斜长角闪岩：粒状变晶结构，条带状构造。主要成分：普通角闪石，50%～55%，板—柱状自形晶；斜长石，45%～48%，板状自形晶或他形晶；磁铁矿，2%，他形—半自形；磷灰石和少量锆石。普通角闪岩和斜长石各自相对集中构成条带，相间排列，形成黑白相间的条带状构造。

（3）黑云斜长角闪岩：片状、粒状变晶结构，条带状构造。主要成分：普通角闪石，50%，板—柱状自形晶；斜长石，40%，板状自形晶或他形晶；黑云母，10%，片状自形晶；磁铁矿，少量，他形-半自形。普通角闪岩、黑云母和斜长石各自相对集中构成条带，相间排列，形成黑白相间的条带状构造。

（4）黑云二长片麻岩：片状、粒状变晶结构，条带状、片麻状构造。主要成分：黑云母，20%，片状自形晶；斜长石，15%～20%，板状自形晶；条纹长石，10%～15%，板状自形晶；石英，20%～25%，粒状他形晶；火山玻璃质，20%～25%；磁铁矿，2%，他形粒状；钙铝榴石，少量，半自形粒状。

（5）黑云二长石英片岩：鳞片粒状变晶结构，条带状构造。主要成分：黑云母，20%～25%，片状自形晶；斜长石，15%～20%，半自形板状晶；条纹长石，20%～25%，半自形板状晶；石英，35%～40%，粒状他形晶；其他（磁铁矿、锆石、磷灰石），少量。

（6）石英片岩：粒状变晶结构，条带状构造。主要成分：石英，97%，粒状或条状他形晶；绢云母，2%，鳞片状；黑云母，1%，片状自形晶；磁铁矿少量，不规则条块状。片状矿物和条状石英具定向排列，构成条带状构造。

（7）绢云母石英片岩：鳞片粒状变晶结构，条带状构造。主要成分：石英，95%，粒状或条状他形晶；绢云母，4%，鳞片状；黑云母，1%，片状自形晶；磁铁矿，少量，不规则条块状。片状矿物和条状石英具定向排列，构成条带状构造。

（8）含石榴石斜长角闪岩：片状、粒状变晶结构，条带状构造。主要成分：普通角闪石，50%，板-柱状自形晶；斜长石，40%，板状自形晶或他形晶；石榴石，4%，红色，粒状自形晶，常聚成团块状，在岩石中分布很不均匀；黑云母，5%，片状自形晶；磁铁矿，1%，他形-半自形。普通角闪石、黑云母和斜长石各自相对集中构成条带，相间排列，形成黑白相间的条带状构造。

（9）浅色麻粒岩：具粒状一柱状变晶结构，片麻状构造。主要矿物：石英36%～40%，他形粒状；紫苏辉石8%～12%，长柱状；铁铝榴石8%～12%，半自形粒状；黑云母13%～17%片状自形晶；钾长石12%～16%，他形粒状；玻璃质8%～12%；金红石0.5%；磁铁矿1.5%。紫苏辉石多为长粒状，长轴平行于片麻理。多处见到紫苏辉石被压扁拉长成透镜状。

三、变质岩岩石地球化学特征及原岩恢复

（一）地球化学特征

变质岩岩石化学成分详见表4-2。

表4-2　黑石长梁岩组变质岩氧化物含量表

序号	原始编号	样品名称	化验项目及含量（w_B/%）											
			SiO_2	Al_2O_3	TiO_2	Fe_2O_3	FeO	CaO	MgO	K_2O	Na_2O	P_2O_5	MnO	烧失量
1	HSHP1S1	黑云二长石英片岩	69.24	14.56	0.58	2.20	1.78	3.23	2.00	2.03	2.16	0.17	0.057	1.52
2	HSHP5S1	黑云二长角闪岩	53.16	18.90	0.69	4.25	0.43	3.28	1.66	8.32	1.97	0.20	0.16	6.77
3	HSHP9S1	斜长角闪岩	45.50	13.52	3.66	4.53	10.44	9.80	6.34	0.88	1.76	0.81	0.25	2.04

黑云二长石英片岩的主要氧化物含量（w_B/%）：SiO_2 69.24，Al_2O_3 14.56，TiO_2 0.58，Fe_2O_3 2.20，FeO 1.78，MgO 2.00，K_2O 2.03，Na_2O 2.16。高Al_2O_3，低TiO_2，$Na_2O>K_2O$，FeO^* +Mg含量较低。

黑云二长角闪岩的主要氧化物含量（w_B/%）：SiO_2 53.16，Al_2O_3 18.90，TiO_2 0.69，Fe_2O_3 4.25，FeO 0.43，MgO 1.66，K_2O 8.32，Na_2O 1.97。高Al_2O_3，低TiO_2，FeO^* +Mg含量较低，$Na_2O<K_2O$。

斜长角闪岩的主要氧化物含量（w_B/%）：SiO_2 53.16，Al_2O_3 13.52，TiO_2 3.66，Fe_2O_3 4.53，FeO 10.44，MgO 6.34，K_2O 0.88，Na_2O 1.76，FeO^* +MgO含量高，$Na_2O>K_2O$，高Al_2O_3，低TiO_2。斜长角闪岩的化学成分与玄武岩的化学成分极其相似。

变质岩的稀土元素丰度值见表4-3。分配模式见图4-3。

表4-3　变质岩稀土元素及主要参数

序号	原始编号	样品名称	稀土元素含量（$\times10^{-6}$）									
			La	Ce	Pr	Nd	Sm	Eu	Gd	Tb	Dy	Ho
1	HSHP1XT1	黑云二长石英片岩	30.0	54.8	6.69	24.2	4.70	1.29	4.14	0.63	3.08	0.54
2	HSHP5XT1	黑云二长角闪岩	279	437	58.4	177	23.8	6.20	27.4	2.22	7.79	1.26
3	HSHP9XT1	斜长角闪岩	33.8	69.5	9.68	41.8	8.30	3.28	6.90	1.09	5.50	1.03

序号	原始编号	样品名称	稀土元素含量（$\times10^{-6}$）								参数	
			Er	Tm	Yb	Lu	Y	ΣREE	LREE	HREE	δEu	Ce_N/Yb_N
1	HSHP1XT1	黑云二长石英片岩	1.61	0.18	1.20	0.18	15.3	133.24	121.68	11.56	0.87	11.65
2	HSHP5XT1	黑云二长角闪岩	5.11	0.45	3.17	0.45	38.0	1029.25	981.40	47.85	0.74	35.17
3	HSHP9XT1	斜长角闪岩	3.09	0.35	2.27	0.33	29.3	186.92	166.36	20.56	1.29	7.81

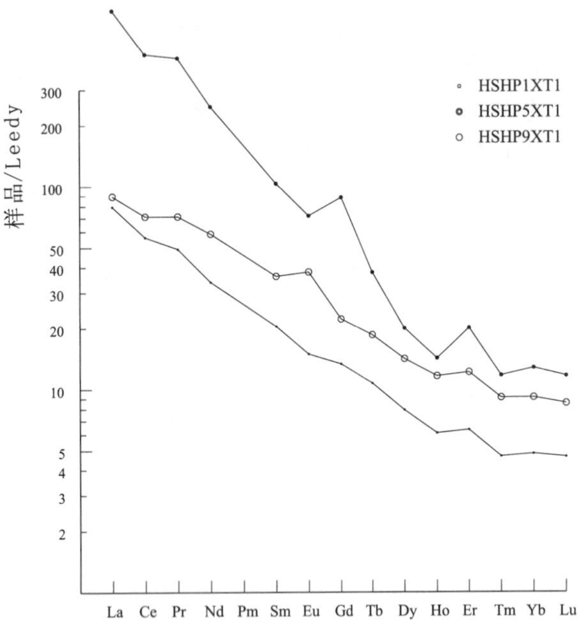

图 4-3　变质岩稀土配分模式图

黑云二长石英片岩

ΣREE＝133.24×10^{-6}，LREE＝121.68×10^{-6}，HREE＝11.56×10^{-6}，Ce_N/Yb_N＝11.65，δEu＝0.87，分配模式为弱负 Eu 异常、LREE 富集右倾斜型。

黑云二长角闪岩

ΣREE＝1029.25×10^{-6}，LREE＝981.4×10^{-6}，HREE＝47.85×10^{-6}，Ce_N/Yb_N＝35.17，δEu＝0.74，分配模式为弱负 Eu 异常、LREE 强烈富集右倾斜型。

斜长角闪岩

ΣREE＝186.92×10^{-6}，LREE＝166.36×10^{-6}，HREE＝20.56×10^{-6}，Ce_N/Yb_N＝7.81，δEu＝1.29，分配模式为正 Eu 异常、LREE 富集右倾斜型，其特征与玄武岩的特征极为相似。

（二）原岩恢复

该套变质岩变质程度较深，通过镜下鉴定未能发现明显的变余结构和构造。下面就变质岩的宏观地质特征结合地球化学特征进行原岩判别。

从该套变质岩的野外产状来看，该套变质岩有较好的成层性。硅质大理岩、斜长角闪岩和各类片岩呈互层状，继承了原岩的层理。其中硅质大理岩和各类片岩为层状，沿走向延伸较稳定；斜长角闪岩则主要呈似层状或呈透镜状。从宏观特征上看，大理岩的原岩应为厚度较稳定的灰岩或白云岩；各类片岩的原岩应为厚度较为稳定的沉积岩或火山碎屑岩；斜长角闪岩的原岩则可能为厚度不稳定的基性火山岩。

一般在封闭条件下变质前后的主要氧化物含量可基本保持稳定。因此，可以借助一些岩石化学图解来进行原岩恢复。

在（Al＋Fm）-（C＋AlK）-Si 图解中（图 4-4），2 号、3 号样投在火山岩区，1 号样投在砂质沉积岩区，靠近火山岩区。

在 Al-C-（FM）图解中（图 4-5），1 号、2 号样投在中—酸性火山岩区，3 号样投在基性火山岩区。在 c-n-f 图解中（图 4-6），1 号、3 号样投在火成岩区，2 号样投在沉积岩区。虽然样品数少，投影结果也具一定的参考价值。从岩石化学数据投影的情况看，斜长角闪岩（3 号样）的原岩应为基性火山岩（玄武岩）；黑云二长石英片岩（1 号样）的原岩最可能是火山碎屑岩；黑云二长角闪岩（2 号样）的原岩最可能是沉积岩。

（三）原岩构造环境的讨论

在封闭条件下变质前后的主要氧化物和微量元素含量可基本保持稳定，可以借助一些岩石化学和微量元素图解来进行原岩恢复，同时还可以进行原岩构造环境的判别。前文已基本判定斜长角闪岩的原岩为玄武岩，我们借助一些玄武岩构造环境判别图解对原岩的沉积环境进行讨论。在（FeO）*-MgO-Al_2O_3图解中（图 4-7），斜长角闪岩（3 号样）投到大洋岛屿区内。在 FeO*/MgO-TiO_2图解中（图 4-8），投影点洋岛玄武岩区（OIB）内。

在 Ti-Zr 图解中（图 4-9），投影点位于板内玄武岩区（WPB）。在三个图解中的投影结果非常一致，即发育于洋壳上的裂谷型火山岩。

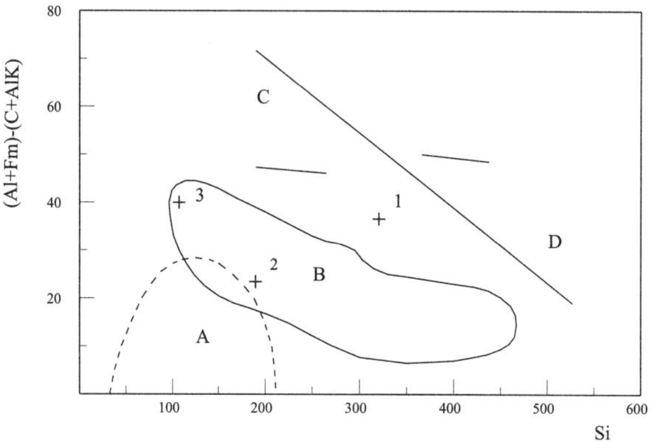

图 4－4　变质岩原岩恢复（Al＋Fm）－(C＋AlK）－Si 图解

（仿 Symoner，1953）

A－钙质沉积岩；B－火山岩；C－泥质沉积岩；D－砂质沉积岩

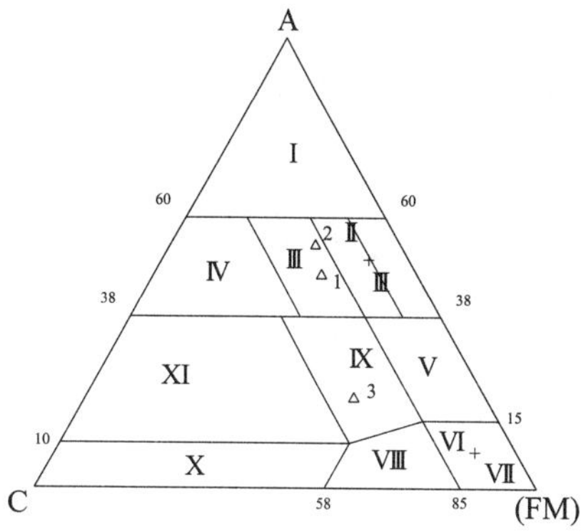

图 4－5　变质岩原岩恢复 A－C－（FM）图解

（仿谢缅年科，1966）

I 区-纯泥质岩；II 区-铁质泥质岩；III 区-中性-酸性火山岩；IV 区-钙质泥质岩；V 区-胶体化学沉积及泥质岩；VI 区-胶体化学沉积 ；VII 区-超基性岩；VIII 区-超基性火山岩及部分白云质岩石；IX 区-基性火山岩及部分泥灰质岩石；X 区-碳酸盐沉积岩；XI 区-泥灰质沉积岩

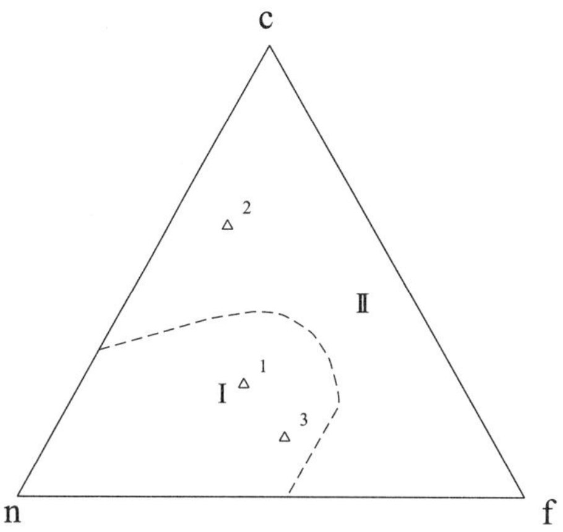

图 4－6　变质岩原岩恢复 c－n－f 图解

I－火成岩区；II－沉积岩区

1－样品 HSHP1S1；2－样品 HSHP5S1；3－样品 HSHP9S1

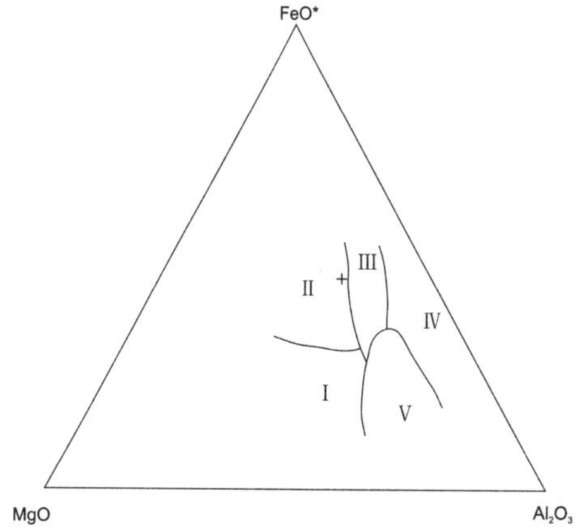

图 4－7　斜长角闪岩（FeO）*－MgO－Al_2O_3 图解

（仿 T. H. Pearce，1977）

Ⅰ－洋中脊及大洋底部；Ⅱ－大洋岛屿

Ⅲ－大陆板块内部；Ⅳ－扩张中心岛屿；Ⅴ－造山带

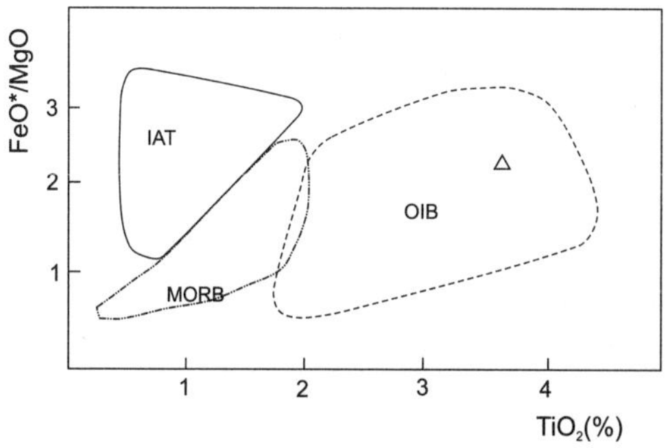

图 4－8　斜长角闪岩 FeO*/MgO－TiO_2 图

（仿 Glassily，1974）

IAT－岛弧玄武岩区；MORB－洋中脊玄武岩区；OIB－洋岛玄武岩区

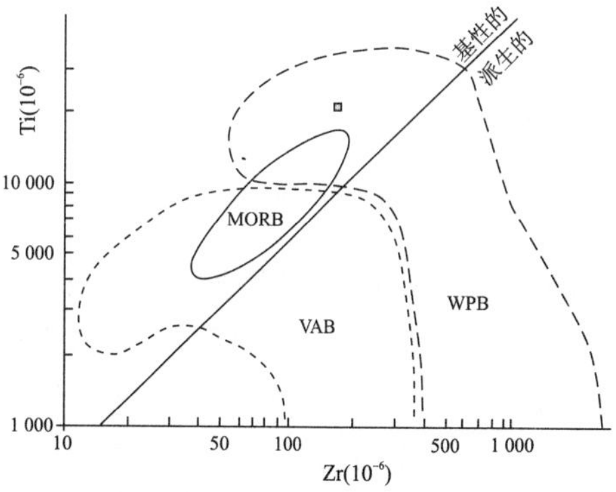

图 4－9　斜长角闪岩 Ti－Zr 图解

（仿 T. H. Pearce，1982）

MORB－洋中脊玄武岩区；VAB－火山弧玄武岩区；WPB－板内玄武岩区

综合该套变质岩宏观地质特征、岩性特征、岩性组合特征和地球化学特征，可以判定其原岩为灰岩、基性火山岩（火山碎屑岩）及碎屑岩组成的岩层，是发育于洋岛上的一套基性火山岩、碳酸盐岩和细碎屑岩组成的火山-沉积组合。

四、变质作用和变质相

测区内主要变质岩的变质矿物组合见表 4－4。变质岩岩性组合和变质矿物组合均符合角闪岩相的岩性和矿物组合特征，其变质相为角闪岩相。

表 4－4　主要岩石类型变质矿物组合

岩石名称	变质矿物组合
硅质大理岩	方解石＋石英＋透闪石
斜长角闪岩	普通角闪石＋斜长石＋磁铁矿＋磷灰石＋锆石
黑云斜长角闪岩	普通角闪石＋斜长石＋黑云母＋磁铁矿
黑云二长片麻岩	黑云母＋斜长石＋条纹长石＋石英＋磁铁矿＋钙铝榴石
黑云二长石英片岩	黑云母＋斜长石＋条纹长石＋石英＋磁铁矿＋锆石＋磷灰石
石英片岩	石英＋绢云母＋黑云母＋磁铁矿
绢云母石英片岩	石英＋绢云母＋黑云母＋磁铁矿
含石榴石斜长角闪岩	普通角闪石＋斜长石＋石榴子石＋黑云母＋磁铁矿
浅色麻粒岩	石英＋紫苏辉石＋铁铝榴石＋黑云母＋钾长石＋金红石＋磁铁矿

浅色麻粒岩中出现麻粒岩相的标志性变质矿物——紫苏辉石，其变质相属麻粒岩相。浅色麻粒岩呈团块状产在斜长角闪片岩中，薄片中多处见到紫苏辉石被压扁拉长成透镜状。与其围岩相比，麻粒岩团块变质程度更深、变形更强烈，明显与围岩不是同期变质的产物，而是外来物，是由深部带来的包体。

后期的构造变形也较弱，以褶皱变形为主。具有变质较深，变形很弱的特点。岩性组合和变质矿物组合均反映出区域中高温变质作用特征。

五、变质作用时期

测区内出露的该套变质岩是本项目填图的新发现，在测区内及邻区都没有相似的构造地层可对比。我们选取黑云二长角闪岩（样号 HSHP5N1）中的角闪石单矿物，做 Ar－Ar 同位素法测年。测得^{39}Ar－^{40}Ar 阶段加热视年龄参数见表 4－5。测得一个很好的年龄坪，坪年龄（11－16 点）为 243±5Ma（图 4－10）。等时线年龄（11－16 点）也为 243±5Ma（图 4－11）。年龄值正好为早三叠世与中三叠世的分界。可以确定该套变质岩的变质时期为早三叠世末－中三叠世初。

表 4－5　$^{39}Ar-^{40}Ar$ 阶段加热视年龄参数表

阶段	T（℃）	$^{39}Ar/\%$	$^{40}Ar^*/\%$	$^{39}Ar/^{36}Ar$	$^{40}Ar/^{36}Ar$	$^{37}Ar/^{39}Ar$	年龄（Ma）	误差
1	520	1.32	24	14.77	388.85	0.88	141.31	6.4
2	600	1.68	37.42	26.67	472.33	1.03	147.9	5.41
3	680	1.73	41.01	34.98	501.18	1.56	131.76	6.26
4	750	2.06	20.69	16.38	372.64	2.45	106.29	3.71
5	810	1.13	25.49	19.81	396.66	3.55	114.98	7.52
6	870	0.80	31.41	22.70	430.88	3.16	133.60	11.98
7	930	1.25	40.13	28.36	493.70	4.66	155.60	7.07
8	980	1.56	44.86	31.1	536.13	6.14	171.51	6.04
9	1005	1.70	55.15	38.28	659.35	6.02	208.49	4.36
10	1030	2.39	69.39	62.55	966.54	5.53	233.63	3.45
11	1050	12.42	87.63	188.34	2 401.15	5.42	242.84	0.64
12	1070	20.36	91.17	275.00	3 370.45	5.38	242.88	0.52
13	1100	17.88	92.90	348.22	4 203.60	5.29	243.72	0.54
14	1130	15.19	91.82	302.49	3 641.09	5.36	240.41	0.83
15	1160	8.75	90.32	248.4	3 073.69	5.70	242.93	0.78
16	1300	9.77	88.32	201.36	2 543.42	5.84	242.52	0.81

样品编号：HSHP5N1；岩石名称：角闪石
照射天数：2.51；保存天数：178
标准样：$^{40}Ar/^{39}Ar=5.89$；年龄＝132Ma；$J=1.29\times10^{-2}$

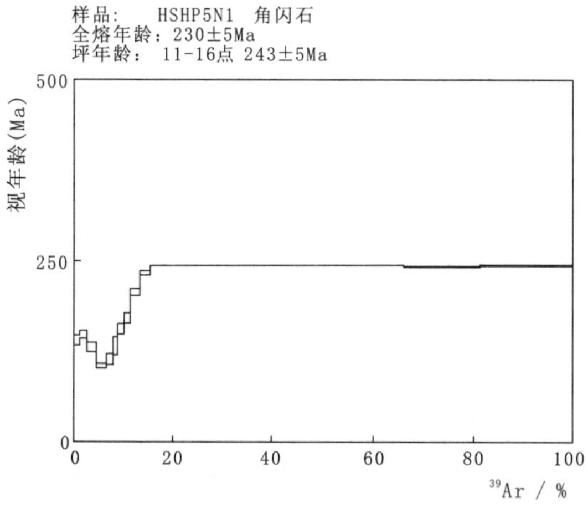

图 4－10　角闪石坪年龄图

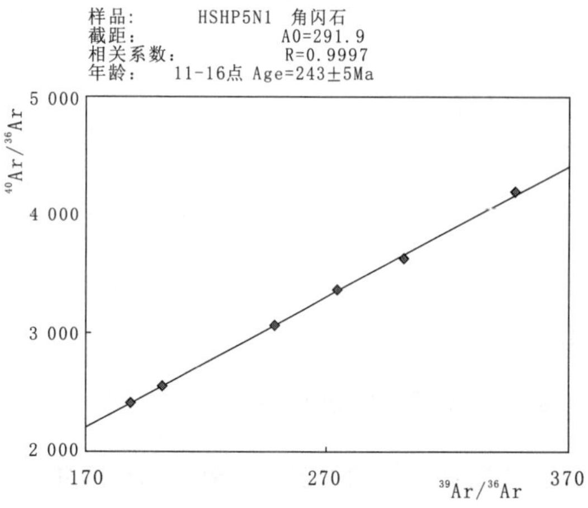

图 4－11　角闪石等时线年龄图

第二节　区域低温动力变质作用

区域低温动力变质岩分布于测区北缘，出露面积约 60km^2。变质地层为若拉岗日岩群，主要岩性为变质砂岩、变质砂岩粉砂岩、板岩和蚀变玄武岩，局部发育长英质糜棱岩。

一、区域低温动力变质岩系剖面特征

该套变质岩为一个冲断岩片。剖面上岩石出露情况较好，基岩出露率达 80%，地质构造较清楚。该剖面在第二章第二节岩石地层中已有详细描述，实测剖面参见图 2-3，剖面上岩层厚度达 1 393m。

该剖面无顶无底，与中高温区域变质岩系黑石长梁岩群之间为宽达数十米的韧性剪切断层，长英质糜棱岩发育，是一个较典型的冲断岩片。岩片内岩石成分比较复杂，有板岩、变质石英砂岩、蚀变玄武岩和各种凝灰岩类。不同岩性的岩石多为构造碎块，其间被断层或韧性剪切带相隔，构成总体无序、局部有序的构造地层体，并具有构造混杂岩的某些特征。这套变质岩系的变质程度很低，仅达到绿片岩相，尚保留或残留原岩的层理、结构、构造等。

二、主要变质岩石类型及特征

该套变质岩变质程度低，岩石类型相对简单，主要岩石类型有板岩类、变质砂岩、变质粉砂岩类和蚀变玄武岩类。

板岩类：灰黑色，具变余泥质结构，板状构造。主要矿物为泥质、绢云母及少量粉砂屑。极轻微的变质。

变质石英砂岩、变质粉砂岩类：常为灰色、黄灰色或浅绿灰色。岩石常具变余砂状结构、变余平行层理构造，副变质特征明显。主要由石英、长石、绢云母及少量绿泥石组成。岩石中劈理发育，沿劈理面分布绢云母。

蚀变玄武岩类：岩石常为灰绿色或深灰色，常见斑状结构、杏仁状气孔状构造和块状构造。斑晶为少量斜长石、辉石。基质呈显微隐晶质结构。岩石遭受较强烈的碳酸盐化。见明显的劈理化，杏仁和气孔都明显拉长变形。

三、变质作用和变质相

该套变质岩变质程度低，变质矿物组合简单，为绢云母和绿泥石。变质相为绿片岩相。

岩石中主要发育一期变质和变形。岩层中发育透入性面理（劈理），劈理间隔达 1～4 mm，劈理面上绢云母发育。变质作用所形成的变质岩主要岩石类型为板岩、变质砂岩、变质粉砂岩和蚀变玄武岩等。沿地层倾向方向，可见到明显的变形变质强弱分带的现象。该套变质岩变质程度很低，保留或残留了原岩的层理，原岩中的结构、构造等。

剖面上的长英质糜棱岩应是黑石长梁断层的产物。动力变质作用叠加在区域低温动力变质作用之上。

从该期变质作用的产物来看，具有变质较浅，变形强烈，变质作用程度不均匀的特点，反映出区域低温动力变质作用特征。

四、变质作用时期

若拉岗日岩群的玄武岩中测得同位素年龄值为 205±5Ma（全岩 Ar-Ar 法），指示玄武岩喷发时代为晚三叠世诺利期一瑞替期。区域低温动力变质作用与构造运动密切相关：晚三叠世至早侏罗世，金沙江洋盆向南消减、碰撞，位于北羌塘陆块边缘的若拉岗日岩群在挤压背景下遭受区域低温动力变质作用。

第三节　动力变质作用

糜棱岩型动力变质岩分布极其有限，仅见于黑石长梁一带，沿黑石长梁断层分布，岩性为长英质糜棱岩。黑石长梁断层北盘的若拉岗日岩群浅变质岩中发育厚2m的长英质糜棱岩，岩石褶皱变形（图4－12）。糜棱岩沿80^{0}方向延展，与黑石长梁断层的走向一致。在黑石长梁断层南盘的黑石长梁岩群深变质岩中也发育糜棱岩化现象（黑云二长石英片岩糜棱岩化）。

另外在虾河南侧的辉长岩中发育少量糜棱岩俘虏体（图4－13），俘虏体呈不规则形状，3m×5m大小。岩性为长英质糜棱岩。

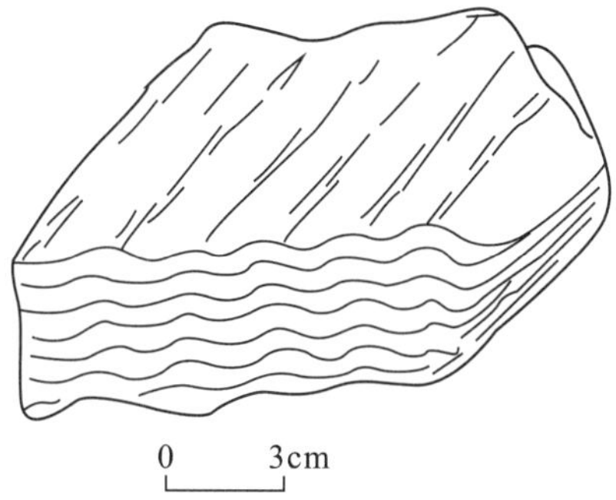

图4－12　长英质糜棱岩褶皱变形

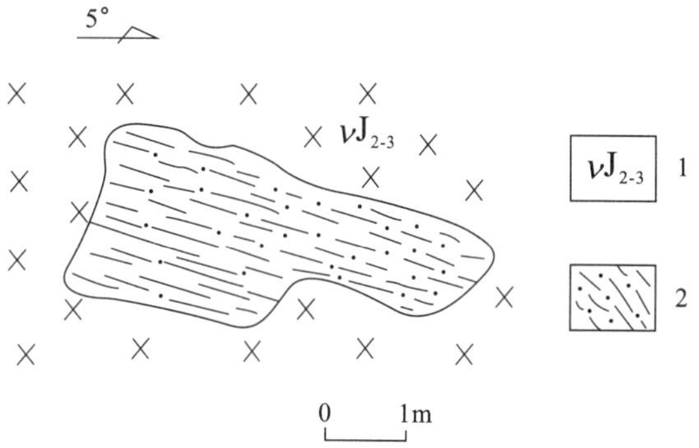

图4－13　辉长岩中的糜棱岩俘虏体
1-侏罗纪辉长岩；2-糜棱岩俘虏体

一、主要岩石类型

长英质糜棱岩：灰色、银灰色，糜棱结构，条带状构造。主要矿物共生组合为绢云母、石英、长石。其中石英和长石呈大小不一的眼球状或透镜状，石英和长石微晶充填在眼球和透镜体之间。

糜棱岩化黑云二长石英片岩：灰、深灰色，具片状、粒状变晶结构，条带状构造。主要矿物共生组合为石英、黑云母、长石。其中石英和长石呈大小不一的眼球状或透镜状，石英具波状消光。云母和石英各自相对集中，相间排列，构成条带。

二、变质作用时期

黑石长梁一带发育的动力变质岩是黑石长梁断层活动的产物，动力变质作用叠加在区域低温动力变质作用之上，作用时期应晚于区域低温动力变质作用时期。白垩纪—古近纪，在南北向挤压应力场的作用下，北羌塘陆块边缘强烈挤压、逆冲，动力变质作用相伴发生，形成沿断裂分布的糜棱岩。

第四节　变质变形序列

变质作用是与构造运动、岩浆作用有密切关系的动态互动的演化过程，它们之间互为存在。因而变质作用反映构造和岩浆活动的环境。

根据测区不同变质岩的时空分布、变质变形特征及叠加改造关系，结合区域构造的制约关系和同位素测年资料，建立测区变质作用序列表（表4－6）。总结测区变质作用有3次，按时间先后分别为：

（1）早三叠世末期金沙江洋盆向南俯冲消减。发育区域中高温变质作用。形成一套角闪岩相的变质岩。岩性以大理岩、斜长角闪岩、片岩为主。

（2）晚三叠世至早侏罗世，金沙江洋盆向南消减、碰撞，形成洋岛和岛弧。区域低温动力变质作用，形成变质较弱、变形较强的一套浅变质岩。主要岩性为板岩、变质砂岩、变质粉砂岩和蚀变玄武岩。

(3) 白垩纪至古近纪，在南北向挤压应力场的作用下，北羌塘陆块边缘发育剪切带，发生动力变质作用。形成沿断裂分布的长英质糜棱岩。

表 4-6　变质作用序列表

构造事件	变质时代	变质作用类型	变质岩类	变质相（或成因类型）	变形特征	变质地层（构造地层）
后造山	K-E	动力变质作用	长英质糜棱岩	韧性剪切带	强烈剪切	
金沙江洋盆向南消减、碰撞	T_3-J_1	区域低温动力变质作用	板岩、变质砂岩、变质粉砂岩和蚀变玄武岩	绿片岩相	褶皱变形，劈理发育	T_3R
金沙江洋盆向南消减	T_1	区域中高温变质作用	大理岩、斜长角闪岩、二长片麻岩、二云石英片岩、二长石英片岩、石英片岩、绢云母石英片岩	角闪岩相	褶皱变形，片理发育	AnTH

第五章　地质构造及构造发展史

第一节　大地构造位置及次级构造单元划分

一、大地构造位置

根据潘桂棠等（2005），李才等（1995）对青藏高原及邻区构造单元划分方案，测区属东特提斯构造域中的泛华夏大陆晚古生代—中生代羌塘-三江构造区。测区位于青藏高原腹地，南界为班公湖-怒江板块缝合带，北界为西金乌兰-金沙江板块缝合带，中部是东西向展布的龙木错-双湖板块缝合带。以龙木错-双湖板块缝合带为界分为羌南-保山板块（基墨里中间板块）和羌北-昌都板块，分属冈瓦纳构造域和欧亚大陆构造域。测区大地构造位置属于羌北-昌都板片，北侧紧邻西金乌兰-金沙江板块缝合带，西南侧涉及龙木错-双湖板块缝合带（图5-1）。

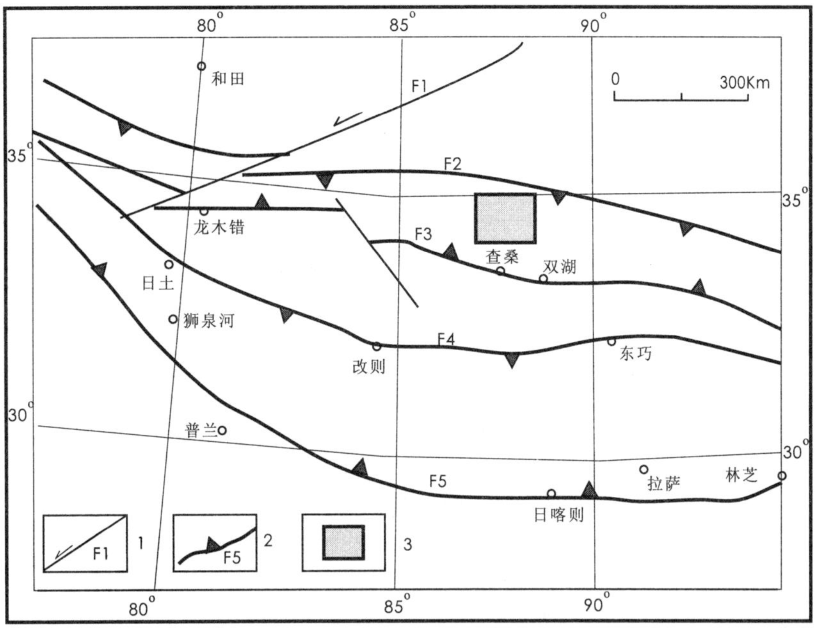

图5-1　测区大地构造位置图

1. 走滑断层及编号；2. 缝合带及编号；3. 测区位置；F1-阿尔金走滑断层；F2-拉竹龙-金沙江缝合带；F3-龙木错-双湖缝合带；F4-班公湖-怒江缝合带；F5-雅鲁藏布江缝合带

二、区域地球物理场及深部构造特征

（一）重力异常特征

青藏高原为全国最低重力负异常，高原内部最低重力值达$-540\times10^{-5}\sim-550\times10^{-5}m/s^2$（图5-2）。总体上呈东西向分布的条带结构，反映了高原新生代的大型断块构造。其中出现南北向线性正异

常、密集带、异常限制带等形式的错断带将东西向条带切成块状，可能属横向伸展系，为一组根基较深、正在发展中的活动构造体系和断裂带。

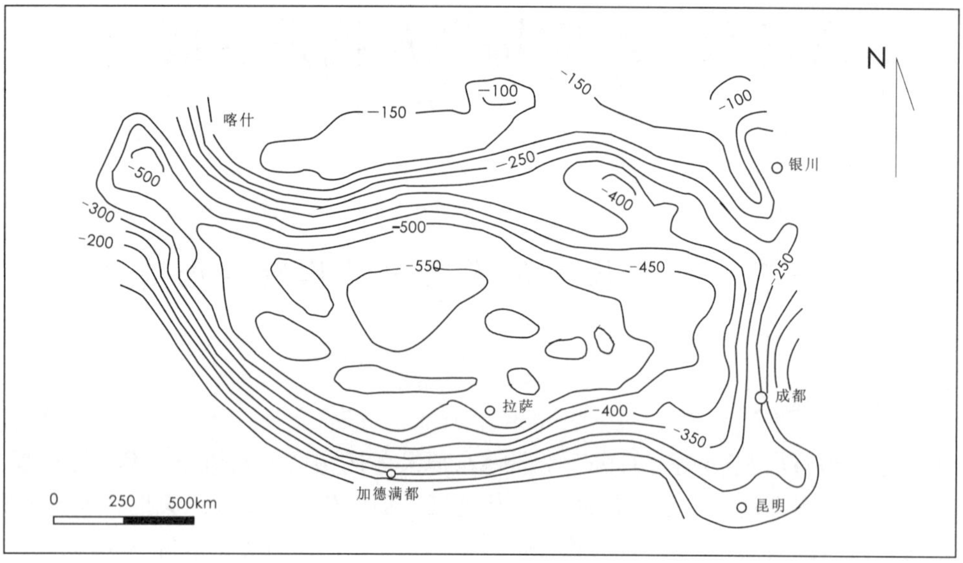

图 5-2　青藏高原及邻区布格重力异常图

（引自赵政璋，2001）

测区基本处于布格重力异常的低负值区域，即羌塘复杂重力低带。沿查桑-双湖-唐古拉山口一线有一条近东西向的重力梯级带将区域重力场分为南北两部分（图 5-3），这一位置与区内划分玛尔果茶卡-纳若构造混杂带的南界线大致吻合。北部重力场显示为北西西走向，布格重力异常等值线较稀，常出现若干孤立的重力高、低异常区；南部重力场布格重力等值线较密，梯度大，重力异常带多呈带状分布，呈现近东西走向，重力高、低异常转换带的线性特征尤为突出。测区位于北部重力异常带上。

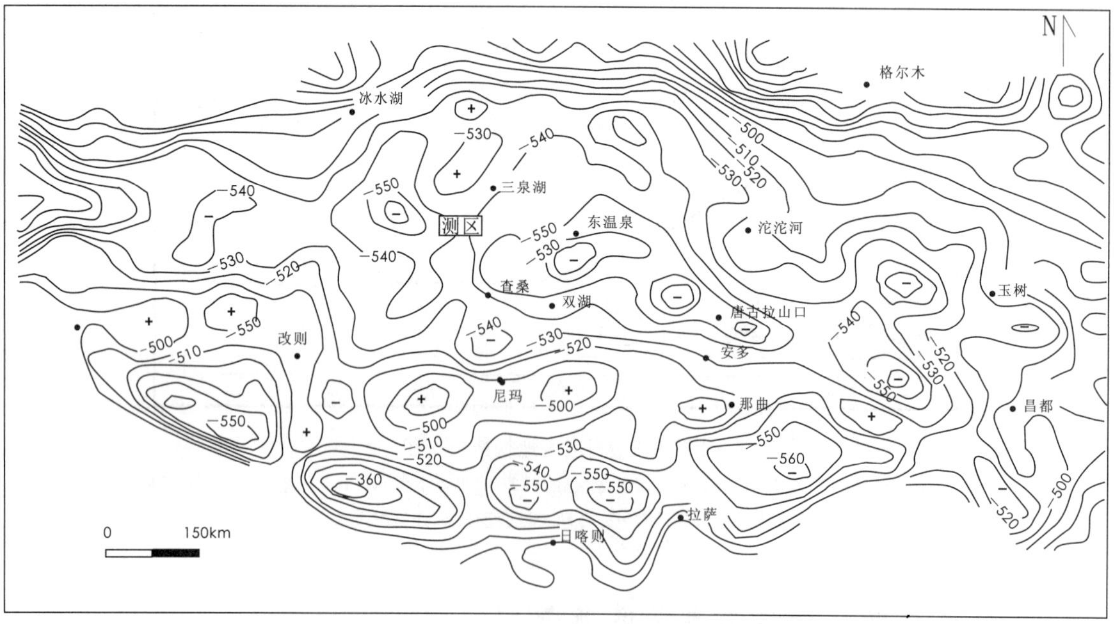

图 5-3　青藏高原深部重力异常图

（引自赵政璋，2001）

据研究，青藏高原深部重力场、莫霍面起伏和地表槽地、线性盆地、伸展体系、碱性火山岩、高地温区相符，反映了高原深部地幔物质正处于活动阶段（赵政璋，2001）。

（二）航磁异常特征

羌塘地区磁场特征表现为区域性平缓降低磁异常带上叠加不同方向的团块状局部磁异常，强度一般为 60～200nT，推测该区平稳的负磁场是弱磁性基底岩石的反映，局部磁异常主要由区内不同时代花岗岩类岩石和火山岩引起。

测区所在的区域磁场平静、磁异常变化弱，特征是在北西向平稳的弱区域背景（0～10nT）上叠加了 5～15nT 的串珠状异常，向上延拓 2km 后，异常基本消失。测区中部基底埋深较深，一般为 5～11km；北部边缘和西南角基底埋深较浅，一般为 1～3km①（图 5－4）。

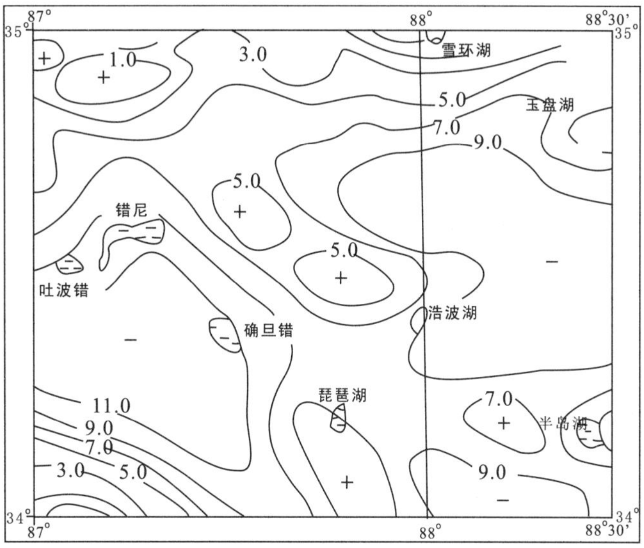

图 5－4 测区磁性基底埋深等值线图

（引自核工业航测遥感中心，1995）

（三）区域地壳结构特点

1994—1998 年间，原中国石油天然气总公司新区勘探事业部在羌塘地区开展了首轮以油气勘探为目的的综合地球物理普查工作，其中在羌塘地区部署了 12 条大地电磁测深剖面（MT）（图 5－5），其结果对于进一步认识羌塘地区的地壳结构、揭示高原腹地的隆升机制会带来启示。

基底结构特点主要表现在电性结构上，呈现分区块的特点，以玛尔果茶卡—双湖一线为界，南部基底电阻率显著高于北部。在北羌塘地区，无论西、中、东部 MT 剖面，均发育有壳内低阻层和极低阻异常柱，造成基底的明显不完整性，部分地段似曾存在壳下拆沉块体，发育有层位较高、MT 反演可探测得到的壳幔混合层。综合 MT 剖面显示出北羌塘下地壳的壳下部分熔融特点较为明显（杨兴科，2003）。

据相关研究所成果（赵政璋等，2001），羌塘地区地壳电性结构有以下特征。

第一电性层（相当于 Q、N 地层）分布局限，电阻率变化较大，在 10～200Ω·m 左右。

第二电性层（相当于 J 地层）电阻率一般在 10～50Ω·m 左右。

第三电性层（相当于 T_3 地层）电阻率一般在 65～100Ω·m 左右。

第四电性层（相当于 T_2－P 地层）电阻率一般在 150～200Ω·m 左右。

第五电性层（相当于火山岩、变质岩）为高阻标志层，电阻率一般在 250Ω·m 以上。南羌塘的高阻层厚度大、分块性强，主要分布在深 10～50km 的范围内，且分布范围广，在有的测线如 234＋C 线、328＋2 线、380 线上表现双高阻层；北羌塘的高阻层较薄，厚度均匀，平均在 20km 左右，电阻率值偏低。

① 核工业航测遥感中心，1995，羌塘盆地北部航磁测量油气研究成果报告

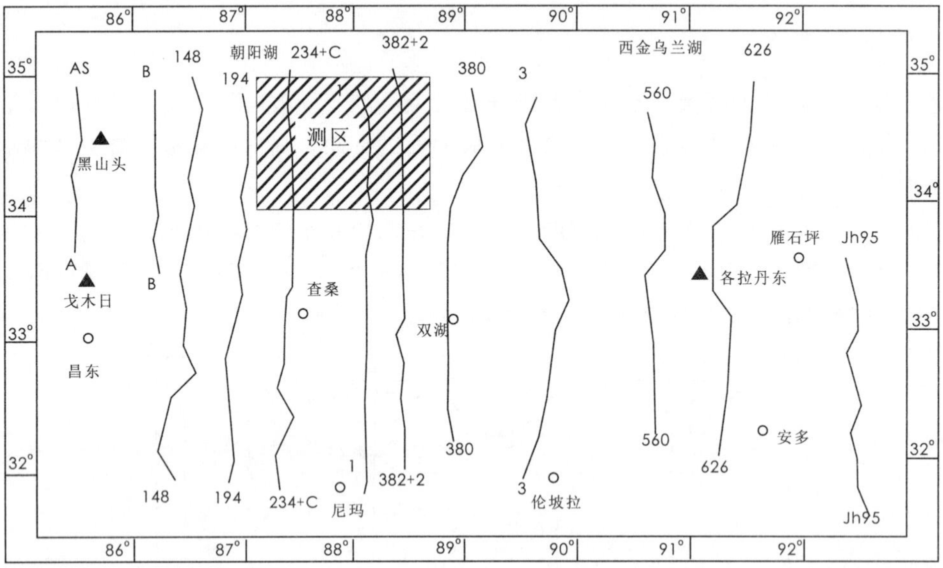

图 5-5　羌塘地区大地电磁测深剖面位置图

第六电性层为地壳上部低阻层，电阻率一般在 10～40Ω·m 左右。顶面埋深在 10～45km 之间变化，起伏较大，普遍存在。厚度平均 20km 左右。在有的剖面上，其较平缓（3 线），有的剖面起伏较大（560 线）。在平面等值线图上南北二分，其分界线呈北西西走向，并与地质构造上北羌塘坳陷区的南界十分贴近。

对比后发现，其在北羌塘平缓，厚度均匀，埋藏较浅（在海拔－20km 以上），面积较开阔。平面上多呈北西西方向走向，和地面侏罗系断裂构造走向吻合。在 E87°10′、E88°40′、E89°30′、E91°明显存在南北向分界而东西分块。低阻层顶面形态以东西分块为主。由东到西由大面积坳—隆—坳—隆—坳五大区块构成。分界线多呈南北走向，和重、磁资料解释的隐伏大断裂位置贴近。

这套低阻层的另一特点是在一些部位直接与深部地幔物质呈柱形式相通。断面上多以“△”块状体出现，有的呈巨大的蘑菇体从 100km 深度上升直逼地表。从断面上看与第二、第三、第五电性层呈镜像关系，即基底下陷的坳陷区，高导层埋藏较浅。从大地电剖面上看中央隆起带下和低阻层对应的高阻块体呈“▽”状，表明其边界多接近逆冲（背冲）性质（图 5-6）。

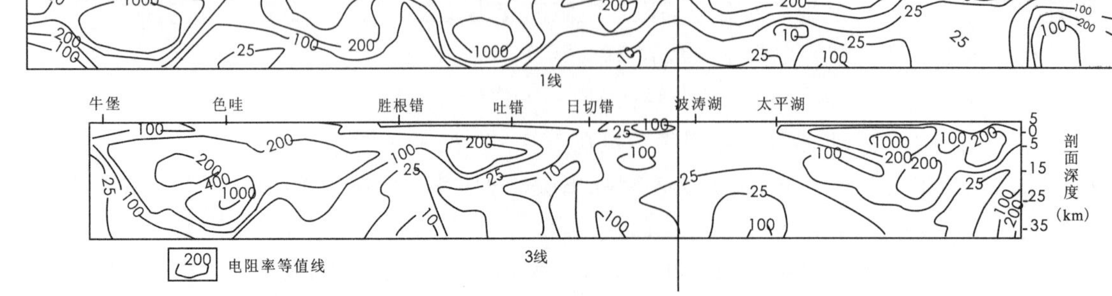

图 5-6　194、1、3 线大地电磁测深一维连续介质反演剖面图

（引自赵政璋，2001）

羌塘地区大面积存在壳内低阻层，具有大起大落楔块状结构；低阻层顶面形态总体上和基底高阻层形态呈镜像关系：基底坳陷区低阻层上隆；基底隆起区低阻层下坳。低阻层和地形起伏也有呈镜像关系，证明它是壳内最重要的均衡调节面；壳内低阻层是壳内脆弱活动带，分布受南北向隐伏断裂制约，和基底高阻层呈镜像关系。说明近代地壳活动继承了中新生代构造大格局。结合地质调查与 MT、地震剖面解释成果综合分析可知，北羌塘高导层厚度比较均匀，平缓连续，褶皱变形较弱。上地壳的构造变形与中地壳低阻层间存在着某种对应关系，也就是说，中地壳对上地壳的变形具有调节作用（鲁兵，2003）。

重力、航磁、MT 资料显示的南北向结构，表明该区存在隐伏的南北向断裂，它们是深部地幔流体活动的通道。新生代构造在一定程度上承袭着古老构造格局，并受其制约。地壳物理测深成果，使我们从三维空间来认识地壳底结构，虽然多数现象只是近代地壳底结构特征，壳幔界面和岩石圈底面的变化情况，不能完全代表中生代或更早时期的状况，但一些残留的痕迹仍然为我们探索早期的深部构造提供了思索的空间。

三、次级构造单元划分

在大洋岩石圈构造体制向大陆岩石圈构造体制转换演化过程中都会形成一些动力学上互相联系的构造单元，但大洋岩石圈构造体制演化中形成的一些构造单元大多消失，仅有部分残存在弧盆系和碰撞结合带中，而大陆岩石圈构造体制演化形成的一些构造单元保存较好。这些保存较好的构造单元和从残片中反映出来的地质构造单元信息，正是我们划分大地构造单元的基础。根据古特提斯洋发育的阶段性和闭合造山后形成的构造不整合界面的空间分布范围，以构造域内板块结合带和夹持于其间的陆块作为次级构造单元，构成本区构造单元划分的基本骨架。考虑到构造带中区域地质发展过程中的总体特征和面貌，依次划分更次级构造单元。

根据对测区基底和盖层各地质体的岩石（层）的沉积建造、火山建造、岩浆建造、变质建造和构造形迹的组合特征进行综合分析，着重考虑古特提斯扩张一消减一碰撞造山过程，并结合区域构造背景、地球物理探测结果进行构造单元划分。将微大陆和其间的构造混杂带作为测区一级构造单元。根据不同构造阶段的沉积作用、岩浆活动、变质作用和构造活动及运动学、动力学机制的表现划分次级构造单元，将测区划分为 3 个一级构造单元和 2 个二级构造单元（表 5－1）。

表 5－1　黑虎岭幅构造单元划分表

一级构造单元	二级构造单元	代号
若拉岗日一狮头山构造混杂岩带（Ⅰ）		Ⅰ
北羌塘陆块（Ⅱ）	亚克错-玉盘湖冲断带	$Ⅱ_1$
	错尼-半岛湖断褶带	$Ⅱ_2$
双湖构造混杂带（Ⅲ）		Ⅲ

3 个一级构造单元，从北到南分别为：若拉岗日-狮头山构造混杂岩带、北羌塘陆块和双湖构造混杂岩带。根据地层展布和构造发育程度的不同，北羌塘陆块内进一步划分出两个二级构造单元：亚克错-玉盘湖冲断带和错尼-半岛湖断褶带。手指湖断层和玉盘湖北断层以北属若拉岗日-狮头山构造混杂岩带；手指湖断层和玉盘湖北断层至北陡黑山-岌岌岭断层之间为亚克错-玉盘湖冲断带；北陡黑山-岌岌岭断层与虾河断层之间为错尼-半岛湖断褶带；虾河断层以南属双湖构造混杂岩带（图 5－7）。

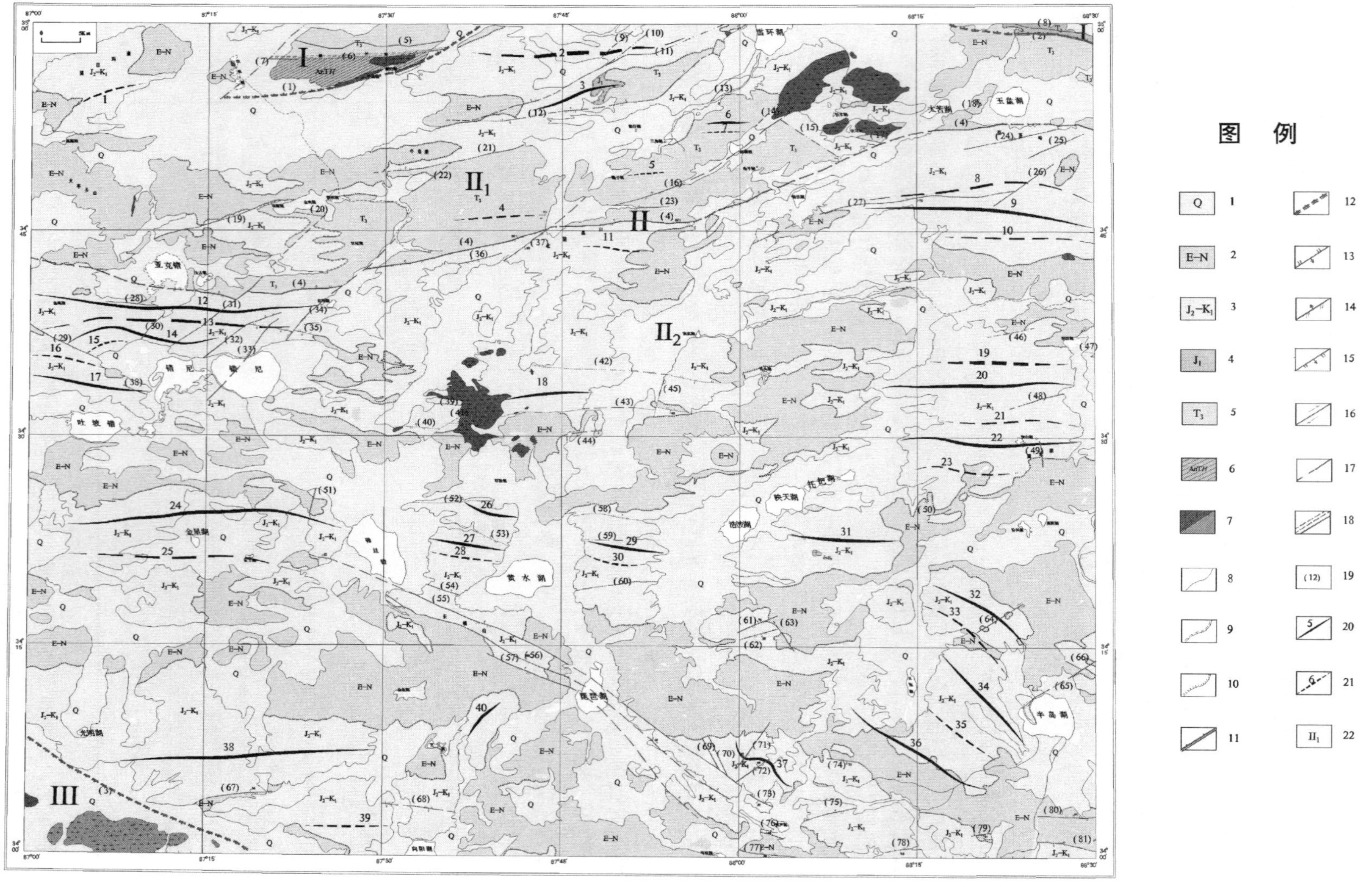

图5-7　黑虎岭幅构造纲要图

1-第四系；2-古近系-新近系；3-中侏罗统-下白垩统；4-下侏罗统；5-上三叠统；6-黑石长梁岩组；7-中酸性和基性侵入岩；8-地质界线；9-平行不整合界线；10-角度不整合界线；11-分区断层；12-推测分区断层；13-逆断层；14-逆冲走滑断层；15-正断层；16-平移断层；17-性质不明断层；18-韧性剪切带；19-断层编号；20-背斜及编号；21-向斜及编号；22-构造单元编号；

I-若拉岗日-狮头山构造混杂岩带；II-北羌塘陆块；II_1-亚克错-玉盘湖冲断带；II_2-错尼-半岛湖断褶带；III-双湖构造混杂岩带

第二节　次级构造单元的地质构造特征

一、若拉岗日-狮头山构造混杂岩带

测区北缘手指湖断层（F1）和玉盘湖北断层（F2）以北属若拉岗日-狮头山构造混杂岩带。该带向东延入多格错仁幅，向西被一条北东向隐伏断裂截断，延伸情况不明。该构造带可能是金沙江缝合带的一部分。带上出露的地层主要为黑石长梁岩群和若拉岗日岩群。两者均为被断层分割的构造岩片。黑石长梁岩群和若拉岗日岩群之间也为断层（韧性剪切断层）接触（图5-8）。黑石长梁岩群为一套角闪岩相的中深变质岩系，在该套变质岩中见麻粒岩岩块。若拉岗日岩群为一套浅变质岩系，在邻区见基性-超基性岩和大理岩岩块，具有构造混杂岩的特征。黑石长梁岩群和若拉岗日岩群两套变质岩均褶皱变形，形成小规模的背形和向形。带内断层呈北东东向，以压扭性为主。

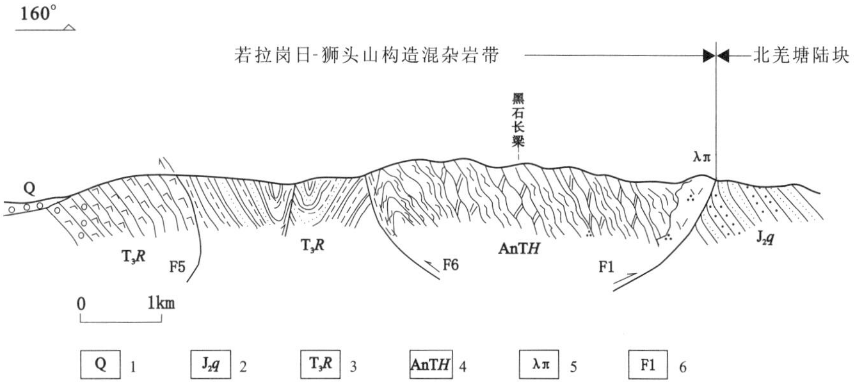

图5-8　若拉岗日-狮头山混杂岩带构造剖面图

1-第四系；2-雀莫错组；3-若拉岗日岩群；4-黑石长梁岩群；5-石英斑岩；6-断层编号

（一）褶皱构造

该带内的若拉岗日岩群浅变质岩和黑石长梁岩群中深变质岩都遭受后期构造改造，在南北向主压应力场的作用下发生断裂构造伴生褶皱变形，形成小型的背形和向形构造，且多以破向斜的样式产出。褶皱规模较小，一般长1km左右，宽仅数百米。褶皱紧闭，两翼产状较陡，翼间角小（25°～82°），褶皱轴向近东西向，枢纽近水平（表5-2）。

表5-2　黑石长梁一带褶皱构造一览表

地理位置	类型	地层时代		两翼产状	轴面产状	枢纽产状	翼间夹角	规模（km）	
		翼部	核部					长	宽
黑石长梁北	向形	T_3R	T_3R	160°∠75°，320°∠60°	330°∠82°	244°∠22°	49°	1	0.2
黑石长梁北	向形	T_3R	T_3R	170°∠75°，350°∠80°	170°∠88°	80°∠0°	25°	1	0.2
黑石长梁	背形	AnT*H*	AnT*H*	340°∠45°，160°∠53°	340°∠86°	70°∠0°	82°	1	0.5

（二）断裂构造

带内发育多条压性或压扭性断裂，主要断裂构造详见表5-3。断层一般长10～19km，其中手指湖断层（F1）和玉盘湖北断层（F2）延伸出图幅，长度大于12km。断层走向以东西向和北东向为主，显示南北向挤压的结果。

表5-3　测区内金沙江构造混杂岩带断裂构造一览表

编号	位置	长度(km)	走向	倾向	性质	特征简述
F1	手指湖	12	60°	北	逆冲	边界断层。北盘黑石长梁变质岩，南盘雀莫错组，石英斑岩沿断裂侵入。
F2	玉盘湖北	10	110°	北	逆冲	边界断层。北盘若拉岗日岩群火山岩，南盘藏夏河组砂岩，发育断裂破碎带。
F5	黑石长梁北	19	80°	北	压性	北盘若拉岗日岩群火山岩，南盘若拉岗日岩群浅变质岩。两侧产状不协调。
F6	黑石长梁	19	80°	北	韧性剪切	南盘为黑石长梁岩群中深变质岩，北盘为若拉岗日岩群浅变质岩。断层带中发育长英质糜棱岩。
F7	双咀湖	10	45°	北	平移	卫片解译断层。线性构造清楚，第四系掩盖。东盘为黑石长梁变质岩，西盘为雀莫错组砂岩。右行平移断层。
F8	玉盘湖北	10	110°	北	逆冲	若拉岗日岩群内部断层，线性构造清楚，发育断裂破碎带。

1. 手指湖断层和玉盘湖北断层

手指湖断层和玉盘湖北断层实为一条断裂带的东段和西段，是若拉岗日-狮头山混杂岩带和北羌塘陆块的分界断裂。手指湖断层出露长12km，断层两端被第四系掩盖，北盘黑石长梁变质岩逆冲到南盘雀莫错组之上。玉盘湖北断层测区内出露10km，断层两端延伸出图幅。北盘为若拉岗日岩群火山岩，南盘为藏夏河组砂岩。该分界断裂带总体呈近于东西向的波状展布，因此局部出露走向或东西或北西。断层面倾向北，上盘向南逆冲，以压性为主，伴有左行走滑。沿断裂带两侧地层破碎，劈理发育。并伴有构造透镜体和断层泥。在局部地段见糜棱岩和糜棱岩化。断裂破碎带宽50～100m。值得指出的是，手指湖一带，石英斑岩沿断层侵入，说明该断层具有强烈底滑重熔的性质。

2. 黑石长梁断层

黑石长梁断层（F6）分布在黑石长梁北坡，断层出露19km，走向80°。断层两端被第四系掩盖。南盘为黑石长梁岩群中深变质岩，北盘为若拉岗日岩群浅变质岩。断层带中发育长英质糜棱岩。断层两侧的岩石中发育同方向的劈理，并见糜棱岩和糜棱岩化。地貌上为一条走向80°的直线状山谷，发育断层三角面。

二、北羌塘陆块

北羌塘陆块主要形成于印支晚期和早燕山期。现有资料表明，羌塘陆块北缘的金沙江缝合带于晚三叠世向南俯冲，其初始碰撞时期大约在拉丁期一诺利早期，金沙江洋盆关闭于瑞替期。在盆地北缘形成火山岛弧，发育一套以若拉岗日岩群为代表的岛弧型火山一沉积建造和复理石建造。因此，在晚三叠世期间北羌塘盆地性质应属弧后盆地，沉积一套水下喷溢的火山岩建造、陆棚一三角洲相的碎屑岩建造和陆棚缓坡相的碳酸盐建造。在侏罗纪早期，羌塘陆块南缘的班公湖一怒江缝合带发生向南俯冲，时间跨度较大，可能到早白垩世末才最后闭合。具有东早西晚和短暂走滑的特点。受这次构造事件的影响，中侏罗世一早白垩世时的北羌塘盆地具有前陆盆地的构造属性。沉积一套厚达6000余米的砂砾岩、砂泥岩和含膏盐杂色泥岩。因此，北羌塘中生代盆地实际上是由晚三叠世弧后盆地和侏罗纪—早白垩纪前陆盆地相叠置的复合型弧后前陆盆地。

根据北羌塘陆块内地层分布和构造发育情况的差异，测区内可细分为两个次级构造单元：亚克错-玉盘湖冲断带和错尼-半岛湖断褶带（图5-9）。

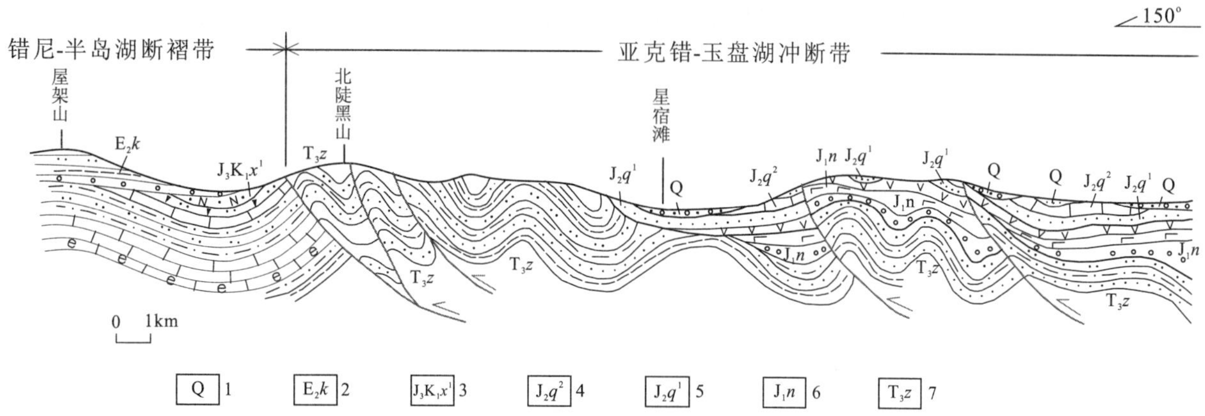

图 5-9　星宿滩—北陡黑山地质剖面

1-第四系；2-康托组；3-雪山组；4-雀莫错组二段；5-雀莫错组一段；6-那底岗日组；7-藏夏河组

（一）亚克错-玉盘湖冲断带

该带位于手指湖断层（F1）和玉盘湖北断层（F2）以南和北陡黑山-岌岌岭断裂带以北。呈北东东向展布。出露地层比较齐全，主要有上三叠统藏夏河组、下侏罗统那底岗日组及中上侏罗统、古近系和第四系。

该带断层构造比较发育，以逆冲断裂为主，断面北倾。地层褶皱变形比较强烈，三叠系和侏罗系地层全面褶皱，形成比较紧闭的同斜线形褶皱。侏罗纪构造层中的褶皱略显平缓，轴面近于直立，与三叠纪构造层的褶皱明显不一致。带中岩浆岩也比较发育。

1. 褶皱构造

带内规模较大的褶皱构造有 7 个（向斜构造 5 个，背斜构造 2 个）。主要褶皱构造及主要褶皱要素见表 5-4。主要褶皱分述如下。

表 5-4　亚克错-玉盘湖冲断带褶皱构造一览表

编号	地理位置	类型	地层时代		两翼产状			轴向倾向	枢纽产状	翼间夹角	规模（km）	
			翼部	核部	西部	中部	东部				长	宽
H1	强日玛查	向斜	J_2q^1	$J_2q^2-J_2q^3$		170°∠74° 345°∠70°	180°∠64° 345°∠80°	348°∠88°	258°∠8°	36°	14	10
H2	旋风梁	向斜	$J_2q^1-J_2q^2$	$J_2q^2-J_2q^3$	160°∠45° 10°∠25°		195°∠45° 353°∠30°	4°∠71°	277°∠8°	107°	26	4
H3	弯弯梁	背斜	J_1n	$J_2q^1-J_2q^2$		310°∠60° 145°∠45°		137°∠82°	225°∠9°	76°	10	4
H4	星宿滩	向斜	T_3z	T_3z		180°∠50° 350°∠70°		174°∠80°	263°∠8°	61°	11	2
H5	靴子湖东	向斜	T_3z	T_3z		170°∠48° 30°∠57°		191°∠85°	103°∠24°	84°	6	1.8
H6	丽疆湖北	背斜	T_3z	T_3z		330°∠48° 200°∠40°		178°∠83°	266°∠19°	110°	4	1.5
H7	丽疆湖北	向斜	T_3z	T_3z		200°∠40° 340°∠10°		11°∠66°	283°∠6°	132°	6	2

（1）强日玛查复向斜（H1）

该向斜位于测区西北角，向斜轴迹在平面上总体呈北东东走向，四周被大片第三系（古近纪＋新近纪）或第四系掩盖。出露长度 14km，宽 10km，面积约 140 km^2。

复向斜槽部出露侏罗系中统雀莫错组灰岩段和含膏细碎屑岩段（$J_2q^2-J_2q^3$），两翼均为雀莫错组粗碎屑岩段（J_2q^1）。北西翼出露较宽，发育次级褶皱。靠近槽部地层产状较陡，两翼地层倾角在70°～74°，翼间角为36°，轴面产状348°∠88°，枢纽产状258°∠8°。总的来看，该向斜为一总体走向近东西、轴面近直立、枢纽近水平、两翼有次级褶皱发育的复式向斜（图5－10）。

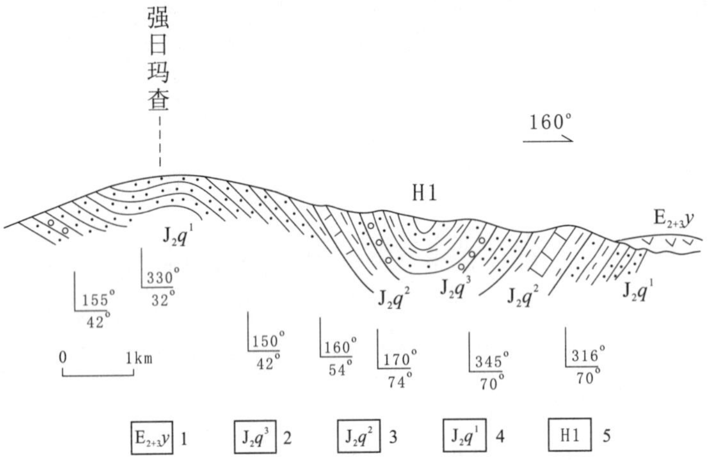

图5－10　强日玛查向斜横剖面图

1－鱼鳞山组；2－雀莫错组三段；3－雀莫错组二段；4－雀莫错组一段；5－褶皱编号

（2）旋风梁向斜（H2）

该向斜位于测区北部边缘，向斜轴迹在平面上总体呈东西走向，向斜中部被大片第四系掩盖，东端被北东向断层破坏。出露长度26km，宽度4km，面积约104 km²。

向斜槽部出露侏罗系中统雀莫错组灰岩段和含膏细碎屑岩段（$J_2q^2-J_2q^3$），两翼均为雀莫错组粗碎屑岩段和灰岩段（$J_2q^1-J_2q^2$）。向斜西段两翼地层代表性产状为160°∠45°和10°∠25°，向斜东段两翼地层代表性产状为195°∠45°和353°∠30°。两翼地层倾角在25°～45°，翼间角为107°，轴面产状4°∠71°（东段），枢纽产状277°∠8°（东段）。总的来看，该向斜为一总体走向为东西向、轴面近直立、枢纽近水平的向斜（图5－11）。

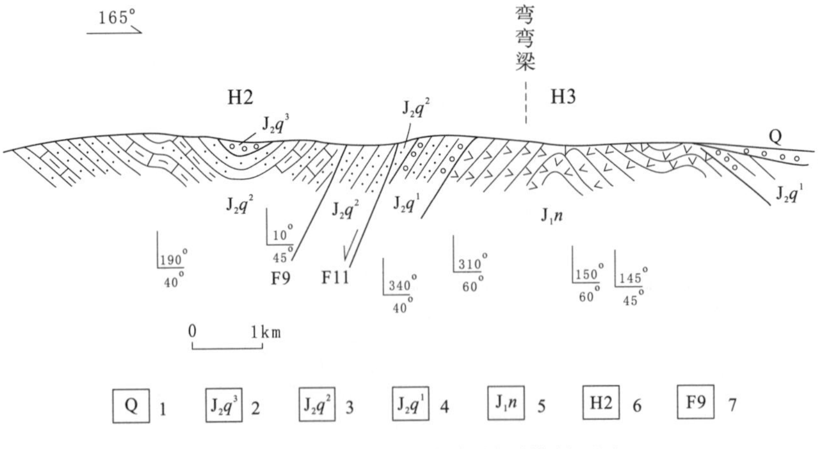

图5－11　旋风梁-弯弯梁褶皱群横剖面图

1－第四系；2－雀莫错组三段；3－雀莫错组二段；4－雀莫错组一段；5－那底岗日组；6－褶皱编号；7－断层编号

（3）弯弯梁背斜（H3）

该背斜位于测区北部边缘，背斜轴迹在平面上总体呈北东东走向。出露长度10km，宽4km，面积约40 km²。

背斜核部出露侏罗系下统那底岗日组（J_1n），两翼为侏罗系中统雀莫错组粗碎屑岩段和灰岩段(J_2q^1

—J_2q^2）。两翼地层代表性产状为310°∠60°和145°∠45°，翼间角为76°，轴面产状137°∠82°，枢纽产状225°∠9°。总的来看，该背斜为一总体走向为北东东向、轴面近直立、枢纽近水平、两翼发育次级褶皱的复式背斜（图5-11）。

2. 断裂构造

带内断层比较发育，主要断层有16条，详见表5-5。带内断层以北东或北东东向压性-压扭性断层为主。重要断层描述如下。

表5-5　亚克错-玉盘湖冲断带断裂构造一览表

编号	位置	长度(km)	走向	倾向	倾角	性质	特征简述
F4	北陡黑山-岌岌岭	区内120	80°	350°	65°	逆冲	逆冲断层。倾向北，倾角65°。北盘为T_3z，南盘为中上侏罗统。两盘地层陡倾，见破碎带。断距大于1000m。
F9	石羊沟北	5	45°			左行平移	雀莫错组（J_2q）内部，错断各个岩性段界线。视断距800m。
F10	石羊沟	8	45°			左行平移	雀莫错组（J_2q）内部，错断各个岩性段界线。视断距700m。
F11	弯弯梁北	35	60°	330°	60°	正平移	南盘和北盘均为J_2q及E_2k，地质界线错动，视断距200m。
F12	弯弯梁南	16	60°			逆冲	北盘T_3z南盘J_2b。
F13	汇水河	3	35°			不明	北西盘为J_2q^2，南东盘为J_2q^1。地层错断。
F14	丽疆湖北	4.5	45°			逆	北西盘为T_3z，南东盘为J_2q^2。线性构造明显。
F15	白石头	9	130°			不明	解译断层，发育于T_3z内部，线性构造明显。
F16	多色梁北	10	70°			逆平移	逆冲断层。倾向340°，倾角68°。断裂带宽100余米，有大灰岩断块。南盘被拖曳成小向斜。
F17	饮马湖南东	3	100°			逆	北盘为T_3z，南盘为J_2q^3。
F18	铁青山	1.5	120°			逆	北盘为T_3z，南盘为Nsh。岩石破碎。
F19	秃顶梁	14	60°		直立	逆平移	北盘为J_2q，南盘为J_2q或E_2k。
F20	马蹄湖	4	100°			逆	发育于T_3z内部。线性构造明显。
F21	洒天河	18	75°			正	倾向北西，倾角不明。北盘J_2q，南盘为T_3z，地层不连续。
F22	藏夏河	4	35°			逆	北西盘为J_2q和T_3z，南东盘为T_3z。地层不连续。
F23	多色梁	4	90°			逆平移	左行平移，错断正长斑岩脉，视错距100m。

（1）北陡黑山-岌岌岭逆断层（F4）

此断层为亚克错-玉盘湖冲断带和错尼-半岛湖断褶带的分界断层（图5-12）。在测区内长达120km，走向70°～80°，向东至玉盘湖南侧延展到多格错仁图幅内，断层西端至亚克错被第四系掩盖。区域上是一条长达数百千米，总体呈东西走向的大断层。

在露头较好的北陡黑山一带，断裂之断面较清晰，断面倾向350°～360°，倾角55°～70°。断层破碎带宽20～50m，其中发育见杂色、灰色断层泥，构造透镜体及陡倾的断层擦痕。地貌上成沟谷或鞍部。断层南盘为侏罗系中、上统各组，北盘主要为上三叠统藏夏河组，西段至亚克错被第四系覆盖。由于岩

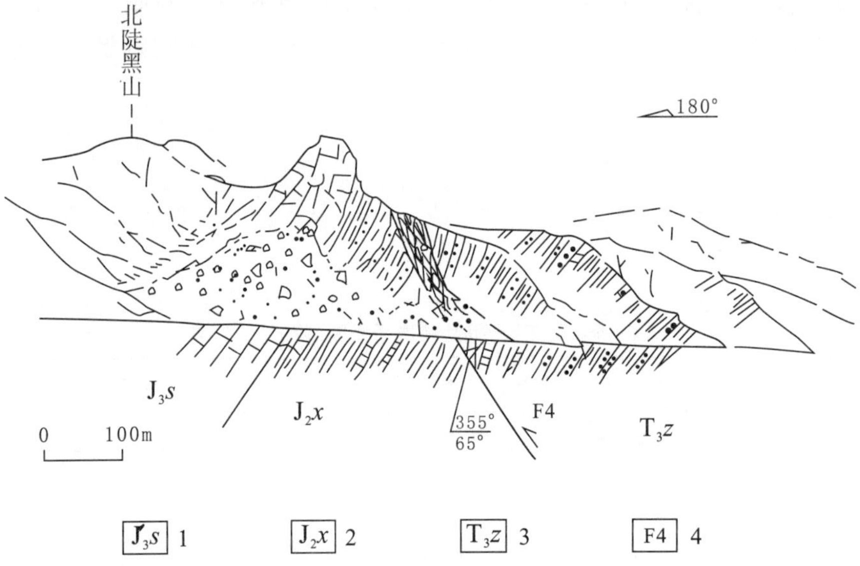

图 5-12 北陡黑山-岌岌岭断层素描图

1-索瓦组；2-夏里组；3-藏夏河组；4-断层编号

性的差异风化，断层下盘的侏罗系布曲组、索瓦组反而呈陡崖突出，在多处形成断层崖，上冲盘的藏夏河组却被侵蚀成缓坡，绵延数十千米的北陡黑山即由此而成。断层东段玉盘湖一带，断层穿过新近系石坪顶火山岩，说明新近系以来断层仍有活动。

（2）弯弯梁南逆断层（F12）

该断层位于弯弯梁南，出露长度为 16km，断层平均走向 60°。断层北西盘地层为上三叠统藏夏河组、侏罗系那底岗日组、雀莫错组，南东盘地层为雀莫错组和布曲组。沿断层走向为一连串负地形，多处见断层崖。断层下盘布曲组中发育牵引褶皱。

（3）多色梁北逆断层（F16）

该断层发育于多色梁北侧的上三叠统藏夏河组砂岩中（图 5-13），出露长度 10km。两端均被第四系掩盖。特别是断层北东端，发育一个长轴呈北东向长约 10km、宽 1～2km 的山谷。

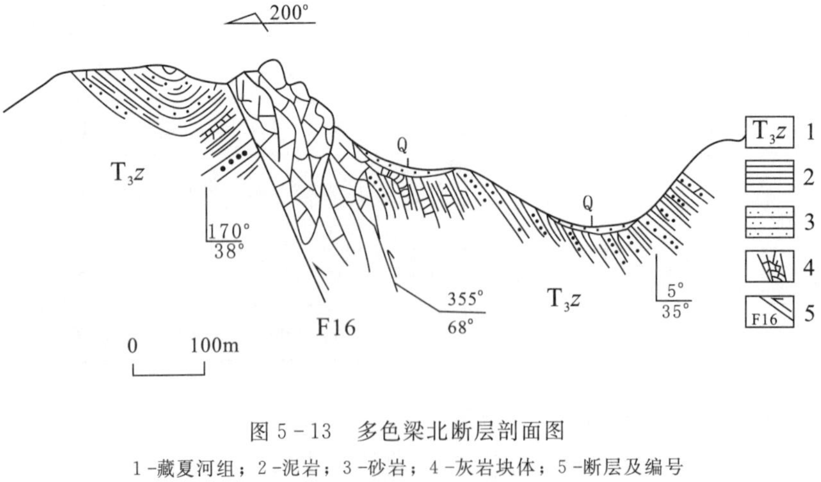

图 5-13 多色梁北断层剖面图

1-藏夏河组；2-泥岩；3-砂岩；4-灰岩块体；5-断层及编号

断层走向 60°～70°，断层面产状 340°∠68°。破碎带宽 50～120m 不等，其中有大小不等的灰岩构造块体和极其发育的方解石细网脉。沿破碎带走向共见 4 个长轴与断层走向平行的灰岩块体，最大者长约 200m，宽约 100m，最小者 5m×2m，均强烈破碎、重结晶并被方解石细脉密集网状穿插，灰岩块又被若干弧面分割，弧形面上见斜擦痕。北盘为上冲盘，南盘地层被牵引形成派生褶皱。

（4）秃顶梁断层（F14）

该断层出露于秃顶梁-亚克错一线，断层两端均为第四系所覆盖，出露长度约为14km。断层面近于直立，走向为60°。南东盘和北西盘地层均为侏罗系雀莫错组和古近系康托组。沿断层线岩层产状零乱、变化大。除第四系，所有地质界线及构造线均呈左行错断，但断距不大，水平错距约为300m。断层破碎带一般宽约8m，带内发育破劈理及断层角砾，破劈理面近于直立，与断层面产状一致。劈理面上具有水平状擦痕。破碎带两侧岩层中节理发育，节理面方向零乱，将岩石切割成大小不等、形状各异的镶嵌状碎块，其中部分节理缝被方解石充填。

3. 构造变形特征

亚克错-玉盘湖冲断带位于测区北部，总体呈北东东走向。东西向长140km，并延展出图幅之外。南北向宽20～30km。北侧与金沙江构造混杂带相邻，南侧为错尼-半岛湖断褶带。带内除第四系和火车头山一带小面积出露古近纪-新近纪构造层之外，地表出露的构造层几乎全为晚三叠世构造层和中侏罗世-早白垩世构造层。测区内仅有的早侏罗世构造层也出露在该带的弯弯梁一带。

亚克错-玉盘湖冲断带是在由北向南逆冲机制下产生的。带内地层全面褶皱，断裂也比较发育。构造线总体呈北东东向。该单元构造变形开始于晚三叠世末的印支造山运动，在中生代末期又受到燕山造山运动的叠加、改造，最后在燕山晚期一新生代早期盆地边缘对冲作用和喜马拉雅期总体抬升下定位于现在的位置。因此，带内晚三叠世构造层的褶皱变形，应形成于晚三叠世末。中侏罗世-早白垩世构造层的褶皱变形应形成于晚白垩世。

晚三叠世构造层的褶皱变形总的特点是规模不大，形态比较紧闭，枢纽起伏明显。规模较大的褶皱有4个（编号为H4、H5、H6、H7）。背斜长度一般4～11km，宽度一般1.5～2km。两翼地层较陡，倾角一般40°～70°。翼间角一般有61°～130°。轴面近于直立，略向北倾。枢纽近于水平。褶皱轴一般呈近东西向。

中侏罗世-早白垩世构造层的褶皱变形总的特点是规模比较大，形态比较开阔，轴向北东东，枢纽起伏明显。规模较大的褶皱有3个（编号为H1、H2、H3）。背斜长度一般4～26km，宽度一般4～10km。两翼地层一般较陡，倾角一般25°～70°。翼间角一般36°～107°。轴面近于直立，枢纽近于水平。褶皱轴一般呈北东东或近东西向。与晚三叠世构造层中的褶皱相比较，中侏罗世-早白垩世构造层的褶皱明显，规模较大，比较开阔平缓。

带中断裂以北东东向逆断层和北东向平移断层最发育，且断层面主要向北倾，显示该带的断层多为北盘向南逆冲的冲断带特点。带中断层与分界断层（北陡黑山-岌岌岭断层）的上冲方向和运动学方向一致。褶皱轴向主要呈东西向或北东东向，与断层的运动方向也是一致的。

（二）错尼-半岛湖断褶带

该带位于北陡黑山-岌岌岭断裂带（F4）以南和虾河断裂带（F3）以北。出露地层以中上侏罗统一下白垩统、古近系和第四系为主。没有出露中侏罗统以下的地层。该带断层构造比较发育，以逆冲断层为主，伴随左行走滑。中上侏罗统一下白垩统地层全面褶皱变形，形成短轴-线形褶皱。褶皱特征是向斜较开阔，背斜较窄，轴面近于直立。带中岩浆岩也比较发育。该带总体构成断褶带面貌（图5-14）。

1. 褶皱构造

带内规模较大的褶皱构造有40个（向斜构造15个，背斜构造25个）。主要褶皱构造及主要褶皱要素见表5-6。为突出油气评价地质构造背景，重点介绍背斜构造和带内特殊类型的褶皱构造。

（1）独山北背斜（H9）

该背斜位于测区东北部的独山以北，背斜轴迹在平面上总体呈微朝北凸的东西走向，西端被大片第四系掩盖。出露长度23km，宽度5km，面积约115km^2。

该背斜核部出露侏罗系上统白龙冰河组，两翼均为上侏罗统—下白垩统雪山组。北翼被近东西向逆

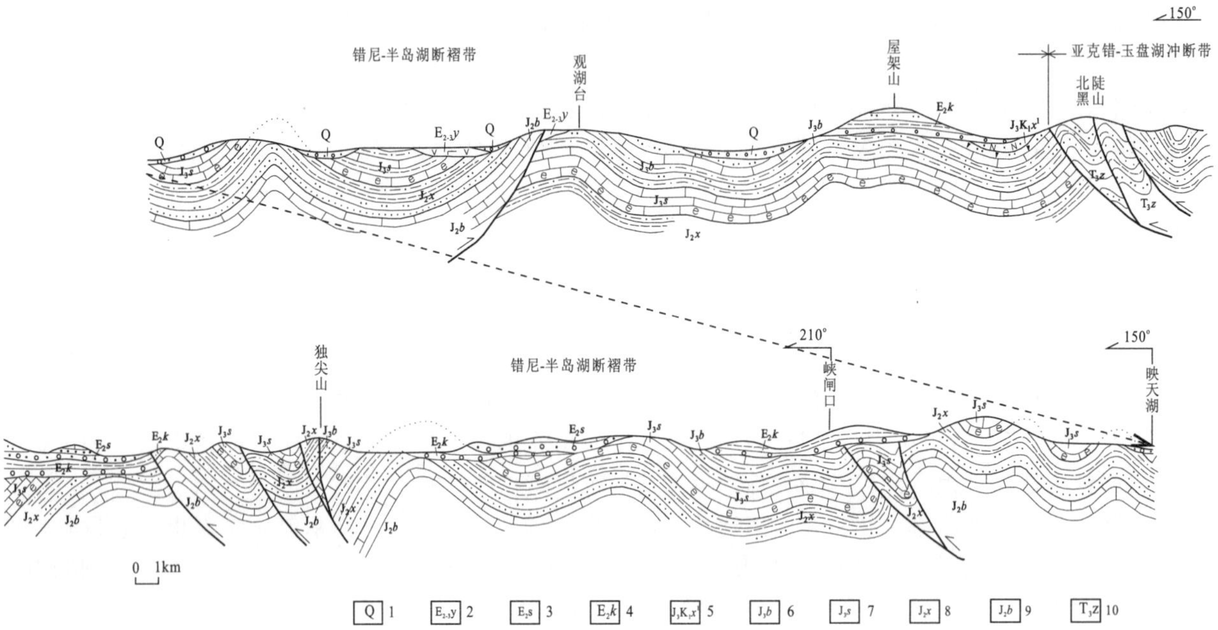

图 5－14　北陡黑山-独尖山地质剖面图

1－第四系；2－鱼鳞山组；3－唢呐湖组；4－康托组；5－雪山组一段；6－白龙冰河组；
7－索瓦组；8－夏里组；9－布曲组；10－藏夏河组

断层破坏。两翼代表性产状为：北翼 359°∠52°，南翼 184°∠64°，轴面产状为 2°∠84°，枢纽产状为 272°∠4°，翼间角 64°。该背斜为轴向东西向、轴面近直立、枢纽水平的背斜。

独山北背斜规模大而较平缓，核部出露地层比较新（白龙冰河组），其下保存有索瓦组和布曲组两个侏罗系重要生油层及夏里组储盖层，而且白龙冰河组顶部有一较稳定的膏盐层，两翼是巨厚的雪山组，圈闭条件好。虽在北翼有一断层，但该断层属压扭性，破坏程度有限。我们认为独山北背斜是一个值得重视的圈闭构造。

（2）曲龙河北背斜（H17）

该背斜位于测区西部曲龙河的北侧，背斜轴迹在平面上总体呈东西走向，背斜东段被数条北东向断层错断。出露长度 14km，宽度 4km，面积约 $56km^2$。

该背斜核部出露侏罗系上统索瓦组，两翼均为上侏罗统索瓦组和白龙冰河组。背斜两翼代表性产状为：北翼 344°∠27°，南翼 164°∠25°，轴面产状为 164°∠89°，枢纽产状为 250°∠0°，翼间角 128°。该背斜为轴向东西、轴面近直立、枢纽水平的背斜。

（3）窄石梁-旋山湖褶皱群（H19、H20、H21、H22、H23）

该群褶皱位于测区东部中段。从北往南由削风梁北向斜（H19）、窄石梁背斜（H20）、蛹子梁南向斜（H21）、旋山湖背斜（H22）和重逢梁西向斜（H23）组成，南北宽度达 20km、东西出露长度约 25km。背、向斜平面上大致等距平行相间排列，其间还发育次一级的褶皱。剖面上呈正弦曲线状（图 5－15）。5 个背斜、向斜的宽度、形态、产状要素及卷入地层大体相同但规模大小不等。其中窄石梁背斜和旋山湖背斜出露长度分别达 35km 和 23km，宽度分别为 7km 和 5km，面积分别为 $245km^2$ 和 $115km^2$，是测区内规模较大的背斜构造。

从褶皱的轴面产状来看，走向变化于北东东和北西西之间，部分东西向，倾角在 79°～89°，枢纽倾角为 0°～18°，翼间角 82°～103°。该褶皱群中的褶皱都属于轴面近直立、枢纽近水平的宽缓褶皱。

地表出露的地层以侏罗系上统白龙冰河组和索瓦组为主，仅背斜核部低洼处出露侏罗系中统夏里组（J_2x）。断裂不发育，仅在窄石梁背斜和蛹子梁南向斜之间发育一条走向北东东的压扭性断层（浩波湖北断层），对背斜的封闭性、完整性影响不大。我们认为窄石梁背斜和旋山湖背斜是较好圈闭构造。

表 5-6 错尼-半岛湖断褶带褶皱构造一览表

编号	地理位置	类型	地层时代		两翼产状（°）			轴面产状（°）	枢纽产状（°）	翼间夹角（°）	规模（km）	
			翼部	核部	西部	中部	东部				长	宽
H8	独山北西	向斜	J_3b	J_3K_1x	186∠35 9∠54		178∠31 335∠44	187∠80	98∠1	91	20	4
H9	独山北	背斜	J_3K_1x	J_3b	0∠35 200∠32	359∠52 184∠64	358∠35 182∠40	2∠84	272∠4	64	23	5
H10	独山北	向斜	$J_3b-J_3K_1x^1$	$J_3K_1x^2$	165∠34 18∠30	285∠15 338∠34	186∠47 357∠41	172∠80	261∠8	134	19	5.5
H11	北陡黑山南	向斜	J_3b	J_3K_1x	142∠16 37∠18		171∠26 355∠24	352∠89	83∠1	130	5	3
H12	鱼尾湖	背斜	J_3s	J_2x	340∠37 185∠54		350∠30 163∠26	167∠88	77∠2	124	13	3.5
H13	叠埂梁	向斜	J_2x	J_3s-J_3b		170∠15 2∠12		175∠67	85∠1	150	20	4
H14	盘埂山北	背斜	J_3s	J_2x	8∠27 155∠33		347∠13 160∠11	164∠89	74∠1	123	13	3.5
H15	盘埂山	向斜	J_2x	J_3s-J_3b		165∠16 340∠28		341∠40	252∠1	136	6	3
H16	克拉力湖西	向斜	J_3s	J_3b	180∠35 15∠35			8∠82	98∠5	109	11	1.5
H17	曲龙河北	背斜	J_3s-J_3b	J_3s	20∠30 191∠28	344∠27 164∠25	15∠23 190∠45	164∠89	254∠0	128	14	4
H18	黑虎岭	背斜	J_2x	J_2b	325∠53 175∠70		327∠54 155∠49	151∠87	240∠5	77	9	3
H19	削风梁北	向斜	J_3b	J_3b		200∠37 20∠58		200∠79	290∠0	85	17	6
H20	窄石梁	背斜	J_3s	J_2x	345∠54 160∠45	54∠5 190∠32	350∠37 172∠58	187∠83	277∠2	103	35	7
H21	蛹子梁南	向斜	J_3s	J_3b	170∠67 345∠37	170∠52 20∠51	174∠37 355∠36	5∠89	95∠18	82	16	4.5
H22	旋山湖	背斜	J_3s	J_2x	352∠42 200∠49	350∠41 190∠52	4∠33 185∠32	1∠84	272∠10	89	23	5
H23	重逢梁西	向斜	J_3s	J_3b		155∠34 340∠45		158∠84	62∠2	101	6.5	1.5
H24	金星湖	背斜	J_3b	J_3s	345∠20 193∠24	348∠22 180∠36	340∠45 130∠32	354∠88	265∠3	132	35	6
H25	长方湖	向斜	J_3s	J_3b		170∠34 2∠22		355∠87	84∠3	124	14	4
H26	确旦日北	背斜	J_3s	J_2x		32∠47 220∠42		216∠87	306∠4	91	5	2
H27	确旦日	背斜	J_3b	J_3s		25∠28 180∠59		185∠85	96∠10	95	8	2.5
H28	确旦日南	向斜	J_3s	J_3b		178∠57 30∠62		194∠87	105∠25	68	5.5	2
H29	黄秃山	背斜	J_3s	J_2x		347∠48 207∠47		187∠89	276∠4	92	3.5	2
H30	多鸟湖	向斜	J_3s	J_3b		180∠76 350∠48		356∠76	268∠9	57	6.5	2.5
H31	弓夹山	复背斜	J_3s	J_2x	32∠24 189∠39		46∠16 145∠19	18∠82	107∠6	118	20	10
H32	挥鞭河	背斜	J_3s	J_2x	40∠33 243∠38	30∠32 235∠40	24∠30 231∠30	44∠86	314∠9	110	10	4
H33	小木马山	向斜	J_3s	J_3b	230∠26 45∠42			45∠37	317∠2	112	10	5
H34	圆顶山	背斜	J_3s	J_2x	15∠26 215∠32	52∠29 240∠42	55∠40 230∠54	57∠83	327∠3	109	16	4
H35	梯田梁	向斜	J_3s	J_3b	248∠15 27∠16	250∠20 25∠23	236∠27 16∠36	226∠88	316∠8	160	11	7.5
H36	五节梁	背斜	J_3s	J_2x	25∠32 232∠46	22∠38 235∠43	55∠42 195∠55	39∠87	310∠14	103	17	2.5
H37	雁翎河	背斜	J_3s	J_2x	335∠35 175∠40	70∠32 248∠30	25∠80 215∠54	68∠89	338∠2	118	12	3
H38	沙土湾湖	背斜	J_3b	J_3s	345∠10 199∠15	358∠16 182∠18	20∠23 160∠31	0∠89	270∠1	146	29	7
H39	向阳湖北西	向斜	J_3s	J_3s		195∠27 20∠48		21∠39	108∠2	105	10	4
H40	天兰湖	背斜	J_3s-J_3b	J_3s		290∠11 137∠35		310∠78	221∠4	127	8	4

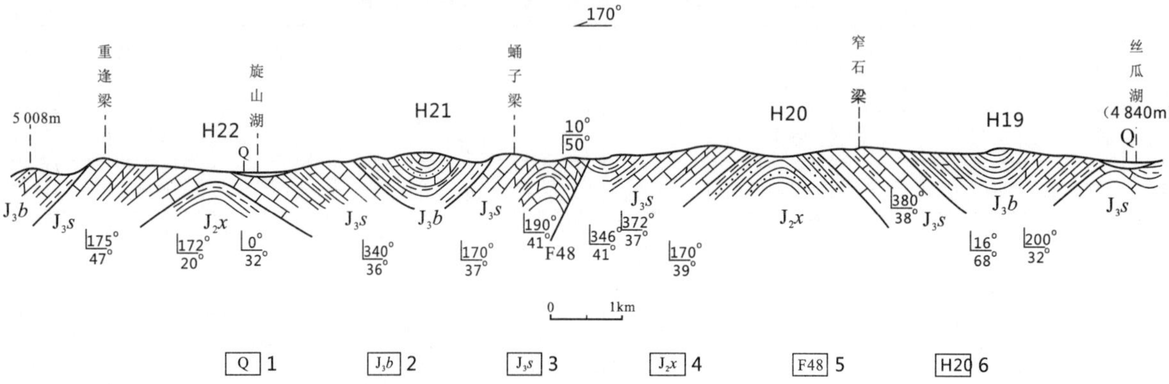

图 5-15　窄石梁-旋山湖褶皱群横剖面图

1-第四系；2-白龙冰河组；3-索瓦组；4-夏里组；5-断层编号；6-褶皱编号

(4) 金星湖背斜 (H24)

该背斜位于测区西部金星湖一带，为测区规模较大的背斜，其轴向为北西向。西端、东端和背斜中段被第四系大面积覆盖。背斜长度约为 35km，宽度约 6km，出露面积约 210km^2。

核部地层为上侏罗统索瓦组 (J_3s)，两翼地层为白龙冰河组 (J_3b)。背斜代表性产状为 (中段产状)：北翼产状 348°∠22°，南翼产状 180°∠36°，轴面产状 354°∠88°，枢纽产状 265°∠3°，翼间角 132°。沿轴向枢纽线有一定的波状起伏，平面上背斜呈短轴状，转折端呈平缓开阔的圆弧形。两翼近于对称，倾角较缓，一般在 20°～40°。轴面近于直立。背斜两翼地层波状弯曲，形成次级褶皱。总体上看，金星湖背斜属直立水平褶皱 (图 5-16)。

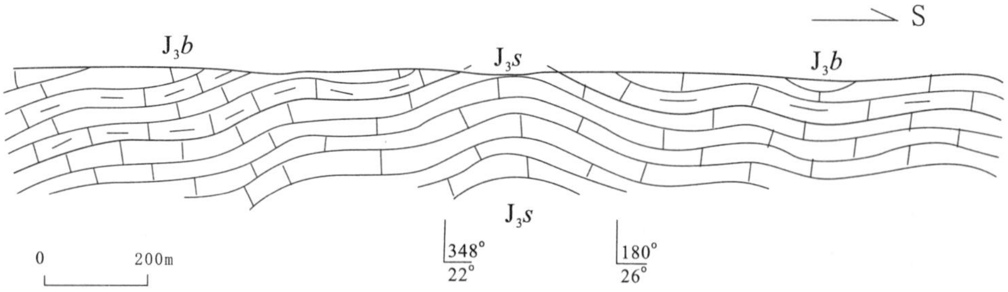

图 5-16　金星湖背斜横剖面图

地表出露的地层以侏罗系上统白龙冰河组和索瓦组为主，其下保存有一个侏罗系重要生油层——布曲组。断裂也不发育，仅背斜东段双梁大顶一带发育一条走向北北东的压扭性断层，对背斜的封闭性、完整性影响不大。我们认为金星湖背斜是一个较好圈闭构造。

(5) 确旦日褶皱群 (H26、H27、H28)

该褶皱群位于测区中部，包括确旦日北背斜 (H26)、确旦日背斜 (H27) 和确旦日南向斜 (H28)。南北宽度达 10km、东西出露长度约 12km。背、向斜平面上大致平行相间排列，其间还发育次一级的褶皱。受北西向断层影响，确旦日北背斜和确旦日背斜之间的向斜构造被破坏。背、向斜形态属开阔-中等褶皱 (图 5-17)。

①确旦日北背斜 (H26)

该背斜的轴向为北西西向。西端被一条东西向断层截断，东端被第四系覆盖。背斜长度约为 5km，宽度约 2km，出露面积约 10km^2。核部地层为中侏罗统夏里组，两翼地层为索瓦组。背斜代表性产状为：北翼产状 32°∠47°，南翼产状 220°∠42°，轴面产状 216°∠87°，枢纽产状 306°∠4°，翼间角 91°。沿轴向枢纽线有一定的波状起伏。轴面近于直立。

②确旦日背斜 (H27)

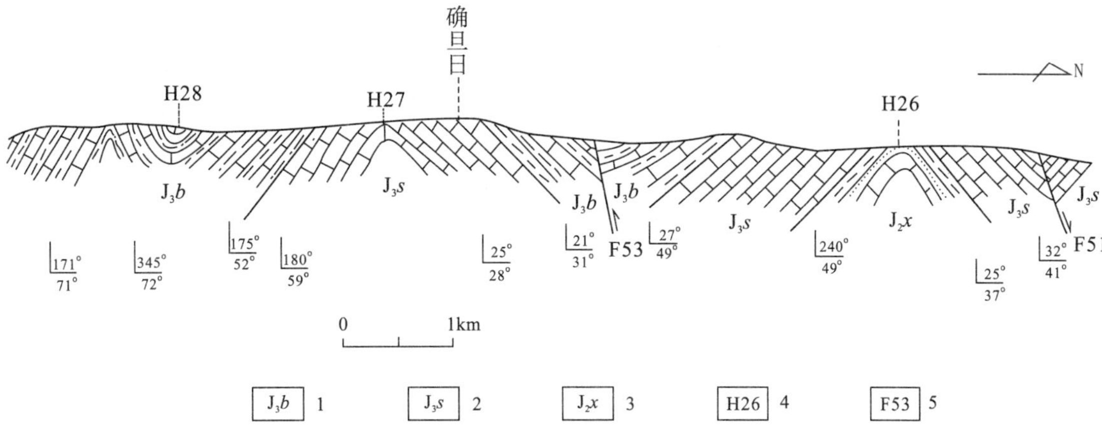

图 5 - 17　确旦日褶皱群剖面图

1 -白龙冰河组；2 -索瓦组；3 -夏里组；4 -褶皱及编号；5 -断层及编号

该背斜的轴向为北西西向。背斜西端和东端被第四系覆盖。背斜长度约为 8km，宽度约 2.5km²，出露面积约 20km²。核部地层为中侏罗索瓦组，两翼地层为白龙冰河组。其下保存有一个侏罗系重要生油层——布曲组。背斜代表性产状为：北翼产状 25°∠28°，南翼产状 180°∠59°，轴面产状 185°∠85°，枢纽产状 96°∠10°，翼间角 95°。沿轴向枢纽线有一定的波状起伏。轴面近于直立。

（6）弓夹山复背斜（H31）

弓夹山复背斜位于浩波湖东侧，南北宽 10km，东西长 20km。卷入地层为中侏罗统夏里组和索瓦组。西北端被第四系掩盖，南东端被古近系康托组不整合覆盖。复背斜大致可分为东西两段，东段与西段差异明显。

东段是一个枢纽向南东东缓倾的完整背斜形态。索瓦组地层呈弧形分布在弓夹山上，其下为夏里组地层。背斜北东翼倾向由 15°向 50°变化，倾角 15°～36°；南东翼由 110°向 145°变化，倾角 19°～60°。岩层在平面上构成一个向南东东凸出、微有起伏的向东缓倾大弧。地貌上形成弯弓沟、小湾沟和弓夹山等大致顺岩层走向发育、向东突出的弧形沟和弧形沟山梁。两翼代表性产状：北翼 46°∠16°，南翼 145°∠19°，轴面产状 18°∠82°，枢纽产状 107°∠6°。翼间角 118°。为轴面近于直立、枢纽近水平的开阔褶皱。

西段由轴向呈东西向的两个背斜和一个向斜构成，背斜向西倾伏，向斜朝东扬起，宽度大体相等（2.5km）。两翼走向变化于北东（70°～85°）和南东东（95°～120°）之间，倾向在 35°～50°之间。两个背斜和一个向斜的代表性产状求得的褶皱轴面均近直立，轴向东西或南东东，枢纽近水平。为轴面直立、枢纽水平的开阔褶皱。

复背斜的东段与西段的形态差异明显，但两者之间是渐变过渡的。西段的两个背斜和一个向斜往东逐渐开阔，最后演变为东段微有起伏的开阔大背斜。

该复背斜向东、西两端缓倾伏，规模较大。背斜形态开阔，而且基本未受断层破坏。虽然背斜核部已出露了中侏罗统夏里组，但其下还保存了一个侏罗系主要生油层（布曲组）和上三叠统生油层，所以还是一个有利于油气聚藏的圈闭构造（图 5 - 18）。

（7）挥鞭河-长虹河褶皱群（H32、H33、H34、H35、H36）

该褶皱群位于测区东南部，主要由挥鞭河背斜（H32）、小木马山向斜（H33）、圆顶山背斜（H34）、梯田梁向斜（H35）和五节梁背斜（H36）组成，5 个褶皱大致平行排列，褶皱轴均呈北西向。展布面积达 250km²。其中背斜核部出露地层为夏里组，两翼则为索瓦组和白龙冰河组。向斜槽部出露地层为白龙冰河组和索瓦组，两翼则为索瓦组。背、向斜长度 10～17km、宽度 2.5～7.5km。均为枢纽近于水平的开阔短轴直立型褶皱。该褶皱群总体表现为背斜比较紧闭，向斜较宽缓的隔挡隔槽式褶皱（图 5 - 19，图 5 - 20）。

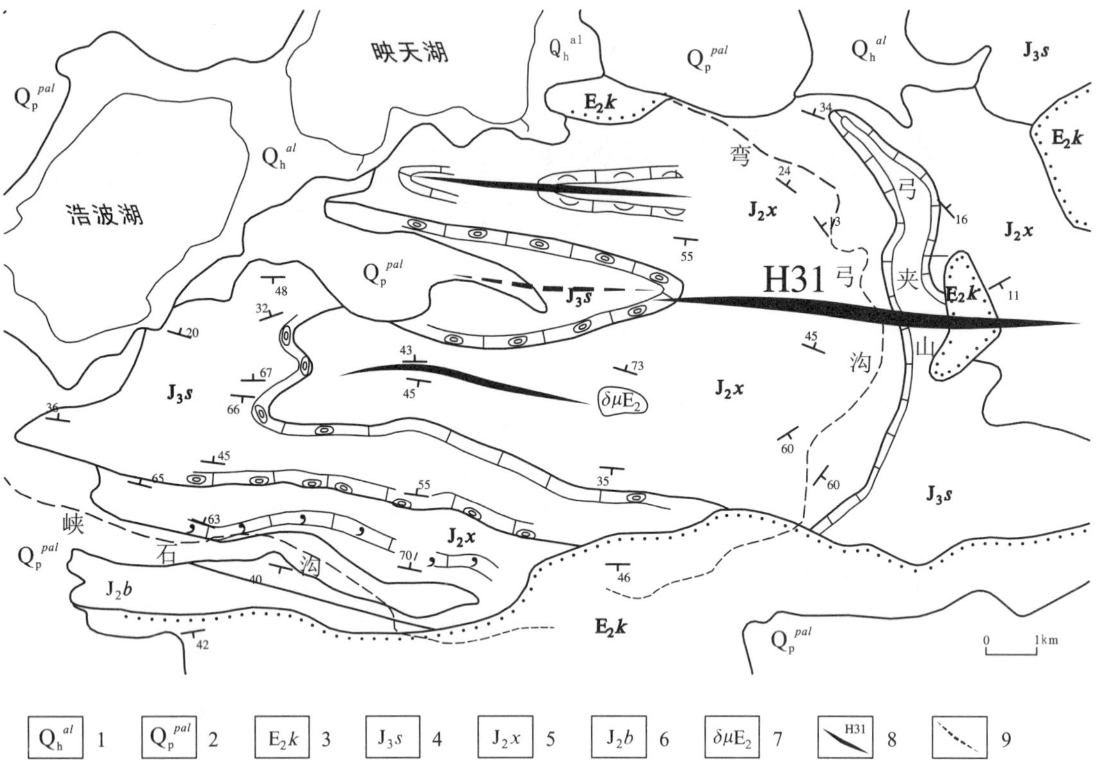

图 5－18　弓夹山复背斜构造地质图

1－全新世湖积物；2－更新世冲洪积；3－康托组；4－索瓦组；5－夏里组；6－布曲组；7－英安玢岩；8－背斜及编号；9－向斜

①挥鞭河背斜（H32）

该背斜的轴向为北西西向。南东段被古近纪、新近纪构造层掩盖，北中部被北东走向断层左行错移0.8km，北段向北西倾伏明显。倾伏端向北西逐渐变化为一系列次级小褶皱构造。背斜出露长 10km，宽约 4km，已出露面积约 40km^2。背斜形态规则，核部呈负地形。核部地层为中侏罗统夏里组，两翼地层为索瓦组和白龙冰河组。代表性产状为：北翼产状 30°∠32°，南翼产状 235°∠40°，轴面产状 44°∠86°，枢纽产状 314°∠9°，翼间角 110°。是一个轴面直立，枢纽近水平的平缓直立短轴背斜。

②圆顶山背斜（H34）

该背斜轴向为北西西向。中段北东翼发育次级褶皱，两端分别向西和南东缓倾伏。背斜西端和东端被第四系覆盖。背斜长度约为 16km，宽度约 4km，出露面积约 64km^2。核部地层为中侏罗统夏里组，两翼地层为索瓦组和白龙冰河组。代表性产状为：北翼产状 52°∠29°，南翼产状 240°∠42°，轴面产状 57°∠83°，枢纽产状 327°∠3°，翼间角 109°。是一个轴面直立，枢纽近水平的平缓直立短轴背斜。

③五节梁背斜（H36）

该背斜轴向为北西西向。背斜西端和东端被古近系、新近系不整合掩盖。出露长约 17km，宽约 2.5km，面积约 42km^2。核部地层为夏里组，岩层呈狭长条状出露，形成狭长的沟谷负地形，在图面上给人以紧闭线型褶皱的感觉。两翼地层为索瓦组和白龙冰河组。代表性产状为：北翼产状 22°∠38°，南翼产状 235°∠43°，轴面产状 39°∠87°，枢纽产状 310°∠14°，翼间角 103°。是一个轴面直立，枢纽近水平的平缓直立短轴背斜。

挥鞭河-长虹河褶皱群中的 3 个主要背斜规模较大，断裂破坏程度低，核部仅出露中侏罗统夏里组的上部层位，下部还保留一个重要的生油层位——中侏罗统布曲组，是较好的圈闭构造。

（8）雁翎河背斜（H37）

该背斜位于测区南部，是测区唯一的一个枢纽呈蛇形弯曲的背斜构造（图 5－21）。出露长 12km，宽约 3km，面积约 36km^2。背斜核部出露中侏罗统夏里组，两翼地层为索瓦组。平面上褶皱轴呈蛇形弯

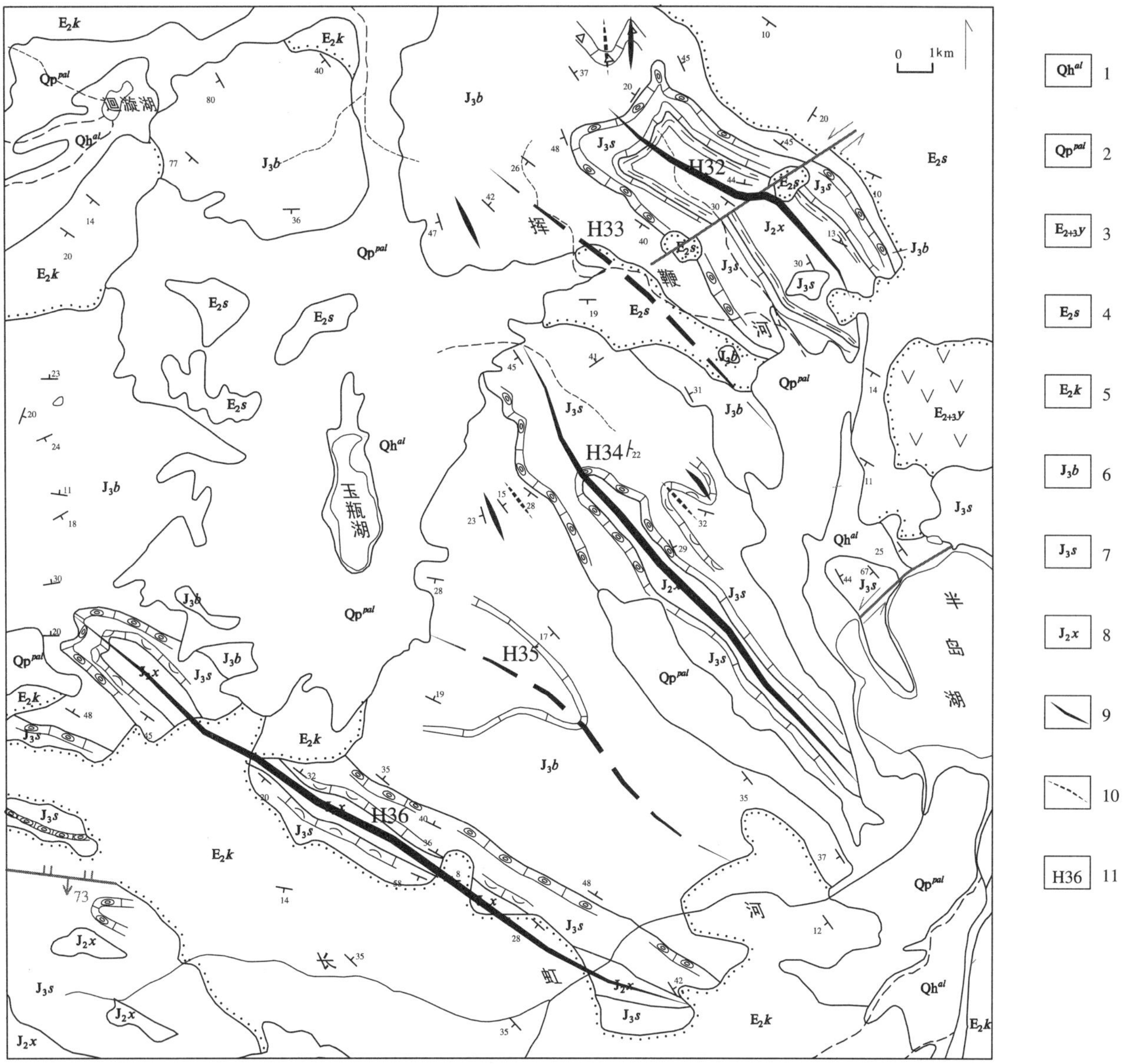

图 5-19　挥鞭河—长虹河构造地质图

1-全新世湖积物；2-更新世冲洪积；3-鱼鳞山组；4-唢呐湖组；5-康托组；6-白龙冰河组；7-索瓦组；8-夏里组；9-背斜；10-向斜；11-褶皱编号

曲。中段代表性产状为：北东翼 70°∠32°，南西翼 248°∠30°，轴面产状 68°∠89°，枢纽产状 338°∠2°，翼间角 118°，为轴面直立，枢纽水平的开阔背斜。两条左行走滑断层截断背斜。背斜南西侧发育北西向大断裂。我们认为，此蛇形弯曲背斜成生于燕山晚期，正常情况下应为北西向简单宽缓背斜，受断裂带活动影响，局部应力场发生变化，导致背斜蛇形弯曲。在独尖山背斜北东侧还有一个呈蛇形弯曲的向斜（弯曲部分被第四系掩盖）。

（9）沙土湾湖背斜（H38）

该背斜位于西南部沙土湾湖一带，为测区规模较大的背斜构造。出露长度约为 29km，宽度约为 7km，分布面积约为 200km²。轴向近于东西向，平面上背斜呈短轴状。背斜形态保留较完整，东、西倾伏端呈平缓开阔的圆弧形。背斜两翼发育小型次级褶皱。南翼发育一条东西走向的逆断层。

核部地层为上侏罗统索瓦组（J_3s），两翼为白龙冰河组（J_3b）。背斜中段代表性产状为：北翼 358°∠16°，南翼 182°∠18°，轴面产状 0°∠89°，枢纽产状 270°∠1°，翼间角 146°。剖面上转折端呈平缓开阔的圆弧形。两翼近于对称，倾角较缓。为直立水平褶皱（图 5-22）。

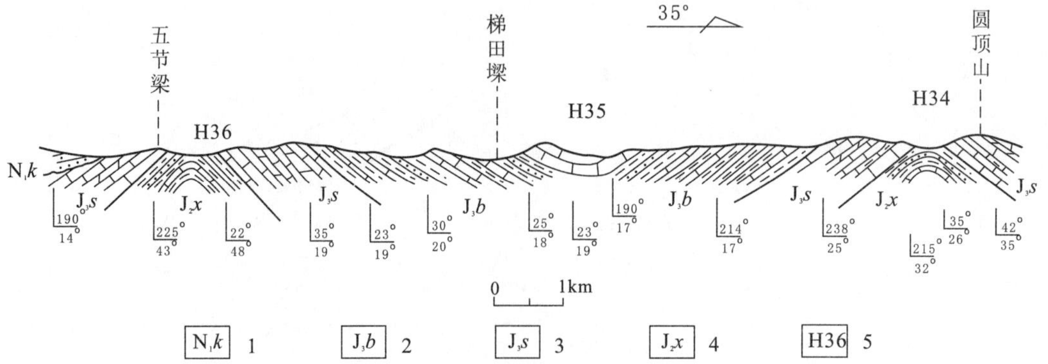

图 5－20　圆顶山-五节梁横剖面图

1－康托组；2－白龙冰河组；3－索瓦组；4－夏里组；5－褶皱编号

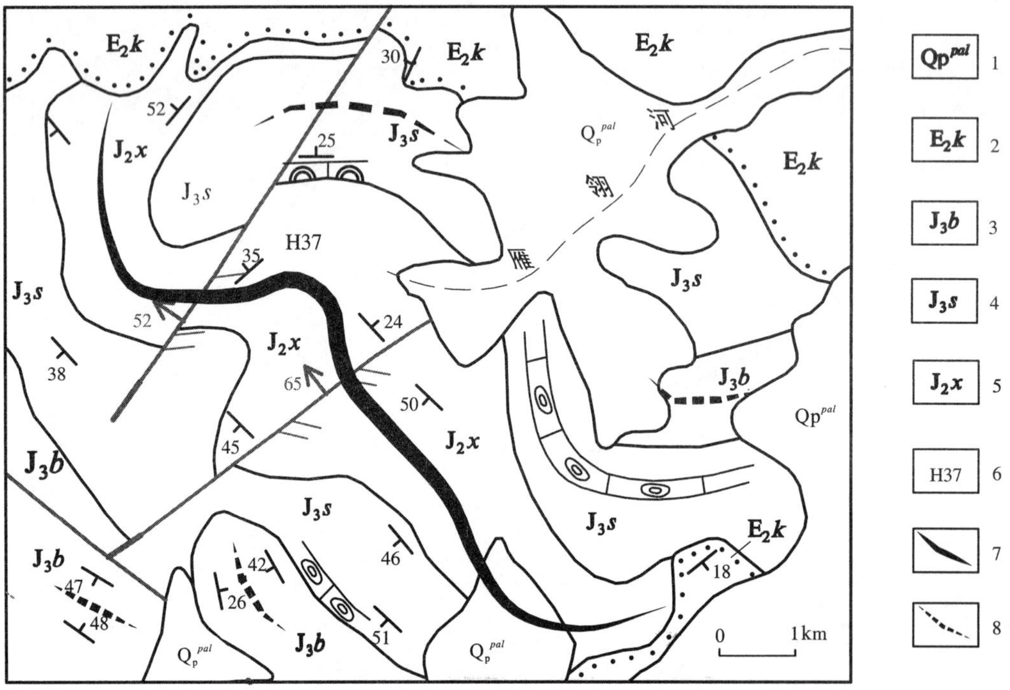

图 5－21　雁翎河一带构造地质图

1－更新世冲洪积；2－康托组；3－白龙冰河组；4－索瓦组；5－夏里组；6－褶皱编号；7－背斜；8－向斜

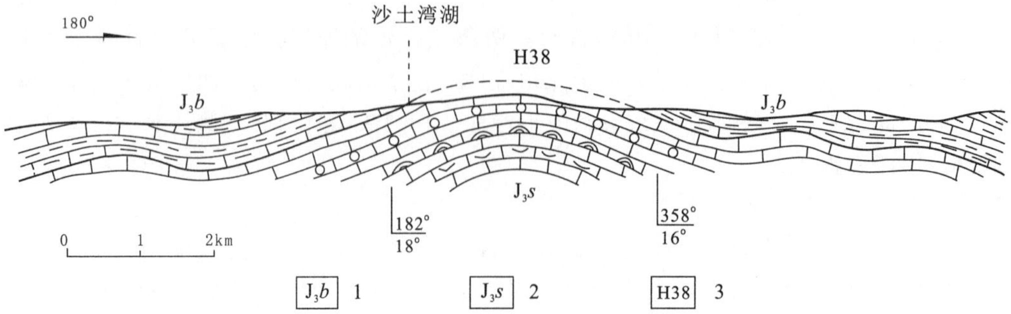

图 5－22　沙土湾背斜横剖面图

1－白龙冰河组；2－索瓦组；3－褶皱编号

沙土湾湖背斜地表仅出露了索瓦组上部层位，其下还保存有侏罗系重要的生油层——布曲组和重要的储油层——夏里组。背斜平缓开阔、规模大、形态保存完好，是测区内值得重视的油气圈闭构造。

（10）天兰湖背斜（H40）

天兰湖背斜位于测区南部，是测区中唯一轴向呈北东向的褶皱。背斜北东端被第三系掩盖，西南端被一条北西向左行走滑小断裂横切。背斜出露长 8km，宽 4km，面积约 32km²。核部为上侏罗统索瓦组，两翼为上侏罗统索瓦组和白龙冰河组。枢纽向北东方向倾伏。背斜代表性产状为：北西翼 290°∠11°，南东翼 137°∠35°，轴面产状 310°∠78°，枢纽产状 221°∠4°，翼间角 135°。属直立水平褶皱。沿背斜北东倾伏方向，发育两组（两个背斜和两个向斜）次级褶皱，次级褶皱的褶皱轴呈弧形向北东凸出，横跨在主背斜之上（图 5－23）。此现象是测区内背斜倾伏端塑性变形的一种特殊形式。

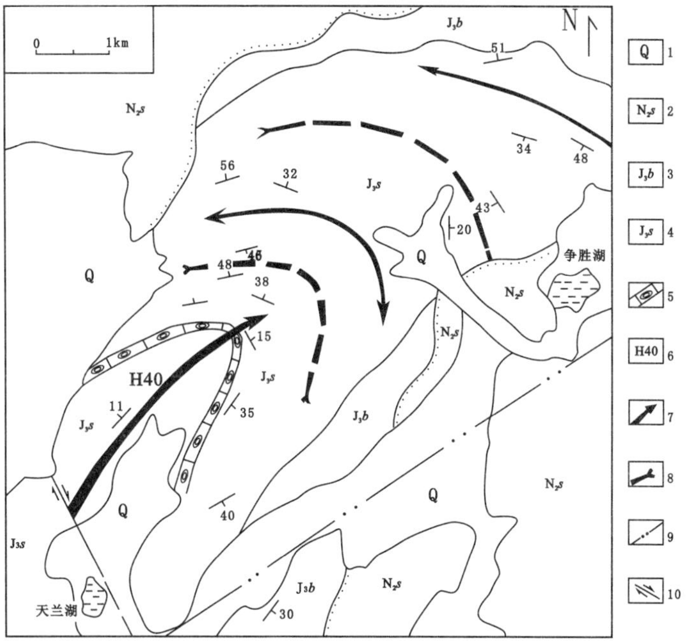

图 5－23　天兰湖构造地质图

1－第四系；2－唢呐湖组；3－白龙冰河组；4－索瓦组；5－鲕粒灰岩；6－主背斜及编号；7－背斜及倾伏方向；8－向斜及扬起方向；9－遥感解译断层；10－走滑断层

2. 断裂构造

错尼-半岛湖断褶带中断裂比较发育，但在带中分布不均匀，具有走向多样、性质不同、规模大小不等、新生代普遍活动的特点。依断层展布方向，可归纳为东西向（含近东西向）、南北向（含近南北向）、北东向和北西向 4 组。主要断层及断层要素见表 5－7。

（1）东西向断层

东西向断层在带内比较发育，包括北东东走向和南东东走向的断层，以逆断层为主，一般规模比较大，长度为 5～30km。规模较大的断层有红咀山逆断层（F27）、清平梁逆断层（F35）、台南石山逆断层（F42）、凌云山-玉冠山逆断层（F43）、浪沙河东南正断层（F52）、浩波湖西正断层（F58）、三鼎湖逆断层（F67）和向阳湖北逆断层（F68）等。

断层走向一般 80°～100°，断层面倾向南或倾向北，以逆断层为主。部分断层可见张性、压性证据并存的现象，多数断层兼有少量水平位移，有的断层断开了古近纪-新近纪构造层，说明了此组断裂具有多期性活动性质。择其重要的叙述如下。

①红咀山逆断层（F27）

该逆断层位于测区北东岌岌岭南侧，延展 30km，西端被第四系掩盖，东端被一条北东向断层截断。断层总体走向 86°，倾向南，倾角 75°。北盘地层为白龙冰河组和雪山组，南盘地层为白龙冰河组，且两盘产状不一致。断距大于 300m。该断层发育于独山北西向斜的南翼，破坏了该向斜的完整性。

表 5-7　错尼-半岛湖断褶带断裂构造一览表

编号	位置	长度(km)	走向	倾向	倾角	性质	特征简述
F24	恐龙峰南	11	75°		直立	平移	发育于 J_3b 中，岩层破碎，产状直立。断层镜面擦痕（水平）和阶步显示左行平移性质
F25	岌岌岭	7	65°			平移	两盘地层为 J_3—K_1x 和 J_3b，地层错动，视错距 1000m。左行平移
F26	岌岌岭南	9	55°			平移	断层倾向不明。两盘地层为 J_3—K_1x 和 J_3b，北西盘地层左行滑移截断红咀山断层
F27	红咀山	30	86°	176°	75°	逆	逆断层。倾向南，倾角不明。北盘 J_3K_1x，南盘为 J_3b，且两盘产状不一致。断距大于 300m
F28	盘埂山北	7	100°			不明	北盘为 J_3s 和 $E_{2+3}y$，南盘为 J_2x。产状变化大
F29	叠埂梁	10	305°	35°	70°	逆平移	北东盘为 J_2x 和 J_3s，南西盘为 J_3s 和 $E_{2+3}y$。产状变化大。发育断层角砾岩、断层三角面。右行平移
F30	盘埂山东	4.5	40°			平移	两盘地层均为 J_2x 和 J_3s，左行平移，视断距 500m
F31	半圆梁	25	45°		直立	逆平移	两盘地层均为 J_2x 和 J_3s，北东盘左行逆冲，视断距 500m
F32	错尼北	11	50°	320°	60°	逆平移	两盘地层均为 J_2x 和 J_3s，左行平移，视断距 1 000m
F33	错尼	5	35°		直立	平移	两盘地层均为 J_2x 和 J_3s，左行平移，视断距 200m
F34	清平梁西	7	35°		直立	平移	北西西盘 J_2x，南东盘 J_3b 和 T_3x，产状变化大，左行平移，视断距 300m
F35	清平梁	9	105°	195°	60°	逆冲	南盘为 J_3s，北盘为 J_3s 和 J_3b。发育断层破碎带
F36	暖平湾北东	6	75°			逆	北西盘为 J_3s，南东盘为 J_3s 和 J_3b。产状变化大
F37	北陡黑山西	7	43°			不明	北西盘为 J_3s，南东盘 J_2b 和 J_2x 等，地层错位，产状变化大
F38	错尼南西	3	115°			平移	两盘均为 J_3s 和 J_3b。地层错位，产状变化大
F39	黑石山	4	95°			不明	两盘均为 J_3s。产状变化大
F40	尖顶山西	5.5	95°			逆断层	北盘为 J_2x，南盘为 J_3s。产状变化大
F41	尖顶山	7	50°	140°		逆平移	两盘岩层拖曳变形明显，断面 SE 倾，倾角不明。左行错动，视断距 2km，沿断裂带形成冲沟
F42	台南石山	28	95°	185°		逆断层	北盘为 J_3s，南盘为 J_2b。倾向南，倾角不明。见断层崖，沿走向断层呈缓波状弯曲
F43	凌云山一玉冠山	25	90°	0°	70°	逆断层	逆断层但后期显正断层性质，断面北倾，倾角 70°，北盘为 J_2x 和 E_2k，南盘 J_3s。发育断裂破碎带
F44	平沙河北	4	80°	170°		逆断层	发育于 E_2k 内部，产状变化大
F45	马牙山西	3	15°			平移	两盘均为 J_3s 和 E_2k，地层左行错动，视断距 300m
F46	金钩塘南	6	80°	170°		逆断层	南盘为 J_3b，北盘为 J_3b 和 E_2k。J_3b 逆冲到 E_2k 之上。沿断层带岩层产状变化大，断层倾角不明
F47	梁西湖	1.5	100°			不明	北盘为 J_2x，南盘为 J_3b，产状变化大
F48	蛹子梁	6	75°			平移	两盘均为 J_3s 和 J_3b。左行错动 2km
F49	重逢梁	3	170°			平移	两盘均为 J_3s 和 E_2s。地层错动，右行错动 200m
F50	汾兴湖	2	70°			不明	南东盘为 J_3s，北西盘为 E_2k。产状变化大
F51	双崖大顶	3.5	20°		直立	平移	两盘均为 J_3s，E_2k 和 $E_{2+3}y$。地层错动，右行错动 200m
F52	浪沙河东南	20	85°	355°		正断层	倾向北，倾角不明。北盘 E_2k 为下降盘，南盘 J_3s，见断层崖。沿断层走向呈负地形
F53	确旦日山北	9	115°	25°		逆冲	逆冲一走滑断层。北盘 J_3s，南盘为 J_3b。J_3s 逆冲到 J_3b 之上
F54	黄水湖西	5	114°	24°	67°	逆断层	两盘均为 J_3s，但产状相反。发育断层泥，北盘上冲使紧邻断层的背斜南翼倾角变陡，倾角达 78°

续表 5-7

编号	位置	长度(km)	走向	倾向	倾角	性质	特征简述
F55	长横山北	出露66	300°	30°	60°～70°	逆平移	与F56，F57断层组成北西西向断裂带，具右行逆冲一走滑特点。断层面沿走向及倾向均呈缓波状起伏，倾向北东，倾角60°～70°，局部南倾。北盘地层为 J_3s 和 E_2s，南盘地层为 J_3s。近断裂岩层破碎，产状异常，并在 J_3s 中出现压扭性派生褶皱。破碎带宽30～100m，见构造扁豆体和断层崖
F56	长横山南	出露66.5	300°	30°	60°～70°	逆平移	具右行逆冲一走滑特点。断层面沿走向及倾向均呈缓波状起伏，倾向北东，倾角60°～70°。两盘地层均为 J_3s 和 E_2s，近断裂岩层破碎，产状异常，并在 J_3s 中出现压扭性派生褶皱。破碎带宽30～100m，见构造扁豆体、断层崖、铁质热液和方解石脉
F57	琵琶湖	39	300°	30°	65°	逆平移	具右行逆冲一走滑特点。断层面沿走向及倾向均呈缓波状起伏，倾向北东，倾角65°。两盘地层均为 J_3s 和 E_2s，近断裂岩层破碎，产状异常。破碎带宽30～50m
F58	浩波湖西	8	110°	210°		正断层	北盘为 J_3s 和 J_3b，南盘为 J_3s 和 J_3b。地层错动，发育破碎带
F59	黄秃山	3	90°			不明	北盘为 J_3s，南盘为 J_3s 和 J_2x。地层错动，地貌上为线性负地形
F60	马背山	11	80°			不明	倾向不明，两盘地层均为 J_3s，但两盘产状和岩性差别大，北盘地层近直立
F61	猫鹰咀北	7	60°	330°		逆	两盘均为 J_3s，产状不一致，北盘斜冲并派生小背斜
F62	猫鹰咀	9	70°	160°		正	两盘均为 J_3s，产状不一致。沿断层有多处泉点
F63	猫鹰咀东	4.5	330°			平移	北东盘和南西盘均为 J_3s 和 E_2s。地层错动
F64	挥鞭河	5	37°			平移	左行走滑断层。倾角不明。两盘均为以 J_2x 为核的背斜，从北西盘背斜核错开500m
F65	半岛湖	11	45°			平移	两盘均为 J_3s 和 E_2s，地层错动，左行平移100m
F66	半岛湖北东	4	300°			不明	北东盘为 J_3s，南西盘为 E_2s。产状错乱
F67	三鼎湖	10	80°	355°	76°	逆冲	北盘为 J_3b，南盘为 E_2k。J_3b 逆冲到 E_2k 之上
F68	向阳湖北	14	100°	190°		逆断层	两盘均为 J_3s，但岩性各异，产状错乱，沿断层走向，为一连串的负地形
F69	独尖山北西	6	335°			逆断层	北东盘 J_2x，南西盘 J_3s。岩层近断裂处陡倾。破碎带宽20m
F70	独尖山北西	6.5	335°			逆断层	北东盘 J_2b，南西盘 J_2x。近断裂处岩层近直立，发育断裂破碎带
F71	雁翎河西	7	35°	305°	52°	逆冲	两盘地层均为 J_2x 和 J_3s，近断层处产状变化大，破碎带宽20～50m，发育构造透镜体及擦痕。断层面产状305°∠52°
F72	雁翎河南	4.5	45°	315°	65°	逆冲	两盘均为 J_3s 和 J_2x，发育拖拉褶皱、破碎带。断层面产状315°∠65°
F73	葫芦湖北西	2	120°			逆断层	两盘均为 J_3b。近断层处产状杂乱。地貌为120°走向的沟谷
F74	虹霞梁北	5	105°	195°	73°	逆断层	北盘 E_2k，南盘 J_3s。见破碎岩、断层崖、方解石细脉及褐铁矿化
F75	葫芦湖东	6	50°			平移断层	两盘均为 J_3s 和 J_3b，左行走滑。岩层中见牵引现象、局部倒转、错位。倾向北，倾角不明
F76	葫芦湖南	1.5	105°			不明	北盘为 J_2x，南盘为 J_2b。两盘地层相抵
F77	枣核湖东	>10	95°		50°	逆断层	南盘为 E_2k，北盘为 E_2s。E_2k 逆冲到 E_2s 之上，E_2s 被断层牵引，产状陡倾近直立
F78	虹霞梁南东	4	85°	355°	45°	逆 断层	南盘为 J_3s 和 J_2x，北盘为 J_3s。北盘 J_3s 灰岩被拖曳倒转。沿断层走向形成一条85°走向的冲沟
F79	长虹河南	2	70°			逆断层	南盘为 J_3s 和 E_2k，北盘为 E_2k。地层错动
F80	半岛湖南	6	95°	5°	68°	逆断层	两盘均为 E_2k，沿断层有古泉华分布
F81	黄山南	10	95°	185°		逆断层	南盘为 J_3s 和 J_2x，北盘为 E_2k。断层旁有新生代煌斑岩脉发育

②清平梁逆断层（F35）

该逆断层分布于清平梁南侧，断层长度为 9km。东端被鱼鳞山组火山岩掩盖，西端被第四系掩盖。断层被一组北东向左行平移断层截成 3 段。断层走向 105°，断层面倾向约 195°左右，倾角 40°～60°。上盘（南盘）地层为索瓦组（J_3s）组成，产状多为北倾，倾角在 40°左右。下盘（北盘）主要为索瓦组和白龙冰河组，近断层处岩层变形强烈、产状变化大，并见有小型牵引状弯曲（图 5－24）。断层破碎带一般宽约 2m，带内发育破劈理和断层泥。破劈理面产状为 190°∠42°。破劈理带两侧节理发育，方向紊乱，岩层被切割成大小不等的镶嵌状碎块，节理缝中常为方解石脉充填。

③台南石山逆断层（F42）

该逆断层东西向展布于曲龙沟（西段）和台南石山北沟（东段），中间被平沙河大河谷中的第四系洪冲积物覆盖。断层西端和东端均被第四系掩盖。断层出露长度 22km，总长度应大于 28km。断层线沿走向呈舒缓波状。断层北盘地层为索瓦组，南盘（上升盘）为布曲组和索瓦组。断层走向 95°，倾向南。地貌上形成东西向冲沟。断裂破碎带宽 100～300m，破碎带中构造透镜体和方解石细脉极为发育，部分地段见有赤铁矿化。两盘地层被拖曳倾角变陡，下降盘（北盘）岩层中见派生牵引褶皱。断层东段穿过古近系鱼鳞山组火山岩，具多期活动的特点。

④凌云山－玉冠山逆断层（F43）

该逆断层东西向展布于测区中部凌云山－玉冠山一带，中间被平沙河大河谷中的第四系洪冲积物覆盖。断层西端被第四系掩盖，西端止于闪长玢岩体。断层出露长度 19km，总长应为 25km。断层线沿走向呈舒缓波状。断层北盘地层为索瓦组和康托组，南盘为白龙冰河组、索瓦组和康托组。北盘上冲，造成南盘的康托组地层产状陡立（见图 5－25）。断层走向 95°，倾向北，倾角 70°。地貌上形成东西向冲沟。发育断层破碎带，碎裂岩中见玉髓脉。

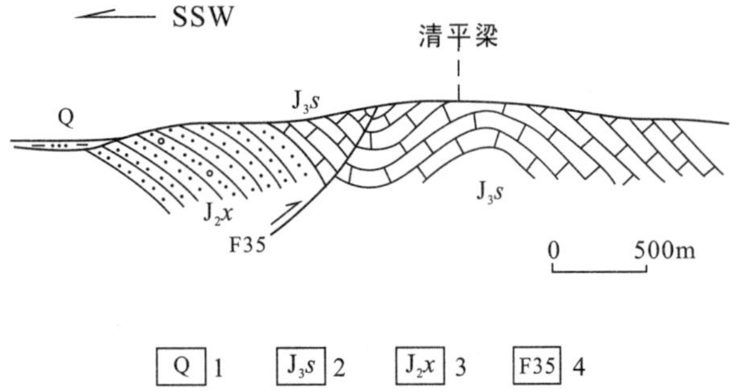

图 5－24　清平梁逆断层剖面示意图

1－第四系；2－索瓦组；3－夏里组；4－断层编号

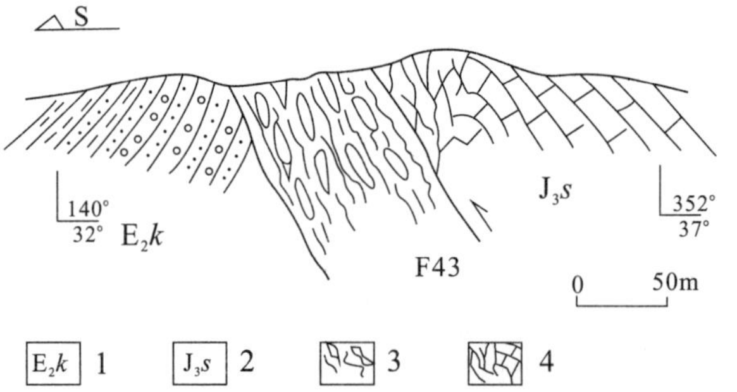

图 5－25　凌云山－玉冠山断层横剖面图

1－康托组；2－索瓦组；3－破碎带；4－方解石脉

⑤浩波湖西正断层（F58）

该断层位于测区中部浩波湖以西，延展长度 8km，断层两端被第四系覆盖。断层从黄秃山和蝎子南山之间通过，地形低缓，东西向小冲沟发育。两盘地层均为白龙冰河组和索瓦组。断层走向 110°，倾向北。断裂破碎带宽 50～100m，沿断裂带，断层角砾岩和破碎岩随处可见，泉水多处出露，断层角砾岩中方解石脉发育。该断裂两盘的索瓦组破碎岩中具油气显示（均为方解石脉晶洞式干沥青）。

⑥三鼎湖逆断层（F67）

该断层分布于测区西南角的三鼎湖一线，出露长度约为 10km，东、西两端均为第四系所覆盖。断层走向 80°，断层面倾向 355°，倾角 76°左右。上盘（北盘）为上侏罗统白龙冰河组灰岩，构成一个小型斜歪背斜（图 5－26）。下盘（南盘）由古近系康托组厚层状砾岩组成，为向南缓倾的单斜层，近断层处有牵引现象。断层破碎带宽约 5～20m，带内发育透镜状碎块和破劈理，破劈理面产状为 355°∠76°，劈理面上见有擦痕。

（2）南北向断层

测区内南北向断层发育较差，数量少且规模小。断层一般长 3～3.5km，走向近南北向（350°～20°），断层具有明显的平移性质。南北向断层都穿过古近纪-新近纪构造层，是测区内最新的断层之一。主要断层有马牙山西断层（F45)、重逢梁断层（F49）和双崖大顶断层（F51)。

①马牙山西断层（F45)

该断层位于测区中部黑虎岭东侧的马牙山一带，地貌上表现为一条南北走向的线型山谷。断层出露长3km，走向15°，倾向不明。断层两端均为第四系掩盖。两盘地层均为索瓦组和康托组，地层左行错动，视断距300m。还左行错断了一条东西向断层（凌云山-玉冠山逆断层)。

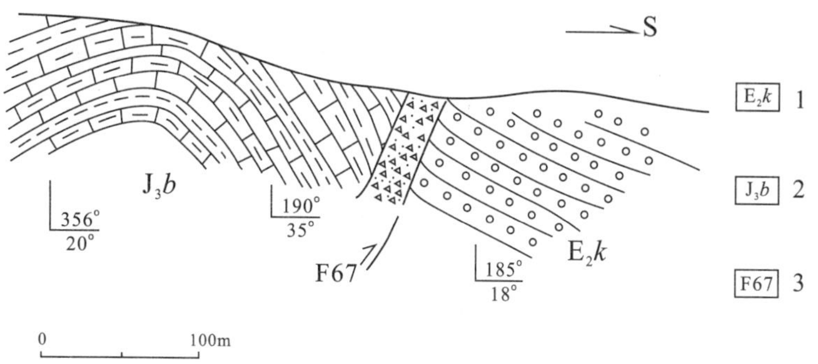

图 5-26　三鼎湖逆断层剖面图

1-康托组；2-白龙冰河组；3-断层编号

②重逢梁断层（F49)

该断层位于测区东部边缘的重逢梁。断层出露长3km，走向350°。两盘地层均为索瓦组和唢呐湖组。断层右行平移，造成地层错动，视位移200m。

③双崖大顶断层（F51)

该断层位于测区西南，确旦错西侧的双崖大顶。断层出露长3.5km，走向20°，断层面直立。断层两端均为第四系掩盖。两盘地层为索瓦组、康托组和鱼鳞山组，地层右行错动，视断距200m。

（3）北东向断层

该组断裂性质以压扭性为主，带内分布不均匀，在错尼一带最发育。该组断裂具有规模大、相对集中分布等特点。断层一般长度为5～25km，走向35°～60°，有明显的平移。常常截断东西向断层。个别断层断开了古近纪一新近纪构造层，说明了此组断裂具有多期性活动性质。

主要断层有恐龙峰南断层（F24)、岌岌岭断层（F25)、芨芨岭南断层（F26)、盘埂山东断层（F30)、半圆梁断层（F31)、错尼北断层（F32)、错尼断层（F33)、清平梁西断层（F34)、北陡黑山西断层（F37)、猫鹰咀北断层（F61）和雁翎河西断层（71）等。择其重要的详述如下。

①恐龙峰南断层（F24)

该断层位于测区东北部岌岌岭一带。断层出露长11km，走向75°，断层面直立。两盘地层均为白龙冰河组灰岩。发育断层破碎带，破碎带宽5～20m。两侧岩层破碎，产状直立，见多处断层崖。断层镜面擦痕（水平）和阶步显示左行平移性质。

②半圆梁断层（F31)

半圆梁断层位于错尼北侧，总长达25km。断层南西端延至错尼西北角，被第四系掩盖。向北东延至樱桃湖附近，被第四系洪冲积物掩盖。断层面近于直立，走向45°左右。断层两盘的地层有侏罗系夏里组、索瓦组、白龙冰河组及三叠系藏夏河组。沿断层线两盘岩石破碎强烈，产状紊乱，断层破碎带宽约10～20m。该断层属左行平移断层，错断近东西向的地层界线和构造线。在暖阳山西侧，错断分界断裂（北陡黑山一岌岌岭断层)，水平视断距达1km。断层南西段左行错断侏罗系地层界线，水平视断距达500m。

③清平梁西断层（F34)

该断层分布于清平梁西侧。断层南西端延至错尼东北角，被第四系掩盖；北东延伸至启明湖附近，也被第四系掩盖，启明湖北东发育一条同向的狭窄平直的山谷，显示该断层向北东延展。断层出露长度约为7km，北东段被第四系掩盖部分达11km。断层面近于直立，走向35°左右。断层两盘的地层有侏罗系夏里组、索瓦组、白龙冰河组及三叠系藏夏河组。沿断层线两盘岩石破碎强烈，产状紊乱，断层破碎带宽约10～15m，其中破劈理发育，劈理面上常见有水平状擦痕构造。断层左行平移，使地质界线和构造线产生错动。断层北东段错断分界断裂（北陡黑山-岌岌岭断层）水平视断距达2km。断层南西段左行错断清平梁断层，水平断距约为300m。

在错尼北侧，盘埂山至清平梁一带，发育5条大致相互平行的北东向断层，包括盘埂山东断层(F30)、半圆梁断层（F31)、错尼北断层（F32)、错尼断层（F33）和清平梁西断层（F34)。其中以半圆梁断层（F31）和清平梁西断层（F34）规模最大。

④猫鹰咀北断层（F61）

该断层位于测区中南部。断层出露长7km，走向60°，断层面倾向330°。南盘地层为索瓦组，北盘为索瓦组和夏里组。北盘斜冲并派生小背斜（图5-27）。断层北东端穿过古近系康托组砂砾岩。断裂破碎带宽50 m，其中见构造透镜体和断层泥，沿走向形成线状负地形。

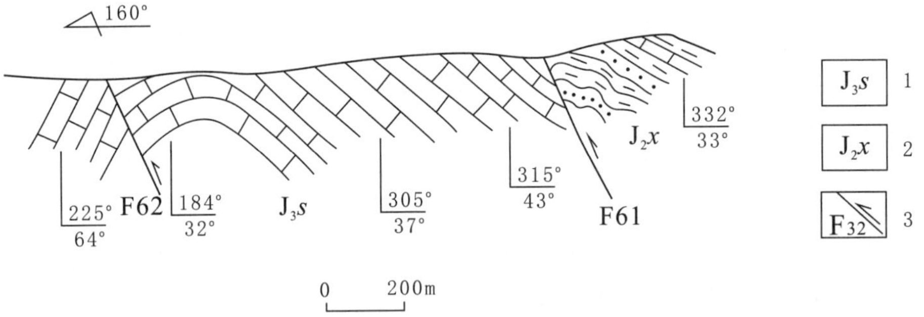

图5-27 猫鹰咀断层横剖面图

1-索瓦组；2-夏里组；3-断层及编号

(4) 北西向断层

该组断层是一组与北东东向断层共轭的重要断层。断层规模大小悬殊。大者长度达66km，小者长度仅5～9km。长横山北（F55)、长横山南（F56）和琵琶湖（F57）三条断层在长横山－葫芦湖一带，组成相互平行，平均走向300°的断裂带，长度大于66km。带内共有11条北西向断层，均为压性和压扭性。主要断层分述如下：

①叠埂梁断层（F29）

该断层位于测区西部边缘，南东端被第四系掩盖，北西向延伸出图幅。断层南盘地层为索瓦组和白龙冰河组，北盘为夏里组和索瓦组。断层在测区内出露长度为10km，走向305°，断层面倾向35°、倾角70°。为右行平移断层。沿断层走向分布断层三角面和断层角砾岩（图5-28)。

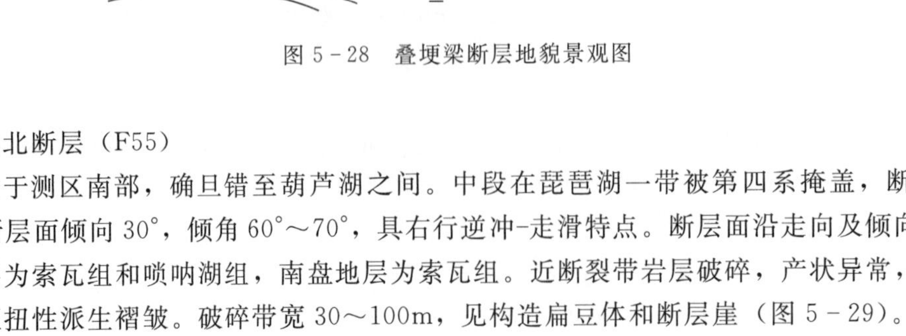

图5-28 叠埂梁断层地貌景观图

②长横山北断层（F55）

该断层位于测区南部，确旦错至葫芦湖之间。中段在琵琶湖一带被第四系掩盖，断层长度66km，走向300°，断层面倾向30°，倾角60°～70°，具右行逆冲-走滑特点。断层面沿走向及倾向均呈缓波状起伏。北盘地层为索瓦组和唢呐湖组，南盘地层为索瓦组。近断裂带岩层破碎，产状异常，并在索瓦组灰岩层中出现压扭性派生褶皱。破碎带宽30～100m，见构造扁豆体和断层崖（图5-29)。断层穿过了古近系唢呐湖组，说明断层具多期活动性质。

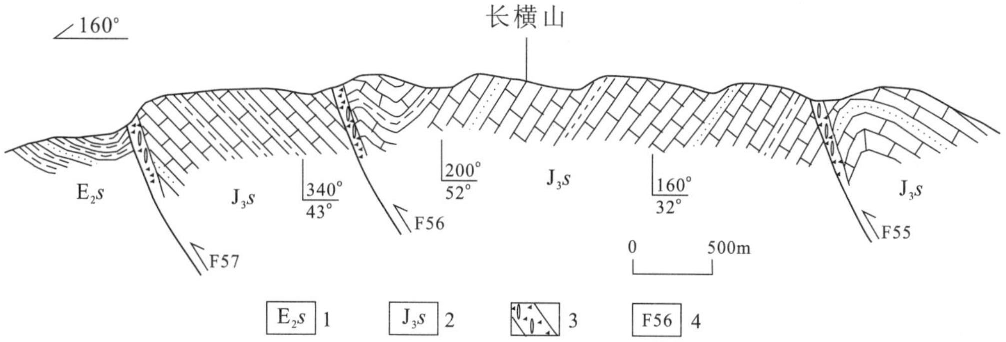

图 5-29　长横山断裂带横剖面图

1-唢呐湖组；2-索瓦组；3-断层破碎带；4-断层编号

③长横山南断层（F56）

该断层位于测区南部，长横山北断层（F55）南侧，且与之平行（图 5-29）。断层中段在琵琶湖一带被第四系掩盖，断层长度 66.5km，走向 300°，断层面倾向 30°，倾角 60°～70°，具右行逆冲-走滑特点。断层面沿走向及倾向均呈缓波状起伏。断层两盘地层为索瓦组和唢呐湖组。近断裂岩层破碎，产状异常，并在索瓦组中出现压扭性派生褶皱。破碎带宽 30～100m，见构造扁豆体、断层崖、铁质热液和方解石脉。

④琵琶湖断层（F57）

该断层位于测区南部，长横山南断层（F56）南侧，且与之平行（图 5-29）。断层中段在琵琶湖一带被第四系掩盖，断层长度 39km，走向 300°，断层面倾向 30°，倾角 65°，具右行逆冲-走滑特点。断层面沿走向及倾向均呈缓波状起伏。断层两盘地层为索瓦组和唢呐湖组。近断裂岩层破碎，产状异常。破碎带宽 30～50m。

3. 构造变形特征

错尼-半岛湖断褶带是测区最大的一个变形构造单元，占总面积的 3/4 左右。北侧以北陡黑山-岌岌岭断层为界，南侧以虾河断层为界。

除大面积的第四系外，带内主要出露的构造层有中一晚侏罗世构造层和古近纪-新近纪构造层。在中部的乱青山和黑石山一带发育有古近纪拉张背景下的火山岩和超浅成侵入岩。带内褶皱、断裂发育。中一晚侏罗世构造层全面褶皱，断裂构造也主要发育在该构造层中。古近纪-新近纪构造层主要特征是地层保持近水平状态，其中的褶皱和断层都不发育。这些变形特征显示出燕山晚期及喜玛拉雅期南北向挤压应力场在侏罗纪构造层变形中的主体地位。

中一晚侏罗世构造层中规模较大的褶皱总数达 40 个，其总体特征如下。

①大多数褶皱为开阔的短轴-线状褶皱，少数为中常褶皱和弯曲褶皱。从剖面上看绝大多数的褶皱呈宽缓正弦曲线状，仅在挥鞭河-长虹河一带发育向斜宽、背斜窄的类隔挡式褶皱（图 5-19，图 5-20）。褶皱发育程度有地区上的明显差异且与褶皱规模有关，密集发育区的褶皱往往规模较小，稀疏地区的褶皱一般规模较大。

②侏罗纪构造层中褶皱轴向虽有多个方向，但东西向是主体。它们代表了测区燕山晚期主体构造线方向，反映了该期构造变形的近南北挤压的主应力场。轴向北西的褶皱集中发育在测区东南部，它们与同期的东西向褶皱轴向的不一致性则反映了局部应力场的变化。

③褶皱变形有主次之分，大褶皱的两翼发育次级褶皱。由于这些次级褶皱的存在，使构成背斜倾伏部位或翼部的地层单元宽度大大增加，褶皱变形复杂化。

④在侏罗纪构造层中，存在构造形迹叠加现象。测区新生代褶皱变形叠加在燕山晚期褶皱之上的现象理论上是存在的，但因近南北向主压应力方向与燕山晚期基本相同，故实际上不易识别。位于测区南部的天兰湖背斜，是测区中构造形迹叠加现象的实例。褶皱轴为北东向，沿背斜北东倾伏方向，发育两

组次级褶皱，横跨在主背斜之上（图 5 - 23）。

错尼-半岛湖断褶带中断裂比较发育，但在带中分布不均匀，具有走向多样、性质不同、规模大小不等、新生代普遍活动的特点。依断层展布方向，可归纳为东西向（含近东西向）、南北向（含近南北向）、北东向和北西向 4 组。

（1）东西向断层

东西向断层在带内比较发育，包括北东东走向和南东东走向的断层。一般规模比较大，长度为 5～30km。断层走向一般 80°～100°，断层面倾向南或倾向北，以逆断层为主。部分断层可见张性、压性证据并存的现象，多数断层兼有少量水平位移，有的断层断开了古近纪-新近纪构造层，说明了此组断裂具有多期性活动性质。

（2）南北向断层

南北向断层发育较差，数量少且规模小。断层一般长 3～3.5km，走向近南北向（350°～20°），断层具有明显的平移性质。南北向断层都穿过古近纪-新近纪构造层，是测区内最新的断层之一。

（3）北东向断层

该断层的断裂性质以压扭性为主，带内分布不均匀，在错尼一带最发育。该组断裂具有规模大、相对集中分布等特点。断层长度一般为 5～25km，走向一般 35°～60°，有明显的平移。常常截断东西向断层。个别断层断开了古近纪-新近纪构造层，说明了此组断裂具有多期性活动性质。

（4）北西向断层

北西向断层是一组与北东向断层共轭的重要断层。断层规模大小悬殊。大者长度达 66km，小者长度仅 5～9km。均为压性和压扭性。个别断层断开了古近纪-新近纪构造层，说明了此组断裂具有多期性活动性质。

三、双湖构造混杂岩带

双湖构造混杂岩带位于羌塘陆块中部，大致沿龙木错一双湖一线总体近于东西向展布，在地形上是南北羌塘陆块的自然分界。隆起带内岩石类型复杂且普遍变质：一为中深变质的矽线石黑云母斜长片麻岩、花岗片麻岩和片麻岩，前人认为是晚元古代基底岩系；二为浅变质的复理石、类复理石建造、硅质岩建造和中基性岩建造，前人认为属前泥盆系褶皱基底；此外还有中泥盆统—上石炭统碳酸盐岩建造和下二叠统海相喷发的拉斑玄武岩、中酸性火山岩建造和碳酸盐岩建造，它们多与前泥盆系地层为不整合或假整合以及断层接触。

该区内，沿龙木错－双湖一线存在由超基性岩、基性岩、玄武岩、安山玄武岩和深水硅质岩等岩块组成的蛇绿混杂岩和构造混杂岩及蓝闪石片岩带（蓝闪石片岩年龄为 250～222Ma），该带应是一个构造混杂岩带。

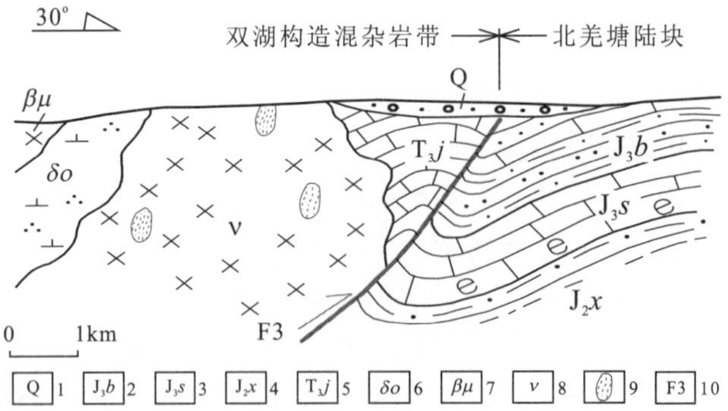

图 5 - 30　虾河地区双湖构造混杂岩带剖面示意图

1 -第四系；2 -白龙冰河组；3 -索瓦组；4 -夏里组；5 -菊花山组；6 -石英闪长岩；7 -辉绿岩；8 -辉长岩；9 -糜棱岩俘虏体；10 -断层编号

测区仅仅在西南角跨入双湖构造混杂岩带，面积约 225km²，除大面积的第四系以外，主要出露虾河岩体，另外还有小面积的菊花山组和康托组。虾河岩体为一个长轴呈东西向的不规则的椭圆形，岩性以辉长辉绿岩为主，并被后期石英斑岩、花岗斑岩和闪长玢岩脉侵入。据江爱达日那幅资料（本项目 2005），辉绿岩同位素年龄值为 170.7±2.2Ma。侵位时代为中－晚侏罗世。辉绿岩中含有糜棱岩俘虏体（图 5 - 30）。

在测区范围内，分界断层称虾河断层（F3），被第四系掩盖，是根据遥感影像推断的。在地表表现为一个走向北西的山谷，该山谷宽 2～3km，长度大于 30km，山谷中有泉眼分布。虾河断层南东向延伸出图幅，至江爱达日那幅与三角坪一友谊泉断裂衔接。在江爱达日那图幅中，该断层是斜贯测区的区域性大断层，也是双湖构造混杂岩带与北羌塘陆块的分界断层。虾河岩体明显受断层控制，岩体中含有糜棱岩俘虏体，更说明该断层具多期活动的特征。

第三节　构造层划分

构造层是指一定构造单元内，一定的地质历史发展阶段形成的一套地层、岩石和构造形迹的集合。构造层通常由角度不整合界定，它们在地层组合、沉积岩相、构造变形、岩浆活动和变质作用等方面具有一定的特色而区别于其他构造层。构造层在时间上代表了一定的构造旋回和构造幕，空间上代表了该构造幕影响的范围。

测区主体位于北羌塘陆块内，仅在北部边缘涉及若拉岗日构造混杂岩带，在测区西南角跨入双湖构造混杂岩带，所以我们主要对北羌塘陆块构造层进行了划分。

一、重要不整合界面

区域性角度不整合是构造运动的直接记录、是构造运动的重要标志，也是划分构造层的重要依据。测区受多期构造运动的影响，地层中记录了数个不整合界面。通过填图，识别出以下不整合界面。

（一）下侏罗统与上三叠统的不整合

该不整合面仅见于测区北部的弯弯梁。那底岗日组底部复成分砾岩平行不整合于藏夏河砂岩之上。那底岗日组底部的底砾岩为灰绿色块状-厚层状粗砾岩，砾石磨圆度较好，呈扁圆、椭球状，砾石成分比较复杂，以英安岩、安山岩、玄武岩、英安斑岩和砂岩为主。不整合面之下的藏夏河组地层产状为274°∠52°，不整合面之上的那底岗日组地层产状为320°∠41°。两者之间有很小的交角。

（二）中侏罗统与下伏地层的角度不整合

在弯弯梁可见中侏罗统雀莫错组砾岩平行不整合在那底岗日组火山岩之上，在测区西北部，雀莫错组砾岩直接角度不整合在藏夏河组砂岩之上。在弯弯梁剖面上，雀莫错组底部为一套砾岩，岩性为灰绿色厚层一块状不等粒砾岩，砾石大小悬殊，成分主要为安山质火山岩。安山质火山岩砾石应来源于不整合面之下的那底岗日组火山岩。不整合面之下的那底岗日组地层产状为320°∠41°，不整合面之上的雀莫错组地层产状为295°∠35°。两者之间有很小的交角。

（三）古近系-新近系与下伏地层及古近系一新近系之间的不整合

古近系一新近系包括康托组、唢呐湖组、鱼鳞山组和石坪顶组4套地层，4套地层之间均为不整合接触。这几套地层也直接不整合在侏罗系和三叠系之上。这些不整合面在测区和区域上都广泛出现。

(1) 康托组与下伏地层的不整合：康托组在测区内广泛分布，与下伏地层之间的角度不整合随处可见。在琵琶湖北康托组底部砾岩不整合在索瓦组厚层状灰岩之上，在独尖山北康托组底部砾岩不整合在夏里组砂岩层之上。

(2) 唢呐湖组与康托组之间的不整合：唢呐湖组在测区内广泛分布，与下伏地层之间为角度不整合接触。但因唢呐湖的岩层极易风化，唢呐湖组与康托组之间的不整合剖面不易见到。在测区以西的花梁山一带出露了两者的接触关系，在花梁山剖面上，唢呐湖组底部的砾岩层直接不整合在康托组砂砾岩层之上（图5-31），两者之间有8°左右的夹角。在争胜湖一带，唢呐湖组底部为砾岩，上部为膏灰岩。底部砾岩直接不整合在索瓦组灰岩之上（图5-32）。

(3) 鱼鳞山组与唢呐湖组之间的不整合：见于测区北西的火车头山的西侧。鱼鳞山组的白榴碱玄岩直接喷发不整合在康托组砂岩之上（图5-33）。

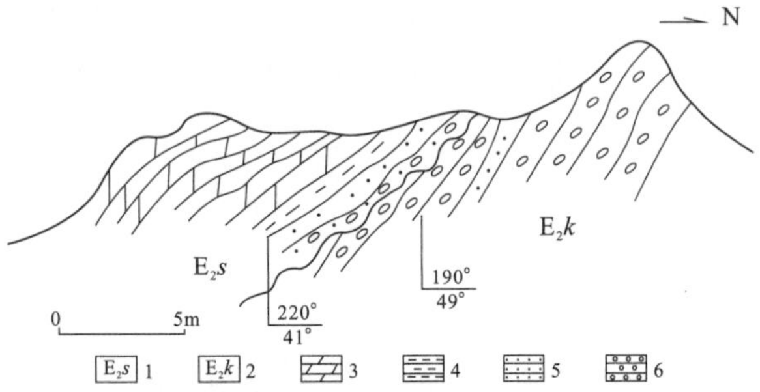

图 5-31　花梁山唢呐湖组不整合在康托组之上

1-唢呐湖组；2-康托组；3-膏灰岩；4-泥岩；5-砂岩；6-砾岩

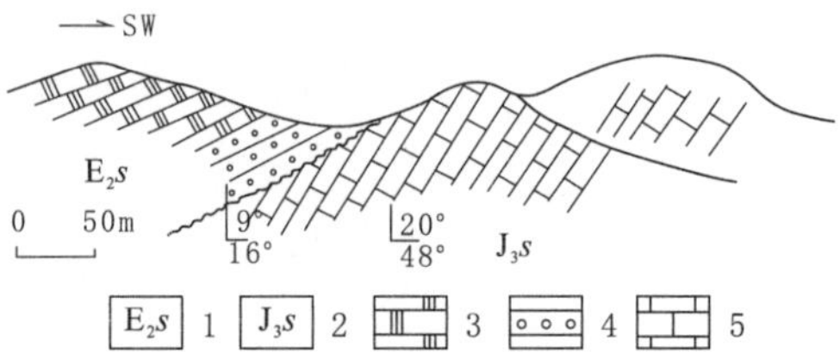

图 5-32　争胜湖唢呐湖组不整合在索瓦组之上

1-唢呐湖组；2-索瓦组；3-膏灰岩；4-砾岩；5-灰岩

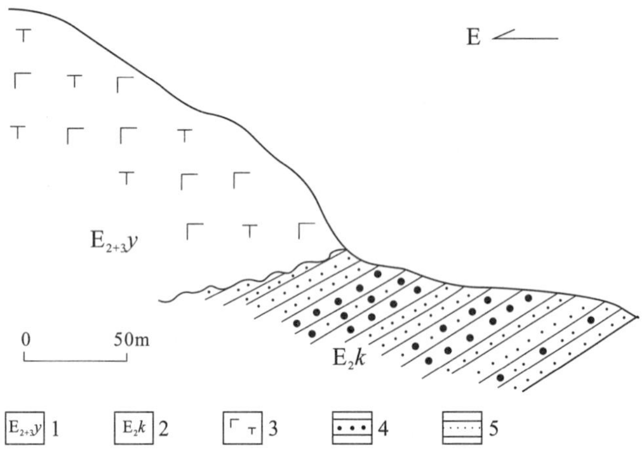

图 5-33　火车头山西鱼鳞山组不整合在康托组之上

1-鱼鳞山组；2-康托组；3-白榴碱玄岩；4-砾岩；5-砂岩

（4）石坪组与下伏地层的不整合：石坪顶组在测区内分布极有限，且夹持在断层中呈断块状产出，没能见到不整合关系，根据区域资料，石坪顶组与下伏地层为不整合接触。

二、构造层的划分

考虑到主要地层沉积的构造背景和在区域上的地质、构造意义以及变形与重要构造事件的关系等因素，对测区构造层作如下划分。

（一）晚三叠世构造层

晚三叠世构造层由上三叠统藏夏河组组成。藏夏河组是北羌塘陆块上出露的最老的地层，大面积出露于测区北部，由厚逾千米的陆棚-斜坡相砂页岩构成，局部有含细砾砂岩，主色调显灰色。该构造层全面强烈褶皱变形，以线状-短轴状褶皱类型为主组成平行褶皱群。

（二）早侏罗世构造层

早侏罗世构造层由下侏罗统那底岗日组构成。那底岗日组出露分布极有限，仅见于测区北部的弯弯梁一带。出露面积约 8km^2。下与上三叠统藏夏河组、上同中侏罗统雀莫错组之间均呈平行不整合接触。底部为灰、灰绿色块状复成分砾岩，砾石以火山岩为主，包括有英安岩、玄武岩、安山岩、英安斑岩等。向上为黄绿色块状沉积火山角砾岩，灰、深灰色玄武岩，灰绿色厚层块状粗面岩，灰色厚层块状沉火山角砾岩，顶部为肉红色厚块状英安岩。该套地层总厚 202.05m。该构造层褶皱变形，形成一个背斜构造（弯弯梁背斜）。

（三）中侏罗世-早白垩世构造层

此构造层在测区内出露较全。侏罗系下统、中统和上统都有出露。整个构造层可厚逾 6000m。作为测区出露最广的构造层，与下伏那底岗日组呈平行不整合接触或与下伏上三叠统藏夏河组呈不整合接触；与上覆上新世地层之不整合接触关系也多处清晰可见。它显然代表了稳定环境下的滨海-陆棚沉积。

此构造层中褶皱十分发育，地表出露的地层都卷入褶皱变形。大多数为开阔的短轴-线状褶皱类型，少数为中常褶皱、穹窿和弯曲褶皱。褶皱发育程度有地区上的明显差异且与褶皱规模有关，密集发育区的褶皱往往规模小，而较稀疏地区的褶皱一般规模较大。

（四）古近纪-新近纪构造层

测区内由康托组、唢呐湖组、鱼鳞山组和石坪顶组4部分组成。其中康托组以多层厚大砾岩、细一粗粒级砂岩、泥岩夹石膏组合为特征，呈橘红、砖红主色调，显示山前磨拉石沉积面貌。唢呐湖组则以含膏灰岩为主，夹多层含膏泥岩、石膏为特征，底部有中砾岩，显白一灰白色主调，具湖相沉积面貌。鱼鳞山组岩性上可分为钙碱性火山岩类和碱性火山岩类，岩性多样，分布较广。石坪顶组在测区内分布极其有限，岩性为中基性火山岩和火山碎屑岩。4套地层之间均为不整合接触。考虑到它们的时代仅为古近纪一新近纪，褶皱变形宽缓且不发育，又都是陆相沉积，虽被不整合面分隔，仍将它们归并作为一个构造层看待。

作为全区分布的最新构造层，它既生成于新生代隆升、断陷的构造环境，又大致同期在近南北挤压的构造背景下变形，因而，该构造层的特点是塑性变形不强烈而脆性变形普遍。该构造层的康托组、唢呐湖组、鱼鳞山组和石坪顶组岩层在无断裂地区均甚平缓，倾角一般均小于20°。成片的近水平岩层常见。零星发育平缓的小褶皱是此构造层的特点。

第四节　新构造运动

新构造运动是塑造青藏高原地貌基本格局的重要地质运动。一般指新近纪至现代发生的构造运动。测区即位于羌塘盆地腹地，新构造运动的表现必受盆地固有的边界条件的控制，与整个羌塘盆地的新构造运动总体特点相一致。羌塘盆地在古近纪末以来，随青藏高原迅速抬升，并在抬升过程中受近南北方向为主的水平挤压。这种抬升、挤压作用于测区已定型的深部和浅部构造格局之上，从而造就了测区特有的新构造运动及其种种表现。测区的新构造运动具体表现在地壳抬升（夷平面和河流阶地）、断裂活动和褶皱构造等方面。

一、夷平面与地壳抬升

羌塘盆地较普遍的存在海拔4 700～4 800m和5 200～5 250m两高度的夷平面（石油地质报告，1994—1995），但测区内这两个高度的夷平面表现不明显。测区内见到的夷平面海拔高度在5 000m左右。测区北部的星宿滩和南部半岛湖东北等处，为已经高出现代河床的宽缓湖沼区或顶部平缓之山岭，其上覆盖有连续或断续分布的松散砾石层，砾石层残留厚度1～3m不等，砾石磨圆度较好具明显的河流相特征。多个夷平面的存在说明地壳多次急剧抬升。3个高度的夷平面的存在，说明羌塘盆地在上新世以来至少有过三次急剧抬升，每次大的抬升幅度150～250m左右。

二、河流下切与河流阶地

由于测区位于羌塘盆地腹地，测区内的河流均属内陆河-湖水系，整体随地壳的升降而升降，所以一般情况下河流水平摆动幅度较大，而垂直下切的幅度较小，导致河流阶地不发育。测区内没有大江大河，大多数河流为季节性河流。较大的长龙河、长虹河、平面沙河、汇水河以及一些无名河流均只发育了I级阶地、II级阶地。I级阶地前缘高出河床仅0.5m左右，II级阶地前缘亦仅高出河床1.5～2m（图5-34），部分河段的I级阶地往往被洪水期侧向侵蚀而缺失，造成II级阶地直接面临现代河床的现象。

测区内除了存在与区域性抬升同步的地壳总体抬升外，尚有强度不均衡的断块升降作用。在新构造断层活动的局部地段，由于断层两盘升降差异造成断块的相对升降作用。在黑虎岭北侧的黑虎沟、曲龙沟上游、半岛湖东山、向阳湖西北山等地，河流主沟或支沟呈“V”字形，下切深度可达2～5m。浩波湖一托把湖北西岸发育山前洪积裙。这些深切现象表明测区内存在强度不均衡的断块升降作用。

三、断裂活动

断裂活动是测区的新构造运动主要表现现象之一。古近纪-新近纪构造层被断层破坏的情况多处可见，反映了断裂活动普遍存在。新构造断裂活动主要表现为老断层的再次活动和新断层的产生。测区内统计的 81 条断层中有 25 条断裂影响到古近纪-新近纪构造层（有关断层叙述详见第六章第二节），其中只有 3 条断层完全发育于古近纪-新近纪构造层中。

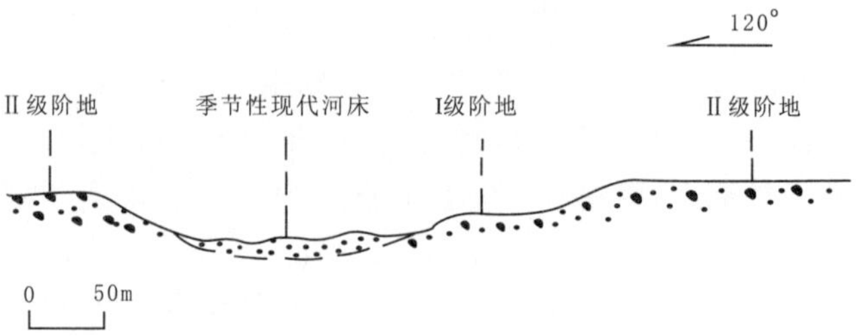

图 5-34　玉瓶湖南无名河阶地剖面示意图

发育于古近纪-新近纪构造层中的断层主要有枣核湖东逆断层（F77）、半岛湖南逆断层（F80）和平沙河北逆断层（F44）等。择其主要者分述如下。

枣核湖东逆断层（F77）：位于测区东南部边缘，断层在测区内出露 10km，西端被第四系掩盖，东段延伸到图幅之外。断层走向 95°，断层面倾向 5°、倾角 50°。南盘地层为康托组砂砾岩层，北盘为唢呐湖组膏灰岩。砂砾岩层逆冲到膏灰岩之上，膏灰岩被断层牵引，产状陡倾近直立（图 5-35）。断层破碎带宽 10～50m。

半岛湖南逆断层（F80）：位于测区东南角，断层在测区内出露 6km，西端被第四系掩盖，东段延伸到图幅之外。断层走向 95°，断层面倾向 5°、倾角 68°。断层两盘地层均为康托组砂砾岩层。北盘上冲导致南盘砂砾岩层产状变陡。沿断层有古泉华分布。

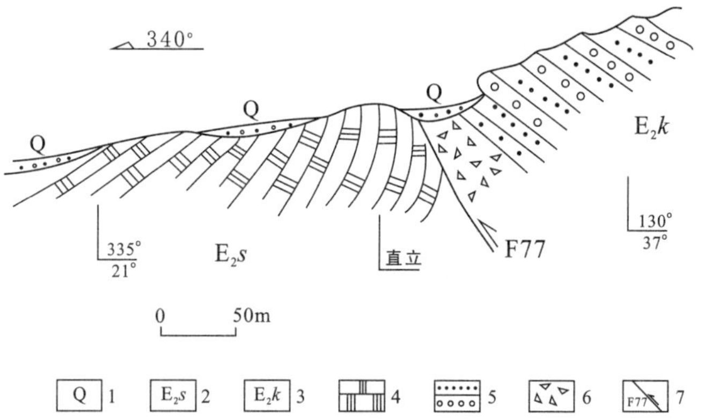

图 5-35　枣核湖东断层剖面图
1-第四系；2-唢呐湖组；3-康托组；4-膏灰岩；5-砂砾岩；6-断层角砾岩；7-断层及编号

测区内新构造断裂活动主要有以下特征。

（1）新构造断裂活动主要表现为老断层的再次活动。区内有 25 条断裂影响到古近纪-新近纪构造层，其中只有 3 条断层完全发育于古近纪-新近纪构造层中。有 22 条断层都是老断层重新活动，影响到古近纪-新近纪构造层。

（2）新构造断裂活动形成的断层构造表现为多方向和多种性质。北西向、南东向、南北向和东西走向的断层都有所发育。其性质以压性—压扭性为主，兼有张性。所有的断层中以北东、北西向平移断层和东西向逆断层活动为最强烈。

（3）沿新构造断裂往往出现一系列泉水点，除少量位于大片第四系中的泉水不能确切知其与断裂关系外。已知的较大泉点均产在断层带上。

（4）北东向、北西向平移断层组成共轭压扭性断层对，东西向断层以逆断层（压性）为主、南北走向断层显示张性特征，4 个方向的断层性质配套，显示了新近纪以来测区构造应力场的特征为水平挤压、主压应力近南北向。

四、褶皱构造

褶皱构造是新构造运动的主要内容之一，古近纪-新近纪构造层总体特点是塑性变形不强烈而脆性变形比较普遍。该构造层的康托组、唢呐湖组、鱼鳞山组和石坪顶组岩层在无断裂地区均甚平缓，常见较大面积的近水平岩层。测区内仅见零星发育的小褶皱。已识别出非断层派生的背、向斜有 5 个（见表 5-8），其中向斜 3 个，背斜 2 个。1 个褶皱发育于康托组地层中，4 个褶皱发育于唢呐湖组中。褶皱的存在表明新构造运动中发生过水平挤压作用。

古近纪-新近纪构造层中发育的褶皱有以下特点。

表 5-8　古近纪—新近纪构造层褶皱构造一览表

地理位置	类型	地层	两翼产状	轴面产状	枢纽产状	翼间夹角	规模（km）	
							长	宽
长横山南	向斜	E_2s	215°∠13° 18°∠20°	205°∠86°	295°∠2°	147°	3	2
旋石山北	背斜	E_2s	300°∠18° 130°∠14°	124°∠88°	214°∠1°	148°	2	1.5
旋石山东	向斜	E_2s	182°∠13° 351°∠14°	181°∠89°	270°∠1°	153°	1	0.5
红霞梁北西	背斜	E_2s	50°∠45° 183°∠44°	207°∠89°	117°∠21°	100°	1	0.5
长虹河南	向斜	E_2k	202°∠32° 5°∠65°	191°∠73°	279°∠8°	84°	1	0.5

(1) 新构造运动使古近纪-新近纪构造层产生了褶皱，褶皱与新构造断裂共同组成了新构造运动最重要的变形形迹。

(2) 褶皱的数量少、规模小。仅识别出 5 个褶皱构造。一般长 1～3km，宽 0.5～2km。两翼地层产状较缓，翼间角较大，枢纽近水平。

(3) 褶皱的轴向主要呈东西向（褶皱轴走向），个别呈北东向。表明新构造运动应力场的水平主压应力为近南北方向，这一特点与对断裂组合的分析结果一致。

第五节　主要地质事件及构造演化阶段划分

测区位于青藏高原班公湖-怒江结合带与拉沙龙-金沙江结合带之间，从南往北依次发育南羌塘陆块、双湖构造混杂岩带、北羌塘陆块和若拉岗日构造混杂岩带 4 个次级构造单元，涉及到东特提斯洋和冈瓦纳及欧亚大陆的若干重大地质科学问题。这一地区的大量的地质资料为我们提供了反演区域地质演化史基本素材。因此，我们的工作思路是，以区域构造研究为先导，以沉积建造、构造变形、变质作用和岩浆活动综合分析为依据，以重要地质事件为主线，反演区域地质演化历史，建立地质构造演化模式。

现今的羌塘地区的地质图像是东特提斯洋盆漫长地质变迁和弧-陆碰撞、陆-陆碰撞及与之相应的地质作用及其不断改造的结果。从板块活动论的观点看，仅根据羌塘地区现今的岩石和地层分布来认识它的地质发展，必然会产生认识上的偏差，因此要求我们从更宏观的角度、以全球板块为尺度，用活动论的观点、分析综合的观点，多层次、广视角地对待和分析野外考察所获得的每一项原始地质资料和测试分析数据。这就是我们在建立地质构造演化模式工作中的基本思路。

一、主要地质事件

地质事件是论述地质演化历史的主线。区域地质资料研究表明，晚古生代冈瓦纳大陆的裂离与分解、中生代东特提斯洋的打开与关闭是藏北羌塘地区地质构造发展演化史中最重要的地质事件，是藏北古地理环境发生巨大变革的主要因素。晚古生代—中新生代沉积作用、构造运动和岩浆活动清楚地记录着羌塘地区的地质发展演化历史。这段历史在测区留下了一系列相应的地质事件和地质记录。本次我们以 1∶25 万区域地质调查为基础，以前述各章详尽的地层、岩石、构造等实际资料为依据，对测区内发生的主要地质事件进行了归纳和总结（表 5-9）。这些地质事件是我们合理划分构造演化阶段的主要依据。

二、构造演化阶段划分

根据地球动力学背景、岩浆活动、地质界面、沉积建造、变质作用和构造变形等综合分析，将测区地质发展演化阶段划分为：前奥陶纪变质基底形成、奥陶纪—石炭纪被动大陆边缘、二叠纪南部伸展—中部俯冲（双湖构造带）、早中三叠世局部伸展、晚三叠世—早侏罗世碰撞造山、中晚侏罗世—早白垩世前陆磨拉石、新生代后造山隆升 7 个地质发展演化阶段（表 5-9，图 5-36）。

表 5-9　藏北羌塘地区主要地质事件简表

事件 年代	南羌塘陆块			双湖构造混杂岩带				北羌塘陆块			若拉岗日构造混杂岩带			
	沉积事件	岩浆事件	构造事件	沉积事件	岩浆事件	变质事件	构造事件	沉积事件	岩浆事件	构造事件	沉积事件	岩浆事件	变质事件	构造事件
N	陆相山间红色磨拉石		后造山隆升	山间磨拉石			后造山隆升（逆冲推覆）	陆相磨拉石	中酸性火山喷发	后造山隆升（高钾碱性火山喷发）	陆相磨拉石			后造山隆升
E		火山喷发												
K_1	陆相磨拉石	热事件影响	班怒洋盆向南俯冲碰撞					海相磨拉石		碰撞造山		岩浆侵位、热事件影响		
J_2-J_3	海相磨拉石			海相磨拉石			碰撞造山（水平缩短和垂直增厚）							
J_1	深水复理石		伸展构造	火山-沉积	火山喷发岩浆侵位热事件影响	接触变质		火山-沉积	火山喷发岩浆侵位	滞留弧			区域变质、动力变质	金沙江洋盆向南消减
T_3		基性岩浆		含煤沉积		动力变质		复理石		弧后盆地	大理岩复理石	中基性岩浆		
T_1-T_2	?		角木日洋盆向北汇聚俯冲	盆地边缘沉积			伸展构造	?		?	?			
P_3				含煤沉积	中酸性岩浆		汇聚消减				复理石	基性岩浆		被动大陆边缘
P_{1-2}	灰岩、复理石	玄武岩		灰岩、复理石	玄武岩	动力变质								
C	杂砾岩		被动大陆边缘	台地碳酸盐岩			被动大陆边缘				?			
O-D	?													
AnO	?			片岩、变粒岩角闪岩、石英岩	基性岩浆	区域变质	变质基底（?）							

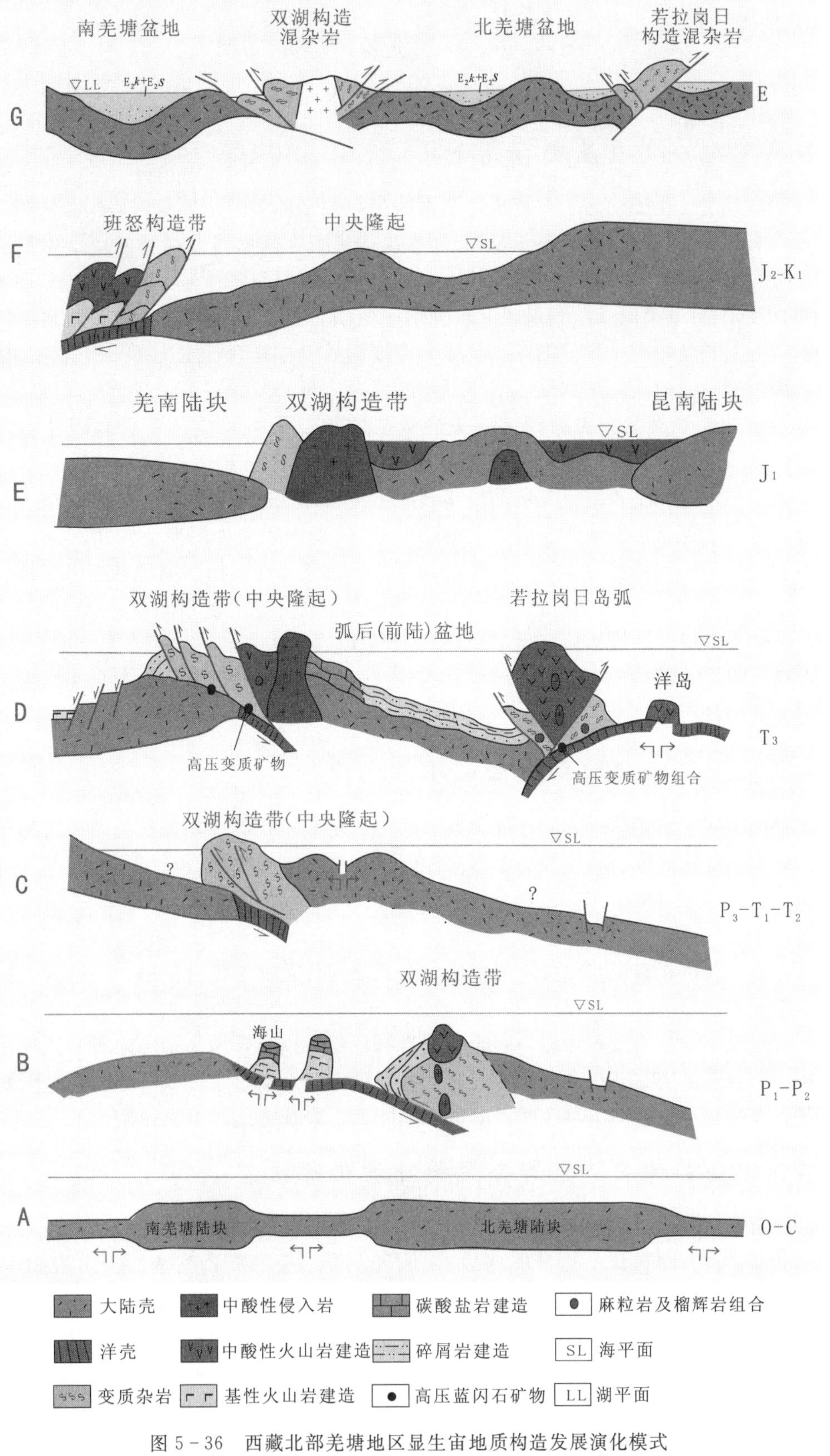

图 5-36　西藏北部羌塘地区显生宙地质构造发展演化模式

A-奥陶纪-石炭纪被动大陆边缘演化阶段；B-二叠纪南部伸展-中部俯冲（双湖构造带）演化阶段；C-早中三叠世局部伸展演化阶段；D-晚三叠世弧后（前陆）盆地演化阶段；E-早侏罗世碰撞造山演化阶段；F-中晚侏罗世—早白垩世前陆磨拉石盆地演化阶段；G-新生代后造山隆升演化阶段

第六节　地质发展演化史

一、前奥陶纪：变质基底形成阶段

测区内变质基底岩石主要出露于双湖构造混杂岩带，包括前奥陶纪阿木岗岩组、齐陇乌如岩组（新建地层单位）和嘎尔错岩组（新建地层单位）。阿木岗岩组仅在阿木岗地区呈断块状零星出露，变质岩石类型以石英片岩、变粒岩、斜长角闪岩和片麻岩为主，出露厚度不祥。齐陇乌如岩组呈断块状零星出露于齐陇乌如、嘎尔错-茶桑以及玛尔果茶卡东等地，变质岩石类型为石英片岩、二云母片岩、石榴白云片岩、变粒岩夹斜长角闪岩、大理岩等，其原岩可能为砂泥质复理石建造夹火山岩建造和碳酸盐岩建造。嘎尔错岩组呈近东西向、断块状分布于双湖构造混杂岩带的嘎尔错乡、绒马乡等地，主要变质岩石类型为变质石英砂岩、石英岩。羌塘地区有关变质岩的地质资料较少，变质岩同位素年龄为 509～548Ma（Pb－Pb 法，王成善等，2001），暗示羌塘地区可能曾是冈瓦纳超级大陆的一部分。到目前为止，我们还不是十分清楚：是否是泛非运动最终形成了羌塘地区的变质基底，并且伴随着强烈的构造活动和构造变形，造成了羌塘地区地质发展史上的第一期（?）区域动力热变质作用。遗憾的是：羌塘中部地区因燕山期岩浆活动和构造破坏严重，并叠加改造了古老基底的构造形迹和变质变形，使基底早期的构造变形和变质作用难于恢复，其研究程度尚有待于变质岩理论的创新和测年技术方法的不断改进。现阶段条件下能够获取的实质性地质证据很少，有待于以后的进一步研究。

泛非运动后，地壳活动趋于平静，大地构造格局发生了质的变化，地质演化历史从基底演化阶段进入了沉积盖层演化阶段。

二、奥陶纪—石炭纪被动大陆边缘演化阶段

泛非运动形成了冈瓦纳超级古大陆，随着前奥陶纪长期的风化剥蚀、夷平化地质作用和奥陶纪海侵作用，在冈瓦纳大陆北缘总体上表现为一个向北倾斜的古生代被动大陆边缘沉积格局（图 5－36A），沉积环境以陆棚和碳酸盐岩台地为主，沉积建造发育陆源细碎屑岩建造和碳酸盐岩建造，含丰富的头足类、笔石、腕足类、珊瑚、双壳类化石。

我们推测，古生代沉积盖层与前奥陶纪变质岩基底之间为角度不整合接触。不整合界面是泛非挤压造山运动的作用产物。

奥陶系－石炭系碳酸盐岩沉积建造、陆源碎屑岩沉积建造以及含冰水杂砾碎屑岩沉积建造在测区虽然分布面积较小，且多呈构造断块产出，但其岩性基本稳定、地层层序可以对比。构造恢复表明，奥陶系－石炭系各岩石地层单位之间不存在明显的沉积间断面，表现为连续沉积作用。

三、二叠纪南部伸展－中部会聚俯冲演化阶段

挤压会聚和俯冲消减是羌塘中部地区二叠纪最主要的地质构造事件（图 5－36B）。这一时期的地质构造情况比较复杂：一方面在江爱达日那-阿木岗地区发育二叠系岛弧型基性火山岩和中酸性火山岩（Pva），在嘎尔措南新发现一套弧前深水复理石（Pfw）沉积，在霍木西萨、鄂柔、才多茶卡等地新发现由超基性岩、枕状玄武岩、辉长岩和放射虫硅质岩等大小不等的岩块组成蛇绿质构造混杂岩（Pop），暗示羌塘中部存在不同程度的挤压会聚和俯冲消减作用；另一方面在角木日-肖茶卡北-孔孔茶卡地区发育深水复理石（Pfw）沉积、展金组洋脊/洋岛型玄武岩、龙格组海岛型碳酸盐岩沉积，指示羌塘南部存在构造拉伸作用。在青藏高原早、中二叠世裂谷化的总体背景下，羌塘双湖地区也出现了在克拉通之上发育起来的以查布-查桑地区为代表的裂谷系统。

除在硅质岩中发现部分晚二叠世放射虫外，还在龙格组灰岩中发现丰富的腕足类、苔藓虫、非蜓有孔虫和蜓类古生物化石。可以预测的是，羌塘地区在沿地层南北和东西走向上，同一时代的地层厚度和

沉积环境变化较大。最典型的例子如中二叠统龙格组灰岩地层厚度在测区具有南厚北薄之趋势，沉积环境在测区主要表现为海岛碳酸盐沉积，并且具有东浅西深之趋势。晚二叠世热觉茶卡组含大羽羊齿植物群浅水型含煤碎屑岩系仅零星见于热觉茶卡一带。热觉茶卡组顶部与早三叠世康鲁组呈假整合接触关系；底部与中二叠统地层接触关系不清楚，区域上可能为假整合或不整合接触。

晚二叠世是羌塘中部地质构造非常活跃的重要时期，也是羌塘中生代含油气沉积盆地和双湖“中央隆起带”的定型期。羌塘西部晚二叠世吉普日阿组普遍与下伏地层呈角度不整合接触关系，表明中二叠世以前的沉积盆地演化已经结束，晚二叠世之后又开始了新生沉积盆地的演化历史。

二叠纪会聚和俯冲还形成了蓝闪石等高压变质矿物，如桃形错地区的蓝闪石 Ar－Ar 法同位素年龄值为 275～287Ma（邓希光等，2000）。

四、早中三叠世局部伸展演化阶段

早中三叠世沉积地层——康鲁组、硬水泉组和康南组仅在羌塘中部局部发育，零星见于热觉茶卡和江爱达日那等地区。地层沉积层序由粗碎屑岩一细碎屑岩一碳酸盐岩构成，代表的沉积环境也是由浅变深，暗示羌塘早中三叠世沉积盆地可能是一个向北部延伸的新生盆地，而不是残留盆地。从沉积相和古水流方向分析，早三叠世康鲁组为一套盆地边缘相沉积，物源来自双湖“中央隆起带”，说明早三叠世沉积期，双湖“中央隆起带”已经形成并向沉积盆地提供物源（图 5－36C)。早、中三叠世羌塘沉积盆地是否向南部延伸的沉积证据还不是很充分。

五、晚三叠世—早侏罗世碰撞造山演化阶段

晚三叠世—早侏罗世是羌塘地区地质构造发育最关键也是最重要的时期。南、北羌塘陆块之间的持续碰撞和北羌塘陆块与金沙江洋盆之间的俯冲碰撞是羌塘地区晚三叠世—早侏罗世最重要的地质构造事件（图 5－36D、E)。印支运动对北羌塘地区有强烈影响。

在若拉岗日-可可西里一带，由于金沙江洋盆向南俯冲消减，形成了一系列由不同时代的复理石、洋岛型-岛弧型中基性火山岩和大理岩、硅质岩、超基性岩组成的若拉岗日构造混杂岩。同时还伴随有强烈的构造剪切和区域变质、动力变质作用，发育构造糜棱岩、斜长角闪岩、石英片岩和蓝闪石一硬玉等高压变质矿物，局部出现下地壳物质组成——麻粒岩相岩石组合（图 5－36D)。

晚三叠世末，金沙江洋消失，北羌塘陆块与昆仑陆块最终拼合，进入全面隆升期。强烈的印支造山运动形成了一系列大规模滑脱-逆冲、线性复杂褶皱、断裂及劈理等变形构造，同时伴随有岩浆作用和变质作用。白头山地区发现的岛弧型中酸性火山岩、花岗质闪长岩以及狮头山地区发现的糜棱岩化变质蓝闪石玄武岩可能就与该期造山过程中的岩浆作用和变质作用有关，同时也表明拉竹龙-金沙江洋盆在闭合过程中具有俯冲消减的地质特征。至于俯冲方向的问题，在测区范围并不是十分清楚。本书根据在白头山地区发现的岛弧型中酸性火山岩、花岗质闪长岩以及在狮头山地区发现的糜棱岩化变质蓝闪石玄武岩等地质信息，综合判断拉竹龙-金沙江洋盆大致向南发生俯冲作用。根据研究，若拉岗日构造带构造变形形态以向南逆冲的逆冲断层及伴随的紧闭褶皱为主，构造糜棱岩化和构造片理化强烈。构造带的北界主断层倾向南，南界主断层倾向北，出现明显的南北对冲的构造格局。正是由于若拉岗日构造带强烈的逆冲和构造加载作用为羌塘中生代盆地尤其是北羌塘盆地的形成和演化创造了条件，并提供了丰富的陆源物质。

在北羌塘地区，由于受到昆仑地块向南碰撞造山和南羌塘陆块向北碰撞造山的双重影响，导致北羌塘陆块南北两侧中酸性火山岛弧发育，以弧间或弧后复理石盆地沉积为特征。晚三叠世弧火山岩不发育，作为滞留弧的早侏罗世中酸性火山岩和火山碎屑岩特别发育，并且有岩浆侵位构造。

在江爱达日那-嘎尔措-才多茶卡一带，晚三叠世以含煤碎屑岩系沉积为主，早侏罗世以中酸性火山岩、火山碎屑岩和花岗闪长侵入岩为主。在侏罗纪中酸性侵入岩的浮虏体中新发现两处具有晚三叠世岩浆弧的地质信息（如嘎错东部样品 D4169N1 的 Ar－Ar 法同位素年龄为 215±4Ma，齐陇乌如东部样品 D7028N1 的 Ar－Ar 法同位素年龄为 215±4Ma，更详细资料参见本报告岩浆岩部分)。早侏罗世热事件

对二叠系火山岩的氩同位素有强烈影响与改造，例如样品 D7027N1 的年龄数据（175Ma）就是受早侏罗世热事件影响的产物。晚三叠世强烈的动力变质还形成了蓝闪石、钠闪石、青铝闪石等高压变质矿物（图 5 - 36D），如霍木西萨一带蓝闪石的 Ar - Ar 法同位素年龄值为 225Ma、嘎错纳若地区青铝闪石的同位素年龄值为 222Ma（李才等，1995）、才多茶卡地区蓝闪石的 Ar - Ar 法同位素年龄值为 209Ma。

双湖构造带的地质演化历史似乎表明：晚石炭世一早二叠世形成拉张裂谷，中晚二叠世发生俯冲碰撞，直至晚三叠世一早侏罗世完全碰撞闭合，形成羌塘中央隆起带，成为晚三叠世和侏罗纪沉积的物源区，构成向南和向北扩散的碎屑流沉积体系，因此羌塘中央隆起带无论是对羌南地区还是对羌北地区的晚三叠世和侏罗纪沉积格局都有明显的控制作用。越来越多的地质证据（Kapp *et al*，1999）表明，在羌塘中部地区，在晚三叠世一早侏罗世期间，伴随着强烈的造山作用（主要表现在昆仑地块向南俯冲碰撞造山和南羌塘陆块向北俯冲碰撞造山），岩浆喷发作用和动力热变质作用较为发育，造成了羌塘中部地壳构造的水平缩短和垂直增厚事件。

与北部地区不同，南羌塘的肖茶卡、孔孔茶卡等地区，晚三叠世除发育一套碳酸盐岩和碎屑岩之外，还发育一套洋岛型基性火山岩，代表的构造环境可能是一种伸展背景。局部伸展促使南羌塘陸块向北移动，从而导致碰撞造山作用的进一步发展。在南羌塘中南部地区，晚三叠世—早侏罗世伸展构造背景更加明显，以发育碳酸盐岩沉积建造和暗色细碎屑岩（深水复理石）沉积建造为特征（图 5 - 36D、E）。

六、中晚侏罗世—早白垩世前陆磨拉石盆地演化阶段

晚三叠世—早侏罗世的构造演化基本奠定了羌塘侏罗纪盆地的沉积格架。无论是南羌塘地区还是北羌塘地区，对于侏罗纪盆地来说，都已经形成了统一的盆地基底（图 5 - 36F）。这个时期班公湖-怒江洋盆向南俯冲碰撞，在结合带南侧形成下白垩统则弄群中酸性岛弧型火山岩，在羌塘地区沉积了一套以“雁石坪群”为特征的红色海相磨拉石沉积建造，总体上具有明显的海退沉积序列。大致在早白垩世中期，海水全部退出羌塘地区，从而形成真正意义上的陆地。中晚侏罗世一早白垩世时期最明显的地质构造事件包括：由于班公湖-怒江洋盆向南俯冲碰撞形成了羌塘地区广泛分布的红色海相磨拉石事件沉积；在南羌塘肖茶卡一带，晚三叠世洋岛型基性火山岩受晚侏罗世一早白垩世热事件影响明显，氩一氩同位素组成多被强烈改造；在若拉岗日构造混杂岩带的黑石长梁-白头山一带，晚侏罗世—早白垩世不仅发育小型中酸性侵入岩体，而且其热事件还强烈影响和干扰了晚三叠世若拉岗日岩群变基性、超基性火山岩的氩一氩同位素组成。

七、后造山隆升阶段

晚白垩世以后，羌塘地区完全进入了陆一陆碰撞后造山隆升演化阶段，即喜马拉雅造山运动新阶段。在此阶段演化过程中，印度板块不但没有停止向欧亚板块的俯冲碰撞，而且以更强烈的继生性陆内俯冲的形式继续进行造山活动。强烈的喜马拉雅造山运动不但表现在构造逆冲和构造形迹的叠加，而且表现在岩浆活动等方面。地壳浅层变形主要表现为渐新世以前地层（如康托组等）褶皱和构造逆冲推覆（如二叠系和三叠系地层被推覆到中、上侏罗统地层之上；中、上侏罗统地层被推覆到始新统地层之上）。渐新世以前地层被鱼鳞山组高钾碱性中酸性火山岩喷发不整合覆盖。

陆一陆碰撞后造山隆升演化阶段最明显的地质事件包括：构造逆冲作用、地壳构造的南北向水平挤压缩短和垂直增厚事件、青藏高原隆升事件以及由于不均匀隆升在高原内部产生的一系列粗碎屑陆相山间红色磨拉石建造（康托组）沉积和内陆湖泊相细碎屑岩建造（唢呐湖组）沉积（图 5 - 36G）、古近纪大规模高钾碱性中酸性火山喷发和新近纪小规模钾玄质火山喷发作用等。

在若拉岗日构造带和双湖构造带逆冲推覆和构造变形作用强烈。在双湖构造带北部，二叠系变质岩地层被逆冲推覆在中、上侏罗统地层之上；而在若拉岗日构造带南部，上三叠统变质岩地层被逆冲推覆在上侏罗统地层之上。正是这种强烈的逆冲构造使得上三叠统岛弧火山岩被覆盖在晚三叠世复理石和洋岛玄武岩之下。

古近纪始新世晚期以来，羌塘地区发生了持续的陆内碰撞和挤压造山作用，导致地壳缩短并不断被加厚。地壳加厚的结果是一方面直接导致藏北高原的快速隆升；另一方面可以产生地壳物质的部分重融，从而导致新的岩浆活动，形成鱼鳞山组火山岩的脉动式期次活动。岩浆岩的频繁活动，不但形成了以古近纪鱼鳞山组为代表的高钾碱性中酸性火山岩喷发，而且也形成了以新近纪石坪顶组为代表的粗安质中酸性火山岩喷发。中酸性火山岩的喷发是发育在大陆碰撞过程中派生出来的伸展构造环境中形成的。新生代康托组、唢呐湖组、鱼鳞山组和石坪顶组之间存在的一系列不整合界面都表明：羌塘地区经历了多期次的南北向挤压作用。一些重要断裂带构造岩（含盆地边界）的 ESR 年龄数据多在 5～8Ma，标志着中新世晚期陆内冲断造山作用达到高峰时期（王成善等，2001）。

第四纪以来，羌塘地区遭受了进一步的陆内变形，包括藏北羌塘地区在内的青藏高原隆升迅速，并最终成为世界屋脊。关于高原隆升机制尽管还在争论之中，但是可以肯定的是，高原的隆升是呈多期次、脉动式隆升的。

第六章　经济地质与自然

第一节　自然资源概况

测区范围位于青藏高原羌塘盆地北部，该区空气稀薄、高寒、少雨、气温土温低、土壤冻结期长、辐射强、多大风。植被稀少，交通不便，人迹罕至，历来有“无人区”之称。由于其处于特殊的地理位置及其地质构造的独特性，在其内部蕴藏着丰富的水资源、土地资源、生物资源、油气资源、光能风能资源、草原等自然资源。但由于交通、技术等方面原因，这些资源目前基本上未得到开发利用。

一、水资源

测区的水资源比较丰富，其水域面积 337km^2，约占全测区总面积的 2%。主要有湖泊、河流、泉水等。

1. 湖泊

测区内湖泊较为发育，数量众多，星罗棋布，绝大多数湖水面积较小，水域面积较大的有亚克错、错尼、吐波错、确旦错、黄水湖、琵琶湖、向阳湖、葫芦湖、玉瓶湖、半岛湖、浩波湖、映天湖、雪环湖、玉盘湖、太苦湖、饮马湖等，均属封闭的内陆湖泊。

湖泊水来源于其周围冰雪季节性消融、大气降水以及地下泉水等水源，绝大部分为咸水湖或盐湖，均不能饮用，仅饮马湖为淡水湖泊可作为饮用水源。

2. 河流、冲沟水资源

河流、冲沟是地表水的径流通道和部分地下水的排泄场所，也是测区的主要水资源之一。区内河流、冲沟发育，纵横交错布满测区，大多数为间歇性和季节性咸水河流，为以湖泊为中心的向心水系，属于藏北内流水系。

测区内较大的长流河流有藏夏河、汇水河、长龙河、长虹河等。河流大小不等，一般长十几公里（千米）至数十公里（千米）。水来源于大气降水、冰雪融水以及地下泉水补给，也是湖泊地表水径流通道及排泄场所。水质因地而异，大部河流水均能勉强食用，是区内野生动物主要饮水源。

3. 泉水

测区内发现泉水多处，主要分布于西南部的光明湖南、黄水湖、琵琶湖南侧、浩波湖等地。皆为冷泉，出露的地貌特征多为基岩山坡，与缓倾斜的河谷交界处以及湖泊边缘。地质背景往往与断层伴生，单泉多以断层泉为主、大部分泉已干涸，而以泉群形式产出的多为溢流泉及部分断层泉成因类型。

部分泉常年涌水，个别泉水无味、无泉华，可供饮用，如映天湖北东湖东甜泉。

二、土地资源

测区由高原山地、河谷、湖盆等多种地貌单元组成，在高原形成与发展的过程中，区内接受了大量的疏松物质沉积，如残坡积物、冲洪积物、湖积物等。地表土壤层浅、薄，沙砾含量高，质地松散，内聚力差，具有较强的易碎性和不稳定性，极易风蚀起沙。除个别地方因地形原因土层较厚外，一般20cm左右。砂化、石质化强，普遍含有砾块。在谷地和个别湖岸边也可以见到流动和半流动的沙丘。土层分化差，矿物再分配弱。土温低，结冻期长，下伏为深厚的多年冻土。生物作用微弱，土壤有机含量低。与此同时，由于生物作用微弱，冻融过程和地表沙砾化加强，造成土壤发育普遍具有退化现象。因此，区内土地资源质量差，土地资源自然生产潜力低，土地资源合理承载量极为有限。

土壤类型主要为高寒草原土和高寒荒漠土，高寒草原土主要分布在高原面的基带土壤，低山、高山下部和湖泊周边平原、河流两侧坡地等低缓地带也有分布。海拔4600～5200m，是在高寒半干旱气候和高寒草原植被下发育而成，为一种较原始的土壤，其有机质积累不高，微生物活动和化学风化作用较弱、结构性差。高寒草原土是测区最重要的土地资源，也是测区高寒草地资源的最重要分布区。高寒荒漠土主要分布在平均海拔5000m以上的高原面和冰川雪线以下的山地，其土壤形成特点是冰冻作用深刻影响下的原始荒漠成土过程，土体湿润，剖面分化不明显，以具有鱼鳊状结构或鳞片状结构和蓝灰色潜育斑、潜育层为其特点。其次分别有：高寒草甸土，上接高山寒漠土，下连高山草原土，是在寒冷湿润气候和高寒草甸植被下发育而成，地面融冻滑塌和草根层斑块状脱落十分明显。沼泽土，分布于山间等浅洼低地中，剖面分化简单，上部为根系交错密集、富有弹性的草墩，其宽度40～60cm（个别大于100cm），高30～40cm，墩间距离30～50cm，主要植物为青藏嵩草和苔草等，有机质含量高达19%，下为蓝灰色潜育层，中间还有腐殖质层。龟裂土，多见于海拔5000米以下高山草原土区的湖阶地，干涸小湖和低山缓丘间的浅碟形平地中，面积不大。盐土，主要分布于湖滨平原之上，地面平坦，一片白色薄盐结皮，土体潮湿无结构，它是由湖水在强烈蒸发下，通过土壤毛细管上升地表而聚盐所成。碱土，多见于湖滨阶地和高河漫滩，其上不长植物，地面平坦龟裂，或为荒漠化草原，生长有垫状驼绒藜，苔草和镰叶韭等，它的形成过程主要是土壤脱盐引起碱化。

三、生物资源

测区是具有独特生态系统的地理单元，其生物多样性具有无可比拟的特色。

虽然该地区高寒、干旱的严酷的自然环境限制了大多数植物的生存，但青藏高原特有的植物种群十分庞大，分布也很普遍。如镰形棘豆，冰川棘豆，唐古拉山点地梅，鼠鞠风毛菊，匍匐水柏枝以及雪灵芝、镰叶韭，高山葶苈等。许多植物都以低矮、垫状的生长型出现，使该地区出现较大面积的垫状植被景观。点地梅、雪灵芝、风毛菊、黄芪、棘豆、红景天、水柏枝等垫状植物大量出现，表明青藏高原腹地高寒、干旱、强辐射、强风对植物生长的限制塑造。同时，垫状植物的存在、发展对改造原始生态环境，尤其是土壤环境有着积极作用。植被类型以高寒草原为主，山地植被的垂直分布带也简单，通常以紫花针茅为主，以及固沙草、三角草等组成的高寒草原带。在海拔较高的地区则被以青藏苔草为主的高寒草甸草原所代替，并在局部阴湿的山坡有零星的高山草甸斑块，在季节性干河床的砾石滩上有部分垫状驼绒藜植被。测区内则以紫花针茅至硬叶苔系为主，间有垫状驼绒藜群系。

由于地势高，气候干旱寒冷，植被类型简单，食物条件及隐蔽条件较差，保护区动物区系组成简单，种类较贫乏。但是，除猛兽猛禽多单独营生外，有蹄类动物具结群活动或群聚栖居的习性，因而种群密度较大，数量较多，同时特有种约占1/3。不仅具有较高的经济利用价值，而且还有很高的科研、观赏价值以及重要的物种价值。目前已记录保护区哺乳类动物有28种，鸟类100余种，爬行类3种，两栖类1种，鱼类15种，昆虫340余种，节肢动物20余种。

被国家列为一级重点保护的动物有6种，二级保护的动物有19种。最具有代表特色的动物是：野牦牛、藏羚羊、藏野驴、盘羊、高原兔、棕熊等。其中哺乳动物特有种占重要地位，最著名的物种有藏羚羊、野驴、野牦牛等。

1. 藏羚羊

哺乳纲，偶蹄目，牛科。体长约1.2 m，雄性吻鼻部隆起粗大，角细长笔直近基部有明显的横棱。尾短而尖。背毛浅红棕色，腹部白色。头顶及下颏白色，稍带棕色。耳内呈白色，四肢浅灰白色。

藏羚羊常三五成群，多者几十头群居，其奔跑甚速，以各种草类为食。生活在区内5000m以上高原地带，是高山寒漠的代表动物。一般夏季产仔，雌藏羚羊无角，产仔时期向5500m以上高原迁徙。藏羚羊已被列入我国十分濒危的野生动物之一，每年我国都要投入大量人力、物力进行保护，各种志愿组织来到藏北无人区参加保护行动。由于藏羚羊的绒及羚角十分昂贵，吸引了许多盗猎者，致使种群数量明显下降，现被列为国家一级重点保护野生动物。

2. 盘羊

哺乳纲，偶蹄目，牛科。体长1.3～1.7m。雌雄均有角，雄羊角特别长，呈螺旋状扭曲，基部特粗，角长可达80cm。体背及侧面暗棕色，脸部、额部、颈部和背部均为淡灰棕色。下腹白色，胸部黄棕色，臀部有白色斑，尾上面具有棕色中线。常三五成群出现，善爬山、攀岩。从本区活动情况统计，数量已十分稀少。其体形大而粗状，角大而沉重，具较高的观赏和科研价值，已被列入国家二级重点保护野生动物。

3. 黄羊

哺乳纲，偶蹄目，牛科。四肢细长，蹄尖形细，仅雄性有角，角短而直，先平行，然后略向后弯并逐渐分开，角尖向上。夏季毛浅黄色，四肢内侧白色，尾棕色，冬季毛较淡，略带浅红棕色，臀部具有显著白斑，腰部毛色呈灰色，与羚羊根据角型易于区分。区内见数十、数百成群，奔跑速度快，已十分稀少，并被列入国家二级保护野生动物。

4. 野牦牛

哺乳纲，偶蹄目，牛科。体形大而粗壮，成年雄兽体重大于500kg，肩部隆起，耳小。四肢短而粗。背毛暗褐黑色，头和背部的毛短而光滑，体侧、颈部、胸部、腹部及尾部均具长毛。尾毛长，下垂至踵部，尾端蓬松。当地牧民，有将其头、角悬之屋檐处，传以避邪的习俗。为比较稀少的动物，现已列为国家一级重点保护野生动物。

5. 野驴

哺乳纲，奇蹄目，马科。外形与蒙古野驴相似，但略矮，体重约250kg。颈的背侧、肩部、背部为黄棕色，在冬季则变成浅棕色或灰褐色，胸、体侧、腹、鼠蹊部均为白色，与其背侧主色有明显的分界线。颈、背、两耳至肩部具短的鬃：背中央具深棕色背纹一直延伸至尾的基部。四肢粗短，蹄比马小但不大于家驴。前肢内侧有胼胝体。区内经常出没于沿湖的湿地范围内，经常数头成群活动。

四、能源资源

（一）油气资源

测区处于中国研究程度最低的中生代海相盆地内，也是我国仅有的油气开发处女地，其沉积厚度为4000～13 000m，在大地构造上，它位于全球油气产量最高、储量最丰富的特提斯构造带东段。区域地质背景、沉积充填格架、盆地演化过程以及含油气系统研究表明，它可能是我国寻找新的后备油气能源战略基地。

羌塘盆地内的生油岩层在北部为上三叠统缓坡相泥灰岩、沼泽相碳质页岩以及中、上侏罗统台地相泥灰岩和泻湖相泥岩，有机碳含量为0.2%～1.5%；南部为中、下侏罗统陆棚相泥岩和页岩，有机碳含量为0.6%～2.3%。盆地内的储集层，主要为上三叠统三角洲相砂岩以及中一上侏罗统台地相生物礁和浅滩相灰岩。盖层主要为泥岩、页岩、粉砂岩、石膏等，具有良好的区域封盖性能。

至今，盆地内发现沥青显示众多，其中液态油苗5处、油页岩2处、大型古油气藏一个，显示良好的油气远景。随着青藏铁路的建成，必将大大降低在该区的勘探成本，使其油气资源开发成为可能，成为我国能源开发和西部经济发展的重要战略基地。

（二）太阳能资源

区内海拔高，大气洁净，纬度低，日照时数长，太阳辐射强度大，是我国太阳能资源最丰富的地区。据双湖气象站统计资料，大部分地区全年日照时间有4500多小时，日照率达85%以上，总辐射量6690MJ/m^2以上。目前，这部分能源已在进入初步被利用阶段，开发利用潜力巨大。

（三）风能资源

由于受大气环流及高原地势的强烈影响，该区风大、风频、持续时间长，成为整个青藏高原和全国风速高值区之一。根据双湖气象站统计资料，区内年均大风日达200余天，年均风速达9.3m/s，具有很大的开发利用价值。

第二节　矿产资源概况

一、概述

测区位于藏北羌塘地区，发育以三叠系－侏罗系为主的海相中生界沉积地层，以及新生代陆相地层和火山岩。区内目前尚未发现金属矿点，仅在现代湖泊处发育硼、钾盐矿化点以及中新生代地层中发育石膏矿化点以及干沥青显示点等。

通过区域地质调查，结合前人有关资料，区内主要矿产资源分布见图6－1，主要盐类矿化点见表6－1，沥青（油气）显示点见表6－2。

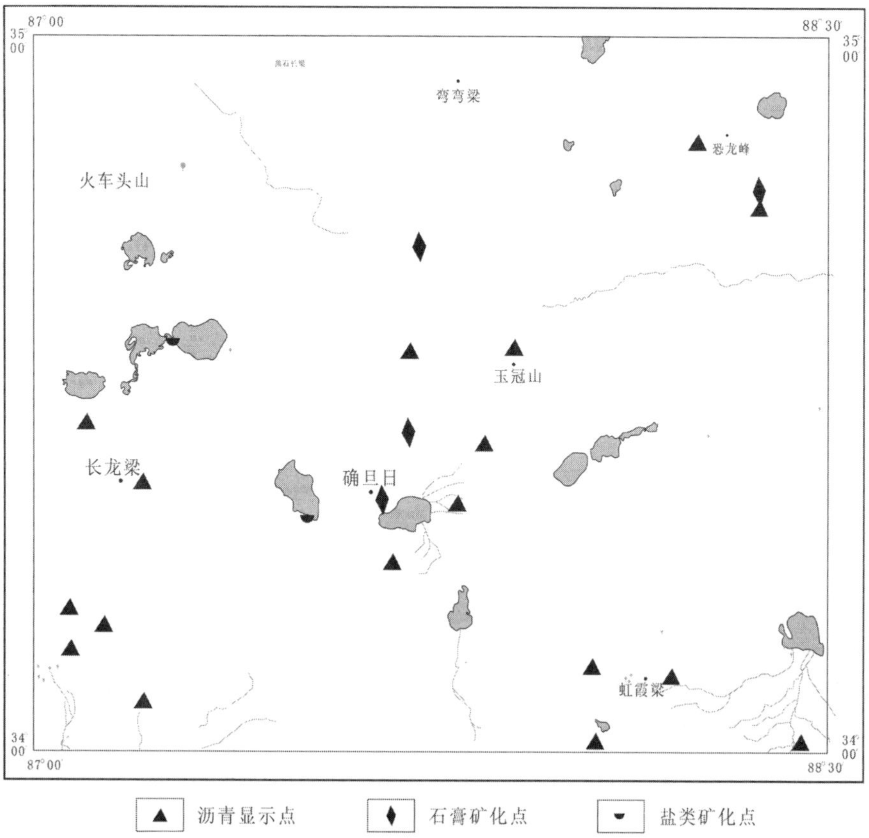

图6－1　测区主要矿产资源分布图

表 6-1　测区主要盐类矿化点情况登记表

序号	矿化点名称	矿种	成因类型	规模	工作情况	备注
1	错尼硼矿化点	硼	沉积	矿化点	踏勘	未开采
2	确旦错石盐矿矿化点	石盐	沉积	矿化点	踏勘	未开采
3	半岛湖石膏矿矿化点	石膏	沉积	矿化点	踏勘	未开采
4	涓流河石膏矿矿化点	石膏	沉积	矿化点	踏勘	未开采
5	北陡黑山石膏矿矿化点	石膏	沉积	矿化点	踏勘	未开采
6	确旦日石膏矿矿化点	石膏	沉积	矿化点	踏勘	未开采
7	黑牛山石膏矿矿化点	石膏	沉积	矿化点	踏勘	未开采
8	山弯湖石膏矿矿化点	石膏	沉积	矿化点	踏勘	未开采

二、各主要矿化点简叙

1. 盐矿化点

测区内盐矿化点目前仅有前人提及的二处，分别是错尼硼矿化点、确旦错石盐矿化点，本项目在区调过程中实地考察未见及盐类矿物晶体，均为现代内陆盆地盐湖水，错尼湖面积约 61km^2、确旦错面积约 50km^2，湖水深度和含矿物浓度不详，本次未做相应的工作。

2. 石膏矿

目前已发现石膏矿化点 7 处，其中最主要有两处，即确旦日石膏矿化点和涓流河石膏矿化点。

确旦日石膏矿化点：呈层状产于上侏罗统索瓦组顶部地层中，出露厚度可达 50m，东西带状延伸约 2km，具糖粒状和纹层构造。

涓流河石膏矿化点：为一盐丘穿插于白龙冰河组之中，位于一个背斜的核部，出露面积约2 700m^2，石膏矿一般浅色、浅红色，具有粗粒到细粒结晶，粒状结构和致密块状构造、薄纹层状构造。

3. 干沥青显示点

区内干沥青显示丰富，主要分布于区内中上侏罗统地层中，其中以马牙山夏里组中的沥青脉最为典型，沥青脉沿砂岩裂缝或顺层面产出，脉宽 2～4cm，延伸数米不等。区内丰富的沥青显示表明区内曾有过生油和运移的过程，对今后藏北油气资源勘探具有指导意义。

表 6-2　羌塘盆地中生代地层中油气显示类型及产状数据一览表

序号	产地	层位	岩石类型	油气显示类型	产状	资料来源
1	热觉茶卡	T_1k	砂岩	碳质沥青	裂隙式	成都地矿所，1995
2	明镜湖	T_3z		干沥青		
3	甜水河	T_3j	灰岩	碳质沥青	裂隙式、晶洞式	
4	菊花山	T_3j		干沥青		川碳中心，1995
5	土门格拉	T_3T	砂岩		网状裂隙式	成都地矿所，1994
6	阿尔下穷南	T_3T				成都地矿所，1996
7	尕尔曲	T_3T				
8	咸水河	J_2q				
9	乌兰乌拉湖	J_2q	砂岩、灰岩		裂隙式、孔隙式	
10	那底岗日	J_2q	灰岩		网状裂隙式	
11	拉雄错西	J_2b				川碳中心，1995
12	白龙冰河南	J_3s				
13	白龙冰河北	J_2b	粉砂岩	油浸		
14	野牛沟	J_3s	灰岩	干沥青	裂隙式、晶洞式	成都地矿所，1996
15	野牛沟	J_2b		软沥青		
16	黑虎岭	J_2b		干沥青	裂隙式	
17	葫芦湖南西	J_2b	核形石灰岩			
18	黄山剖面	J_2b	微晶灰岩	碳质沥青		
19	玛尔果茶卡	J_2b	石膏	油浸石膏		川碳中心，1995
20	胜利河	J_2b	石膏	油浸石膏		
21	半岛湖	J_2x	泥晶灰岩	碳质沥青	裂隙式、缝合线式	成都地矿所，1996
22	红霞梁南	J_2x	珊瑚礁灰岩	干沥青		
23	营盘岭西	J_3s	介壳灰岩		晶间、晶洞式	川碳中心，1996
24	吐波错南	J_3s	微晶灰岩		裂隙式	
25	金星湖北西	J_3s	生屑灰岩			
26	马背山北西	J_3s	核形石灰岩			成都地矿所，1996
27	红霞梁	J_3s	珊瑚礁灰岩		晶洞式	
28	半岛湖南	J_3s	泥晶灰岩		裂隙-孔缝式	
29	江爱达日那	T_3	核形石灰岩	沥青	缝合线式	川碳中心，1996
30	确旦错南	J_3s	生屑泥晶灰岩	干沥青、软沥青	裂隙式或晶洞式	
31	马牙山	J_2x	粉砂岩/泥灰岩	干沥青	裂隙-孔缝式	本项目，2005
32	龙尾错	J_2x				
33	方湖	T_3T				
34	比洛错	J_2x	油页岩		页理状	
35	西长梁	J_3s				
36	西长梁	J_3s	泥晶灰岩	稠油、液态油苗	裂隙式、晶洞式	
37	江爱达日那	J_3s				
38	双湖南西	J_3s	藻礁灰岩			南京大学，1997
39	隆鄂尼	J_2b	礁灰岩、白云岩			大庆石油，1997
40	114 道班	J_3s	灰岩			成都地矿所，1994

第三节　旅游地质资源与开发

这里是世界上最高的高原，并且还在不断地增高，其自然景观雄伟而又壮观、原始而又神奇、宁静而又祥和、辽阔而又美丽，其天然美、静寂美和生态平衡美是任何地方都无法媲及的。在绵延不断的冰山雪岭拥抱着的广袤的原野上，奔跑着精灵般的藏羚羊和它的伙伴们。晶莹透明、碧波荡漾的湖泊，犹如璀灿的珍珠，散落在东西南北，把辽阔的高原点缀得奇丽无比。这就是测区所在的青藏高原，它以其高亢的地势、巨大的面积，被誉为“世界第三极”。

青藏高原独特的大地构造位置和地理位置而形成一系列独具特色的自然景观，造就并保留了世界上最为独特而又古老、原始的地质地貌、自然地理环境和生态系统。该区不仅完整地保存着古地质、古生物及古生态变迁的系列遗迹，而且还大量地保留有青藏高原新构造运动踪迹。它是世界上形成时代最晚，至今仍在活动的高原，是大陆碰撞的典型地区。对于研究大陆内部造山带地质演化，地壳、地幔深部运动过程与地球表面构造运动之间相互作用有着极为理想的条件，成为地球科学的天然实验室。

同时该区是全球具有独特生态系统的地理单元，是生物多样性、生态系统多样性不可或缺的环节。这里是珍稀野生动物和高原高寒草垫草地生态系统的最后一块天然的领地，是一个有极高价值的物种基因库，也是藏北生态系统的自然博物馆。

因此，该区旅游资源主要是高原湖泊、高原草地、野生动植物等自然生态景观，并以此为特点，开展旅游探险、穿越活动，以及以青藏高原特有地质背景和生态系统为主题的科研考查、课题研究为特色的旅游。

根据在测区野外地质调查过程中所见所闻，拟定旅游景点见表 6－3、图 6－2。

一、测区旅游地质资源景点介绍

1. 美丽的草原风光景观（ST1～5、ST10、ST12～14、ST16～17）

测区内草原主要分布在各湖泊周围及较大的河流的两侧，每年 6－10 月份，绿油油的的草地就像绿色的地毯铺展在寂静的高原之上。成群的野生动物在草原上栖息繁衍，其中有高原特有的国家级珍惜动物，如藏羚羊、藏野驴、野耗牛、黄羊等，也偶尔见及藏民游牧的成群牛羊。蓝蓝的天空下，绿油油的草地上，特别是在夏季，五颜六色的花朵点缀在辽阔的翠绿色的草原中。加之蓝天白云的衬托，成群的牛羊、马儿在悠闲的牧食，或时而奔跑、时而驻足远眺，那种超脱于世外的景象让人抛弃尘世的烦躁，心境也随着辽阔的草原而变得开朗。

2. 秀丽的湖泊景观（ST6、ST7、ST8、ST9、ST11、ST15、ST18）

区内大小湖泊布满全区，均属高原内陆湖泊，由冰雪消融蓄集而成，可以分为淡水湖、半咸水湖、咸水湖、盐湖，种类齐全，堪称湖泊博物馆。湖水清澈见底，淡水湖多呈淡绿色或绿色，咸水湖多呈浅蓝色或深蓝色，盐湖多呈白色或浅灰色，犹如一颗颗璀灿的碧玉、珍珠点缀、镶嵌着藏北这片神奇的大地。浮光掠影的湖面上辉映着蓝天白云，高山冰川，成群结对的黄鸭在游荡；湖周边为天然的优良牧场，也为天然“野生动物园”景观区，野生动物经常在此出没，这里有狼、黄羊，有国家重点保护动物野牦牛、藏羚羊、藏野驴等，草地萌动，牛羊肥壮，景色秀丽宜人。这些天然美景在区内形成独特的高原奇景，使这片无人打扰的高原大地更增加了许多神秘色彩和梦的意境，如童话般的美妙。

3. 地质景观（GT1～7）

测区内地质情况由于其可能蕴含丰富的油气资源而一直倍受国内外地学界关注。区内有重要的侏罗

表 6-3　测区主要旅游资源景点一览表

序号	编号	旅游资源或内容
1	GT1	火车头山古近系鱼鳞山组火山岩口、火山机构
2	GT2	弯弯梁 J_1n/T_3z 假整合接触关系
3	GT3	雪环湖西南中侏罗统布曲组珊瑚礁
4	GT4	涓流河白龙冰河组中盐丘构造以及油气（干沥青）显示
5	GT5	马牙山中侏罗统夏里组中层状沥青脉
6	GT6	乱青山北古近系鱼鳞山组火山岩口、火山机构
7	GT7	乱青山南古近系鱼鳞山组火山岩口、火山机构
8	ST1	双咀湖草原风光以及野生动物观赏
9	ST2	汇水河草原风光以及野生动物观赏
10	ST3	错尼草原风光以及野生动物观赏
11	ST4	白土塘草原风光以及野生动物观赏
12	ST5	长龙河草原风光以及野生动物观赏
13	ST6	错尼湖泊风光
14	ST7	确旦错湖泊风光、周边山景、草原风光以及野生动物观赏
15	ST8	黄水湖湖泊风光、周边山景、草原风光以及野生动物观赏
16	ST9	浩波湖湖泊风光、周边山景、草原风光以及野生动物观赏
17	ST10	光明湖草原风光以及野生动物观赏
18	ST11	琵琶湖湖泊风光、周边山景、草原风光以及野生动物观赏
19	ST12	玉瓶湖草原风光以及野生动物观赏
20	ST13	鸭头山山景、草原风光、野生动物（牦牛）观赏
21	ST14	涯池湖草原风光以及野生动物观赏
22	ST15	向阳湖湖泊风光、周边山景、草原风光以及野生动物观赏
23	ST16	山弯湖草原风光以及野生动物观赏
24	ST17	长虹河草原风光以及野生动物观赏
25	ST18	半岛湖湖泊风光、周边山景、草原风光以及野生动物观赏

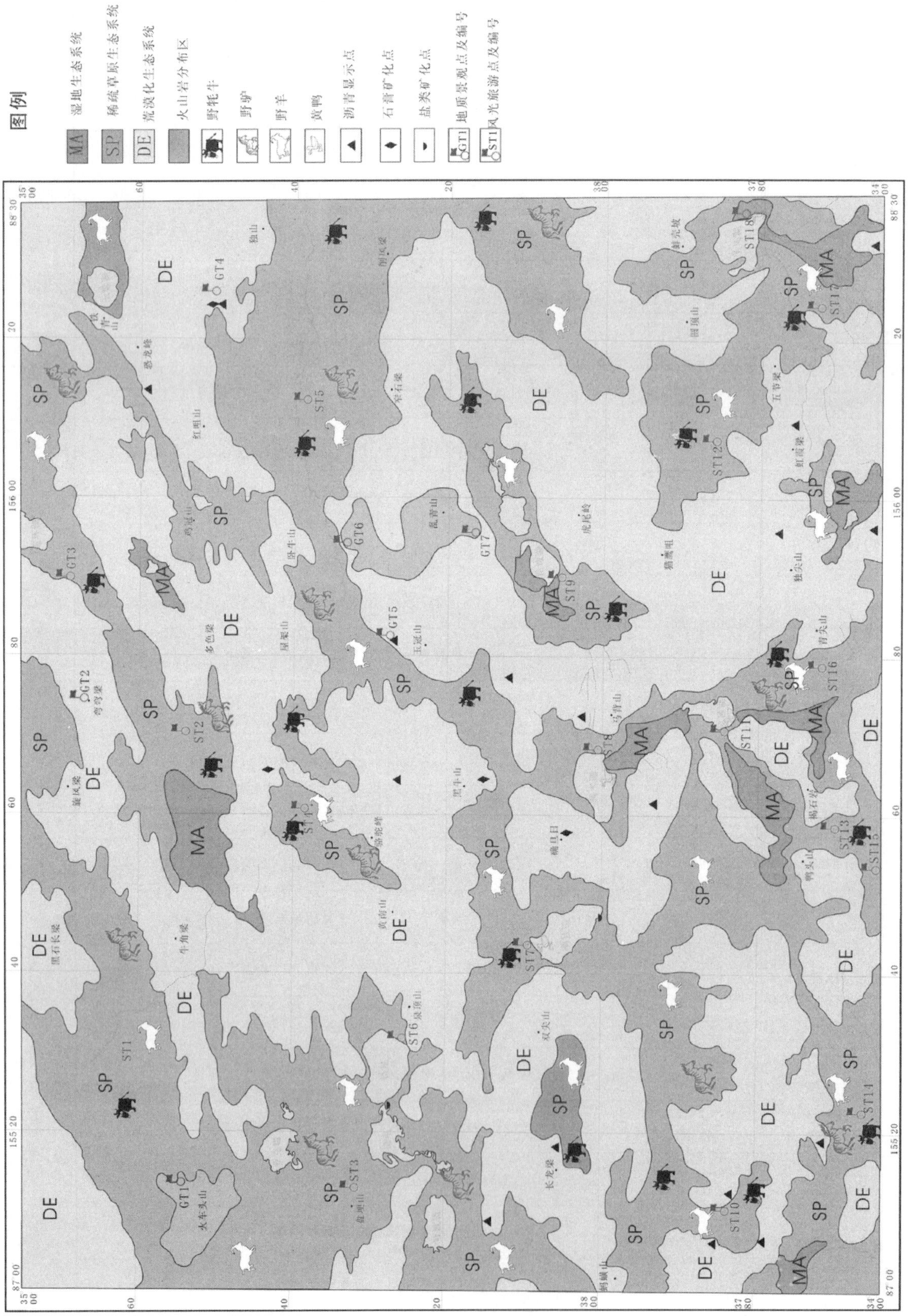

图6-2　测区生态环境与旅游地质图

系和三叠系地层界线，如弯弯梁 J_1n 与 T_3z 假整合接触界线（GT2）；有古近纪陆内拉张时期火山活动形成的火山口，如火车头山和乱青山鱼鳞山组火山口（GT1、GT6、GT7）；有与油气储集有关和反映古生态、古环境的生物礁，如雪环湖南西布曲组珊瑚礁（GT3）；有反映区内曾有过油气生成和运移的油气显示，如马牙山夏里组中沥青脉（GT5）、涓流河白龙冰河组中沥青脉以及具备封盖能力的石膏盐丘（GT4）。这些重要的地质现象为从事研究羌塘含油气盆地的演化、油气远景的分析专家学者们提供了最直接也是最重要的证据，同时也可以为以后旅游者提供科普考察的实物材料。

二、旅游地质资源开发与保护

测区内旅游资源较为丰富，区内地质、地貌、动植物等是不可多得的潜在旅游资源及科学考查、探险的理想场所。由于地处于国家级自然保护区，受到有关部门的保护，这也是一件很庆幸的事情。但是有些资源尚未充分利用以造福当地经济发展，以下就一些待开发的资源提供一些建议。“在保护中开发、在开发中保护”，是资源开发的总原则。开发是目的，不开发资源，社会经济就无从发展，不开发旅游资源，旅游业也就无从发展。保护是手段，不保护则难以持久利用，不能实现旅游业的可持续发展。首先应有计划、有步骤的循序渐进进行开发，切不可一哄而上，盲目开发，造成生态环境的破坏，科学考察，旅游资源不能以破坏生态环境为代价，要遵循自然规律，实行开发与保护相结合的方针。开发羌塘双湖自然保护区，应据本区的特点，执行“合理开发，有效保护”的总方针，有针对性开发利用。建立以生态地质、地质遗迹为依托的生态、地质特色旅游。区内地质、地貌、野生动植物旅游资源的开发与利用，如地学科考旅，动植物资源考察等，能够满足各阶层人士的需要。

发展对生态环境影响相对较小的旅游等第三产业，可以充分发挥该区域独特的自然地质地理环境和人文环境得天独厚的优势。但是，由于测区所在的北羌塘地区自然、交通条件恶劣，历来被称为无人区。有极具保护价值的青藏高原特有的多种珍稀野生动物和高原高寒草垫草地生态系统，加之生态环境极为脆弱，对外界干扰极为敏感，其生态环境一旦遭受破坏，则难以恢复。因此，测区被设为羌塘国家级自然保护区一部分，目前，测区的人类活动较少，主要有少数零星游牧民在适牧季节的放牧，少量旅游探险者、科研人员的考查活动。鉴于测区的实际情况，短期内不具备开放一般旅游项目的条件。旅游探险、科研考查等项目也应适度开展并且规范管理，实行保护优先，开发利用适度并遵循可持续发展、人和自然和谐发展的原则。

1. 合理开发利用地质旅游资源

旅游产业发展的社会经济效益是十分明显的。我国旅游业的迅猛发展，为扩大开放，扩大与各国的交流，促进相关产业共同发展，产生了巨大的社会效益和经济效益。西藏自治区党委、区政府十分重视发展旅游业，1988 年就制定了“建设西藏旅游大省”的宏伟目标，近年又提出“建设西藏旅游强省”的宏伟蓝图。羌塘盆地生态旅游地质也作为经济发展的重点产业和新的经济增长点，西藏的旅游资源有相当部分与地质遗迹、生态、地形地貌密切相关，也是西藏旅游资源的特色和优势。要把旅游产业做大做强，首先要发挥优势，因势利导，建成特色鲜明的旅游先进省（区），促进经济发展。

2. 加强调查评价和规划

规划是龙头，只有合理布局。才能发挥羌塘地区生态旅游地质最大效益。为作好规划，必须对地质旅游资源作出全面的调查评价，然后对地质旅游资源的合理开发和有效保护提出总体规划和布局安排，使全区的地质旅游资源有序、合理、科学开发，更好地发挥整体功效。

3. 注重发挥地方特色，注重整体发展

不同区域的地质旅游资源特色是不尽相同且各具特色的。如羌塘盆地以生态、地貌和高原湖泊著称，从这类生态环境、地质遗迹看，大自然的鬼斧神工已为它雕琢好。地学科考旅，动植物资源考察等无需投入太多的人力、财力、物力，但要注重保护，注重整体性开发和多元性开发。

4. 加强地质旅游资源保护意识

促进地质旅游资源保护走上法制化，管理走上正规化轨道。《中华人民共和国自然保护区条例》、《生态环境、地质遗迹保护管理规定》等法律法规，对如何保护地质遗迹，对违法者如何惩处均有明文规定。国土资源部门多年来进行了面向全社会的不懈宣传，有了不小成效，但还不够，还要加大宣传力度，使这些法规成为公民的自觉行为，人人自觉爱护生态和地质旅游资源。

5. 建立统一管理体系

多方筹措资金，使各级管理到位。利用先进的设备、手段和技术方法实现科学管理。要把保护生态环境质量放在第一位，努力使旅游环境质量上档次、上品位，而不要盲目建设旅游设施，破坏景区的自然美、和谐美、整体美。加强“三废”治理，尽量减少对景区环境的污染，创造高质量的旅游地质环境。

第四节　现代生态环境及土地资源概况

一、现代生态环境调查的目的和意义

生态环境是地球表层系统的组成部分，是自然环境受自然因素（包括地形地貌、气候、土壤、水文、植被等）和人为因素综合作用的结果。本图幅结合1∶25万黑虎岭幅区域地质调查所进行的现代生态环境调查，是为了解区域自然地理系统的整体特征，摸清区域生态环境的现状，探讨区域地质特征对生态环境的影响及其内在联系，为环境资源的综合利用和国土资源大调查奠定基础。

二、调查方法和手段

（1）野外路线考查：①测区地形整体呈丘陵地貌，地层及构造总体呈近东西向，路线考查方向布置为近南北向，这样可以观察到更多的地形地貌单元；②根据野外区调过程中实际观察到的现代地貌类型变化、野生动物出没规律和植被分布特征等为编制1∶25万黑虎岭幅现代生态环境图提供了丰富的野外第一手资料。

（2）分析地貌类型和成因，同时观察与周围其他生态环境的过渡状态。

（3）访问获取资料：前往双湖行政区相关部门搜集有关资料，并访问当地居民和牧民，获取间接的实际资料。

（4）对比获取资料：通过举一反三，相互类比的方法，在没有进行野外实地调研的区域，在地形图上和遥感影像图上通过类比，推测其现代地貌类型，从而达到编制1∶25万黑虎岭幅全区域现代生态环境图的目的。

三、生态环境分类和特征

（一）生态环境分类的目的

在一定程度上，地质因素决定了原生自然环境的基本特征，风化的地质体决定了生态系统的物质来源和原始状态。因此，地表生态系统的功能、类型与地质背景有着密切的内在联系。进行生态环境分类的目的之一，就在于提示地质背景对生态系统的资源性作用规律，建立能有效利用地质背景资源的良性循环的生态系统。测区所在的青藏高原对全球生态变化和人类活动反应极其敏感，成为研究全球变化的重点地区。因而研究青藏高原各类生态系统的结构与功能，对揭示青藏高原生物进化，物种多样性的形成、发展的生态系统的稳定以及草地资源的合理利用与畜牧业的可持续发展均具有重要的意义。

（二）生态环境分类的依据

自然地理系统的地域分异规律是进行生态环境分类和划分的理论基础。本项目生态环境划分参照综合自然区划的原则和方法，结合第四系沉积物的成因类型，在对区域进行生态环境初步调查的基础上，厘定划分的依据。

（1）综合自然条件，包括地形地貌、气候、土壤、水文、植被等环境因子及其生态作用；

（2）生态环境的功能、类型，特别是土地利用情况和人类活动方式。

（三）生态环境的分类和特征

1. 生态环境的分类

测区所属藏北高原主体位于昆仑山和冈底斯山之间，平均海拔 4 500～5 000m，高原形态较完整，表现为辽阔坦荡、波状起伏的高原面，众多大小不等的内流湖盆，宽浅的谷地和低缓的高原山地、山前丘陵连在一起。其气候分区属于高原亚寒带半干旱气候区，其气候特征为空气稀薄，气压低，氧气少；太阳辐射强，日照时间长；气温低，年较差小，日较差大，日均温≥10℃日数少于 50 天；气候干燥，干燥度 1.5～5.0；年降水量 100～300mm。属青藏高原自然地域系统高原亚寒带羌塘高寒草原地带北羌塘高原区。高寒、少雨、气温土温低、土壤冻结期长、辐射强、风大、风频的生态环境，使得生物循环、土壤发育等生态过程进行缓慢，植物生长季短，生态系统类型少而结构简单，处于相对原始状态。同时，生态系统表现出一定的垂直分带性和自东南而西北的水平分带性，其生态景观实际上是水平分带和垂直分带复合而成的。根据生态环境划分的依据，测区分成高寒荒原和荒漠化生态系统、高原湖泊生态系统、高寒稀疏草原生态系统和高寒湿地草甸生态系统 4 个一级区划生态环境系统（图 6－2）。

2. 生态环境的特征概述

（1）高寒荒原和荒漠化生态系统（DE）

该生态系统主要分布于测区高山地区，是高原干旱、寒冷气候的产物。荒原和荒漠的主要特征是地层和沉积物长期裸露在大气之中，降水稀少，植被十分稀疏，甚至无植被的地区。这些地区气候干旱，日照强烈，昼夜温差大，多大风与尘暴，物理风化作用强烈，土壤发育不良，再加低温寒冻，地面与山坡的融冻十分强烈。

高寒荒原和荒漠化生态系统十分脆弱，植被生长极稀疏，盖度小于 10%。植被群落结构简单，伴生种很少，植物生长期很短。植被类型主要是以耐高寒、干旱的垫状（高寒）小半灌木为主体，高度一般小于 10cm，垫状体直径为 20～40cm，基部有小土丘。这种生态环境下的稀疏植被一般生长在海拔 4 800～5 500m的高原山地及山地下部的石质坡地。

值得指出的是，在目前自然环境条件和人类破坏性生产活动情况下，测区荒漠化和沙化现象日益严重，荒漠化面积有逐年增加之趋势。过度放牧引起的草地退化（沙化）是导致草地沙化主要的人类活动方式。

（2）高原湖泊生态系统（LA）

在测区内高原盆地（谷地）湖泊生态系统，其湖泊面积约为 337 km^2，约占测区总面积的 2%，均属封闭的内陆湖泊。绝大部分为咸水湖或盐湖，湖泊水来源于其周围冰川季节性消融、大气降水以及地下泉水等水源。本区湖泊的基本特点是数量多、较分散，且面积小。原因是由于降水少，地表起伏平缓，不利于径流形成；同时多数湖泊集水面积小，汇水有限；湖盆往往比较浅，蒸发损失大，不利于储水。区内湖泊受入湖水量的影响，一些湖泊夏季成湖，冬季变干成沼泽或盐滩。入湖河道一般宽浅而短小，底部多为砂砾质，两岸阶地不发育。不少河流上游有来水，流至山前地带或湖滨平原地区，忽而消失，仅余少量支沟有水。少数较大河流，发源于一些海拔较高的雪山，水源补给则相对丰富。

但是，由于干旱性大陆气候条件，湖泊内蒸发量远大于水体补给量，水体盐度正逐渐增加，湖泊面积正不断缩小。加之人类破坏性生产活动的影响，高原盆地湖泊生态系统这一令人陶醉的优美环境将离我们而去！

（3）高寒稀疏草原生态系统（SP）

高寒草原在本区分布面积较大，优势种为针茅属耐寒种，植被稀疏，主要的群种有紫花针茅（*Stipa purea*）、扇穗茅（*Littiedalea racemosa*）、青藏苔草（*Carex moorcroftii*）、豆科的几种棘豆、黄芪和曲枝早熟禾等。常见的伴生植物有垫状棱子芹（*Pleurospermum hedinii*）等。紫花针茅草原分布零散或局限于个别坡地或山地，群落盖度一般20%～35%左右。青藏苔草高寒草原，分布较为广泛。群落的盖度随所处环境的水热状况有较大的变化，一般为12%～35%，最高可达45%。扇穗茅高寒草原，常与紫花针茅高寒草原和莫氏苔草高寒草原复合分布，群落覆盖度一般仅10%左右，有时可达18%。豆科杂类草原广泛分布于测区各类湖岸阶地，山坡坡脚坡积物及剥蚀山坡和坡脊。这类草原，种类组成较混杂，群落结构也因质地的变化而有较大差别，盖度一般约20%，但低于10%和高达47%也可见到。

（4）高寒湿地草甸生态系统（MA）

高寒草甸在测区仅有零星出露，在具体地段上草甸呈斑状分布，它是由耐寒的多年生地芽和地下芽草本植物为优势种的一种类型。其分布与发育受一定的生态地理条件所制约，分布海拔高度为4 300～5 200m不等，分布地区的特点是高寒、中湿、日照充足、太阳辐射强、风大，分布地带与高寒草甸类型有关。小蒿草草甸主要分布于山坡、丘陵和谷地；无味苔草——唐古拉点地梅草甸主要分布于山地阴坡、坡脚、山地鞍部、冰冻洼地，土壤盐分含量较高；藏蒿草草甸主要分布于积水谷地、洼地和水分条件较好的坡脚山裙。土壤为高原草甸土，表层具有根系盘结致密紧实的毡状草皮层，其主要特征是有机质含量较高，土壤水分适中，土壤发育年轻，土层较薄，一般仅为10～30cm，草皮层之下多为松散的砂砾石层或冰土层。高寒草甸草层低矮，高度仅为5～10cm，秆纤细，叶片呈针状，具有较强的适应寒冷干旱的生态特点。其群落结构极其简单，层次分化不明显，一般仅有草本一层。草群生长茂密，盖度可达80%。

四、加强现代生态环境保护

青藏高原以其辽阔高亢的地势为基础，依靠自身的热力作用和动力作用，对大气环流的性质、方向和强度都施加重大影响。它不仅直接驱动我国东部和西南部的气候变化，而且对北半球甚至全球气候变化，都具有明显的敏感性、超前性和调节性，从而对我国乃至全球的生态环境有着十分重要的影响与作用。

该区具有独特的高原生态系统，这里的野生动物种群和群系数量多，不仅只分布在保护区内，具有极度的稀有性和濒危度，而且它们所保存下来的不同基因组合具有极高的科学价值，能为人类未来开发生物资源提供广阔的舞台，因而具有世界性保护价值。

同时，该区是我国乃至世界上生态环境极为脆弱的地区。高寒、干旱，土壤气温低、冻结期长，辐射强、风大、风频的生态环境特点，使得各类生态系统内物质、能量流动和生物循环、土壤发育等生态过程进行缓慢。生态系统类型少而结构简单，处于相对原始状态，对外界干扰极为敏感的典型区域，其生态环境一旦遭受破坏则难以恢复。

然而，随着全球性的气候变干变暖，青藏高原迅速的差异性升降所带来的内部微气候变化，以及过度的人类活动，致使本来就十分脆弱且极不稳定的高原生态环境承受着越来越大的压力，呈现出逐步恶化的趋势，并明显地反映在许多自然迹象之上。区内降雨量减少，温度升高，冰川后退，冰川面积缩小。调查发现，青藏高原绝大多数冰川的冰舌处于退缩状态，30年来，冰川面积减少了4 420.78km^2，平均每年减少147.36km^2，总减少率达9.05%。同时，使得雪线上升，积雪量减少。冻土线上升，冻土退化，原先处于冻结状态的表层转化为疏松的砂砾地，加重了荒漠化的发生和发展速度。蒸发量增大，径流减少，土壤变干，湿地萎缩，地下水位下降，水土流失，土地沙化、荒漠化，植被减少，草（地）场退化、低质化，沙尘暴加剧。湖泊湖面缩小，水位下降，湖滨地带沙物质裸露，在遭受风蚀风积后形成沙（丘）地。湖滨平原原本稀疏的植物得不到水分供给而凋萎、死亡，平原趋向荒漠化，湖泊碱化、盐湖化，逐渐萎缩，水源枯竭，涵养功能下降。

土地沙漠化是测区生态环境退化最为严重的问题之一。沙漠化，即荒漠化是指在干旱半干旱及亚湿润干旱地区，由于气候变异和人类活动在内的种种因素造成的以风沙活动为主要标志的土地退化过程，其中包括地表风蚀、风沙流、流沙堆积与沙丘前移等一系列过程。受到这一过程影响的土地称之为沙漠化土地，可分为：严重沙漠化土地，包括流动沙（丘）地和风蚀残丘；中度沙漠化土地，包括半固定沙（丘）地和裸露沙砾地；轻度沙漠化土地，包括固定沙（丘）地和半裸露沙砾地。调查表明，测区是沙漠化强烈发展—严重发展的区域，特别是近些年以来，土地荒漠化的严重程度逐年加大。沙漠化土地类型主要是裸露沙砾地和半裸露沙砾地，其次是流动沙（丘）地、固定和半固定沙（丘）地。沙漠化土地主要分布于内陆湖盆区的湖滨平原、山前平原、河流宽谷，不仅面积较大，而且分布广，沙漠化土地面积的比例达到 29.79%。并且，原来轻度的荒漠化土地向中度和重度荒漠化发展，相当部分的盐碱化土地也转化为沙漠化土地。可以认为，本测区是青藏高原沙漠化土地面积比例较高的区域之一，是青藏高原沙漠化发生发展的中心地带。

草地的退化也是地区荒漠化程度加重的重要表征。整个青藏高原草地面积从 20 世纪 70 年代到 2002 年，由 657 814.1km^{2}减少到 43 741.68km^2，减少了 14 072.48km^2，减少率达 24.3%。特别是测区所属藏北高原，海拔 4 400m 以上，气候寒冷干旱，是青藏高原内生态环境最酷劣的自然地域，大部分为无人区。草地绝大部分是由紫花针茅（*Stipa purpurea*）及青藏苔草（*Carex moorcroftii*）等组成的高寒草原与高寒荒漠草原。虽然紫花针茅草原是当地藏绵羊的较适宜生态地域，但其鲜草产量不足 800kg/km^2，仅在 6—9 月能利用，加上草地土壤富含砂砾，抗侵蚀能力弱，所以草地生态较脆弱。目前已有 1/3 的草地受沙化和侵蚀的威协，10% 的草地处于过牧退化状况。冷暖两季草地比例失调和超载过牧，是造成草地不断退化的主要原因。所以保护草地，维持其生态稳定乃是开发藏北高原草地资源的重要原则，必须采取措施，对高寒荒漠草原与已沙化的高寒草原实施禁牧，大部分高寒草原的放牧强度须控制和适度，以求可持续地利用和获得良好的经济、生态效益。

近些年来，其他自然因素和越来越多的人类活动的影响，也加速了青藏高原生态环境的日益恶化。例如：老鼠成灾、野狼增多，过度的放牧、家畜侵入，乱挖滥采式的采金和捕捞卤虫、采盐、捕獭等以及其他一些人类生产活动，可谓人患重重。

在保护区的高寒草原草甸区，大大小小的老鼠洞在草地上随处可见，有时 1m^2 的草皮上老鼠洞多达 25 个。由于高原田鼠在高寒地区的繁殖能力极强，再加上“胃口”不小的它们每只每年食草量至少为 50kg，保护区的藏羚羊等野生动物将面临着与老鼠“争食”的命运。同时维系着保护区脆弱原始生态的草皮遭到高原田鼠和鼠兔咬啮、吞食而发生大面积枯死，导致大面积的草场出现退化直至沙化，藏羚羊等野生动物生存环境和保护区生态链条为此都将面临着严峻考验。同时，近年来藏羚羊等野生动物的天敌——狼和猛禽明显增多，不时可以发现大群狼群，有的多达 25 只。藏羚羊等野生动物经常在迁徙期、产乳期遭受天敌的攻击。

由于牧民已逐步开始迁入，测区已不是真正的“无人区”。与此同时，牲畜数量亦不断增加。测区草地超载过牧的现象十分普遍，使草地生态系统的结构和功能失调，草地退化现象十分普遍，人蓄活动强度与生态环境容量间的矛盾日益激化。人蓄活动占据了野生动物的栖息场所和重要的水源涵养区，这无疑使野生动物的活动范围及生存空间日益缩小。据 2004 年 9 月 2 日第 16 版人民日报《别让野牦牛失去野性》登载：“大约有 3000 户共 12 000 牧民，110 000 头家畜生活在保护区内，而青藏高原野牦牛总数可能不超过 15 000 头”。在有较多人和家畜活动的地方野生动物不能长久坚持居留，另外，就是野牦牛和家牦牛的混杂问题，据保守估计，“混血”牦牛现已达一两千头，按目前的发展势头，数年之内“混血”牦牛的数量将增至七八千头，占野牦牛总数的一半以上，这将对野牦牛种群产生致命的影响。专家普遍认为，野牦牛能顽强地生存在青藏高原恶劣严酷的自然环境中，在生物学和遗传学上有着独特的、不可替代的重大意义。专家们担心，野牦牛与家牦牛的“杂交混血”将冲淡野生血统，造成野牦牛的野性信息丢失，对自然灾害的抵抗能力大大降低。同时家牦牛会把本身携带的一些寄生虫、传染病带给野牦牛，并在野牦牛种群中传播。

近年来，大批采金者和捕捞卤虫、采盐、捕獭人员闯入保护区及其周边地区进行采挖捕杀活动，使保护区野生动物受到从未有过的惊扰，并使生态环境遭到严重破坏。保护区所涉及的5个县均存在大量非法开采金矿现象，并涵盖缓冲区、核心区。据保守估计，目前区内开采金矿超过100处，从业人员超过1.5万名。金矿开采之处，大小河谷被翻个底朝天，大片自然植被和土壤遭到有史以来最惨重的破坏，经过水蚀风吹，成为连片的沙堆、沙坑，加速了土地沙漠化发生发展，河流水系亦随之改变。捕捞卤虫者、采盐、捕杀旱獭等人员遗留的大量塑料、污油、污水等生产、生活垃圾，使区内植被遭到严重破坏，土地沙化日益严重，造成保护区生态恶化。人多车多，来往车辆“走”出来的“公路”，常常数十米，甚至百米以上，大面积的植被将难以恢复。

因此，有效保护青藏高原具有典型意义的生态系统、自然环境、地质遗迹和珍稀濒危物种，维护生物的多样性和生态系统的多样性，保证生物资源的可持续利用和自然生态环境的良性循环显得尤为关键。于是，西藏自治区人民政府于1993年批准成立了羌塘自然保护区，中国国务院于2004年批准晋升为国家级自然保护区，其目的是加强保护高原高寒草垫草地生态系统和珍稀野生动物类型。自然保护区的建设不仅对于我国的生物多样性和生态系统多样性有重大意义，在保护人类遗产、维护世界生态平衡等方面都具有全球性意义。

第七章　结　论

1∶25 万黑虎岭幅（I45C002003）区域地质调查项目由成都地质矿产研究所承担，属 B4 类区，采取编填结合的方式，历时三年，于 2005 年 12 月提交了《1/25 万黑虎岭幅区域地质调查报告》、区域地质图、《北羌塘中新生代沉积盆地形成演化与油气成生关系》专题研究报告的内审稿。

该项目野外工作完成填图面积 15 450km^2，地质路线 4 197km，地质观察点 3 003 个（含利用前人地质点），剖面长度 29.17km，采集样品总数 906 件，全面完成了基础地质资料的采集和系统整理，完成了区域地质调查报告一份。报告对测区内岩石地层、生物地层、层序地层与沉积相、岩浆岩、变质岩、构造、地质发展史以及生态环境等特征进行了全面、系统地描述与总结。

一、重要成果及主要结论

（一）地层及古生物方面

（1）查明测区各时代岩石地层组合特征及其展布范围，合理建立了测区岩石地层系统。地层层位均有化石和地质依据。调查中采用多重地层划分方法，对岩石地层的时空变化进行了分析与研究，取得了丰硕成果，提高了测区地层的研究程度。以西藏岩石地层清理成果为基础，结合地层实测剖面，图幅共划分出 22 个正式填图单位和 8 个非正式填图单位。其中第四系按照成因类型共划分 7 个填图单位。

（2）合理划分了测区地质构造单元和地层分区，正式与非正式填图单位划分基本合理。完成的实物工作量达到或超过了设计要求。实测、修测和利用地层剖面控制所有填图单位，各类地质体、构造的控制程度较高。

（3）测区北侧黑石长梁一带新建黑石长梁岩群，为一套角闪石相区域性中高温变质岩，角闪石单矿物氩－氩同位素测年为 243±5Ma，确定该套变质岩的变质时期为早三叠世末－中三叠世初。该群中夹紫苏辉石麻粒岩岩块。

（4）测区北部发育与结合带相关的上三叠统若拉岗日岩群洋岛型火山岩，与火山岩共生的还有复理石岩块、大理岩岩块等。同时北部的藏夏河、弯弯梁、雪环湖等地发育一条呈近东西向分布的晚三叠世深水复理石盆地－浊积岩相带（藏夏河组），测区北部晚三叠世弧盆体系的确定，对北羌塘盆地构造背景和沉积相分析都具有十分重要的意义。

（5）弯弯梁-旋风梁地区中侏罗统雀莫错组下部发育大套河流相复成分砾岩，厚度 600～800m 不等，从其中发育的中大型槽状交错层理和中型斜层理等沉积构造分析，古水流方向为 SSW，表明中侏罗世早期，该地区应代表羌塘侏罗纪沉积盆地的北部边界。

（6）测区 J_2b、J_3s 等地层中发现大量的生物礁，对该区沉积古环境和油气资源研究极具意义。

（7）火车头山一带明显地见到鱼鳞山组火山岩角度不整合于唢呐湖组之上，该组火山岩主要呈溢流相熔岩被形态产出，是多期火山活动叠加的产物。火山岩年龄值对应于古近纪。在此基础上，我们将鱼鳞山组、唢呐湖组和康托组的地质时代修正为古近纪。

（8）以地层剖面为基础，详细描述各时代沉积地层的基本层序和沉积相，系统地开展了工区沉积岩系的层序地层研究工作，共划分出 12 个三级层序，其中三叠系 2 个、侏罗系 10 个，侏罗系三级层序平均周期为 6.3Ma。总结了各层序界面特征、沉积体系域的性质、结构特征及其层序地层的南北向时空变化特征，提高了地层划分与对比的研究精度，并对工作区中生代地层的海平面变化特征以及沉积演化史进行了研究。

（9）建立了双壳类、腕足类、菊石、珊瑚和孢粉等生物门类的生物地层单位 11 个，其中双壳类、菊石、孢粉和珊瑚各 2 个，腕足类 3 个。

（二）岩浆岩方面

（1）测区内岩浆岩主要为火山岩，侵入岩次之。岩浆活动时间自海西晚期直到喜山期，以燕山早期和喜山期占主导地位。火山岩活动的时代有晚三叠世、早侏罗世、古近纪和新近纪。主要分布层位有上三叠统若拉岗日岩群、下侏罗统那底岗日组、古近系鱼鳞山组和新近系石坪顶组。岩性包括从基性至酸性、从钙碱性至过碱性的各种火山岩和火山碎屑岩；侵入岩以中酸性和基性的浅成一超浅成侵入岩为主，时代有侏罗纪、白垩纪和古近纪。

（2）在玉盘湖、黑石长梁一带上三叠统若拉岗日岩群中发育中基性火山岩，测得玄武岩全岩 Ar－Ar 法同位素年龄值为 205±5Ma，指示玄武岩喷发时代为晚三叠世诺利期一瑞替期。玄武岩和安山岩在化学成分特征上表现为明显的高碱、低 Fe、Mg 的特征。属碱性玄武岩系列，具有明显的板内岩浆岩的特征。

（3）在弯弯梁一带新发现下侏罗统那底岗日组中酸性火山岩。岩性组合为玄武岩＋粗面安山岩＋流纹岩，显示一个从基性到酸性的演化序列，并具有同碰撞火山岩或板内火山岩的岩性组合特征。

（4）区内新生代火山岩以火车头山和乱青山两处发育的鱼鳞山组火山岩为代表，岩性上可分为钙碱性系列火山岩和碱性系列火山岩，组合为玄武岩（碱玄岩）＋安山岩（粗安岩）＋英安岩（粗面英安岩，响岩）＋流纹岩，显示一个从基性到酸性的演化序列，具有同碰撞火山岩或板内火山岩的岩性组合特征。多呈熔岩被形式不整合于下伏地层之上，见保存较好的火山口和火山锥。岩石化学特征表明，区内火山岩主要表现为高碱富钾的特征，为壳幔混熔或壳幔岩浆混合的产物，形成于碰撞后陆内拉张环境，年龄值为 44.1±1.0Ma～32.6±0.8 Ma，对应于渐新世一始新世，其形成可能与新生代早期南北向拉伸作用有关。

（三）变质变形方面

（1）测区内变质岩很不发育，主要分布在测区北缘黑石长梁一带，变质岩分布面积约 100km^2，以岩片的形式分布在若拉岗日冲断带内，在区域上划属于大横山一黑熊山变质带，可分为区域变质岩和动力变质岩两大类。其中区域变质岩又可分为区域中高温变质岩和区域低温动力变质岩两类。

（2）区域中高温变质岩集中在黑石长梁一带黑石长梁岩群中，出露面积约 40km^2，该套变质岩实为一个冲断岩片，其变质程度达到角闪岩相，变形较弱，仅见硅质大理岩中有揉皱变形和斜长角闪岩被压扁拉长成构造透镜体，变质岩后期变形以褶皱变形为主。Ar－Ar 同位素法测变质年龄值为 243±5Ma，对应于早三叠世末一中三叠世初。综合分析判定其原岩为灰岩、基性火山岩（及火山碎屑岩）与碎屑岩组成的岩层，是发育于洋岛上的一套基性火山岩、碳酸盐岩和细碎屑岩组成的火山一沉积组合。

（3）区域低温动力变质岩变质地层为若拉岗日岩群，主要岩性为变质砂岩、变质砂岩粉砂岩、板岩和蚀变玄武岩，局部发育长英质糜棱岩。从变质作用的产物来看，具有变质较浅，变形强烈，变质作用程度不均匀的特点，保留或残留了原岩的层理、原岩中的结构、构造等，变质相为绿片岩相。

（4）测区内动力变质岩为糜棱岩型动力变质岩，在黑石长梁和虾河断裂带上少量发育。主要岩石类型为长英质糜棱岩和糜棱岩化黑云二长石英片岩。黑石长梁一带发育的动力变质岩是黑石长梁断层活动的产物，动力变质作用叠加在区域低温动力变质作用之上，作用时期应晚于区域低温动力变质作用时期。在白垩纪一古近纪受南北向挤压应力场的作用下，北羌塘陆块边缘强烈挤压、逆冲，动力变质作用相伴发生，形成沿断裂分布的糜棱岩。

（四）构造变形方面

1. 测区内划分为 3 个一级构造单元和 2 个二级构造单元

以手指湖-玉盘湖北断裂带、虾河断层为界，将测区从北到南划分为 3 个一级构造单元，分别为：

若拉岗日一狮头山构造混杂岩带、北羌塘陆块和双湖构造混杂岩带。

其中北羌塘陆块内根据地层展布和构造发育程度的不同，以北陡黑山-岌岌岭断裂带为界进一步划分出2个二级构造单元：亚克错-玉盘湖冲断带和错尼-半岛湖断褶带。

2. 若拉岗日-狮头山构造混杂岩带中构造变形特征

带内发育多条压性或压扭性断裂，断层走向以东西向和北东向为主，在南北向主压应力场的作用下发生断裂构造伴生褶皱变形，形成小型的背形和向形构造，且多以破向斜的样式产出。褶皱规模较小，一般长1km左右，宽仅数百米。褶皱紧闭，两翼产状较陡，翼间角小（25°～82°），褶皱轴向近东西向，枢纽近水平。

3. 北羌塘陆块中构造变形特征

（1）亚克错-玉盘湖冲断带内断裂以北东东向逆断层和北东向平移断层最发育，断层面以北倾为主，显示该带的断层为由北向南逆冲的特点。褶皱轴向主要呈东西向或呈北东东向，与断层的运动方向也是一致的。

（2）错尼-半岛湖断褶带内断裂比较发育，但在带中分布不均匀，具有走向多样、性质不同、规模大小不等、新生代普遍活动的特点。依断层展布方向，可归纳为东西向（含近东西向）、南北向（含近南北向）、北东向和北西向4组。大多数褶皱为开阔的短轴-线状褶皱，少数为中常褶皱和弯曲褶皱。

4. 双湖构造混杂岩带

该带仅仅在测区内西南角出露，面积约225km²，主要出露虾河岩体，另外还有小面积的菊花山组和康托组。虾河岩体为一个长轴呈东西的不规则的椭圆形，岩性以辉长辉绿岩为主，并被后期石英斑岩、花岗斑岩和闪长玢岩脉侵入，虾河岩体明显受断层控制，岩体中含有糜棱岩俘虏体，更说明该断层具多期活动的特征。

5. 北羌塘陆块构造层的划分

（1）北羌塘陆块中识别出6个不整合界面：下侏罗统与上三叠统的不整合、中侏罗统与下伏地层的角度不整合、康托组与下伏地层的不整合、唢呐湖组与康托组之间的不整合、鱼鳞山组与唢呐湖组之间的不整合、石坪顶组与下伏地层的不整合接触。

（2）北羌塘陆块中划分出四个构造层：晚三叠世构造层、早侏罗世构造层、中侏罗世一早白垩世构造层、古近纪一新近纪构造层。

6. 测区内新构造运动

（1）测区内存在海拔4 700～4 800m、5 000m和5 200～5 250m三个高度的夷平面，说明羌塘盆地在上新世以来至少有过三次抬升，每次抬升幅度在150～250m左右。

（2）新构造断裂活动主要表现为老断层的再次活动和新断层的产生，断层构造表现为多方向和多种性质。北西向、南东向、南北向和东西走向的断层都发育，其性质以压性-压扭性为主，兼有张性。所有的断层中以北东、北西向平移断层和东西向逆断层活动为最强烈。沿新构造断裂往往出现一系列泉水点。

（3）古近纪-新近纪构造层总体特点是塑性变形不强烈而脆性变形比较普遍。仅识别出5个褶皱构造，两翼地层产状较缓，翼间角较大，枢纽近水平，轴向主要呈东西向（褶皱轴走向），个别呈北东向。

（五）建立了测区地质发展演化史模式

根据沉积建造、岩浆活动、变质作用等综合分析，明确地将测区地质发展史分为：晚三叠世一早侏罗世碰撞造山；中晚侏罗世一早白垩世前陆磨拉石；新生代后造山隆起等3个地质发展演化阶段。

（六）对测区生态资源和分布特征进行了调查

（1）划分了高寒荒原荒漠化生态系统、草原生态系统、湿地草甸生态系统和湖泊生态系统。

（2）对测区旅游资源以及环境保护作了相关的探讨。

二、存在问题及今后工作建议

由于测区恶劣的气候和地理环境条件的限制，加上部分资料收集的缺乏，目前存在以下的问题，值得进一步探讨和研究。

（1）区内康托组、唢呐湖组、雪山组上部地层的时代缺乏古生物依据。

（2）测区内由于被新生代地层大面积覆盖，影响了对部分重要的断层产状、褶皱形态以及地层接触界线性质的实际资料获取。

（3）因缺乏深部地质资料，对测区的构造分析仅限于浅部，其适用性受到局限。

（4）对固体矿产和盐类（膏盐类除外）矿产资源的调查不够。

（5）对黑石长梁岩群的研究还待进一步深入，目前仅测出其变质年龄为243±5Ma，其原岩恢复以及原岩的地质时代尚待以后进一步工作，这将对金沙江缝合带的构造演化极具意义。

主要参考文献

[1] 白生海．青海西南部海相侏罗纪地层新认识［J］．地质论评，1989，35（6）：529－536.
[2] 边千韬，常承法，郑祥身．西金乌兰晚二叠世—早三叠世石英砂岩及其大地构造意义［J］．地质科学，1993，28（4）：327－335.
[3] 边千韬，沙金庚，郑祥身．青海可可西里大地构造基本特征［J］．地质科学，1997，32（1）：37－46.
[4] 边千韬，沙金庚．青海可可西里地区蛇绿岩的时代及形成环境［J］．地质论评，1997，43（4）：347－355.
[5] 常承法，福裕生，郑锡澜，等．青藏高原地质构造［M］．北京：科学出版社，1982，1－91.
[6] 常承法．特提斯及青藏碰撞造山带的演化特点［M］．见：大陆岩石圈构造与资源．北京：海洋出版社，1992：1－18.
[7] 程顶胜，李永铁，雷振宇，等．青藏高原羌塘盆地油气生成特征［J］．地质科学，2000，35（4）：474－481.
[8] 程立人，李才，胡克．西藏羌塘地区中部混杂堆积的发现及其地质意义［J］．长春科技大学学报，1998，28（3）：254－258.
[9] 成都地质矿产研究所．1：150 万青藏高原及邻区地质图［M］．北京：地质出版社，1988.
[10] 邓万明，尹集祥，呙中平．羌塘茶布－双湖地区基性超基性岩、火山岩研究［J］．中国科学（D辑），1996，26（4）：296－301.
[11] 邓万明，刘关键，文世宣等．藏北路线地质［J］．地质科学，1980（2）：142－156.
[12] 邓希光，丁林，刘小汉，等．青藏高原羌塘中部蓝片岩的地球化学特征及其构造意义［J］．岩石学报，2002，18（4）：517－525.
[13] 地矿部青藏高原地质调查大队．青藏高原地质文集［M］．北京：地质出版社，1980－1985.
[14] 范和平，杨金泉，张平．藏北地区的晚侏罗世地层［J]. 地层学杂志，1988，12（1）：66－70.
[15] 方德庆，梁定益．北羌塘盆地中部上侏罗统研究新进展［J］．地层学杂志，2000，24（2）：163－167.
[16] 方德庆，云金表，李椿．北羌塘盆地中部雪山组时代讨论［J］．地层学杂志，2002，26（1）：68－72.
[17] 费琪，邓忠凡．西藏特提斯构造域海相油气前景［J］．地球科学-中国地质大学学报，1996，21（2）：114－119.
[18] 费琪，邓忠凡．西藏特提斯构造域海相油气前景［J］．地球科学，1996，21（2）：113－119.
[19] 冯心涛，朱同兴，李才，等．藏北双湖地区上三叠统肖茶卡群的重新厘定及其地质意义［J］．地质通报，2005，24（12）：9－14.
[20] 甘克文．特提斯域的演化和油气分布［J］．海相油气地质，2000，5（3）：21－29.
[21] 和钟铧，王天武，李才，等．对藏北羌塘地体阿木群的新认识［J］．世界地质，2000，19（1）：1－7.
[22] 和钟铧，李才，杨德明，等．西藏羌塘盆地的构造沉积特征及演化［J］．长春科技大学学报，2000，30（4）：347－352.
[23] 胡承祖，吴瑞忠，张懋功，等．藏北双湖地区地质构造特征［C］．青藏高原地质文集，1986，9：41－56.
[24] 胡克，李才，程立人．西藏羌塘中部冈玛错-双湖蓝片岩带及其构造意义［J］．长春地质学院学报，1995，25（3）：268－274.
[25] 胡明毅，吴一慧．藏北羌塘盆地上三叠统肖查卡组沉积相与含油性［J］．石油学报，2001，22（4）：31－34.
[26] 黄汲清，陈炳蔚．中国及邻区特提斯海的演化［M］．北京：地质出版社，1987：55－56.
[27] 黄继钧．藏北羌塘盆地构造特征及演化［J］．中国区域地质，2001，20（2）：178－186.
[28] 黄继钧．羌塘盆地基底构造特征［J］．地质学报，2001，75（3）：333－337.
[29] 贾承造，杨树锋．特提斯北缘盆地群构造地质与天然气［M］．北京：中国石油工业出版社，2001.
[30] 蒋忠惕．羌塘地区侏罗纪地层的若干问题［G］．见：青藏高原地质文集（3）．北京：地质出版社，1983：87－112.
[31] 孔祥儒，王谦身．西藏高原西部综合地球物理与岩石圈结构研究［J］．中国科学（D辑），1996，26（4）：308－315.
[32] 雷振宇，李永铁，刘忠，等．藏北羌塘盆地构造变形及其动力学背景［J］．地质论评，2001，47（4）：415－419.
[33] 李才．羌塘基底质疑［J］．地质论评，2003，49（1）：4－9.

[34] 李才，程立人，胡克，等．西藏龙木错-双湖古特提斯缝合带研究［M］．北京：地质出版社，1995.

[35] 李才，和钟铧，杨德明．西藏羌塘地区几个地质构造问题［J］．世界地质，1996，15（3）：18－23.

[36] 李才，李永铁，林源贤，等．西藏双湖地区蓝片岩原岩 Sm－Nd 同位素定年［J］．中国地质，2002，29（4）：355－359.

[37] 李才，王天武，杨德明，等．西藏羌塘中央隆起区物质组成与构造演化［J］．长春科技大学学报，2001，31（1）：25－31.

[38] 李文华，周兴民．青藏高原生态系统及优化利用模式［J］．广州：广东科技出版社，1998.

[39] 李亚林，王成善，伊海生，等．西藏北部双湖地堑构造与新生代伸展作用［J］．中国科学（D 辑），2001，31（增刊）：228－233.

[40] 李勇，王成善，伊海生，等．青藏高原中侏罗世-早白垩世羌塘复合型前陆盆地充填模式［J］．沉积学报，2001，19（1）：20－27.

[41] 刘池阳，王成善．藏北羌塘盆地茶桑地区构造格局与演化［J］．中国科学（D 辑），2001，19（1）：20－22.

[42] 刘池洋，扬兴科．藏北羌塘盆地查桑地区构造格局与演化［J］．中国科学，2001，31（增刊）：14－19.

[43] 刘池洋，扬兴科．藏北羌塘盆地西部查桑地区结构及构造特征［J］．地质论评，2002，48（6）：593－602.

[44] 刘世坤，吕荣敬．羌塘地区海相下侏罗统新知［J］．地层学杂志，1988，12（2）：133－135.

[45] 刘训．青藏高原不同地体的地层、生物区系及沉积构造演化史［M］．北京：地质出版社，1992：1－145.

[46] 刘勇，曹春潮，吕金海．藏北羌塘盆地演化初探［J］．断块油气田，1998，5（5）：6－12.

[47] 罗本家，戴国汉．羌塘盆地油气有利勘探区块［J］．石油与天然气地质，1996，17（1）：58－61.

[48] 罗建宁，王小龙，李永铁，等．青藏特提斯沉积地质演化［J］．沉积与特提斯地质，2002，22（1），7－15.

[49] 潘桂棠，陈智梁，李兴振，等．东特提斯地质构造形成演化［M］．北京：地质出版社，1997.

[50] 潘桂棠．全球洋一陆转换中的特提斯演化［M］．见：特提斯地质（18）．北京：地质出版社，1994.

[51] 潘裕生．青藏高原第五缝合带的发现与论证［J］．地球物理学报，1994，37（2）：184－192.

[52] 潘裕生．青藏高原的形成与隆升［J］．地学前缘，1999，6（3）：153－163.

[53] 任纪舜，王作勋，陈炳蔚，等．中国及邻区大地构造图简要说明：从全球看中国大地构造［M］．北京：地质出版社，1999.

[54] 任纪舜，肖黎薇．1：25 万地质填图进一步揭开了青藏高原大地构造的神秘面纱［J］．地质通报，2004，23（1）.

[55] 施雅风，李吉均，李炳元．青藏高原晚新生代隆升与环境变化［M］．广州：广东科技出版社，1998.

[56] 孙鸿烈．青藏高原的形成演化［M］．上海：科学技术出版社，1996.

[57] 谭富文，潘桂棠，徐强．羌塘腹地新生代火山岩的地球化学特征与青藏高原隆升［J］．岩石矿物学杂志，2000，19（2）：121－130.

[58] 谭富文，王剑，王小龙，等．藏北羌塘盆地最大规模沥青脉的发现［J］．地质通报，2002，21（11）.

[59] 谭富文，王剑，王小龙，等．藏北羌塘盆地上侏罗统中硅化木的发现及意义［J］．地质通报，2003，23（12）.

[60] 谭富文，王剑，王小龙，等．西藏羌塘盆地——中国油气资源战略选区的首选目标［J］．沉积与特提斯地质，2002，22（1）：16－21.

[61] 滕吉文，张中杰．青藏高原地体划分的地球物理标志研究［J］．地球物理学报，1996a，39（5）：629－641.

[62] 滕吉文，张中杰．青藏高原整体隆升与地壳短缩增厚的物理一力学机制研究（上）［J］．高校地质学报，1996b，2（2）：121－133.

[63] 王成善等．西藏羌塘地区的地质特征兼论古特提斯的构造格局［J］．大自然探索，1985，4（12）：75－83.

[64] 王成善，胡承祖，吴瑞忠．西藏北部查桑一茶布裂谷的发现及地质意义［J］．成都地质学院学报，1987，14（2）：33－46.

[65] 王成善，伊海生，李勇，等．西藏羌塘盆地地质演化与油气远景评价［M］．北京：地质出版社，2001.

[66] 王成善，张哨楠．藏北双湖地区油页岩的发现［J］．中国区域地质，1985，（8）：29－31.

[67] 王成善，张哨楠．青藏高原含油气盆地分析及油气资源预测［J］．地球科学一中国地质大学学报，1996，21（2）：120－129.

[68] 王国芝，王成善．西藏羌塘基底变质岩系的解体和时代厘定．中国科学（D 辑），2001，31（增刊）：77－82.

[69] 王鸿桢等．中国及邻区构造古地理和生物古地理［M］．武汉：中国地质大学出版社，1990.

[70] 王鸿祯等．沉积层序及海平面旋回的分类级别——旋回周期的成因讨论［J］．现代地质，1998，12（1）：1－16.

[71] 王剑，谭富文，李亚林，等．青藏高原重点沉积盆地油气资源潜力分析［M］．北京：地质出版社，2004.

[72] 王剑，谭富文，王小龙，等．藏北羌塘盆地早侏罗世—中侏罗世早期沉积构造特征［J］．沉积学报，2004，22（2）.
[73] 王乃文．藏北湖区中生代地层发育及其板块构造意义．见：青藏高原地质文集（3）［M］．北京：地质出版社，1983：29—40.
[74] 王思恩等．中国的侏罗系．见：中国地层（11）［M］．北京：地质出版社，1985.
[75] 王希斌，鲍佩声，邓万明，等．西藏蛇绿岩［M］．北京：地质出版社，1987.
[76] 王岫岩，滕玉洪，王贵文．西藏特提斯构造域及其找油前景［J］．石油学报，1998，19（2）：44—48.
[77] 王岫岩等．西藏特提斯构造域及其找油前景［J］．石油学报，1988，(19) 2：44—48.
[78] 王延斌，毕建军，赵厚银，等．羌塘盆地中生代源岩中动物型原沥青的成因及意义［J］．地质论评，2001，47（4）：393—397.
[79] 文世宣．西藏北部地层新资料［J］．地层学杂志，1979，3（2）：150—156.
[80] 吴瑞忠，藏北羌塘地区地层系统［A］．青藏高原地质文集［C］．北京：地质出版社，1986，(9)：1—32.
[81] 吴珍汉，叶培盛，胡道功．青藏高原腹地的地壳变形与构造地貌形成演化过程．北京：地质出版社，2003.
[82] 西藏自治区地质矿产局．西藏自治区区域地质志［M］．北京：地质出版社，1993.
[83] 西藏自治区地质矿产局．西藏自治区岩石地层［M］．武汉：中国地质大学出版社，1997.
[84] 熊绍柏，刘宏兵．青藏高原西部的地壳结构［J］．科学通报，1997，42（12），1 309—1 312.
[85] 熊盛青，周伏洪，姚正煦，等．青藏高原中西部航磁调查［M］．北京：地质出版社，2001.
[86] 徐珏林．西藏侏罗、白垩、第三纪生物地层［M］．武汉：中国地质大学出版社，1990.
[87] 杨遵仪，史晓颖．藏北双湖地区中侏罗世早期腕足动物群的发现及其古地理意义［J］．地球科学——中国地质大学学报，1987，15（3）：251—256.
[88] 叶和飞，罗建宁．特提斯构造域与油气勘探［J］．沉积与特提斯地质，1999，20（1）：1—27.
[89] 伊海生，林金辉．藏北羌塘地区地层新资料［J］．地质论评，2003，49（1）：59—65.
[90] 尹安．喜马拉雅—青藏高原造山带地质演化［J］．地球学报，2001，22（3）：193—230.
[91] 尹集祥．青藏高原及邻区冈瓦纳相地层地质学［M］．北京：地质出版社，1997.
[92] 于远山，朱同兴，张启跃，等．藏北若拉岗日岩群变质火山岩的基本特征及构造属性［J］．沉积与特提斯地质，2005，25（4）.
[93] 余光明，王成善，张哨南，等．西藏特提斯中生代沉积盆地特征及演化［J］．中国科学（B辑），1989，9，982—990.
[94] 余光明，王成善．西藏特提斯沉积地质［M］．北京：地质出版社，1990：94—98.
[95] 张立强，纪友亮，李永铁．羌塘盆地侏罗系白云岩储层特征研究［J］．石油实验地质，2001，23（4）：384—388.
[96] 张胜业，魏建国，王家映，等．西藏羌塘盆地大地电磁测深研究［J］．地球科学——中国地质大学学报，1996，21（2）：198—202.
[97] 张以茀，郑健康．青海可可西里及邻区地质概论［M］．北京：地震出版社，1994.
[98] 赵政璋，李永铁，叶和飞，等．青藏高原大地构造特征及盆地演化［M］．北京：科学出版社，2001b：1—427.
[99] 赵政璋，李永铁，叶和飞，等．青藏高原地层［M］．北京：科学出版社，2001c.
[100] 赵政璋，李永铁，叶和飞，等．青藏高原中生界沉积相及油气储盖层特征［M］．北京：科学出版社，2001e：1—398.
[101] 郑祥身，边千韬．青海可可西里地区侵入岩的岩石化学特征及其成因意义研究［J］．岩石学报，1997，13（1）：44—58.
[102] 中国地质科学院．西藏地层［M］．北京：地质出版社，1989.
[103] 中国科学院青藏高原科学考察队．西藏地层［M］．北京：科学出版社，1994.
[104] 朱同兴．从弧后盆地到前陆盆地的沉积演化——以西藏北部羌塘中生代盆地为例［J］．特提斯地质，1999，(23)：1—15.
[105] 朱同兴，董瀚，李才，等．青藏高原羌塘地区晚三叠世地层展布和沉积型式［J］．沉积与特提斯地质，2005，25（3）：18—23.
[106] 朱同兴，李宗亮，李才，等．藏北双湖地区三叠纪地层新资料［J］．地质通报，2005，24（12）：1—8.
[107] 朱同兴．藏北双湖地区海相侏罗纪磁性地层研究［J］．地质学报，2002，76（3）：308—316.

图版说明及图版

图版Ⅰ

1. *Virgatosphinctes mulifasciatus* 多束枝束肋旋菊石，×1/2，长虹河剖面第19层，索瓦组
2. *Virgatosphiactes haydeni* 海丁氏束肋旋菊石，×1/2，长虹河剖面第19层，索瓦组 J_3
3. *Virgatosphiactes frequcns*？常见束肋旋菊石？，×1/3，玉瓶湖南西，白龙冰河组 J_3
4. *Virgatosphinctes multifasciatus* 多束枝束肋旋菊石，×1/2，半岛湖北，索瓦组 J_3
5. *Virgatosphinctes multifasciatus* 多束枝束肋旋菊石，×1/3，长虹河剖面19层，索瓦组 J_3
6. ？*Paraboliceras*.？复肋菊石，×2/5，长虹河剖面第19层，索瓦组 J_3.
7. *Haplophylloceras aculeatum* Zhang 尖筒叶菊石，×1/3，长虹河剖面第19层，索瓦组 J_3
8. *Dolikephalites typicus*？模式桶头菊石，×1/3，黄山剖面第3层，布曲组 J_2

图版 II

1a、b. *Thecosmilia* sp. 剑鞘珊瑚，×1/2，纵、横切面，黄南山南，索瓦组 J_3
2a、b. *Stylosmilia* cf. *crassitheca* Liao et Li 厚外壁柱剑珊瑚相似种，×3/5，纵、横切面，黄南山，索瓦组 J_3
3. *Thecosmilia* cf. *costata* Fromentel 肋剑鞘珊瑚相似种，×4/5，黄水湖西，索瓦组 J_3
4a、b. *Complexastraea kachensis* Gregory 卡奇环星珊瑚，纵×1/2，横×1，雁翎河，夏里组 J_2
5. *Apiculatasporites* sp. 细刺孢（未定种），双咀湖剖面（$SZP_{20}WB_1$）上三叠统 T_3
6. *Taeniaesporites noviaulensis* Leschik 诺维奥四肋粉，双咀湖剖面（$SZP_{10}WB_1$），上三叠统 T_3
7. *Converrucosisporites* sp. 凸边瘤面孢（未定种），长虹河剖面（$CHP_{13}WB_1$），中侏罗统 J_2
8. *Cerebropollenites* cf. *findlaterensis* Pocock 芬德拉脑型粉（比较种），长虹河剖面（$CHP_{13}WB_1$），中侏罗统 J_2

图版 III

1. 辉石安山岩，单偏光，L=4mm，长龙河，CP6B1
2. 玻基安山岩，单偏光，L=4mm，长龙河，CP8B1
3. 黑云二长片麻岩，正交偏光，L=4mm，黑石长梁，HSHP10B1
4. 石榴石角闪斜长变粒岩，单偏光，L=4mm，黑石长梁，HSHP4DB1
5. 紫苏辉石浅色麻粒岩，单偏光，L=4mm，黑石长梁，D4607B1
6. 紫苏辉石暗色麻粒岩，正交偏光，L=4mm，黑石长梁，D4606B2
7. 长英质糜棱岩，正交偏光，L=4mm，黑石长梁，SZP23B1
8. 花岗质糜棱岩，正交偏光，L=4mm，玛尔果茶卡，D1189DB1

图版 IV

1. 那底岗日组与藏夏河组平行不整合接触 弯弯梁
2. 雀莫错组与藏夏河组角度不整合接触　雪环湖西
3. 鱼鳞山组与唢呐湖组角度不整合接触　火车头山
4. 雀莫错组灰岩段中发育脉状层理　雪环湖西

5. 鱼鳞山组火山岩中正长斑岩岩脉　火车头山
6. 雀莫错组上部碎屑岩段中发育波状层理　弯弯梁北
7. 夏里组中沥青脉　马牙山
8. 那底岗日组底部砾岩　弯弯梁

图版 V

1. 藏夏河组中的浊积岩　多色梁子
2. 布曲组中的厚层状微晶灰岩　马牙山
3. 夏里组粉砂岩、泥岩中的脉状交错层理　马牙山
4. 索瓦组下段中的礁灰岩　半岛湖
5. 索瓦组下段中的海绵礁灰岩　骆驼峰
6. 布曲组下段白云岩申的藻灰岩　半岛湖
7. 索瓦组下段中的海绵礁灰岩　向阳湖北
8. 唢呐湖组杂色泥岩及含膏藻灰岩　玉瓶湖

图版 I

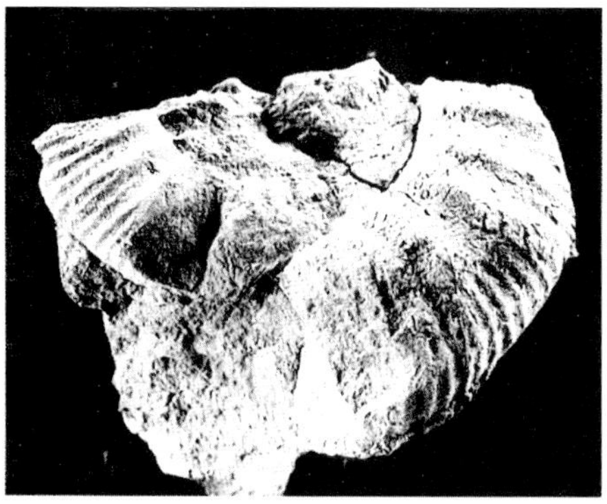

1

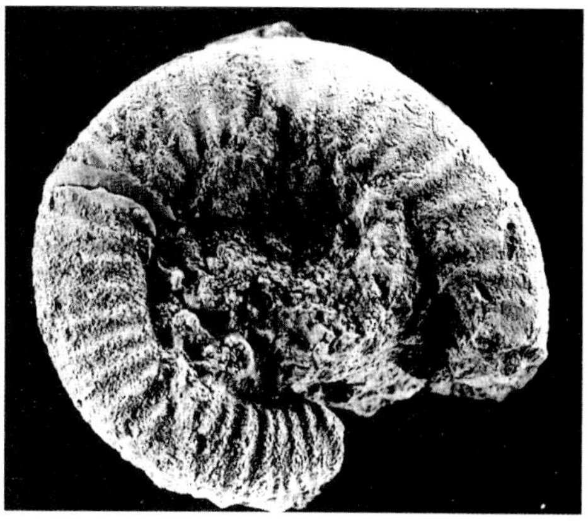

2

3

4

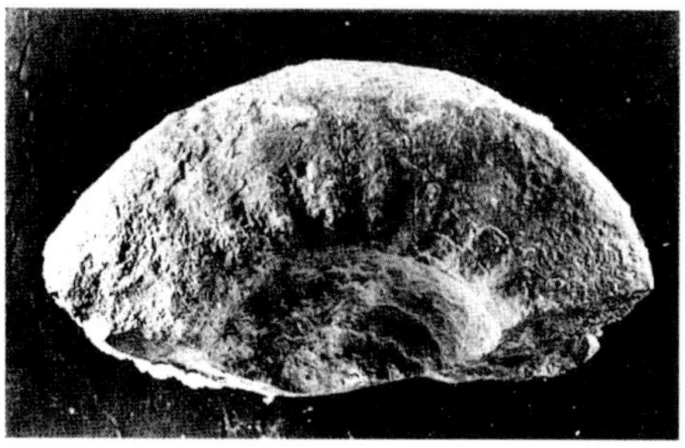

5

6

7

8

图版 II

1a

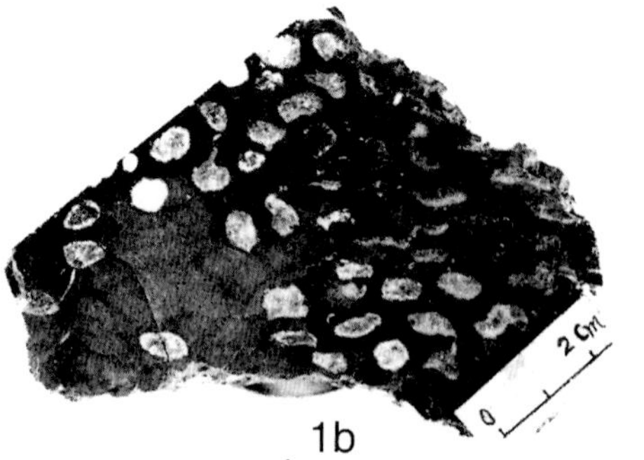
1b

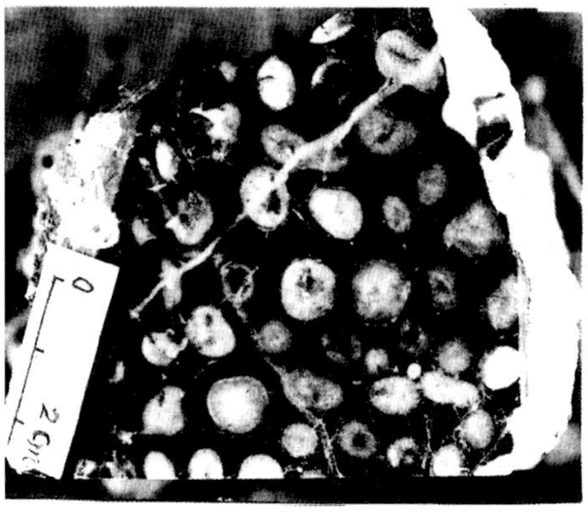
2b

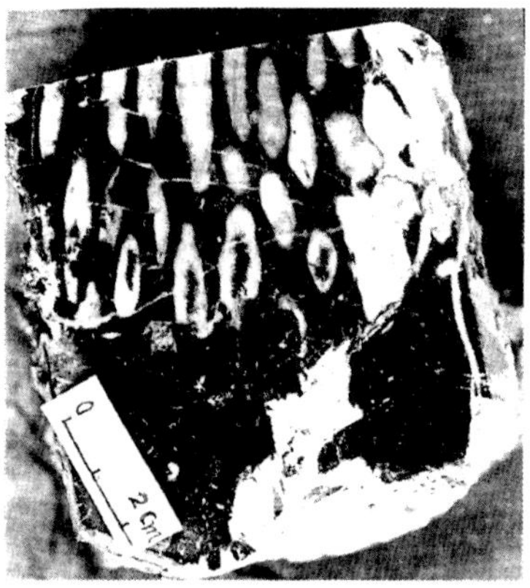
2a

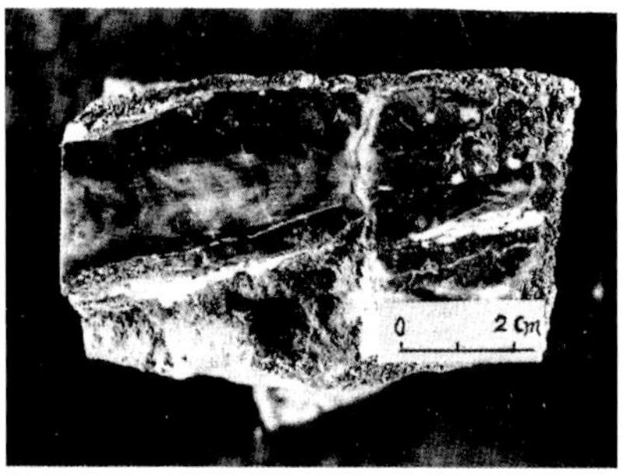
4a

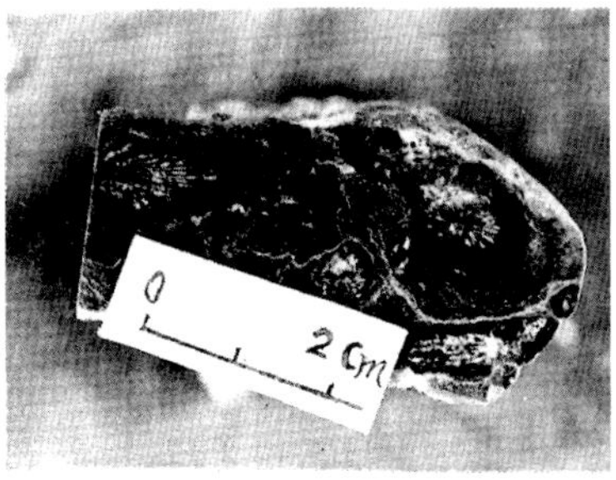
3

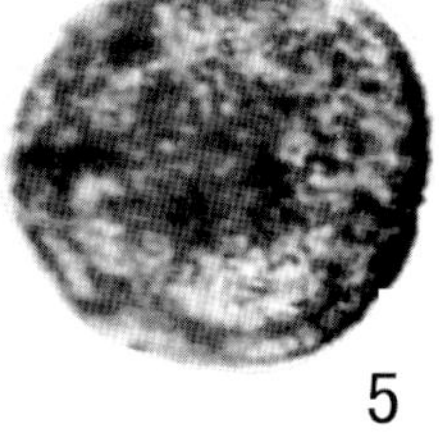
5

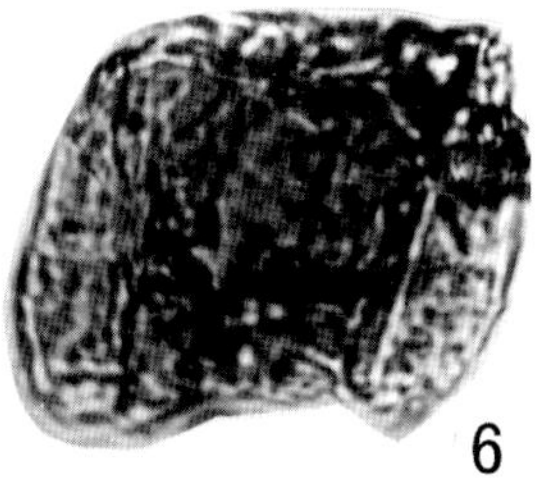
6

4b

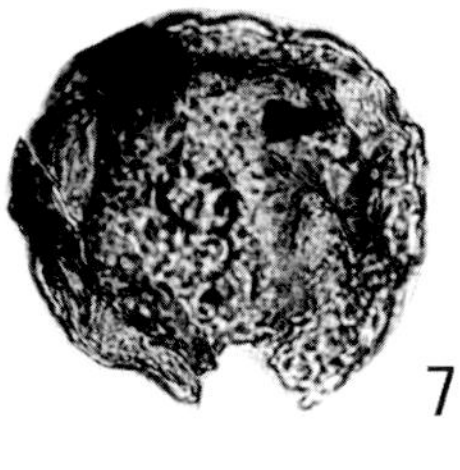
7

8

图版 III

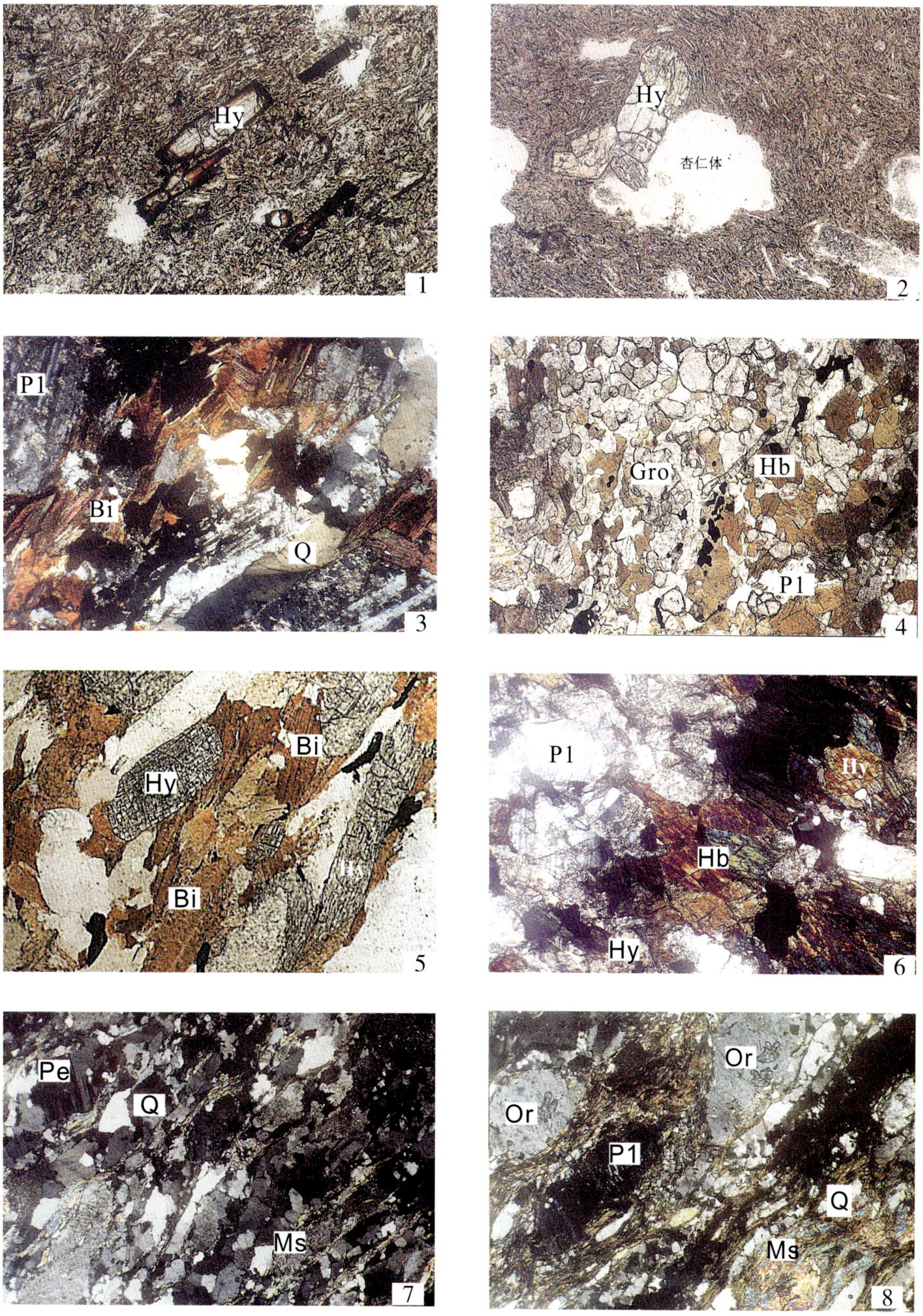
Hy
1
Hy
杏仁体
2
P1
Bi
Q
3
Gro
Hb
P1
4
Bi
Hy
Bi
5
P1
Hy
Hb
Hy
6
Pe
Q
Ms
7
Or
Or
P1
Q
Ms
8

图版 IV

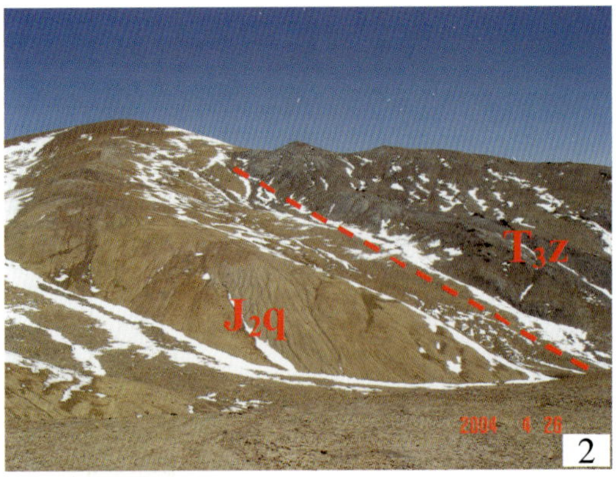

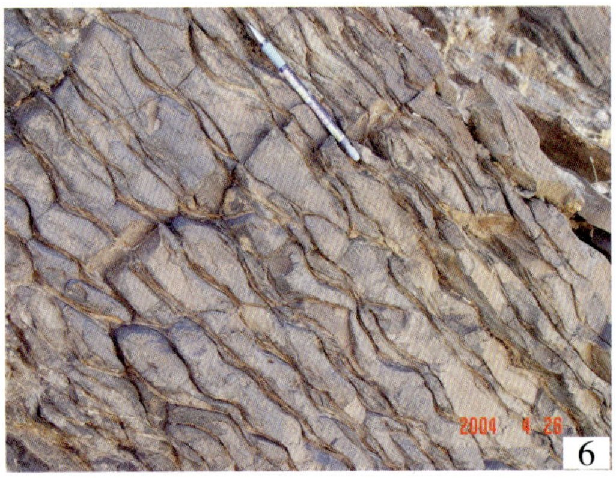

图版 V

1 多色梁子 藏 夏河组中浊积岩

2 MP剖面 0层J_2b的厚层块状微晶灰岩

3 马牙山 夏 里组中部的脉状交错层理

4 半岛湖 索 瓦组礁灰岩特征

5 骆驼峰 索 瓦组下段中的海绵礁灰岩

6 G24008 J_3s^1白云质灰岩之中的灌灰纹层

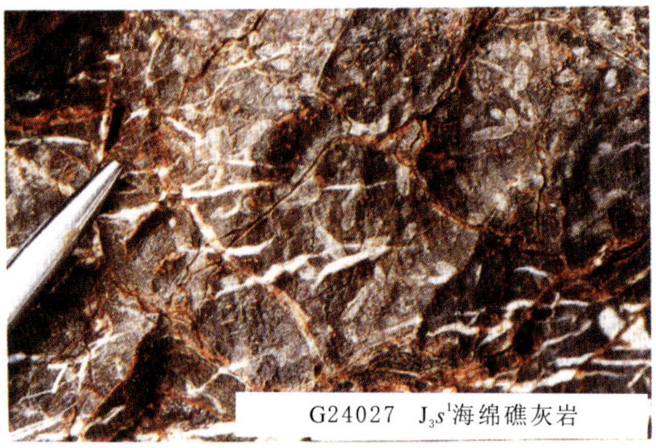

7 G24027 J_3s^1海绵礁灰岩

G24120 N_2s^1杂色泥岩及含膏藻灰岩